网络工程师教育丛书

网络安全与管理

Networking Security and Management

刘化君　郭丽红　编著

电子工业出版社

Publishing House of Electronics Industry

北京·BEIJING

内 容 简 介

本书是《网络工程师教育丛书》第 6 册，内容涵盖网络安全理论、攻击与防护、安全应用与网络管理，从"攻（攻击）、防（防范）、测（检测）、控（控制）、管（管理）、评（评估）"等多个方面进行讨论。全书分为 8 章。其中，第 1 章为绪论；第 2 章至第 5 章分别介绍密码技术、网络安全协议、网络安全防护技术和网络安全应用，将网络安全理论与应用完美结合起来；第 6、7、8 章分别介绍网络管理，网络系统的运维与管理，网络协议分析和故障诊断等内容，旨在保障网络的安全有效运行。为帮助读者更好地掌握基础理论知识并应对认证考试，各章均附有小结、练习题及测验题，并对典型题例给出解答提示。

本书可作为网络工程师培训和认证考试教材，或作为本科及职业技术教育相关课程的教材或参考书，也可供网络技术人员、管理人员以及有志于自学成为网络工程师的读者阅读。

本书的相关资源可从华信教育资源网（www.hxedu.com.cn）免费下载，或通过与本书策划编辑（zhangls@phei.com.cn）联系获取。

图书在版编目（CIP）数据

网络安全与管理 / 刘化君, 郭丽红编著. —北京：电子工业出版社，2019.3
（网络工程师教育丛书）
ISBN 978-7-121-35869-2

Ⅰ. ①网… Ⅱ. ①刘… ②郭… Ⅲ. ①计算机网络—安全技术 Ⅳ. ①TP393.08

中国版本图书馆 CIP 数据核字（2019）第 001268 号

责任编辑：张来盛（zhangls@phei.com.cn）
印　　刷：北京天宇星印刷厂
装　　订：北京天宇星印刷厂
出版发行：电子工业出版社
　　　　　北京市海淀区万寿路 173 信箱　　邮编：100036
开　　本：787×1092　1/16　　印张：19.5　　字数：496 千字
版　　次：2019 年 3 月第 1 版
印　　次：2024 年 11 月第 14 次印刷
定　　价：59.80 元

凡所购买电子工业出版社图书有缺损问题，请向购买书店调换。若书店售缺，请与本社发行部联系，联系及邮购电话：（010）88254888，88258888。

质量投诉请发邮件至 zlts@phei.com.cn，盗版侵权举报请发邮件至 dbqq@phei.com.cn。

本书咨询联系方式：（010）88254467；zhangls@phei.com.cn。

出 版 说 明

人类已进入互联网时代，以物联网、云计算、移动互联网和大数据为代表的新一轮信息技术革命，正在深刻地影响和改变经济社会各领域。随着信息技术的发展，网络已经融入社会生活的方方面面，与人们的日常生活密不可分。我国已成为网络大国，网民数量位居世界第一；但我国要成为网络强国，推进网络强国建设，迫切需要大量的网络工程师人才。然而据估计，我国每年网络工程师缺口约20万人，现有网络人才远远无法满足建设网络强国的需求。

为适应网络工程技术人才教育、培养的需要，电子工业出版社组织本领域专家学者和工作在一线的网络专家、工程师，按照网络工程师所应具备的知识、能力要求，参考新的网络工程师考试大纲（2018年审定通过），共同修订、编撰了这套《网络工程师教育丛书》。

本丛书全面规划了网络工程师应该掌握的技术，架构了一个比较完整的网络工程技术知识体系。丛书的编写立足于计算机网络技术的最新发展，以先进性、系统性和实用性为目标：

▶ 先进性——全面地展示近年来计算机网络技术领域的新成果，做到知识内容的先进性。例如，对软件定义网络（SDN）、三网融合、IPv6、多协议标签交换（MPLS）、云计算、云存储、大数据、物联网、移动互联网等进行介绍。

▶ 系统性——加强学科基础，拓宽知识面，各册内容之间密切联系、有机衔接、合理分配、重点突出，按照"网络基础→局域网→城域网与广域网→TCP/IP 基础→网络互连与互联网→网络安全与管理→大数据技术→网络设计与应用"的进阶式顺序分为8册，形成系统的知识结构体系。

▶ 实用性——注重工程能力的培养和知识的应用。遵循"理论知识够用，为工程技术服务"的原则，突出网络系统分析、设计、实现、管理、运行维护和安全方面的实用技术；书中配有大量网络工程案例、配置实例和实验示例，以提高读者的实践能力；每章还安排有针对性的练习和近年网络工程师考试题，并对典型试题和练习给出解答提示，以帮助读者提高应试能力。

本丛书从一开始就搭建了一个真实的、接近网络工程实际的网络，丛书各册均基于这个实例网络的拓扑和 IP 地址进行介绍，逐步完成对路由器、交换机、客户端和服务器的配置、应用设计等，灵活、生动地展现各种网络技术。

本丛书在编写时力求文字简洁，通俗易懂，图文并茂；在内容编排上既系统全面，又切合实际；在知识设计上层次分明、由浅入深，读者可根据自己的需要选择相应的图书进行学习，然后逐步进阶。

鉴于网络技术仍在不断地飞速发展，本丛书将根据需要和读者要求适时更新、完善。热忱欢迎广大读者多提宝贵意见和建议。联系方式：zhangls@phei.com.cn。

电子工业出版社

前　言

为了保障网络安全，促进经济社会信息化健康发展，网络安全问题已经提升到国家安全的战略高度，网络安全也因此成为信息技术领域的重要研究课题。为适应网络安全技术发展以及网络工程师教育培训、认证考试和相关院校教学的需要，我们编写了《网络安全与管理》一书，作为《网络工程师教育丛书》的第 6 册。

考虑到网络安全技术的发展应用，本书内容涵盖网络安全理论、攻击与防护、安全应用与网络管理，从"攻（攻击）、防（防范）、测（检测）、控（控制）、管（管理）、评（评估）"等多个方面进行讨论和介绍，突出理论与实际紧密结合的工程应用性。主要特色如下：

- ▶ 贯彻落实国家有关"建设网络强国和安全网络"的战略部署，以培养网络工程师为目标追寻网络技术发展，搭建了一个网络安全与管理知识体系；
- ▶ 内容丰富，科学合理，各章内容既相互依赖又相对独立，形成了一条完整知识链；
- ▶ 理论与实践密切结合，注重网络安全实际能力的培养，将大量网络安全实例融合到理论阐释之中，以实现理论指导下的实践和实践基础上的理论提升；
- ▶ 言简意赅，清楚易懂，理论阐述严谨、透彻，技术讨论翔实、细致，并通过大量图表，形象直观地讲解网络安全知识；
- ▶ 许多典型问题解析、练习题及测验题，直接选自近几年的网络工程师考试真题。

全书内容分为 8 章：第 1 章为绪论；第 2 章至第 5 章分别介绍密码技术、网络安全协议、网络安全防护技术和网络安全应用，将网络安全理论与应用有机结合起来，以实用和最新的网络安全技术展示给读者；第 6、7、8 章分别介绍网络管理、网络系统的运维与管理、网络协议分析和故障诊断等内容，旨在保障网络的安全有效运行。为帮助读者更好地掌握基础理论知识并应对认证考试，各章均附有小结、练习题及测验题，并对典型题例给出解答提示。

本书内容适合计算机网络和通信领域的教学、科研和工程设计参考，适用范围较广，既可以用作网络工程师教育培训教材，以及本科和高职院校相关课程的教材或参考书，也可供网络技术人员、管理人员以及有志于自学成为网络工程师的读者阅读。

本书由刘化君、郭丽红编著。在编写过程中，得到了许多同志的支持和帮助，在此一并表示衷心感谢！

网络安全与管理是一个内容广博、不断发展的技术领域。在本书的编写过程中，尽管力求精益求精，及时吸纳最新的网络安全与管理研究成果与技术，但囿于编著者理论水平和实践经验，书中仍可能存在不妥之处，恳请广大读者不吝赐教，以便再版时予以订正。

编著者

2019 年 1 月 8 日

目　　录

第一章 绪 论

概 述

互联网技术的普及应用，使得信息突破了时间和空间上的障碍，信息的价值在不断提高。然而，计算机、网络等信息技术与其他技术一样，是一把"双刃剑"：一方面，它们在计算机用户之间架起了通信的通道；另一方面，也为某些窃取机密数据的非法之徒打开了方便之门。就在大部分人使用信息网络技术提高工作效率，为社会创造更多财富的同时，也有一些人在利用信息技术做着相反的事情，非法侵入网络系统窃取机密信息，篡改和破坏数据，给社会造成难以估量的巨大损失。网络安全越来越成为关系国计民生的大事，已经引起了全社会的高度重视。

从本质上说，网络安全就是网络上的信息安全。信息安全是对信息的保密性、完整性和可用性等特性的保护，包括物理安全、网络系统安全、数据安全、信息内容安全和信息基础设施安全等多个方面。

网络安全是一个非常复杂的综合性问题，涉及技术、产品和管理等诸多因素。网络安全所研究的，主要是信息网络的安全理论、安全应用和安全管理技术，以确保网络免受各种威胁和攻击，使之能够正常工作。本章主要讨论与网络安全相关的一些基本概念、安全策略与关键技术，以及信息网络安全标准。

第一节 网络安全的概念

信息与网络系统安全现在已经成为一门新兴的学科，而且是一门边缘交叉性学科。它涉及通信技术、计算机科学与技术、网络工程、信息论、数论、密码学、人工智能及社会工程学，既有安全理论、安全应用技术，也包括安全管理，还有社会、教育、法律等问题。因此，只有多个方面相互补充，才能有效地保障网络系统的安全。

学习目标

▶ 了解网络安全的基本概念；
▶ 掌握网络安全的目标和技术体系。

关键知识点

▶ 利用网络通信安全服务可以免受各种安全威胁和攻击。

网络安全的定义

"安全"一词通常被理解为"远离危险的状态或特性"和"为防范间谍活动或蓄意破坏、

犯罪、攻击或逃跑而采取的措施"。这是在广泛意义上对安全的表述。

就信息技术而言，依其发展与广泛应用，信息安全涵盖的内容很丰富，包括操作系统安全、网络安全、病毒查杀、访问控制、加密与认证以及数据库安全等多个方面。国际标准化组织（ISO）将计算机系统信息安全（Computer System Security）定义为"为数据处理系统建立和采取的技术和管理的安全保护，保护计算机硬件、软件、数据不因偶然和恶意的原因而遭到破坏、更改和泄露"，这一定义偏重于静态信息保护。因此，可将计算机系统信息安全进一步定义为"计算机的硬件、软件和数据得到保护，不因偶然和恶意的原因而遭到破坏、更改和泄露，保障系统连续正常运行"，这一定义侧重了动态意义的描述。显然，"安全"一词是指将服务与资源的脆弱性降到最低限度，其中脆弱性是指计算机信息系统的任何弱点。

《中华人民共和国网络安全法》对网络安全的定义是：网络安全是指通过采取必要措施，防范对网络的攻击、侵入、干扰、破坏和非法使用以及意外事故，使网络处于稳定可靠运行的状态，以及保障网络数据的完整性、保密性、可用性的能力。

网络安全是研究与计算机网络相关的安全问题的。具体地说，网络安全主要研究安全地存储、处理或传输信息资源的技术、体制和服务。假设 A 和 B 要应用网络进行通信，并希望该网络及其通信过程是"安全"的。在这里，A 和 B 可以是两台需要安全交换路由表的路由器，也可以是希望建立一个安全传输连接的客户机和服务器，或者是交换安全电子邮件的应用程序，因此可以把 A 和 B 看作两个网络通信实体，即应用进程。A 和 B 要进行网络通信并希望做到"安全"，那么此处的安全意味着什么呢？显然，这个"安全"的内涵是丰富多彩的，涉及多个方面。例如，A 和 B 希望存储在客户机或服务器中的数据不被破坏、篡改、泄露；它们之间的通信内容对于窃听者是保密的，而且的确是在与真实的对方进行通信；它们还希望所传输的内容即使被窃听者窃取了，也不能理解其报文的含义；还要确保它们的通信内容在传输过程中没有被篡改，或者即使被篡改了，也能够检测出该信息已经被篡改、破坏。由此归纳起来，对网络安全的定义可以表述如下：

所谓网络安全，就是在分布式网络环境中对信息载体（处理载体、存储载体、传输载体）和信息的处理、传输、存储、访问提供安全保护，以防止数据、信息内容遭到破坏、更改、泄露，或者网络服务被中断、拒绝或被非授权使用和篡改。网络安全具有信息安全的基本属性。从广义上说，凡是涉及网络上信息的机密性、完整性、认证、可用性、可靠性和不可否认性的相关理论和技术，都属于网络安全所要研究的范畴。网络的安全性包括网络安全目标、资产风险评估、安全策略和用户安全意识等多个方面。

在实际中，对网络安全内涵的理解会随着"角色"的变化而有所不同，而且还在不断地延伸和丰富。例如：从用户（个人、企业等）的角度来看，他们希望涉及其个人隐私或商业利益的信息在网络上传输时受到机密性、完整性和真实性的保护，避免他人利用窃听、假冒、篡改、抵赖等手段侵犯其利益。

从网络运营者的角度来看，他们希望对本地网络信息的访问、读写等操作受到保护和控制，避免出现陷门、病毒、非法存取、拒绝服务、网络资源非法占用和非法控制等威胁，制止和防御网络黑客的攻击。

从安全保密部门的角度来看，他们希望对非法、有害的或者涉及国家机密的信息进行过滤和防堵，避免机要信息泄露，避免对社会产生危害，对国家造成巨大损失。

从社会教育和意识形态的角度来看，网络上不健康的内容，会对社会的稳定和人类的发展造成阻碍，必须对其进行控制。

可见，网络安全的内涵与其保护的信息对象有关，但本质上都是在信息的安全期内保证在网络上传输或静态存放时允许授权用户访问，而不被未授权用户非法访问。网络安全涉及网络的可用性、机密性、完整性、可靠性、访问控制、不可否认性及匿名性。网络安全除了以上这些技术问题之外，还涉及组织和法律方面的问题。显然，网络安全涵盖的内容很多，并不像初次接触网络安全技术的人想象得那么简单。

网络安全目标

网络安全与信息安全的研究领域相互交错与关联，网络安全具有信息安全的基本属性。从本质上来说，网络安全就是要保证网络上信息存储和传输的安全性。根据网络安全的定义，网络安全的主要目标是保护网络信息系统，使其远离安全危险、不受安全威胁、不出安全事故。从网络安全技术的角度来看，网络安全目标主要包含以下几个方面：

1．机密性

机密性也称保密性，是指网络通信中的信息不被非授权者所获取与使用，只允许授权用户访问的特性。机密性是一种面向信息的安全性，它建立在可靠性和可用性的基础之上，是保障网络信息系统安全的基本要求。在网络系统的不同层次上有着不同的机密性及相应的防范措施。在物理层上，主要采取电磁屏蔽技术、干扰及跳频技术来防止电磁辐射所造成的信息外泄；在网络层、传输层和应用层则主要采取加密、访问控制、审计等方法来保障信息的机密性。

2．完整性

完整性是指信息不被偶然或蓄意地删除、修改、伪造、乱序、重放、插入等破坏的特性。只有得到允许的用户才能修改实体或进程，并且能够判别实体或进程是否已被篡改。也就是说，信息的内容不能被未授权的第三方修改；数据在存储或传输的过程中不被修改、破坏，不出现数据包的丢失、乱序等。完整性是一种面向信息的安全性，它要求保持信息的原样，即信息的正确生成、正确存储和正确传输。

3．可用性

网络可用性指网络信息系统可被授权实体访问并按要求可使用的特性，用来衡量计算机网络系统提供持续服务的能力，与其相关的参数包括链路长度（km）、双向全程故障（次/年）、无故障工作时间 MTBF（h）、失效率 F（%）、可用性。可用性常用网络可用率 A（%）来描述，即一个网络系统或设备在一个给定的时间间隔内可操作的总时间与时间间隔的比，计算公式是：

$$A（%）=（网络总运行时间-网络无效时间）/网络总运行时间$$

实际上，可用率就是"网络有效时间/网络总运行时间"，也等于"1-（网络无效时间/网络总运行时间）"。例如，PSTN 交换系统要求有 99.999%的可用性，就是每年大多只能有 5 分钟的停工时间。

4．可靠性

网络的可靠性，是指网络系统能够在规定的条件下和规定的时间内完成预定功能的能力，它包括网络结构的安全性、适用性和耐久性；当以概率来度量时，称之为可靠度。可靠性包括网络硬件的可靠性、软件的可靠性、通信系统的可靠性、人员可靠性和环境可靠性等方面，其主要参数为无故障运行时间、环境条件和规定的功能。人为攻击或自然破坏所造成的网络不稳定性属于网络安全问题。可靠度可用关于时间 t 的函数表示：

$$R(t) = P(T > t)$$

其中，t 为规定的时间，T 表示网络系统或者设备的寿命。

由可靠度的定义可知，$R(t)$描述了网络系统或者设备在$(0,t)$时间内完好的概率，且 $R(0)=1$，$R(+\infty)=0$。

5．真实性

真实性是指网络信息系统的访问者与其声称的身份是一致的。一般通过认证来验证其真实性，以保证信息的发送者和接收者都能证实网络通信过程中所涉及的另一方，确信通信的另一方确实具有其所声称的身份。人类面对面通信可以通过视觉很轻松地解决这个问题，但当通信实体在不能看到对方的媒体上交换信息时，认证就比较复杂了。例如，你如果收到一封电子邮件，其中所包含的信息称这是你的朋友发送的邮件或者你的上级领导发来的通知或函件。那么，你如何才能确信该邮件的真实性呢？这时就需要认证技术来帮助解决。认证是网络通信系统安全的基础。

6．不可否认性

不可否认性也称作不可抵赖性，即在网络信息系统的信息交互过程中所有参与者都不可能否认或抵赖曾经完成的操作。不可否认性是对面向通信双方（人、实体或进程）的信息真实统一的安全要求，它包括收、发双方均不可抵赖。不可否认性涉及两个方面：一是源节点发送证明，它是提供给信息接收者的证据，使发送者谎称未发送过这些信息或者否认其内容的企图不能得逞；二是交付证明，它是提供给信息发送者的证据，使接收者谎称未接收过这些信息或者否认其内容的企图不能得逞。

网络安全是一个系统

由上述对网络安全定义和安全目标的讨论可知，网络安全的内涵主要集中在对通信和网络资源的保护方面。实际上，网络安全不仅涉及安全防护，还包括入侵检测、应急响应以及数据灾难备份与恢复等内容。在许多情况下，作为对攻击的响应，网络管理员需要设置附加的保护机制和措施。同时，网络攻击技术也应包含在网络安全研究的范畴之中。只有对网络攻击技术有比较深刻的了解，才能做好网络安全工作。因此，ITU-T X.800 标准认为：网络安全包含了安全攻击（Security Attack）、安全服务（Security Service）和安全机制（Security Mechanism）等方面，并在逻辑上分别进行了定义。安全攻击是指损害机构所拥有信息安全的任何行为；安全服务是指采用一种或多种安全机制来抵御安全攻击，提高机构的数据处理系统的安全性和信息传输安全性的服务；安全机制是指用于检测、预防安全攻击或者恢复系统的机制。在这种意义上，网络安全是通过循环往复的保护、攻击、检测和响应而实现的。

由此看来，网络安全不仅研究安全防护技术，还要研究网络攻击技术以及用于防御这些攻击的对策。从网络系统安全的角度考虑，网络安全攻防技术包括网络防护和网络攻击两大类，如图 1.1 所示。

对于不同环境和应用中的网络安全，还可以将其划分为以下方面：

▶ 运行系统安全，即保证数据处理和传输系统的安全。它侧重于保证系统正常运行，避免因为系统的崩溃和损坏而对系统存储、处理和传输的数据造成破坏和损失；避免由于电磁泄漏而产生信息泄露，同时干扰他人或受他人干扰。

► 网络系统信息的安全，包括用户口令认证、用户存取权限控制、数据存取权限、访问方式控制、安全审计、安全问题跟踪、计算机病毒防治和数据加密等。

► 网络信息的健康性，包括信息过滤等，主要指防止和控制非法、不健康的信息自由传输，抑制公用网络信息传输失控。

► 网络上信息内容的安全，主要侧重于保护信息的机密性、真实性（认证）和完整性。避免攻击者利用系统漏洞实施篡改、泄露、窃听、冒充、欺骗等破坏行为。

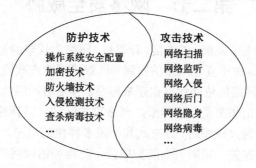

图 1.1 网络安全攻防技术

根据以上对网络安全定义的讨论可知，网络安全显然是一个系统。它不是防火墙、入侵检测和虚拟专用网，不是加密、认证、授权和审计，也不是网络设备公司及其任何合作伙伴或竞争对手能够给你提供的任何东西。尽管这些产品、技术在其中扮演着十分重要的角色，但网络安全的概念更为宽泛。网络安全起始于安全策略，还涵盖了必须遵守这些安全策略的人以及实施这些策略的人。那么，对于网络安全来说什么是系统呢？网络安全系统是指通过相互协作的方式为信息资产提供安全保障的全体网络产品、技术、策略以及最优做法的集合。因此，从狭义的角度看，网络安全是指防护网络系统以及信息资源不受自然和人为有害因素的威胁和危害。若从广义的角度看，凡是与网络上信息的机密性、完整性、认证、可用性、可控性、不可否认性等相关的理论、技术和产品，都属于网络安全的研究范畴；若从社会学的角度看，网络安全是一个系统，涵盖网络安全战略布局、安全文化、人才培养、产业发展等方面。

练习

1．简述计算机网络安全的定义和基本特性。

2．为什么要研究网络安全？

3．为什么说网络安全是一个系统？

4．在短时间内向网络中的某台服务器发送大量无效连接请求，导致合法用户暂时无法访问服务器的攻击行为，破坏了（　　）。

　　a．机密性　　　　　b．完整性　　　　　c．可用性　　　　　d．可控性

5．统计显示，80%的网络攻击源于内部网络，因此必须加强对内部网络的安全控制和防范。在下面的措施中，无助于提高局域网内安全性的措施是（　　）。

　　a．使用防病毒软件　　　　　　　　b．使用日志审计系统

　　c．使用入侵检测系统　　　　　　　d．使用防火墙防止内部攻击

【参考答案】 5.c　　6.d。

补充练习

1. 进一步深入研究、理解"网络安全""网络运营者""网络数据""个人信息"等与网络安全法相关的专业术语。

2. 通过互联网，查找对网络安全的有关定义描述，研究网络安全所要实现的主要目标。

第二节　网络安全威胁

当今世界信息化建设飞速发展，以通信、计算机、网络为代表的互联网技术更是日新月异，令人眼花缭乱、目不暇接。由于互联网络的发展，计算机网络在政治、经济和生活的各个领域正在迅速普及，全社会对网络的依赖程度也越来越高。伴随着网络技术的发展和进步，网络信息安全问题已变得日益突出和重要。近年来，网络攻击活动"日新月异"，攻击行为已经从零碎的小规模的攻击发展成为大规模的、分布式和手段多样化的攻击。只有了解网络所面临的各种安全威胁，才能够有的放矢，采取有力防护措施，防范和消除网络安全隐患。

学习目标

▶　了解网络安全的脆弱性；

▶　了解网络所面临的安全威胁。

关键知识点

▶　网络系统的脆弱性导致了网络安全问题。

网络安全的脆弱性

网络通信要求各方都要按照规定的协议或规则进行；若通信用户不按照规则或者利用协议缺陷进行通信，就可能导致网络系统通信出现混乱、系统出现漏洞或者信息被非法窃取。由于因特网在设计之初缺乏安全方面的总体构想与设计，致使互联网存在脆弱性。也就是说，互联网本身存在一些固有的脆弱性（脆弱点），非授权用户利用这些脆弱点可对网络系统进行非法访问。这种非法访问会使系统内数据的完整性受到威胁，也可能使信息遭到破坏而不能继续使用，更为严重的是有价值的信息被窃取而不留任何痕迹。

脆弱点也称为漏洞，是在网络安全领域无法忽略的概念。一个脆弱点可能是某个应用程序、系统、设备或者服务本身在编码或设计时所产生的错误或缺陷，它反映该程序、系统、设备或服务对特定威胁攻击或者危险事件的敏感性或者攻击起作用的可能性。在软件方面，脆弱点可能来自编码时产生的错误，也可能来自业务逻辑设计的缺陷或者交互的不合理性；在硬件方面，脆弱点则主要来自设计的不合理之处，例如硬件芯片的设计存在问题。这些安全缺陷、错误或者不合理之处如果被人利用，不管是有意还是无意，都会给整个网络系统带来不利影响。例如，网络系统管理权限被窃取，重要的数据或者资料被窃取、篡改甚至破坏等。

网络系统安全的脆弱性主要表现在网络的体系结构、通信、操作系统和应用系统以及网络系统本身等方面。

网络体系结构的脆弱性

网络体系结构是从功能上来描述计算机网络结构的。层次化的网络体系，其优点在于每层实现相对独立的功能，层与层之间通过接口来提供服务，每一层都对上层屏蔽如何实现协议的具体细节，使网络体系结构做到与具体物理实现无关。层次化结构允许连接到网络的主机和终端型号、性能可以不一，但只要遵守相同的协议即可以实现互操作。高层用户可以从具有相同功能的协议层开始进行互连，使网络成为开放式系统。这里"开放"指任意两系统之间可以按照相同协议进行通信。网络体系结构要求上层调用下层的服务，上层是服务调用者，下层是服务提供者；但当下层提供的服务出错时，会使上层的工作受到影响。

网络通信的脆弱性

网络安全通信是实现网络设备之间、网络设备与主机节点之间进行信息交换的保障。网络协议是网络通信必不可少的，一个完整的网络系统必须有一套复杂的协议集合。网络通信协议或通信系统的安全缺陷往往会危及网络系统的整体安全。通信协议 TCP/IP 以及 FTP、E-mail、NFS、WWW 等应用协议都存在安全漏洞。例如，FTP 的匿名服务浪费系统资源；E-mail 中潜伏着电子炸弹、病毒等，威胁互联网安全；WWW 中使用的通用网关接口（CGI）程序、Java Applet 程序和 SSI 等都可能成为黑客的工具；黑客可采用 Sock、TCP 预测或远程访问直接扫描等攻击防火墙。

网络系统的通信线路也在面对各种威胁时显得非常脆弱，非法用户可对线路进行物理破坏、搭线窃听、通过未保护的外部线路访问系统内部信息等。

计算机网络中的网络端口、传输线路和各种处理机，都可能因屏蔽不严或未屏蔽而造成电磁信息辐射，从而造成有用信息甚至机密信息泄露。

网络操作系统的脆弱性

网络操作系统体系结构本身就是不安全的。目前，对于操作系统而言，无论是 Windows、UNIX 还是其他网络操作系统，都可能存在安全漏洞；这些安全漏洞一旦被发现和利用，对整个网络系统就会造成安全威胁。操作系统的脆弱性具体表现为：

▶ 动态连接——为了系统集成和系统扩充的需要，操作系统采用动态连接结构，系统的服务和 I/O 操作都可用补丁方式进行升级和动态连接。这种方式虽然为厂商和用户提供了方便，但同时也为黑客提供了入侵的方便（漏洞）。这种动态连接也是计算机病毒产生的温床。

▶ 创建进程——操作系统可以创建进程，而且这些进程可在远程节点上被创建和激活，更加严重的是被创建的进程又可以继续创建其他进程。这样，若黑客在远程将"间谍"程序以补丁方式附在合法用户（特别是超级用户）上，就能摆脱系统进程和作业监视程序的检测。

▶ 空口令和 RPC——操作系统为维护方便而预留的无口令入口和提供的远程过程调用 (RPC)服务，都是黑客进入系统的通道。

▶ 超级用户——操作系统的另一个安全漏洞就是存在超级用户,如果入侵者得到了超级用户口令,则整个系统将完全受控于入侵者。

网络应用系统的脆弱性

随着网络的普及应用,网络应用系统越来越多。网络应用系统也可能存在安全漏洞,这些漏洞一旦被发现或者利用,将可能导致数据被窃或破坏,应用系统瘫痪等。例如:

▶ 数据的可访问性——进入系统的用户可方便地复制系统数据而不留任何痕迹;网络用户在一定的条件下,可以访问系统中的所有数据,并可将其复制、删除或破坏掉。例如,黑客通过探访工具可强行登录或越权使用数据库数据。

▶ 数据库系统的脆弱性——国际通用的数据库如 Oracle、SQL Server、MySQL 等,都存在大量的安全漏洞。以 Oracle 为例,仅 CVE 公布的数据库漏洞就有 2 000 多个。同时,在使用数据库时,还存在着补丁未升级、权限提升、缓冲区溢出等问题,这无疑是先天的不足。

▶ 浏览器访问——由于服务器/浏览器(B/S)结构中的应用程序直接对数据库进行操作,所以在 B/S 结构的网络应用程序中,某些缺陷也可能威胁数据库的安全。

▶ 数据加密——数据加密往往会与 DBMS 的功能发生冲突,或者影响数据库的运行效率。

网络系统本身的脆弱性

网络系统的硬件、软件故障可影响系统的正常运行,严重时系统会停止工作。网络系统的硬件故障通常有计算机硬件故障、电源故障、芯片主板故障、驱动器故障等;网络系统的软件故障通常有操作系统故障、应用软件故障和驱动程序故障以及软件本身的"后门"和漏洞等。

网络系统本身的脆弱性还表现为保密的困难性、介质的剩磁效应和信息的聚生性等。各种存储器中存储了大量的信息,这些存储介质很容易被盗窃或损坏,造成信息丢失。存储器中的信息也很容易被复制而不留痕迹。

此外,在网络管理中,也常常会出现安全意识淡薄、安全制度不健全、岗位职责不明、安全审计不力等问题。这些人为造成的安全漏洞也会导致网络安全问题。

网络犯罪

每当有新技术问世,罪犯们总会考虑如何利用新技术去实施犯罪活动。互联网也不例外——就像大多数用户所知的那样,利用互联网进行的犯罪活动已经见诸报端。虽然网络犯罪(如身份窃取)仅影响个人,但最大的伤害是对商务活动造成威胁,除了直接的货物和服务盗窃之外,还可能影响到企业的长期生存力。声誉的损害、客户信心的丢失、知识产权的失窃以及对用户访问的阻碍,对商业运营都是至关重要的。

所谓网络犯罪,是指行为人运用计算机技术,借助于网络对其系统或信息进行攻击、破坏,或利用网络进行其他犯罪的总称。网络犯罪既包括行为人运用其编程、加密、解码技术或工具在网络上所实施的犯罪,也包括行为人利用软件指令而进行的犯罪。简言之,网络犯罪是针对和利用网络所进行的犯罪,其本质特征是危害网络及其信息的安全与秩序。

从法律的概念来讲,网络犯罪是指行为主体以计算机或计算机网络为犯罪工具或攻击对象而故意实施的危害计算机网络安全的、触犯有关法律规范的行为。从此概念出发，网络犯罪在行为方式上包括以计算机网络为犯罪工具和以计算机网络为攻击对象两种；在行为性质上包括网络一般违法行为和网络严重违法犯罪行为两种。此概念的界定过于宽泛，不利于从刑法理论上对网络犯罪进行研究。综观现有的关于网络犯罪的描述，大体可归纳为以下三种类型：

▶ 通过网络并以其为工具进行的各种犯罪活动；

▶ 攻击网络并以其为目标进行的犯罪活动；

▶ 使用网络并以其为获利来源的犯罪活动。

第一种以网络为犯罪手段，视其为工具，可以称这种行为人为网络工具犯。由于网络已渗透到人们生活的方方面面，其被犯罪分子利用进行犯罪活动的表现形形色色，可以说刑法分则中除了杀人、抢劫、强奸等需要两相面对的罪行以外，绝大多数都可以通过网络进行。后两种网络犯罪类型均以网络为行为对象，称其行为人为网络对象犯。其中包含着以网络为获利来源的犯罪行为和以网络为侵害对象的犯罪行为，其行为人分别称为网络用益犯和网络侵害犯。从技术的角度归纳，当前互联网存在的犯罪现象如表 1.1 所示，因此互联网犯罪可从以下两个方面加以防范：

▶ 检查利用网络技术犯罪的方法；

▶ 创建使网络犯罪更困难和更高成本的相关技术和手段。

表 1.1 当前互联网存在的犯罪现象

现 象	描 述
网络钓鱼	伪装知名网站（如银行）以获取用户的个人信息（如账号和密码）
假冒	制造虚假或夸大货物或服务要求，或者交付假冒伪劣商品
欺诈	欺骗幼稚用户投资理财、网购诈骗，或协助犯罪的各种形式的圈套
拒绝服务	阻塞特定网站，以阻止或阻碍商务活动和贸易
失控	入侵者获取计算机控制权，并用此计算机进行犯罪
数据丢失	丢失知识产权或其他有价值的商业信息等

网络面临的安全威胁

互联网对人类社会的工作和生活将越来越重要，全世界对这个巨大的信息宝藏正在进行不断的发掘和利用。然而，人们在获得巨大利益的同时，也面临着各种各样的安全威胁。所谓安全威胁，是指某个人、物、事或概念对某个资源的机密性、完整性、可用性或合法性所造成的危害。例如，篡改网页、计算机病毒、黑客入侵、信息泄露、网站欺骗、拒绝服务、非法利用漏洞等安全事件。表 1.2 示出了网络攻击者常用的特殊技术。

表 1.2 网络攻击常用的特殊技术

攻击技术	描 述
窃听	复制网络传输中的数据包，以获取信息
重放	重新发送所捕获到的先前会话数据包（如登录口令）
缓冲区溢出	发送超过接收者预计缓冲区容量的存储数据
地址欺骗	伪造 IP 源地址从而欺骗接收者去处理虚假数据包

攻 击 技 术	描　　述
域名欺骗	利用形似的拼写词语，冒充知名网站域名或修改域名服务器的地址绑定
拒绝服务和分布式拒绝服务	以泛洪方式攻击网络服务器，以阻止其提供正常的服务
SYN 泛洪攻击	发送一连串随机的片段（TCP SYN），耗尽服务器 TCP 连接
密钥破解	自动破解密钥或口令，以获得非授权访问
端口扫描	尝试连接目标主机的各协议端口，以寻找漏洞
数据包拦截	从互联网上捕获数据包，以便允许替代攻击和中间人攻击

归纳起来，计算机网络通信面临 4 种安全威胁：

▶ 截获——攻击者通过监控或搭线窃听等手段截获网络上传输的信息。

▶ 篡改——攻击者截获传输的信息并篡改其内容后再进行传输，破坏数据的完整性。

▶ 伪造——攻击者假冒合法用户伪造信息并通过网络传送。

▶ 中断——使系统中断、不正常工作甚至瘫痪，如破坏通信设备、切断通信线路、破坏文件系统等。此外，攻击者还可以通过发送大量信息流，使目标超载乃至瘫痪，以致不能正常提供网络服务。

通常，可将安全威胁分为故意威胁和偶然威胁两类。故意威胁又可分为主动攻击和被动攻击两种。被动攻击试图从系统中获取或使用信息，不影响系统资源；主动攻击则试图改变系统资源，或者影响系统的操作。

主动攻击

主动攻击是指攻击者访问他所需信息的故意行为。例如，远程登录到指定主机的端口 25，找出某邮件服务器的信息；伪造无效 IP 地址去连接服务器，使接收到错误 IP 地址的系统浪费时间去连接某个非法地址。也就是说，攻击者在主动地做一些不利于网络系统安全运行的事情。主动攻击包括拒绝服务、篡改信息、使用资源、欺骗等攻击方法，它涉及对数据流的某些篡改，或者生成假的数据流。主动攻击主要有伪装、重放、数据篡改和拒绝服务 4 种类型。

▶ 伪装——一个实体假装成另外一个实体，从而可以获得更多的特权。伪装攻击往往连同另一类主动攻击一起进行。例如，身份鉴别序列可能被捕获，并在有效的身份鉴别发生时重放，这样通过伪装一个具有较少特权的实体得到额外的特权。

▶ 重放——一种众所周知的攻击技术，它是指捕获某个数据单元后，通过重新传输这些数据来达到未经授权的效果。但重放可能与网络无关，例如攻击者安装了软件或者硬件设备来记录键盘输入。当用户输入他们的密码或者个人身份信息时，记录器就会记录用户按下了哪些键，然后攻击者就可以按照相同的顺序来按键，从而获得访问权。

▶ 数据篡改——攻击者通过未授权的方式非法读取数据并篡改数据，或者对原始报文中的某些报文内容进行修改，或者将报文延迟或重新排序，以达到用户无法获得真实信息的目的。

▶ 拒绝服务（DoS）——将大量数据包以泛洪方式冲击主机（通常是 Web 服务器），即使该服务器能够继续运行，但这种攻击将其消耗大量资源，意味着其他用户的正常服务延时增大或请求被拒绝。由于服务器管理员可以侦察来自单个源的攻击数据包并使之无效，于是又出现了分布式拒绝服务（DDOS）攻击，其做法是：由攻击者操控大量遍布互联网的主机发送数据包去攻击服务器，从而使网络瘫痪或超载，以达到降低网络性能的目的。

还有一种特殊的主动攻击是恶意程序攻击。恶意程序攻击实现的威胁可分为两个方面：一是渗入威胁，如假冒、旁路控制、授权侵犯；二是植入威胁，如特洛伊木马、逻辑炸弹、蠕虫、陷门等。计算机病毒就是对网络安全威胁较大的一种恶意程序。

被动攻击

被动攻击是指对传输的数据进行窃听、窃取或监视，即观察和分析协议数据单元（PDU）的内容，目的是获得正在传送的信息。被动攻击可分为泄露报文内容和通信流量分析两种类型。

泄露报文内容是指通信双方传送的报文中的敏感或机密信息被攻击者截获，并从中获知了报文的真实内容。

通信流量分析是指攻击者通过观察协议数据单元（PDU）判断通信主机的位置和身份，观察被交换报文的频率和长度，对其进行猜测，从而分析正在进行的通信的种类和特点。

被动攻击主要是收集信息而不是进行访问，数据的合法用户对这种活动觉察不到。防止被动攻击的方法是加密；然而，即使采用加密技术，攻击者仍有可能观察到所传输的报文内容。

练习

1. 列出互联网上所存在的主要安全问题，并分别给出简要说明。
2. 列举用于互联网攻击的主要技术。
3. 网络系统面临的主要威胁有哪些？有哪些相应的安全措施？
4. 在网络通信过程中，主要存在哪几种类型的攻击？
5. 简要分析威胁网络安全的主要因素。
6. 主动攻击和被动攻击的区别是什么？
7. 下列攻击行为中属于典型被动攻击的是（　　　）。
  a. 拒绝服务攻击 b. 会话拦截 c. 系统干涉 d. 修改数据命令
8. 窃取是对（1）的攻击，DDoS 攻击破坏了（2）。
  （1）a. 可用性 b. 保密性 c. 完整性 d. 真实性
  （2）a. 可用性 b. 保密性 c. 完整性 d. 真实性

【提示】窃取是窃取者绕过系统的保密措施得到真实、完整且可用的信息。DoS（拒绝服务攻击）是指一种拒绝服务的攻击行为，目的是使计算机或网络无法提供正常的服务。最常见的 DoS 攻击有计算机网络带宽攻击和连通性攻击。而 DDoS 采用分布式的方法和多台机器进行拒绝服务攻击，从而使服务器变得不可用。

9. 计算机感染特洛伊木马后的典型现象是（　　　）。
  a. 程序异常退出   b. 有未知程序试图建立网络连接
  c. 邮箱被垃圾邮件填满   d. Windows 系统黑屏

【提示】任何木马程序成功入侵到主机后都要和攻击者通信，因此如果发现有未知程序试图建立网络连接，则可以认为主机感染了木马病毒。

10. 攻击者截获并记录了从 A 到 B 的数据，然后又从早些时候所截获的数据中提取出信息重新发往 B，这被称为（　　　）。

　　a. 中间人攻击　　b.口令猜测器和字典攻击　　c.强力攻击　　d.重放攻击

【参考答案】8. (1)b；(2)a　　　9. b　　　　10. d

补充练习

通过调研和查阅资料，总结近期常见的网络安全攻击事件，分析其所采用的攻击手段。

第三节　网络安全策略与技术

什么是安全的网络？虽然安全网络的概念一直在吸引着广大用户，但不能简单地说网络是安全的或者不安全的。因为"安全"这个术语的含义是相对的，每个单位都可以定义出允许或者拒绝的访问服务等级。由于安全网络没有绝对的定义，因此为了实现安全系统，一个单位首先要制定安全策略，然后采取相应的安全技术与措施，以保障网络安全。

学习目标

▶　了解制定网络安全策略的侧重点；

▶　熟悉用于执行网络安全策略的主要技术。

关键知识点

▶　合理的网络安全策略需要把一个单位的网络、计算机安全与使用者的行为、信息价值的评估有机联系起来。

安全策略

网络安全风险永远不可能完全消除，必须加强防护与管理。因此，网络安全策略对一个网络拥有机构来说是非常重要的。什么是安全策略呢？安全策略是指在一个特定网络环境中为保证提供一定级别的安全保护所必须遵守的一系列规则。这些规则主要用于如何配置、管理和控制系统，约束用户在正常的环境下应如何使用网络资源，以及当网络环境发生不正常行为时应如何响应与恢复。

网络安全策略等级

随着网络技术的不断发展，全球信息化已成为人类发展的必然趋势。但由于网络具有连接形式多样性、终端分布不均匀性以及网络的开放性、互连性等特点，致使网络易受黑客、骇客、恶意软件和其他不轨手段的攻击，所以网络信息的安全和保密是一个至关重要的问题。对于军用的自动化指挥网络、金融、银行等传输敏感数据的网络系统而言，其网络信息的安全和保密更为重要。因此，网络必须有足够强的安全措施，否则它就是无用的，甚至还会危及社会安全。无论是局域网还是广域网，都存在着自然和人为等诸多因素的脆弱性和潜在威胁。因此，安全策略应能全方位、有层次地针对各种不同的威胁和脆弱性，采取不同的安全保护措施，只有这样才能确保网络信息的机密性、完整性和可用性。

网络安全策略的关键是如何保护企业内部网络及其信息，通常包括总体策略和具体规则两部分内容。总体策略用于阐述安全策略的总体思想；而具体规则用于说明什么是允许的，什么是禁止的。通常将安全策略划分为如下 4 个等级：

- ▶ 一切都是禁止的。这种策略等级是最高保护策略，其实现方法是切断内部网络与外部网络的连接。采用这种策略虽能有效防止内部网络遭受外部攻击，但也隔绝了内部网络与外界的连接。通常情况下，这是一种不可取的策略。
- ▶ 一切未被允许的都是禁止的。这种策略开放（允许）有限的资源，对于未明确允许的资源禁止访问。
- ▶ 一切未被禁止的都是允许的。这种策略只禁止对部分资源的访问，对于未明确禁止的资源都允许访问。
- ▶ 一切都是允许的。这是没有任何保护的策略，即把内部网络的全部资源完全对外开放，不加任何保护。通常情况下，这种策略也是不可取的。

网络安全策略的主要内容

网络安全策略涉及的内容比较多，一般将其分为三大类：逻辑上的策略、物理上的策略和政策上的策略。面对种种安全威胁，仅仅依靠物理上和政策（法律）上的手段来防止网络犯罪显得十分有限和困难，因此必须研究使用逻辑上的安全策略，如安全协议、密码技术、数字签名、防火墙、安全审计等。显然，网络安全策略不仅包括对各种网络服务的安全层次、用户权限进行分类，确定管理员的安全职责，还包括如何实施安全故障处理，规划设计网络拓扑结构，入侵和攻击的防御与检测，数据备份和灾难恢复等。在此主要介绍网络系统的一些实用性安全策略，如物理安全策略、安全访问控制策略、网络加密策略和安全管理策略。

1. 物理安全策略

网络的物理安全是网络安全的基础，是在物理层次上的安全保护。物理安全策略主要涉及网络连接的规则、运行环境的保护机制，其主要目的是：①保护计算机系统、网络服务器、路由器、交换机等硬件实体和通信链路免受自然灾害、人为破坏、操作失误和搭线攻击；②确保计算机系统有一个良好的电磁兼容工作环境；③建立完备的安全管理制度，防止各种偷窃、破坏活动的发生。

2. 安全访问控制策略

安全访问控制是网络安全防御和保护的主要策略，其主要任务是保证网络资源不被非法使用和非授权访问，这也是维护网络系统安全、保护网络资源的重要手段。虽然各种安全策略必须相互配合才能真正起到保护作用，但访问控制可以说是保证网络安全最重要的核心策略，它包括操作系统的安全控制、网络互连设备的安全控制、网络的安全防护等策略。

3. 网络加密策略

网络加密的目的是保护网络内部的数据、文件、口令和控制信息以及网络上传输的数据。常用的网络加密方法有链路加密、节点对节点加密和端到端加密。链路加密的目的是保护网络节点之间的链路信息安全；节点对节点加密的目的是对源节点到目的节点之间的传输链路提供加密保护；端到端加密的目的是对源端点用户到目的端点用户的数据提供加密保护。用户可根据网络情况酌情选择这几种加密方式，一般不采用节点对节点加密方式。

安全策略还应明确保护敏感信息所要采用的加密/解密算法，而且并不限于一种算法，目的是以较小的代价提供较强的安全保护。除此之外，安全策略还应说明密钥管理的方法。

　　4．网络安全管理策略

　　为了抵御网络攻击，保障网络安全，目前几乎所有的网络系统都装备了各式各样的网络安全设施，如加密设备、防火墙、入侵检测系统、漏洞扫描、防杀病毒软件、VPN、认证系统、审计系统等。安全管理策略是网络安全的生命；加强网络的安全管理，制定有关规章制度，对于确保网络安全和可靠运行将起到十分重要的作用。

　　网络的安全管理策略包括：确定安全管理等级和安全管理范围；制定有关网络操作使用规程和人员出入机房制度；制定网络系统的维护制度以及应急响应、灾难恢复与备份措施等。

　　总而言之，网络安全最终将是一个折中的方案，需要在危害和降低威胁的代价之间做出权衡。获得一个安全强度和安全代价的折中方案，需要考虑的主要因素包括：①用户的方便程度；②管理的复杂性；③对现有系统的影响；④对不同平台的支持。

安全策略的制定

　　由于网络安全是相对的，这就使得对安全的定义就显得比较复杂。例如，某公司为了保护有价值的商业信息，拒绝外部人员访问其计算机；一个拥有可用信息网站的单位，则可以将网络安全定义为可任意访问数据但禁止外部人员修改数据；也有一些单位注重通信的机密性，需要将安全网络定义为除了发送者或者真正的接收者之外都不能截取和阅读报文。因此，为了实现安全的网络系统，必须制定网络安全策略。所谓安全策略，并不是规定如何实现保护，而是清楚地、无二义性地阐明所要保护的各个条目。

　　制定网络安全策略是一项非常复杂的工作，因为要涉及网络设施、计算机以及人的行为等多方面的因素。例如，无线网络信号在单位建筑物以外被接收，把移动存储器（如 U 盘）带出单位的来访人员，或者在家办公的员工等。同时，单位还要正确认识自身信息的价值，因为在很多情况下，信息的价值是很难评估的。例如，一个包含员工档案、工作时间和薪资等级的数据库系统，假如竞争对手获得这些数据，他们可能会依此引诱公司员工跳槽，或者做意想不到的事情。因此，在制定网络安全策略时需要考虑清楚保护的侧重点，而且要在安全性和易用性之间进行权衡。一般来说，制定网络安全策略时需要考虑以下方面：

► 数据完整性——防止数据被篡改，即到达接收方的数据是否与发送出来的数据完全相同。

► 数据可用性——防止服务受到破坏，即对于合法的使用是否能够保持数据的可访问性。

► 数据机密性——防止未授权的数据访问（如窃听、数据拦截、密钥破解等），即数据是否能够防止非授权访问。

► 数据私密性——发送者保持其匿名身份的能力，即发送者的身份是否会被泄露出去。

安全责任与控制

　　一个单位要实现安全的网络，还必须考虑如何正确规定、如何分派或控制对数据信息的安全责任。对信息的安全责任通常包含以下两方面：

► 审计责任——指如何保留审计踪迹，即哪个部门对哪项数据负有责任，以及如何保留各个部门对数据进行访问和修改的记录。

▶ 授权——指对每个信息项的责任以及如何把这样的责任委派给他人,即由谁来负责决定将信息存储在哪里,以及负责人如何审批访问和修改权限。

审计责任和授权的关键是控制。一个单位必须对信息的服务进行控制,控制的关键又是认证,即怎样确定身份。例如,假定一个单位详细制定了一套给予员工比普通来访者使用更高权限的授权策略,那么除非该单位具有一套区分本单位和普通来访者的认证机制,否则其授权策略是没有意义的。认证对象除了人之外,还应扩展到计算机、设备和应用软件。

网络安全关键技术

网络安全技术是指致力于解决如何有效地进行介入控制以及如何保证数据传输的安全性等的技术手段,主要包括物理安全技术、网络结构安全技术、系统安全技术和管理安全技术,以及一些安全服务和安全机制策略。

随着网络技术的发展,网络安全已成为当今网络社会焦点中的焦点,几乎没有人不谈论网络安全问题,病毒、黑客程序、邮件炸弹、远程侦听等都无不让人胆战心惊。病毒、黑客的猖獗使身处当今网络社会的人们谈网色变,无所适从。因此,如何有效地保护重要的数据信息、提高网络系统的安全性,已成为网络系统安全必须解决的重要问题之一。

网络攻击与防护是"矛"和"盾"的关系,网络攻击技术越来越复杂,而且常常超前于网络防护技术。为了应对不断更新的网络攻击手段,网络安全技术经历了从被动防护到主动检测的发展过程。目前已经具有的一些有效的防护技术,大体上可以划分为加密/解密技术、访问控制技术、安全检测技术、安全监控技术、安全审计技术 5 大类,如图 1.2 所示。综合运用这些防护技术,可以有效地抵御网络攻击,而这些研究成果也已经成为众多网络安全产品的研发基础。

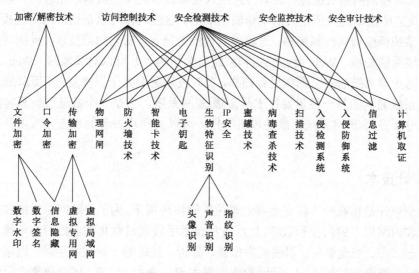

图 1.2 网络安全防护技术

加密/解密技术

密码学以研究数据机密性为目的,对所存储或传输的数据进行秘密交换,以防止第三者窃取。加密/解密技术包含文件加密、口令加密和传输加密及其解密技术等。完成加密和解密的算法称为密码体制。密码体制是指一个加密系统所采用的基本工作方式。若按照加密密钥是否可以公开，可以把密码体制划分为对称密钥密码体制和非对称密钥密码体制两大类，又分别称之为单钥体制和双钥体制。密码学的一项基本原则，是必须假定密码分析员掌握编码技术原理和方法，并且能够获得一定数量的明文密文对。密码的安全性必须把这条准则作为衡量的前提。如果不论信息截获者得到多少密文，都无法通过密文中的信息唯一地确定明文，则称该密码体制是无条件安全的，或称为理论上不可破译的。但是绝对安全的密码是不存在的，当前几乎所有实用的密码体制都是可破译的。因此，人们关心的是在计算上不可破译的密码体制。如果一个密码体制中的密码不能被可以使用的计算机资源所破译，则认为这一密码体制在计算上是安全的。

访问控制技术

访问控制是网络安全防御和保护的核心策略。它规定了主体对客体访问的限制，并在身份识别的基础上，根据身份对提出资源访问的请求加以限制。访问控制技术是对网络信息系统资源进行保护的重要措施，也是计算机系统中最重要和最基础的安全机制。实现访问控制的技术、方法虽然比较多，但主要的还是身份识别和防火墙技术。身份识别是用户接入和访问网络的关键环节。采用用户名（或用户账号）、口令是所有计算机系统进行访问控制的基本形式。防火墙技术是建立在现代网络通信技术和信息安全技术基础上的安全检测、监控技术。一般情况下，计算机网络系统与互联网连接的第一道防线就是防火墙。

安全检测与监控技术

安全检测与监控技术主要包括实时安全监控技术和安全扫描技术。实时安全监控技术通过硬件或软件实时检测网络数据流并将其与系统入侵特征数据库的数据相比较；一旦发现有被攻击的迹象，就立即根据用户所定义的动作做出响应。这些动作可以是切断网络连接，也可以是通知防火墙系统调整访问控制策略，过滤掉入侵的数据包。安全扫描技术（包括网络远程安全扫描、防火墙系统扫描、Web 网站扫描和系统安全扫描等）可以对局域网、Web 站点、主机操作系统及防火墙系统的安全漏洞进行扫描，及时发现漏洞并予以修复，从而降低系统的安全风险。发现系统漏洞的另一种重要技术是蜜罐/蜜网系统，它是一个故意引诱黑客前来攻击的目标。通过分析蜜罐/蜜网系统记录的攻击事件，可以发现攻击者的攻击方法以及系统所存在的漏洞。

安全审计技术

网络安全审计是指在一个特定企事业单位的网络环境下，为了保障网络系统和信息资源不受来自外网和内网用户的入侵和破坏，运用各种技术手段实时收集和监控网络环境中每一个组成部分的安全状态、安全事件，以便集中报警、分析、处理的一种技术手段。网络安全审计作为一个新提出的概念和发展方向，已经表现出强大的生命力。目前，围绕该概念已经研制了许多新产品和解决方案，如上网行为监控、信息过滤和计算机取证等。

练习

1. 为什么说定义一个网络安全策略不是一件容易的事情？

2. 假如一个公司要实现一种策略——只有人力资源部门才可以查看员工薪资资料，那么实现这种策略需要什么机制？

3. 列出几种基本的网络安全技术，并说明各自的用途。

补充练习

许多网络站点和 Web 资源均对网络安全技术提供技术支持，其中包括 USENET 新闻组、论坛等。希望读者及时查阅相关资料，以跟踪该领域的最新研究与发展。例如，访问中国信息安全测评中心网站（http://www.itsec.gov.cn）等，了解网络安全技术的最新发展。

第四节 网络安全标准

近年来，随着信息技术的快速发展和应用，网络安全形势日趋复杂而严峻，网络安全标准化就显得十分重要。网络安全标准是指为了规范网络行为、净化网络环境而制定的强制性或指导性的规定。世界各国纷纷颁布了计算机网络的安全管理标准，例如我国颁布了《计算机网络国际互联网安全管理办法》等多个国家标准。为保障网络安全，维护网络空间主权和国家安全、社会公共利益，保护公民、法人和其他组织的合法权益，促进经济社会信息化健康发展，我国于 2016 年 11 月 7 日发布了《中华人民共和国网络安全法》。目前，网络安全标准主要有针对系统安全等级、系统安全评定方法、系统安全使用和操作规范等方面的标准。

学习目标

▶ 熟悉信息安全等级标准；
▶ 了解网络与信息安全标准体系的组成，以及计算机系统安全国内外评价标准。

关键知识点

▶ 网络安全标准化是网络安全保障体系建设的重要组成部分，它在构建安全的网络空间、推动网络治理体系变革方面发挥着基础性、规范性、引领性作用。

信息安全等级标准

通常，为了保护人和资产的安全而制定的标准称为安全标准。安全标准一般有两种形式：一种是专门的特定的安全标准；另一种是在产品标准或工艺标准中列出有关安全的要求和指标。网络安全标准化是包括标准体系研究、标准文本制订/修订及技术验证、标准的产业化应用等多个环节以及相关组织运作的集合。网络与信息安全标准化工作对于解决安全问题具有重要的支撑作用。网络与信息安全标准体系的作用主要体现在两个方面：一是确保有关产品、设施的技术先进性、可靠性和一致性，确保信息化系统可用、互联互通互操作；二是按照国际规则实行信息技术产品市场准入制，为相关产品的安全性提供评测依据，以强化和保证信息化安全产品、工程、服务的自主可控性。

网络与信息安全标准体系

近 20 多年来，人们一直在努力研究安全标准，并将安全功能与安全保障相分离，制定了许多复杂而详细的条款；遵循"科学、合理、系统、适用"的原则，在总结和分析国内外网络与信息安全标准、安全技术与方法以及发展趋势的基础上，提出了网络与信息安全标准体系框架，如图 1.3 所示。

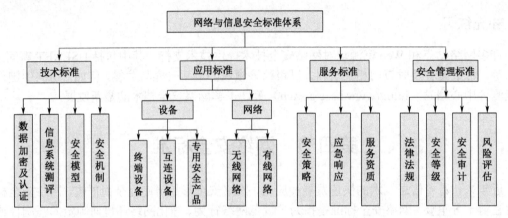

图 1.3　网络与信息安全标准体系框架

计算机系统安全国际评价标准

早在 20 世纪 70 年代，以美国为首的西方发达国家就已经开始关注网络与信息安全标准。到了 20 世纪 90 年代，随着互联网应用的普及，网络与信息安全标准日益受到世界各国和各种组织的关注。在网络系统可信度的评估中，美国国防部制定的"可信计算机系统安全评价准则"（TCSEC）具有重要的历史地位和作用。TCSEC 将计算机系统安全划分为 4 类 7 级，其安全级别由高到低依次是 A、B3、B2、B1、C2、C1 和 D，其中 A 为最高级，如表 1.3 所示。

表 1.3　TCSEC 安全级别划分

类别	级别	名　称	主　要　特　征
D	D	安全保护欠缺级	没有安全保护
C	C1	自主安全保护级	自主存取控制
	C2	受控存取保护级	单独的可查性，安全标记
B	B1	标记安全保护级	强制存取控制，安全标记
	B2	结构化保护级	面向安全的体系结构，具有较好的抗渗透能力
	B3	安全域保护级	存取监控，具有高抗渗透能力
A	A	验证设计级	形式化的最高级描述和验证

由表 1.3 可知，计算机系统的安全实际上是指某种程度的安全，具体的安全程度是根据实际需要和所具备的条件而确定的。目前，常见的网络安全产品大多处于 C1、C2 和 B1 级。TCSEC 的安全概念仅限于信息的"保密性"，没有超出计算机系统安全的范畴。20 世纪 90 年代初，英、法、德、荷 4 国针对 TCSEC 准则存在的这种局限性，联合提出了包含机密性、完整性、可用性概念的"信息技术安全评价准则"（IT SEC），俗称白皮书。1993 年，在六国七方（美

国国家安全局和国家技术标准研究所，加、英、法、德、荷）的合作下，提出了"信息技术安全评价通用准则"（CC for IT SEC），简称 CC。CC 综合了国际上已有的评测准则和技术标准的精华，给出了框架和原则要求，并于 1999 年 7 月通过国际标准化组织认定，确立为国际标准，编号为 ISO/IEC 15408。ISO/IEC 15408 标准对信息安全内容和级别给予了更完整的规范，为用户对安全需求的选取提供了充分的灵活性。

CC 通过对安全保证的评估而划分安全等级，每一等级对保证功能的要求各不相同；安全等级增强，对保证组建的数目或者同一保证的强度要求就会增加。借鉴 IT SEC 安全等级的划分，CC 安全等级共分 7 级，由 EAL1 到 EAL7 逐渐提高，分别为：EAL1——功能测试；EAL2——结构测试；EAL3——系统的测试与检查；EAL4——系统的设计、测试和评审；EAL5——半形式化设计和验证；EAL6——半形式化验证的设计和测试；EAL7——形式化验证的设计和测试。

我国计算机系统安全的评价标准

我国一直高度关注网络与信息安全标准化工作，从 20 世纪 80 年代起就着手进行网络与信息安全标准的研究，现在已正式发布相关国家标准 60 多个。另外，相关部门也相继制定、颁布了一批网络与信息安全的行业标准，为推动网络与信息安全技术在各行业的应用发挥了积极的作用。1999 年 9 月，经过国家质量技术监督局批准，发布了《计算机信息系统安全保护等级划分准则》（GB 17859—1999），将我国计算机系统安全保护划分为 5 个等级，与 CC 存在大致的安全级别对应关系：

▶ 第一级为用户自主保护级（L1）：L1 的安全保护机制使用户具备自主安全保护的能力，保护用户信息免受非法读写破坏。

▶ 第二级为系统审计保护级（L2）：L2 除具备 L1 所有的安全保护功能外，要求创建和维护访问的审计跟踪记录，使所有的用户对自己行为的合法性负责。

▶ 第三级为安全标记保护级（L3）：L3 除继承前面级别的安全功能外，还要求以访问对象标记的安全级别限制访问者的访问权限，实现对被访问对象的强制保护。

▶ 第四级为结构化保护级（L4）：L4 在继承前面安全级别的安全功能的基础上，将安全保护机制划分为关键部分和非关键部分；关键部分直接控制访问者对访问对象的存取，从而加强系统的抗渗透能力。

▶ 第五级为访问验证保护级（L5）：这一级别特别增设了访问认证功能，负责仲裁访问者对被访问对象的所有访问活动。

GB 17859—1999 提出的安全要求可归纳为 10 个安全要素：自主访问控制、强制访问控制、标记、身份鉴别、客体重用、审计、数据完整性、隐蔽通道分析、可信路径、可信恢复。该准则为安全产品的研制提供了技术支持，也为安全系统的建设和管理提供了技术指导。此外，针对不同的技术领域还有一些其他安全标准，如：《信息处理系统 开放系统互连基本参考模型 第 2 部分：安全体系结构》（GB/T 9387.2—1995）、《信息技术 安全技术 实体鉴别机制 第 I 部分：一般模型》（GB 15843.1—1995）、《信息技术设备的安全》（GB 4943—1995）等。

为切实履行通信网络安全管理职责，提高通信网络安全防护水平，依据《中华人民共和国电信条例》，工业和信息化部于 2009 年 9 月起草了《通信网络安全防护监督管理办法》，拟对通信网络安全实行五级分级保护。

信息安全管理体系

信息安全管理体系（Information Security Management System，ISMS）是目前世界上应用最广泛与最典型的信息安全管理标准。ISMS 的目标是将信息安全问题纳入组织的管理体系框架内，从制度上保证不同的组织更好地符合信息安全的相关法律法规，将其信息安全风险较低到可接受的范围内，将技术和管理手段有机结合在一起，从根本上解决信息安全问题。

ISMS 是 1998 年前后从英国发展起来的信息安全领域中的一个新概念，是管理体系（Management System，MS）思想和方法在信息安全领域的应用。近年来，伴随着 ISMS 国际标准的制修订，ISMS 迅速被全球接受和认可，成为世界各国、各种类型、各种规模的组织解决信息安全问题的一个有效方法。ISMS 认证随之成为组织向社会及其相关方证明其信息安全水平和能力的一种有效途径。ISMS 的具体要求定义在 ISO/IEC 27000 系列标准中，包括：

- ▶ ISO/IEC 27000（原理与术语）；
- ▶ ISO/IEC 27001（信息安全管理体系–要求）；
- ▶ ISO/IEC 27002（信息技术–安全技术–信息安全管理实用规则）；
- ▶ ISO/IEC 27003（信息安全管理体系实施指南）；
- ▶ ISO/IEC 27004（信息安全管理测量）；
- ▶ ISO/IEC 27005（信息安全技术风险管理）；
- ▶ ISO/IEC 27006（信息安全管理体系审核认证机构要求）；
- ▶ ISO/IEC 27007（信息安全管理体系审核员指南）。

在这些标准中，ISO/IEC 27001 是 ISO/IEC 27000 系列的主标准，类似于 ISO9000 系列中的 ISO9001，各类组织可以按照 ISO/IEC 27001 的要求建立自己的信息安全管理体系（ISMS）并通过认证。目前的有效版本是 ISO/IEC 27001:2005。

ISO/IEC 27001:2005（信息安全管理体系–要求）于 2005 年 10 月 15 日正式发布，是 ISMS 的要求标准，其内容共分 8 章和 3 个附录，其中附录 A 中的内容直接引用其前身 ISO/IEC 17799:2005 的第 5～15 章。ISMS 标准族中的其他标准都有"术语和定义"部分，但不同标准的术语间往往缺乏协调性，而 ISO/IEC 27000 则主要用于实现这种协调。

ISMS 是组织机构按照信息安全管理体系相关标准的要求，制定信息安全管理方针和策略，采用风险管理的方法进行信息安全管理计划、实施、评审检查、改进的信息安全管理工作体系。在实际操作中，ISO/IEC 27001 采用了"规划（Plan）—实施（Do）—检查（Check）—处置（Act）"（PDCA）模型来建立、实施、运行、监视、评审、保持和改进一个单位的 ISMS，该模型的结构如图 1.4 所示。

- ▶ 规划（建立 ISMS）——建立与管理风险、改进信息安全有关的 ISMS 方针、目标、过程和程序，以提供与机构总方针、目标一致的结果。
- ▶ 实施（实施和运行 ISMS）——实施和运行 ISMS 方针、控制措施、过程和程序。
- ▶ 检查（监视和评审 ISMS）——对照 ISMS 方针、目标和实践经验，对过程的执行情况进行评估，并在适当时候进行测量，且将结果报告给管理者，以供评审。
- ▶ 处置（保持和改进 ISMS）——基于 ISMS 内部审核和管理评审的结果或者其他相关信息，采取纠正和预防措施，以持续改进 ISMS。

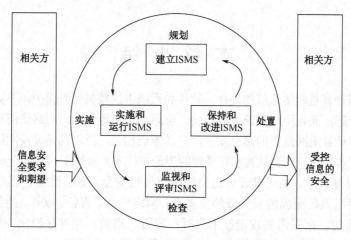

图 1.4　应用于 ISMS 过程的 PDCA 模型结构

　　PDCA 模型说明业务流程是不断改进的，该方法使得职能部门可以识别出那些需要改进的环节并进行修正。这个流程以及流程的改进，都必须遵循这样一个过程：先计划，再执行，而后对其运行结果进行评估；紧接着按照计划的具体要求对该评估进行复查，并找到任何与计划不符的结果或偏差（即潜在的改进可能性）；最后向管理层提出如何运行的最终结果。

练习

1. 简述我国计算机安全等级划分与相关标准的 5 个等级。
2. 解释 PDCA 模型 4 个阶段的含义。
3. TCSEC 共分为（　　）大类（　　）级。

　　　a. 4　7　　　　　b. 3　7　　　　　c. 4　5　　　　　　d. 4　6

4. TCSEC 定义的属于 D 级的系统是不安全的，以下操作系统中属于 D 级的是（　　）。

　　　a. 运行非 UNIX 的 Macintosh 机　　　b. XENIX

　　　c. 运行 Linux 的 PC　　　　　　　　d. UNIX 系统

5. 根据可信计算机系统安全评价准则（TCSEC），不能用于多用户环境下重要信息处理的系统属于（　　）。

　　　a. A 类系统　　　b. B 类系统　　　c. C 类系统　　　d. D 类系统

　　【提示】D 类系统的安全要求最低，属于非安全保护类，它不能用于多用户环境下的重要信息处理。

6. 网络安全最终是一个折中的方案，即安全强度和安全操作代价的折中，除增加安全设施投资外，还应考虑（　　）。

　　　a. 用户的方便性　　　　　　　　　　　b. 管理的复杂性

　　　c. 对现有系统的影响及对不同平台的支持　　d. 上面 3 项都是

　　【参考答案】3. a　　4.a　　5.d　　6.d

补充练习

查找资料，说明有哪几种网络安全体系模型，以及各模型的特点如何。

本 章 小 结

网络安全是指计算机网络系统的硬件、软件和系统中的数据受到保护，不会因偶然的原因遭到破坏、更改或泄露，而且网络系统可以连续、可靠、正常地运行，网络访问不会中断。从本质上讲，网络安全是计算机网络上的信息安全，涉及领域相当广泛，凡是涉及网络上的保密性、完整性、可用性、真实性、不可否认性和可靠性的理论与技术，都属于网络安全研究的领域。

互联网是一种新技术，由于其设计之初缺少总体性安全考虑，致使它存在安全漏洞，也被用于犯罪活动。网络系统面临的安全威胁主要有：网络钓鱼、假冒、欺诈、拒绝服务、失控（傀儡机）和数据丢失等。所采用的攻击技术包括：窃听、重放、缓冲区溢出、地址和域名欺骗、拒绝服务和 SYN 泛洪攻击、密钥破解、端口扫描和数据包截获等。

为保证网络安全，拥有网络的每个单位都需要定义自己的安全策略，对多个方面做出规定，这些规定包括：数据的完整性、数据的可用性、数据的机密性或私密性。同时，还要考虑可审计性（如何保存审计跟踪迹）和授权（如何在不同人员之间传递信息所负有的责任）。如果没有能够明确地检验请求者身份的认证机制，那么授权策略将是毫无意义的。目前，已经开发出各种各样可用于互联网安全防御的网络安全技术。网络安全防护技术可为网络安全提供安全保障，通过采取有效的安全防护策略，确保网络本身及网络数据的安全。

小测验

1. 计算机网络安全有哪些需求？对计算机网络安全构成威胁的因素有哪些？
2. 网络安全所涉及的内容包括哪些方面？
3. 为什么要研究网络安全？日常有哪些网络安全措施可以加固网络系统？
4. 说明 Windows 2012 Server 属于哪个安全级别，为什么？
5. 信息安全的基本属性是（　　）。
　　a. 机密性　　　　　　b. 可用性　　　　　c. 完整性　　　　　d. 上面 3 项都是
6. 典型的网络安全威胁不包括（　　）。
　　a. 窃听　　　　　　　b. 伪造　　　　　　c. 身份认证　　　　d. 拒绝服务攻击
7. 会话侦听和劫持技术是属于（　　）的技术。
　　a. 密码分析还原　　b. 协议漏洞渗透　　c. 应用漏洞分析与渗透　d. DOS 攻击
8. 从安全属性对各种网络攻击进行分类，阻断攻击是针对（　　）的攻击。
　　a. 机密性　　　　　　b. 可用性　　　　　c. 完整性　　　　　d. 真实性
9. 拒绝服务攻击的后果是（　　）。
　　a. 应用程序不可用　b. 系统宕机　　　　c. 阻止通信　　　　d. 上面 3 项都是
10. 攻击者通过发送一个目的主机已经接收过的报文来达到攻击目的，这种攻击方式属于（　　）攻击。
　　a. 重放　　　　　　　b. 拒绝服务　　　　c. 数据截获　　　　d. 数据流分析

【提示】重放攻击（攻击者发送一个目的主机已接收过的包，来达到欺骗系统的目的，主要用于身份认证过程。

【参考答案】5.d　　6.c　　7.b　　8.b　　9.d　　10.a

第二章 密码技术

概 述

随着物联网、云计算和大数据等新型网络形态及网络服务的兴起，人们对安全的需求程度越来越高，对各种网络安全应用也越来越重视，使密码学的发展受到广泛关注。目前日益激增的电子商务和其他互联网应用需求，使得密码学技术得到了广泛普及，这些需求主要包括对服务器资源的访问控制和对电子商务交易的保护，以及权利保护、个人隐私、无线交易和内容完整性等方面。密码学广泛应用于各行各业，几乎覆盖了各个领域，它因应用需求而产生，因应用需求而发展。

事实上，在人们的日常生活中，密码的使用无处不在。例如：打开有密保的计算机需要输入密码；登录 QQ、查看微信，都需要输入密码。其实，这些人们认为的密码并不是真正意义上的密码，它们只是口令；真正意义上的密码属于一门专门的学科——密码学。（注：在实际使用时，口令和密码一词的含义相同，并不加以严格区分。）

密码学是一门古老的学科。例如，在公元前 50 年左右，著名的凯撒（Caesar）密码就已经用于古代军队的秘密通信。计算机及其网络技术的发展，给密码学带来了许多技术上的飞跃，密码学已经成为集数学、计算机、电子与通信等诸多学科于一身的交叉学科。如今，密码学已广泛应用于人们的日常生活，包括电子商务、电子政务、各类芯片卡、信息系统和管理系统等。

本章首先介绍密码学的基本概念、密码系统的运行过程、密码体制的度量准则和分类；然后重点讨论各种网络加密策略及具体实现算法；接下来阐释认证和鉴别的理论体系，包括认证与鉴别、消息摘要算法、数字签名和数字证书等；最后介绍密钥管理和分配方案，重点阐释KMI、PKI、PMI 等密钥管理体制。概括起来，本章主要涵盖以下内容：

- ▶ 密码学基础；
- ▶ 网络加密策略；
- ▶ 认证和鉴别；
- ▶ 密钥管理与分配。

第一节 密码学基础

随着计算机和互联网的迅速发展，安全问题越来越引起人们的关注。在安全领域，密码学是解决安全问题的基础，所以在深入讨论网络安全技术之前，首先要了解一些密码学的基础知识。本节先介绍一些密码学的基本概念和专业术语，包括密码系统的构成、运行过程、密钥体制的设计原则和安全度量标准等；然后讨论密码体制中的对称密钥密码体制和非对称密钥密码体制，以及具体的加解密过程和使用场景。

学习目标

- ▶ 了解密码学的基础知识及密码学的发展史；
- ▶ 熟悉密码体制、模型描述和安全度量标准；
- ▶ 掌握常见的密码体制分类以及具体的加解密过程。

关键知识点

- ▶ 密码系统的构成；
- ▶ 密码体制。

密码学的基本概念

密码学是研究密码编制、密码破译和密钥管理的一门综合性应用科学。密码学包括两个分支：密码编码学和密码分析学。其中，密码编码学研究对数据进行变换的原理、手段和方法，应用于编制密码以保守通信秘密；密码分析学研究如何破译密码以获取通信情报。密码编码学和密码分析学是两个既对立又统一的矛盾体，安全的密码机制能促进分析方法的发展，而强大的分析方法又加速了更加安全的密码机制的诞生；密码编码学和密码分析学两者相互对立、相互依存并共同发展。

密码学中的常用概念术语

密码学的基本思想是隐藏、伪装信息，使未经授权者不能得到信息的真正含义。伪装信息的方法就是进行一组数学变换。在密码学中，常常用到如下基本概念以及表 2.1 所示的专业术语：

- ▶ 明文（Message）：一般可以简单地认为，明文是有意义的字符或比特集，或通过某种公开的编码标准就能获得的消息。明文常用 M 表示。
- ▶ 密文（Ciphertext）：对明文施加某种伪装或变换后的输出，也可认为是不可直接理解的字符或比特集。密文常用 C 表示。
- ▶ 加密（Encryption）：把原始信息（明文）转换为密文的信息变换过程。
- ▶ 解密（Decryption）：把已加密的信息（密文）恢复成明文的过程，也称为脱密。
- ▶ 密码算法：也称密码，通常是指加解密过程所使用的信息变换规则，是用于信息加密和解密的数学函数。
- ▶ 加解密算法：对明文进行加密时所采用的一组规则（或函数）称作加密算法，而对密文进行解密时所采用的规则称作解密算法。
- ▶ 加解密密钥：一般地，加密算法和解密算法都是在一组密钥控制之下进行的，加密时使用的密钥称之为"加密密钥"，解密时使用的密钥称之为"解密密钥"。
- ▶ 对称加密：也称单密钥加密，是指发送者和接收者双方都使用相同的密钥，也称为单密钥加密。
- ▶ 非对称加密：也称为双密钥加密或公钥加密，是指发送者和接收者各自使用一个不同的密钥。这两个密钥形成一个密钥对：一个可以公开，称之为公钥；另一个必须为密钥持有人秘密保管，称之为私钥。

表 2.1　密码学专业术语

序号	专业术语	序号	专业术语
1	发送者（Sender）	6	接收者（Receiver）
2	加密函数 $E(M) = C$	7	解密函数 $D(C) = M$
3	密钥（Key）	8	密钥空间（Keyspace）
4	密码编码学（Cryptography）	9	密码分析学（Cryptanalysis）
5	单密钥加密（对称加密）	10	双密钥加密（非对称加密或公钥加密）

密码学的发展历程

密码作为一种技术或一种通信保密的工具，它的发展历史极为久远，其起源可以追溯到几千年前的埃及、巴比伦和古希腊。在这几千年的历史中，密码学经历了从古典密码学到现代密码学的演变。概括起来，可分为古代加密方法、古典密码方法、近代密码学、现代密码学 4 个阶段。

1. 古代加密方法

古代加密方法阶段被称为科学密码学的前夜。这一阶段的密码技术可以说是一种艺术，还不是一种科学，密码学专家常常凭知觉和信念来进行密码设计和分析，而不是推理和证明。古代加密方法大约起源于公元前 440 年，当时为了安全传送军事情报，奴隶主剃光奴隶的头发，将情报写在奴隶的光头上，待头发长长后将奴隶送到另一个部落，再次剃光头发，原有的信息复现出来，从而实现这两个部落之间的秘密通信，这就是最初的隐写术。公元前 400 年，斯巴达人发明了"塞塔式密码"，即把长条纸螺旋形地斜绕在一个多棱棒上，将文字沿棒的水平方向从左到右书写，写一个字旋转一下，写完一行再另起一行从左到右写，直到写完。解下来后，纸条上的文字消息杂乱无章、无法理解，这就是密文；但将它绕在另一个同等尺寸的棒子上后，就能看到原始的消息。我国古代也早有以藏头诗、藏尾诗以及绘画等形式将要表达的秘密信息隐藏在诗文或画卷中特定位置的记载，一般人只注意诗或画的表面意境，而不会去注意或很难发现隐藏其中的秘密信息。

2. 古典密码方法

古典密码一般是文字置换，它使用手工或机械变换的方式实现。古典密码系统已经初步体现出近代密码系统的雏形，它比古代加密方法复杂，但其变化较小。比较经典的古典密码例子是：

（1）掩格密码。16 世纪米兰的物理学和数学家 Cardano 发明的掩格密码，可以事先设计好方格的开孔，将所要传递的信息和一些其他无关的符号组合成无效的信息，使截获者难以分析出有效信息。

（2）凯撒（Caesar）密码。据记载在罗马帝国时期，凯撒大帝曾经设计过一种简单的移位密码，用于战时通信。这种加密方法就是将明文的字母按照字母顺序，往后依次递推相同的字母，就可以得到加密的密文；而解密的过程正好和加密的过程相反。

3. 近代密码学

近代密码学阶段是指从第一次世界大战、第二次世界大战到 1976 年这段时期。1844 年，萨米尔·莫尔斯发明了莫尔斯电码，它用一系列的电子点画来进行电报通信。电报的出现第一次使远距离快速传递信息成为可能。20 世纪初，意大利物理学家奎里亚摩·马可尼发明了无线电报，让无线电波成为新的通信手段，实现了远距离通信的即时传输。马可尼的发明永远地改变了密码世界。20 世纪 70 年代，快速电子计算机和现代数学方法一方面为加密技术提供了新的概念和工具，另一方面也给破译者提供了有力武器。利用电子计算机可以设计出更为复杂的密码系统。直到 1976 年，W. Diffie 和 M. Hellman 发表了《密码学的新方向》，提出了一种新的密码设计思想，从而开创了公钥密码学的新纪元，密码学才在真正意义上取得了重大突破，进入近代密码学阶段。近代密码学改变了古典密码方法单一的加密手法，融入了大量的数论、几何、代数等丰富的知识，使密码学得到更加蓬勃的发展。

4. 现代密码学

现代密码学的发展与计算机技术、电子通信技术密切相关。在这一阶段，密码理论得到了蓬勃发展，密码算法的设计与分析互相促进，从而出现了大量的加密算法和各种分析方法。除此之外，密码的使用扩张到各个领域，而且出现了许多通用的加密标准，从而促进了网络和技术的发展。密码学已经成为结合物理、量子力学、电子学、语言学等多个专业的综合科学，出现了"量子密码""混沌密码"等先进理论，在信息安全中扮演着十分重要的角色。归纳起来，现代密码学主要分为：

- ▶ 序列密码，典型的有欧洲的序列密码和中国的祖冲之算法。
- ▶ 分组密码，典型的有 DES 算法、AES 算法、SM4 及国际数据加密算法 IDE。
- ▶ 公钥密码，主要有 RSA 算法、ECC 算法和 SM2 算法。
- ▶ Hash 函数，主要有 MD4 算法、MD5 算法和 SM3 算法。

密码学的应用

如今，密码学实际上已经深深地融入了人们的日常生活中，它在现实世界中有着广泛的应用。例如，用于保密通信、数字签名、秘密共享、认证及密钥管理等。

- ▶ 保密通信——它是密码学产生的动因。使用公私钥密码体制进行保密通信时，信息接收者只有知道相应的密钥才可以解密该信息。
- ▶ 数字签名——该技术可以代替传统的手写签名，而且从安全的角度考虑，数字签名具有很好的防伪造功能。它在政府机关、军事领域、商业领域有广泛的应用环境。
- ▶ 秘密共享——该技术将一个秘密信息利用密码技术分拆成 n 个称为共享因子的信息，分发给 n 个成员，只有 k（$k \leq n$）个合法成员的共享因子才可以恢复该秘密信息，其中任何一个或 m（$m \leq k$）个成员合作都不知道该秘密信息。利用秘密共享技术可以控制任何需要多个人共同控制的秘密信息、命令等。
- ▶ 认证功能——在公开的信道上进行敏感信息的传输，采用签名技术实现对消息的真实性、完整性的验证，通过验证公钥证书实现对通信主体的身份认证。
- ▶ 密钥管理——指对密钥进行管理的行为，包括从密钥产生到密钥销毁的各个环节。公钥密码体制是进行密钥管理工作的有力工具，利用它可以进行密钥的分发、保护、托管、恢复等。

密码系统

1949 年，Claude Shannon 在《Bell System Technical Journal》上发表了一篇名为

"Communication Theory of Security System"的论文。这篇论著对密码学的研究有着深远的影响，已成为现代密码学的理论基础，使得保密通信从艺术变成科学，将密码学研究纳入了科学的轨道。

在 Shannon 的论文中，对密码系统的执行和运作过程进行了如下的描述：通信双方是 Alice 和 Bob。他们首先通过一个安全信道协商确定了一个共享密钥 K；Alice 想通过一个不安全信道向 Bob 发送明文信息 M；为了确保安全，Alice 使用了钥控加密算法 $E_k(\cdot)$ 将明文 M 变换为密文 C，$C = E_k(M)$；然后 Alice 通过不安全信道将密文 C 发送给 Bob；Bob 使用共享密钥 K，使用钥控解密算法 $D_k(\cdot)$ 将密文 C 变换成明文 M，$M = D_k(C)$。截听者 Eve 在不安全信道上截获了密文 C，他采用两种形式进行攻击：一种是被动攻击（指破解密文 C），从而得到明文 M 或密钥 K；另一种是主动攻击（指毁坏或篡改密文），以达到破坏明文的目的。

密码系统的定义

密码系统是指能完整地解决信息安全中的机密性、数据完整性、认证、身份识别、可控性及不可抵赖性等问题中的一个或若干问题的系统。通常，一个密码系统可以用一个五元组 $[M, C, K, E_k(\cdot), D_k(\cdot)]$ 来描述。其中，$E_k(\cdot)$、$D_k(\cdot)$ 为密码函数，构成密码体制模型。

- ► 消息空间 M（又称为明文空间）：所有可能明文 m 的有限集。
- ► 密文空间 C：所有可能密文 c 的有限集。
- ► 密钥空间 K：所有可能密钥 k 的集合，其中每一密钥 k 由加密密钥 k_e 和解密密钥 k_d 组成，即 $k = (k_e, k_d)$。
- ► 加密算法 E_k：一簇由加密密钥控制的、从 M 到 C 的加密变换。加密函数 $E_k(\cdot)$ 作用于 M 得到密文 C，用数学表示为：$E_k(M) = C$。
- ► 解密算法 D_k：一簇由解密密钥控制的、从 C 到 M 的解密变换。解密函数 $D_k(\cdot)$ 作用于 C 产生 M；用数学表示为：$D_k(C) = M$。

如果先加密后再解密消息，则原始的明文将被恢复出来，即下面的等式必须成立：

$$D_k[E_k(M)] = M$$

密码系统的核心实质上就是一个密码体制。从数学的角度来看，一个密码体制就是一族映射，它在密钥的控制下将明文空间中的每一个元素映射到密文空间上的某个元素。这一族映射由密码方案确定，具体使用哪一个映射由密钥决定。一个密码系统要得到实际应用，还需要满足如下特性：

- ► 每个加密函数 $E_k(\cdot)$ 和每一个解密 $D_k(\cdot)$ 都能有效地计算；
- ► 破译者获得密文 C 后将不能在有效时间内破解出密钥 K 或者明文 M；
- ► 一个密码系统安全的必要条件是穷举密钥搜索将是不可能的，即密钥空间非常大。

密码系统的运作

依据柯克霍夫原则，密码系统中的密码算法即使被密码分析者获得，也难以推导出明文或密钥，也就是说密码系统的强度不依赖于密码算法、密钥长度和密文的保密性。简单来说，密码系统就算被所有人知道其运作步骤，也仍然是安全的。具体的密码系统运作过程如图 2.1 所示。

从密码系统的运作过程来看，需要做如下几点说明：

（1）安全信道通常是低速率的，只能用于进行协商密钥，其中不能太频繁地更换密钥，更不能直接用于消息传递。

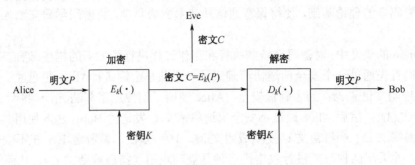

图 2.1　密码系统运作过程

（2）要求密码函数具有伪随机性。加密算法 $E_k(\cdot)$ 和解密算法 $D_k(\cdot)$ 的设计必须满足各种置乱功能。当两个密钥 K_1 和 K_2 不同时，$E_{k_1}(\cdot)$ 和 $E_{k_2}(\cdot)$ 应该"差别很大"；当两个明文 P_1 和 P_2 "差别很小"时，对应密文 C_1 和 C_2 应该"差别很大"，反之亦然。

（3）要求密钥具有一定的弹性。当攻击者已经取得了部分密钥或部分明文时，整个密码体制不至于因此而立即崩溃。比如，密钥是一个长度为 n 的比特串，且攻击者已获取其中的 k 比特。如果密码体制的安全性过分地依赖于这 k 比特，那就非常危险。反之，如果密钥中的 n 比特对密码的安全性的贡献是平均的，则无论攻击者知道的是哪 k 比特，他所面对的破解难度是一样的。特别地，如果密文独立于密钥中的任意 k 比特，则这时攻击者无论得到的是哪 k 比特，保密者仍能获得良好的安全性。

（4）要求密码系统满足柯克霍夫原则，即密文的保密性仅依赖于密钥的保密性，而与密码算法、密钥长度和密文的公开与否无关。也就是说，在评估密码强度时，通常假设密码算法、密钥长度和密文是公开的。

密码体制安全性的度量和准则

1. 度量标准

简单地说，如果破解密文所用的成本超过了被加密信息本身的价值，或者破解密文所需的时间超过了信息的有效期，两个条件满足其中之一，就说这个密码体制是安全的，加密方式是可行的。

2. 安全性准则

► 计算安全性——这种度量涉及攻破密码体制所需的计算上的努力。如果使用最好的算法攻破一个密码体制需要至少 N 次操作，这里的 N 是一个特定的非常大的数字，就可以定义这个密码体制是计算安全的。

► 可证明安全性——将密码体制的安全性归结为某个数学难题。

► 无条件安全性——这种度量考虑的是对攻击者的计算量没有限制时的安全性。即使提供了无穷的计算资源也无法破解，就定义这种密码体制是无条件安全的。

现代密码体制

密码体制是指一个加密系统所采用的基本工作方式，有加密/解密算法和密钥两个基本构成要素。按照所使用的密钥数量的不同，密码系统分为单密钥加密和双密钥加密。相应地，现代密码体制分为对称密钥密码体制和非对称密钥密码体制两大类。

对称密钥密码体制

对称密钥密码体制也称为私钥密码体制，是广泛应用的普通密码体制。其基本特征是加密密钥与解密密钥相同，也就是说加密和解密采用相同的密钥，这个密钥对于加密方和解密方来说是保密的，双方必须信任对方不会将密钥泄露出去，这样就可以实现数据的机密性和完整性。一般来说，加密方先产生一个私钥，然后通过一个安全的途径告知解密方。对称密钥加密技术的加解密过程如图 2.2 所示。对称密钥密码体制可以看成一个保险箱，密钥就是保险箱的号码。持有号码的人能够打开保险箱取出文件，没有保险箱号码的人就必须摸索保险箱的打开方法。当用户应用这种体制时，数据的发送者和接收者必须事先通过安全通道交换密钥，以保证发送数据或接收数据时能够有供使用的密钥。

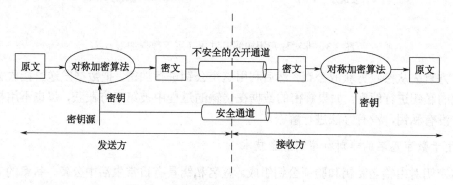

图 2.2　对称密钥加密技术的加解密过程

对称密钥加密技术的优点是计算开销小、算法简单、加密速度快、保密强度高，能够经受住时间的检验和攻击；但比较明显的缺陷是密钥分发管理困难，规模复杂。

比较典型的对称加密算法有 DES、AES、RC4、RC2 和 IDEA 等。

非对称密钥密码体制

1976 年，W. Diffie 和 M. Hellman 在国际计算机会议上发表了《密码学的新方向》，首次提出了公钥密码体制（或称公开密钥体制）。公钥密码体制使用不对称加密，因此，也称为非对称密钥密码体制。公钥密码体制的发现是密码学发展史上的一次革命。公钥密码体制的基本原理是：每个用户都有两个密钥，一个是公开的，称为公钥；另一个由用户秘密保存，称为私钥。公钥和私钥是不相同的，也就是说解密的一方首先生成一对公私密钥，私钥不会泄露出去，而公钥则可以任意的对外发布。用公钥进行加密的数据，只能用私钥才能解密。这种采用两个不同密钥的方式，对于在公开的网络上进行保密通信、密钥分配、数字签名和认证有着深远的意义和影响。

非对称密钥加密技术分两种情况：一种是用接收方公钥加密数据，用接收方私钥解密；另一种是用发送方私钥加密，用发送方公钥解密。下面简述这两种加密机制的加解密过程。但需注意，虽然它们的工作原理相同，但用途不同。在 PKI 中，使用第一种加密机制对数据进行加密，而用第二种加密机制进行数字签名。

1. 用于数据加密的非对称密钥加密技术

该密钥对一般称为加密密钥对。加密密钥对由加密公钥和解密私钥组成。为了防止密钥丢失，解密私钥应该进行备份和存档。加密公钥无须进行备份和存档，加密公钥丢失后，只需重新产生密钥对。该加密机制可以由多个用户来加密信息，而只能由一个用户来解读，这就可以实现保密通信。在 PKI 中，该加密机制提供了数据完整性服务。这种情况下的加解密过程如图 2.3 所示。

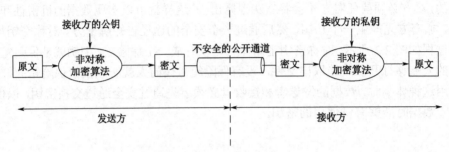

图 2.3 非对称密钥加解密过程（用于数据加密）

加密方首先从接收方获取公钥，然后利用这个公钥进行加密，把数据发送给接收方。接收方利用他的私钥进行解密。如果解密的数据在传输的过程中被第三方截获，那也不用担心；因为第三方没有私钥，没有办法进行解密。

2. 用于数字签名的非对称密钥加密技术

签名密钥对由签名私钥和验证公钥组成。签名私钥具有日常生活中公章、私章的效力，为保证其唯一性，签名私钥绝对不能做备份和存档，丢失后需重新生成新的密钥对，原来的签名可以使用旧公钥的备份来验证。验证公钥需要存档，用于验证数字签名。签名密钥一般可以有较长的生命期。

在这种加密/解密机制中，用发送方私钥进行加密，用发送方公钥解密。该加密机制可以由一个用户来加密信息，而由多个用户解读，这可以实现数字签名。在 PKI 中，该加密技术提供不可否认性服务以及数据完整性服务。具体的加解密过程如图 2.4 所示。

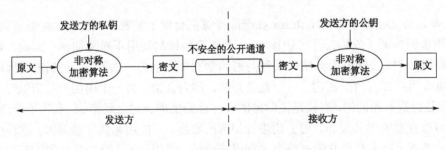

图 2.4 非对称密钥加解密过程（用于数字签名）

非对称密钥加密技术的优点是：便于管理和分发，在多人之间进行保密信息传输所需的密钥组和数量很小，便于通信加密和数字签名；密钥分配简单，不需要秘密的通道和复杂的协议来传送密钥。其缺点是处理速度较慢，公开密钥加密比私有密钥加密在加解密时的速度慢、密钥尺寸大，在同样安全强度下非对称密钥体制的密钥位数要求多一些。

比较典型的非对称加密算法有 RSA 算法、ElGamal 算法、椭圆曲线加密算法 ECC 等。

练习

1. 标志着公钥密码学诞生的事件是（　　　）。
    a. Shannon 发表的保密系统的通信理论   b. RSA 加密公钥的提出
    c. Diffie 和 Hellman 发表的《密码学的新方向》   d. 欧洲序列密码的提出

2. 1949 年，香农发表题为"（　　　）"的文章，为密码系统建立了理论基础，从此密码学成了一门科学。
    a. 保密系统的通信理论   b. 密码学的新方向
    c. 战后密码学的发展方向   d. 公钥密码学理论

3. 代换密码是把明文中的各个字符（　　）得到密文的一种密码体制。
    a. 位置次序重新排列   b. 替换为其他字符
    c. 增加其他字符   d. 减少其他字符

4. 置换密码是把（　　）中的各个字符的位置次序重新排列得到密文的一种密码体制。
    a. 明文   b. 密文   c. 明文空间   d. 密文空间

5. 在非对称密钥机制中，用于数字签名时，首先对原文使用（　　）进行加密得到密文。
    a. 发送方公钥   b. 发送方私钥   c. 接收方公钥   d. 接收方私钥

6. 以下关于加密说法不正确的是（　　　）。
    a. 加密包括对称加密和非对称加密两种
    b. 信息隐藏是加密的一种方法
    c. 如果没有信息加密的密钥，只要知道加密程序的细节就可以对信息进行解密
    d. 密钥的位数越多，信息的安全性就越高

7. 假如 A 想使用非对称密钥算法发送一个加密的消息给 B，此消息只有 B 能解密，A 可以使用哪个密钥来加密这个消息？（　　　）
    a. A 的公钥   b. A 的私钥   c. B 的私钥   d. B 的公钥

8. 下面哪个是既可以进行加密又可以进行数字签名的密码算法？（　　　）
    a. RSA   b. DES   c. IDEA   d. RC4

9. 下列哪一个算法不属于非对称密钥体制？（　　　）
    a. RC2   b. 椭圆曲线密码（ECC）   c. ElGamal   d. RSA

10. 当双方希望进行密钥交换时（　　　）。
    a. 双方的公钥必须公开   b. 双方的私钥必须公开
    c. 只要一方的私钥公开   d. 只要一方的公钥公开

【参考答案】1. c   2. a   3. b   4. a   5. b   6. c   7. b   8. a   9. a   10. a

补充练习

1. 通过调研和查阅资料，进一步讨论公开密钥加密体制和对称密钥加密体制各自的加解密思想。

2. 简述公开密钥体制的特点。

第二节　网络加密策略

Internet 技术的飞速发展给现代人们的生活带来了深刻的变革，极大地方便了人们的生活，提高了信息流通速度；但是快捷方便的同时也带来了安全隐患。网络加密是保护网络安全、确保信息可靠性的有效策略。密码算法是计算机安全服务应用领域一个重要的组成部分。一般的网络加密可以在通信的三个层次来实现：链路加密、节点加密和端到端加密。

本节从网络加密的概念入手，介绍常见的网络加密方法，并讨论不同特征、不同应用目的下的各种类型的加密算法，给出其使用场景、优势及差异。

学习目标

- ▶ 理解网络加密方法，即链路加密、节点加密和端到端加密；
- ▶ 掌握各种不同类型的加密算法及其特征；
- ▶ 了解各加密算法之间的异同，掌握各种加密算法的应用场景。

关键知识点

- ▶ 网络加密的三种方法；
- ▶ 各种不同加密算法及其异同。

网络加密的概念

在讨论网络安全时，最常用的术语是加密、数据加密、网络加密等。

所谓加密，是以某种特殊的算法改变原有的信息数据，使得未授权的用户即使获得了已加密的信息，但因不知解密的方法，仍然无法了解信息的内容。加密技术包括两个元素：算法和密钥。算法是将普通的信息或者可以理解的信息与一串数字（密钥）结合，产生不可理解的密文的步骤；密钥是用来对数据进行编码和解密的一种算法。

数据加密是指将原来为明文的文件或数据按某种算法进行处理，使其成为不可读的一段代码（通常称之为密文），使其只能在输入相应的密钥之后才能显示出原始内容。通过这样的途径来达到保护数据不被非法用户窃取、阅读的目的。

严谨地讲，网络加密（Network Encryption）是指网络层加密或者网络级加密，是在网络层、传输层的应用加密服务。网络加密对于终端用户来说是透明的，且独立于其他的加密过程使用。数据只在传输中加密，在发送端和接收端采用明文显示。一个加密的网络，不但可以防止非授权用户的搭线窃听和入网，而且也是对付恶意软件的有效方法之一。网络加密技术是网络安全技术的基石，它用很小的代价就可为信息提供相当大的安全保护。然而，在有些场合，网络加密指对网络中所传输的数据进行加密，称之为网络数据加密，其含义更为宽泛一些。

网络数据加密方式

网络数据加密是对网络中传输的数据进行保护的一种主动安全防御策略，目的是保护网络内的数据、文件以及用户自身的敏感信息。网络数据加密的方式根据其不同特性，分别应用于不同的加密阶段。从加密技术应用在 OSI 网络七层协议的层次和逻辑位置上来看，常用的网络数据加密方式有链路加密、节点加密和端到端加密三种。

链路加密

链路加密又称在线加密。网络层以下的加密叫作链路加密，主要用于保护通信节点间传输的数据。对于链路加密，所有消息在被传输之前进行加密，在每一个节点对所接收到的消息进行解密，然后先使用下一个链路的密钥对消息进行加密，再进行传输。链路加密方式如图 2.5 所示。

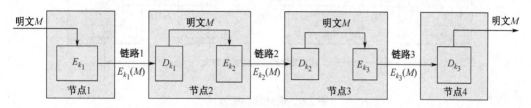

图 2.5 链路加密方式

由图 2.5 可以看出，一条消息在到达目的地之前，可能要经过许多通信链路的传输。由于在每一个中间传输节点中消息均被解密后重新进行加密，因此包括路由信息在内的链路上的所有数据均以密文形式出现。这样，链路加密就掩盖了被传输消息的源点与终点。由于填充技术的使用，且填充字符在不需要传输数据的情况下就可以进行加密，使得消息的频率和长度特性得以掩盖，从而可以防止对通信业务进行分析。

但是，由于链路加密通常用在点对点的同步或异步线路上，它要求先对在链路两端的加密设备进行同步，然后使用一种链模式对链路上传输的数据进行加密，这就给网络的性能和可管理性带来了副作用。在线路信号较差的网络中，链路上的加密设备需要频繁地进行同步，所带来的后果是数据丢失或重传；另一方面，即使仅一小部分数据需要进行加密，也会使得所有传输数据被加密。除此之外，由于链路加密仅在通信链路上提供安全性，消息以明文形式存在，因此所有节点在物理上必须是安全的，否则就会泄露明文内容；然而，保证每一个节点的物理安全性需要较高的费用。再者，这种加密方式使得每一个节点必须存储与其相连接的所有链路的加密密钥，这就需要对密钥进行物理传送或者建立专用网络设施，而网络节点地理分布的广阔性使得这一过程变得复杂，同时增加了密钥连续分配时的费用。

节点加密

节点加密是对链路加密的改进，在协议传输层上进行，主要是对源节点和目的节点之间的传输数据进行加密保护。与链路加密方式类似，节点加密也在通信链路上为传输的消息提供安全性，在中间节点先对消息进行解密，然后进行加密，加密过程对用户是透明的。然而，与链路加密不同的是，节点加密不允许消息在网络节点以明文形式存在，它先把收到的消息进行解密，然后采用另一个不同的密钥进行加密，这一过程是在节点上的一个安全模块中进行的。节点加密要求报头和路由信息以明文形式传输，以便中间节点能得到如何处理消息的信息。因此，这种方法对于防止攻击者分析通信业务是脆弱的。

端到端加密

网络层以上的加密称为端到端加密，又称为脱线加密或包加密。端到端加密允许数据在从源点到终点的传输过程中始终以密文形式存在，消息在被传输到终点之前不进行解密，如图2.6 所示。由于消息在整个传输过程中均受到保护，即使有节点被损坏，也不会使消息泄露。

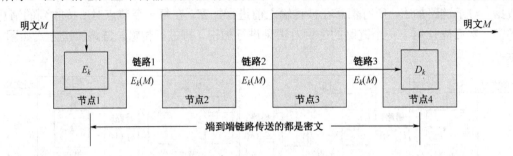

图 2.6　端到端加密方式

端到端加密方式容易设计、实现和维护，比上述两种方式更可靠。由于每个报文包都是被独立加密的，所以一个报文包所发生的传输错误不会影响后续的报文包，而且还避免了其他加密系统所固有的同步问题。此外，从用户对安全需求的直觉上看，端到端加密更自然些。单个用户可能会选用这种加密方法，它不会影响网络上的其他用户，此方法只需源节点和目的节点是保密的即可。

端到端加密系统通常不允许对消息的目的地址进行加密，这是因为每一个消息所经过的节点都要用此地址来确定如何传输消息。由于这种加密方法不能掩盖被传输消息的源点与终点，因此存在一定的脆弱性。此外，这种加密方式虽然易于用软件实现，且成本低，但密钥管理困难，主要适合大型网络系统中信息在多个发送方和接收方之间传输的情况。

总之，就网络数据加密的目的而言，链路加密的目的是保护链路两端网络设备间的通信安全，节点加密的目的是对源节点计算机到目的节点计算机之间的信息传输提供保护，端到端加密的目的是对源端用户到目的端用户的应用系统通信提供保护；用户可以根据需求酌情选择不同的加密方式。

对称加密算法

信息加密过程是通过各种加密算法实现的，目的是以尽量小的代价提供尽量可靠的安全保护。在大多数情况下，信息加密是保证信息在传输中机密性的唯一方法。据不完全统计，已经公开发表的加密算法多达数百种。这些加密算法可简单地归类为对称加密算法、非对称加密算法（公钥加密算法）和消息摘要算法。下面先介绍对称加密算法，其他两种算法稍后讲述。

对称加密算法有时又叫传统密码算法，就是加密密钥能够从解密密钥中推算出来，反过来也成立。在大多数对称算法中，加解密密钥是相同的。这些算法也叫私钥加密算法或单密钥加密算法，它要求发送者和接收者在安全通信之前，商定一个密钥。对称加密算法的安全性依赖于密钥，泄露密钥就意味着任何人都能对消息进行加解密。只要通信需要保密，密钥就必须保密。对称加密算法的加密和解密表示为：$E_k(M)=C$，$D_k(C)=M$。对称加密算法按照处理明文的方法又可分为分组密码与序列密码两类。

分组密码

分组密码是每次只能处理特定长度的一块数据的一类加解密算法。常见的对称加密算法 DES、3DES、AES 和 SM4，都属于分组密码。

1. DES

DES（Data Encryption Standard，数据加密标准）由 IBM 公司于 20 世纪 70 年代初提出，1975 年 3 月 17 日首次在美国联邦记录中公布，在做了大量公开讨论后于 1977 年 1 月 15 日正式批准并作为美国联邦信息处理标准（即 FIPS-46），同年 7 月 15 日开始生效。DES 加密算法框图如图 2.7 所示，它表明了 DES 加密的整个机制。与其他任何一种加密方案一样，DES 加密函数有两个输入：待加密的明文和密钥。在这里，DES 的明文长度为 64 bit（位），密钥长度为 56 bit（实际上，这个密码函数希望采用 64 bit 密钥，然而仅使用了 56 bit，其余 8 bit 可以用作奇偶校验）。

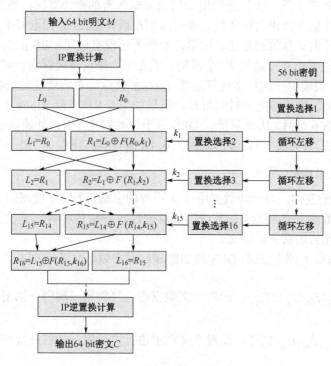

图 2.7　DES 加密算法框图

考察图 2.7 的左边部分可知，明文的处理经过了以下 3 个阶段：

（1）变换明文，即初始置换。首先，对给定的 64 bit 的明文 M，经过一个初始置换 IP 计算来重新排列 M，从而构造出 64 bit 的 M_0，$M_0 = L_0 R_0$，其中 L_0 表示 M_0 的左半边 32 bit，R_0 表示 M_0 的右半边 32 bit。变换明文对 DES 的安全性几乎没有改善，只是使计算花费更长的时间。

（2）按照规则进行 16 轮相同的迭代操作。每一轮执行的操作相同，每一轮都以上一轮的输出作为输入。在每一轮迭代中，64 bit 的明文都被分成两个独立的 32 bit 处理，并且从 56 bit 的密钥中选出 48 bit。如果定义在第 i 次迭代的左半边和右半边数据分别为 L_i 和 R_i，而且在第 i 轮的 48 bit 的密钥为 k_i，那么在任何古典 Feistel 密码中，每轮变换的过程可以用公式表示为：

$L_i = R_{i-1}, R_i = L_{i-1} \oplus F(R_{i-1}, k_i)$（$i = 1,2,3,\cdots,16$）。其中，$F$ 是一个置换函数，由 S 盒置换构成；"$\oplus$"表示异或操作。得到的该函数的 32 bit 输出用作该轮的 64 bit 输入的右半边 32 bit。

（3）对 L_{16} 和 R_{16} 利用 IP^{-1} 进行逆置换，得到 64 bit 的密文 C_0。这个置换是初始置换的逆置换。

图 2.7 的右边部分给出了使用 56 bit 密钥的过程。开始时，密钥经过一个置换，然后经过循环左移和另一个置换分别获得子密钥 k_i，供每一轮的迭代加密使用。每轮的置换函数都一样，但由于密钥的位置重复迭代使得子密钥互不相同。

在 DES 算法中，IP 置换计算和 IP^{-1} 逆置换计算，函数 F，子密钥 k_i 的使用方案，以及 S 盒的工作原理是四个主要问题。其中起关键作用的是置换函数 F，这是一个非常复杂的变换，它依赖于 S 盒的使用；而 S 盒的明显特征是其大小，$n \times m$ 的 S 盒有 n 位输入、m 位输出。一般 DES 的 S 盒大小是 6×4。

解密过程与加密类似，只是生成 16 个密钥的顺序恰好相反。

DES 是密码学历史上第一个广泛应用于商用数据保密的密码算法。整个 DES 系统是公开的，系统的安全性依赖于密钥的机密性。尽管人们在破译 DES 方面取得了很多进展，但是至今仍未找到比穷举搜索更有效的方法。注意，数学上还没有证明 DES 的安全性。当前，破译 DES 的唯一方法是搜索所有可能的 2^{56} 个密钥，或者平均来说需要搜索一半的密钥空间。在一个 Alpha 工作站上，假设做一次加密运算需要 4 μs，那就意味着将要花费 1.4×10^{17} μs（约 4 500 年）来获取一个密钥。虽然看起来时间很长，但是如果有 9 000 台 Alpha 工作站同时工作，那么破译一个密钥只需 6 个月。因此只能说 DES 属于边界安全，因为处理器速度正在以每 18 个月翻一番的速度增长。为此，可以考虑采用三重 DES(Triple DES，3DES) 算法。

2．三重 DES（3DES）算法

3DES 是 DES 的变体，对一块数据用 3 个不同的密钥进行 3 次加密，强度更高。简单地说，就是 3 次 DES 加解密的组合。该算法的加解密过程分别是对明文/密文数据进行 3 次 DES 加密或解密，得到相应的密文或明文。

假设 $E_k(\cdot)$ 和 $D_k(\cdot)$ 分别表示 DES 的加密和解密函数，M 表示明文，C 表示密文，那么加解密的公式如下：

加密：$C = E_{k_3}\{D_{k_2}[E_{k_1}(M)]\}$，即对明文数据进行"加密→解密→加密"的过程，最后得到密文数据。

解密：$M = D_{k_1}\{E_{k_2}[D_{k_3}(C)]\}$，即对密文数据进行"解密→加密→解密"的过程，最后得到明文数据。

其中，k_1 表示 3DES 中第一个 8 字节密钥，k_2 表示第二个 8 字节密钥，k_3 表示第三个 8 字节密钥。通常情况下，3DES 的密钥为双倍长密钥。由于 DES 加解密算法是每 8 字节作为一个加解密数据块，因此在实现该算法时，需要对数据进行分块和补位，即最后不足 8 字节时要补足 8 字节。

3．AES（高级加密标准）

在分组密码中，AES（Advanced Encryption Standard，高级加密标准）具有速度快、安全级别高的特点。AES 把明文分成一组一组的，每组长度相等，每次加密一组数据，直到加密完整个明文。在 AES 标准规范中，分组长度只能是 128 bit。也就是说，每个分组为 16 个字。密钥的长度可以是 128 bit、192 bit 或 256 bit。密钥的长度不同，推荐加密轮数也不同；根据密钥的长度，算法被称为 AES-128、AES-192 或者 AES-256。

AES 算法基于排列和置换运算，排列是对数据重新进行安排，置换是将一个数据单元替换为另一个。AES 使用几种不同的方法来执行排列和置换运算。AES 加密算法主要包括 3 个方面，涉及 4 种操作。3 个方面分别为：轮变化、圈数和密钥扩展；4 种操作分别为：字节替代（SubBytes）、行移位（ShiftRows）、列混淆（MixColumns）和轮密钥加（AddRoundKey）。AES 加解密算法流程如图 2.8 所示。

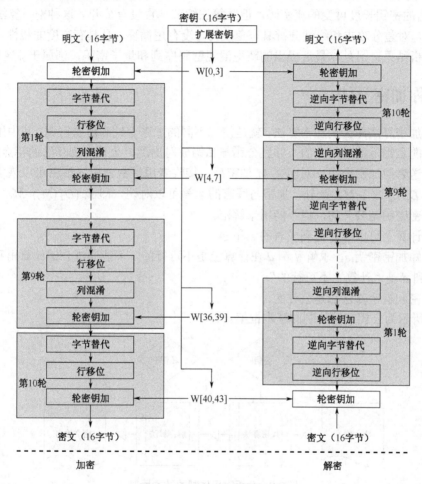

图 2.8 AES 加解密算法流程

从图 2.8 可以看出：

▶ 解密算法的每一步分别对应加密算法的逆操作；

▶ 加密和解密的所有操作的顺序正好是相反的。

正是由于这两点，再加上加密算法与解密算法每一步的操作互逆，保证了算法的正确性。加解密中每轮的密钥分别由种子密钥经过密钥扩展算法得到。算法中 16 字节的明文、密文和轮密钥都以一个 4×4 的矩阵表示。这里不再详细叙述。

序列密码

序列密码又称流密码，是对数据流进行连续处理的一类密码算法。其中，明文称为明文流，以序列的方式表示。加密时，先由种子密钥生成一个密钥流，然后利用加密算法把明文流和密钥流进行加密，产生密文流。流密码每次只针对明文流中的单个比特位进行加密变换，加密过程所需的密钥流由种子密钥通过密钥流生成器产生。流密码的主要原理是：通过随机数发生器产生性能优良的伪随机序列，使用该序列加密明文流（按比特位加密），得到密文流。由于每个明文都对应一个随机的加密密钥，所以流密码在绝对理想的条件下应该是一种无条件安全的一次一密密码。

目前，常见的序列密码算法有 RC4、A5、SEAL 等。RC4 是由 RSA 安全公司的 Rivest 在1987 年提出的密钥长度可变的流密码，但其算法细节一直没有公开。这种密码算法中密钥流与明文独立，对差分攻击和线性分析具有免疫力，没有短循环，且具有高度非线性，目前尚无它的公开分析结果。另外，最近提出的新型混沌密码序列和量子密码，都属于流密码。

非对称加密算法

非对称加密算法即公钥加密算法，就是使用不同的加密密钥和解密密钥，其中用来加密的公钥与解密的私钥是数学相关的，并且公钥与私钥成对出现。公钥加密算法的特点如下：

▶ 发送者用加密密钥 e 对明文 M 加密后，接收者用解密密钥 d 解密可以恢复出明文，即 $D_e(E_d(M))=M$。此外，加密与解密的运算可以对调，即 $E_e(D_d(M))=M$。

▶ 加密密钥是公开的，但不能用来解密。

▶ 在计算上可以容易得到成对的 e 和 d。

▶ 已知加密密钥 e，求解私钥 d 在计算上是不可行的，不能通过公钥计算出私钥，即从 e 到 d 是"计算上不可行的"。

▶ 加密和解密算法都是公开的。

图 2.9 所示为公钥密码体制的基本框架。

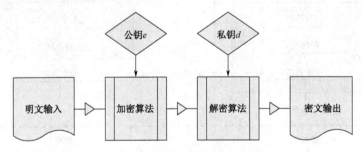

图 2.9　公钥密码体制的基本框架

公钥加密算法的优点是可以适应网络的开放性要求，密钥管理较为简单，尤其可方便地实现数字签名和验证。目前，公钥加密算法有很多种，常见的有 RSA、ECC、SM2 等。其中 RSA系统是最著名的一种，它不但可用于加密，也能用于数字签名，是一个比较容易理解和实现的公钥加密算法。

RSA 算法

1977 年，美国 MIT 的 R. Rivest、A. Shamir 和 L. Adleman 提出了第一个较完善的公钥密码体制——RSA 体制。RSA 是目前最有影响力的公钥加密算法，已被 ISO 推荐为公钥数据加密标准。从 1977 年被提出到现在，RSA 经历了各种攻击的考验，逐渐被人们接受，已成为目前应用最为广泛的公钥方案之一。

RSA 算法是基于大素数因子分解困难问题上的算法，主要归结为如何选取公钥和私钥。

（1）密钥的产生。

► 选择两个保密的大素数 p 和 q。p 和 q 的值越大，RSA 越难以被破译。RSA 实验室推荐，p 和 q 的乘积为 1024 位数量级。

► 计算 $n = p \times q$，$\phi(n) = (p-1)(q-1)$，其中 p 和 q 要有 256 位长，$\phi(n)$ 是 n 的欧拉函数值。

► 随机选择加密密钥 e，满足 $1 < e < \phi(n)$，且 $\gcd[\phi(n), e] = 1$，使得 e 和 $(p-1) \times (q-1)$ 互为素数。

► 用欧几里得扩展算法计算解密密钥 d，使得 $d = e^{-1} \bmod \phi(n)$，即 d 是 e 在模 $\phi(n)$ 下的逆元，因 e 与 $\phi(n)$ 互素，则由模运算可知，它的乘法逆元一定存在。

► 以 $P_K = \{e, n\}$ 为公开密钥，即加密密钥；$S_K = \{d, n\}$ 为秘密密钥，即解密密钥。注意，原来的素数 p 和 q 此时不再有用，它们可以被丢弃，但绝对不可以泄露。

（2）加密。

加密时首先将明文比特串分组，使得每个分组对应的十进制数小于 n，即分组长度小于 $\log_2 n$。然后对每个明文分组 m 做如下加密运算，得到密文消息 c：

$$c_i = m_i^e (\bmod n)$$

注意：m 必须比 n 小，一个更大的消息可以简单地将它拆成若干个 512 位块。

（3）解密。

解密消息时，取每一个密文分组 c_i 并做如下计算：

$$m_i = c_i^d (\bmod n)$$

由于

$$c_i^d = (m_i^e)^d = m_i^{ed} = m_i^{k(p-1)(q-1)+1} = m_i \times m_i^{k(p-1)(q-1)} = m_i \times 1 = m_i$$

全部 $\bmod n$ 运用这个公式能恢复出明文。下面举例说明 RSA 是如何工作的。为简单起见，选取比较小的 p 和 q 的值，假设 $p = 7$，$q = 11$，那么

$$n = 7 \times 11 = 77$$
$$(p-1) \times (q-1) = 60$$

从 [0, 60] 中选择一个与 60 互素的数 e。可以选 $e = 7$，因为 7 与 60 除了 1 以外没有其他公共因子。现在计算 d：

$$d = 7^{-1} \bmod [(7-1) \times (11-1)]$$

也就是：$7 \times d = 1 \bmod 60$。由于 $7 \times 43 = 301 = 5 \times 60 + 1 = 1 \bmod 60$，因此得出 $d = 43$。

现在有了公开密钥 $<e, n> = <7, 77>$ 和秘密密钥 $<d, n> = <43, 77>$。在这个例子中，一旦知道了 n，就可以很容易地算出 p 和 q，然后从 e 算出 d。如果 n 是两个 256 位长的两个数的乘积，那么在计算上要发现 p 和 q 是不可行的。p 和 q 不能被泄露；一旦被泄露，则很容易从公开密钥导出秘密密钥。

作为一个简单的加密操作示例，假设要加密一个消息值是 9 的明文，那么

$$c = m^e \bmod n = 9^7 \bmod 77 = 37$$

所以 37 就是要发送的密文。接收到密文后，可以按如下步骤解密得到明文：

$$m = c^d \bmod n = 37^{43} \bmod 77 = 9$$

由对 RSA 算法的描述可知，RSA 的安全性完全依赖于分解一个大数的难度。如果能够分

解 n，那么就能够得到 p 和 q，然后得到 d。从技术上来说这是不正确的，因为这只是一种推测。在数学上从未证明过需要分解 n 才能从 c 和 e 中计算出 m。当然，可以通过猜测 $(p-1) \times (q-1)$ 的值来攻击 RSA，但这种攻击没有分解 n 那样容易。攻击者手中有公开密钥 e 和模数 n，要找到解密密钥 d，就必须分解 n。目前，129 位十进制数字的模式是能分解的临界值，所以 n 应该大于这个数值。

R. Rivest、A. Shamir 和 L. Adleman 用已知的最好算法估计了分解 n 的时间与 n 的位数的关系。用运算速度为 1×10^6 次/秒的计算机分解 512 位的 n，计算机分解操作数是 1.3×10^{39}，分解时间为 4.2×10^{25} 年。因此，一般认为 RSA 保密性良好。显然，分解一个大数的速度取决于计算机处理器的速度和所使用的分解算法。

RSA 的优点是不需要密钥分配，但它存在的主要缺点是：①产生密钥很麻烦，受到素数产生技术的限制，因而难以做到一次一密；②分组长度太大，为保证安全性，n 至少也要 600 位以上，使运算代价很高，尤其是速度较慢，比对称密码算法慢几个数量级，且随着大数分解技术的发展，这个长度还在增加，不利于数据格式的标准化。

椭圆曲线密码（ECC）算法

椭圆曲线密码（Elliptic Curves Cryptography，ECC）算法于 1985 年分别由 V. Miller 和 N. Koblitz 独立提出。但在当时，ECC 被认为是数学范畴的概念，其实际实现是不现实的。自 1985 年以来，ECC 开始受到全世界密码学家、数学家和计算机科学家的密切关注。一方面，由于没有发现 ECC 明显的漏洞，使人们充分相信其安全性；另一方面，在增加 ECC 系统的实现效率上取得了长足的进步，如今 ECC 不仅可被实现，而且成为已知的效率最高的公钥密码系统之一。

ECC 和其他几种公钥系统相比，其抗攻击性具有绝对的优势。例如，160 位 ECC 与 1024 位 RSA、DSA 具有相同的安全强度，210 位 ECC 则与 2048 位 RSA、DSA 具有相同的安全强度。这就意味着 ECC 带宽要求更低，所占的存储空间更小。这些优点在一些对带宽、处理器能力、能量或存储有限制的应用中显得尤为重要。ECC 的主要应用包括 IC 卡、电子商务、Web 服务器、移动电话和便携终端等。

SM2 算法

SM2 算法全称为 SM2 椭圆曲线公钥密码算法，是中国国家密码管理局 2010 年 12 月发布的第 21 号公告中公布的密码行业标准。SM2 算法属于非对称密钥算法，它使用公钥进行加密，私钥进行解密；对于 SM2，已知公钥求私钥在计算上不可行。发送者用接收者的公钥将消息加密成密文；接收者用自己的私钥对收到的密文进行解密，还原成原始消息。

SM2 算法相比于其他非对称公钥算法（如 RSA）而言，使用更短的密钥串就能实现比较牢固的加密强度，同时由于其良好的数学设计结构，加密速度也比 RSA 算法快。

消息摘要算法

在网络安全目标中，要求信息在生成、存储或传输过程中保证不被偶然或蓄意的删除、修改、伪造、乱序、重放、插入等所破坏，需要一个较为安全的标准和算法，以保证数据的完整性。常见的消息摘要算法有 R. Rivest 设计的消息摘要标准（Standard For Message Digest，简称

MD）算法、NIST 设计的安全哈希算法（Secure Hash Algorithm，SHA），以及中国政府采用的一种密码散列函数标准（SM3）和散列式报文认证码（Hashed Message Authentication Code，HMAC）。消息摘要算法采用单向散列函数 $H(M)$ 从明文产生摘要密文，摘要密文又称为数字指纹。

MD5 算法

MD 算法于 20 世纪 90 年代初由麻省理工学院教授 R. Rivest 开发。MD 是一种用来测试信息完整性的密码散列函数，其摘要长度为 128 bit，一般 128 bit 长的 MD4 散列被表示为 32 bit 的十六进制数字。使用消息摘要（MD）的一般方法如下：通信双方共享一个密钥 K，发送端先将报文 M 输入给散列函数 H，得到 $H(M)$，再用密钥 K 对 MD 加密，然后将加密后的 MD 追加到报文 M 后面并发送到接收端。接收端收到此报文后，首先去除报文 M 后面加密的 MD，然后用已知的散列算法计算 $H(M)$，再用自己拥有的密钥 K 对加密的 MD 解密，得到 MD。比较计算所得到的 $H(M)$ 与 MD 是否一致；如一致，则可以判定收到的报文 M 是真实的。由此不难看出，散列函数 H 的选择十分重要。

目前，有多种单向散列算法，最著名的当属 MD5（Message Digest Algorithm 5，消息摘要算法 5）。MD5 由 MD2、MD3 和 MD4 发展而来。MD5 的作用是让大容量信息在用数字签名软件签署私人密钥前被"压缩"成一种保密的格式，就是把一个任意长度的字节串变换成一个定长的大整数。MD5 的基本操作过程如图 2.10 所示。这些散列算法一次运算 512 bit 的消息，所以第一步是填充消息，使其成为 512 bit 的倍数：先填 1，然后填连 0，一直到最后 64 bit 为止，最后 64 bit 表示原始消息的长度。所以允许消息的最大长度为 2^{64} bit。开始时，将摘要值初始化为一个常量。这个值与第一个 512 bit 的消息一起生成一个新的摘要，这个新的值又与下一个 512 bit 的消息一起生成一个新的摘要。依此操作，直到生成最后的摘要。

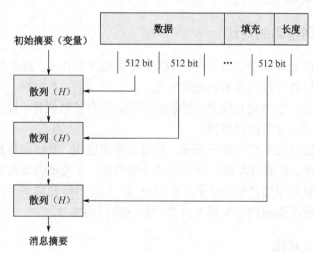

图 2.10　MD5 的基本操作过程

MD5 的关键是散列（H），每一次散列是将输入的 128 bit 的摘要与 512 bit 的消息一起转换成一个新的 128 bit 的摘要。MD5 以 32 bit 的分组为单位进行运算，所以可以把当前的摘要值当成 4 个 32 bit 的字（d_0, d_1, d_2, d_3），并将当前的消息分成 16 个 32 bit 的字（从 m_0 到 m_{15}）。MD5 的转换完成后，原来的值（d_0, d_1, d_2, d_3）被完全打乱了，被打乱的摘要加上前一步的摘要值就成为新的摘要。算法继续摘要下一个 16 B 的消息，直到所有的消息都处理完毕。最后的输出就是消息摘要。MD5 总体效率是比较高的，因为所有的操作——或、与、非、异或和移位都比较容易实现。

SHA 算法

SHA（Secure Hash Algorithm，安全哈希算法）是美国国家标准和技术局发布的国家标准 FIPS PUB 180-1，主要用于数字签名标准里面定义的数字签名算法（Digital Signature Algorithm，DSA）。SHA 算法有 SHA-1 和 SHA-2 两个不同的版本。对于长度小于 2^{64} 位的消息，SHA-1 会产生一个 160 bit 的消息摘要；而 SHA-2 是组合值，有不同的位数，其中最受欢迎的是 256 bit。该算法的基本思想是接收一段明文，然后以一种不可逆的方式将它转换成一段更小的密文，也可以简单地理解为取一串输入码，并把它们转化为长度较短、位数固定的输出序列（即散列值）的过程。散列函数值可以说是对明文的一种"指纹"或"摘要"，所以对散列值的数字签名就可以视为对此明文的数字签名。

SM3 算法

SM3 算法是中国国家密码管理局 2010 年公布的中国商用密码杂凑算法标准。该算法用于密码应用中的数字签名和验证、消息认证码的生成与验证以及随机数的生成，可满足多种密码应用的安全需求。其消息分组长度为 512 bit，输出杂凑值为 256 bit。SM3 算法的设计比较复杂，比如压缩函数的每一轮都使用 2 个消息字，消息拓展过程的每一轮都使用 5 个消息字等。目前，对 SM3 算法的攻击还比较少。

加密算法的比较

分组密码与序列密码的对比

分组密码每次只能处理一个固定长度的明文，不足还需要补全；而序列密码则是以一个元素（一个字母或一个比特）作为基本的处理单元。

分组密码使用的是一个不随时间变化的固定变换，具有扩散性好、插入敏感等优点；其缺点是加解密处理速度慢、存在错误传播。

序列密码是一个随时间变化的加密变换，具有转换速度快、低误码传播的优点，硬件实现电路更简单；其缺点是低扩散以及插入和修改的不敏感性。序列密码涉及大量的理论知识，人们对其提出了众多的设计原理，也进行了广泛的分析；但许多研究成果并没有完全公开，这也许是因为序列密码目前主要应用于军事和外交等机密部门的缘故。

ECC 与 RSA 的对比

ECC 和 RSA 相比，在许多方面都有着绝对的优势，主要体现在以下方面：
- ECC 抗攻击性强，相同的密钥长度，其抗攻击性要强很多倍。
- 计算量小，处理速度快，ECC 总的速度比 RSA、DSA 要快得多。
- ECC 占用的存储空间小。ECC 的密钥尺寸和系统参数与 RSA、DSA 相比要小得多，意味着它所占的存储空间要小得多，这对于加密算法在 IC 卡上的应用具有特别重要的意义。

▶ ECC 带宽要求低。当对长消息进行加解密时，ECC 和 RSA 两类密码系统有相同的带宽要求；但应用于短消息时 ECC 带宽要求却低得多。带宽要求低，使 ECC 在无线网络领域具有广阔的应用前景。

对称与非对称加密算法比较

就对称（私钥）、非对称（公钥）两种加密方法的工作原理而言，主要有以下不同：

▶ 在管理方面：公钥加密算法只需要较少的资源就可以实现目的，在密钥的分配上，两者之间相差一个指数级别（一个是 n，一个是 n^2）。所以，私钥加密算法不适应广域网的使用，而且更重要的一点是它不支持数字签名。

▶ 在安全方面：由于公钥加密算法基于未解决的数学难题，在破解上几乎不可能。对于私钥加密算法，很多算法虽说理论上不可能破解，但从计算机的发展角度看，公钥加密算法更具有优越性。

▶ 从速度上：很多对称加密算法的软件实现速度已达数兆或数十兆比特每秒，是公钥加密算法的 100 倍。如果用硬件来实现，这个比值将扩大到 1 000 倍。

加密算法的选用

从应用场景方面考虑，可以按照如下方法来选用加密算法：

▶ 用于数据传输加密：运算速度快的对称加密算法一般用 DES、IDEA、RC4 等。

▶ 用于密钥交换：交换对称加密算法的密钥要求保密程度更高的加密算法，一般选用公钥加密算法，如 RSA 等。

▶ 用于保证消息内容不被篡改：可选择消息摘要的散列函数，如 MD5 和 SHA 等。

▶ 用于数字签名：一般选用 RSA 算法对消息摘要签名。

至于其他方面，可以考虑如下方法来选用加密算法：

▶ 由于非对称加密算法的运行速度比对称加密算法的速度慢很多，当需要加密大量数据时，建议采用对称加密算法，以提高加解密速度。

▶ 对称加密算法不能实现签名，因此签名只能选用非对称加密算法。

▶ 由于对称加密算法的密钥管理是一个复杂的过程，密钥的管理直接决定着它的安全性，因此当数据量很小时，可以考虑采用非对称加密算法。

在实际的操作过程中，通常采用非对称加密算法管理对称加密算法的密钥，然后用对称加密算法加密数据。这样可集成两类加密算法的优点，既实现了快速加密，又可安全、方便地管理密钥。

练习

1.（　　）不属于对称加密算法。

　　a. IDEA 算法　　　　b. DES 算法　　　　c. PGP 算法　　　d. RSA 算法

2. AES 的密钥长度不可能为（　　）bit。

　　a. 192　　　　　　　b. 160　　　　　　　c. 128　　　　　　d. 256

3. MD5 是一种（　　）算法。

       a.共享密钥   b.公开密钥   c. 消息摘要   d. 访问控制

4. 在密码学中，需要被变换的原消息被称为（   ）。

      a. 密文   b. 加密算法   c. 密码   d. 明文

5. 通常使用下列哪种方法来实现不可抵赖性？（   ）

      a. 加密   b. 时间戳   c. 数字签名   d. 数字指纹

6. 消息摘要函数 MD5 对消息处理后，输出的消息摘要值的长度是（   ）bit。

      a. 80   b.128   c. 160   d. 192

7. 密码学历史上第一个广泛应用于商用数据保密的加密算法是（   ）。

      a. AES   b. IDEA   c. DES   d. RC4

8. SHA-1 接受任何长度的输入消息，并产生长度为（   ）位的 Hash 值。

      a.160   b. 64   c. 128   d. 512

9. 分组加密算法中的 AES 算法与安全哈希算法（SHA）的最大不同在于（   ）。

      a. 分组   b.迭代   c.非线性   d.可逆

【参考答案】1.d   2.b   3.c   4.d   5.c   6.b   7.c   8.a   9.d

补充练习

通过调研和查阅资料，进一步研究网络加密方式，归纳总结出它们各自的适用场景及优缺点。

第三节　认证与鉴别

    保密和认证是信息系统安全的两个重要方面。保密策略虽然能够保证信息在网络传输的过程中不被非法读取，保证信息的机密性，但不能解决在网络上通信的双方彼此确认身份真实性的问题，这就需要采用认证策略来解决。认证是防止主动攻击的重要技术，主要包括对消息的内容、顺序和时间的篡改与重发等。认证的理论体系包括：认证与认证系统、杂凑函数、数字签名、身份证明以及认证协议。

    本节主要从认证及相关的基本概念出发，介绍数字签名的基本原理和数字证书及其应用。

学习目标

▶　掌握认证及相关的基本概念；

▶　理解数字签名的基本原理；

▶　熟悉数字证书的格式和使用方法。

关键知识点

▶　数字签名的基本原理和常见的几种数字签名方案；

▶　数字证书的格式和使用。

认证与认证系统

认证技术是解决电子商务活动中安全问题的技术基础。认证采用对称密码、公钥密码、散列算法等技术为电子商务活动中的信息完整性和不可否认性以及电子商务实体的身份真实性提供技术保证。

认证的分类

认证就是对用户身份"验明正身"。在网络安全解决方案中，多采用两种认证形式，即第三方认证和直接认证。认证分为消息认证和身份认证。

消息认证是指消息的接收者对消息进行的验证，是一个证实收到的消息来自可信的源点且未被篡改的过程。消息认证主要完成以下几项内容：

▶ 真实性——消息确实来自其真正的发送者，而非假冒。

▶ 完整性——消息的内容没有被篡改，同时还要验证信息的顺序性和时间性。

▶ 消息认证机制需要产生认证符，而认证符是用于认证消息的数值。认证符的产生方法有消息认证码和散列函数（Hash 函数）。

身份认证又叫身份识别，是可靠地验证某个网络通信参与方的身份是否与它所声称的身份一致的过程。身份认证是正确识别通信用户或终端身份的重要途径，分为口令认证、持证认证和生物识别认证等。

认证函数

可用来消息认证的函数分为三类：

▶ 信息加密函数：用完整信息的密文作为对信息的认证。一种信息加密函数是常规的对称密钥加密函数，另一种是公开密钥的双密钥加密函数。

▶ 消息认证码（Message Authentication Code，MAC）：MAC 是对信源信息的一个编码函数，是在消息被一密钥控制的公开散列函数作用后产生的、用作认证符的、固定长度的数值。

▶ 散列函数（Hash Function）：又称哈希（Hash）函数、杂凑函数、摘要函数，是一个公开的函数，它将任意长的信息映射成一个固定长度的信息，是报文中所有比特的函数。它分为单向散列函数和强散列函数。

单向散列函数 $H(M)$ 作用于一个任意长度的数据 M，它返回一个固定长度的散列 h，其中 h 的长度为 m，h 称为数据 M 的摘要密文。从摘要密文 h 不可能推导出明文，也很难通过伪造明文来生成相同的摘要密文。输入为任意长度且输出为固定长度的函数有很多种，但单向散列函数 $H(M)$ 还应具有如下特性：

▶ 快速性：给定 M，很容易计算 h。

▶ 单向性：给定 h，根据 $H(M)=h$ 计算 M 很难。

▶ 抗碰撞性：给定消息 M，很难找到另一个消息 N 而使它们满足 $H(M)=H(N)$。

由于散列函数的这些特性，使得公开密码算法的计算速度往往很慢，所以在一些密码协议中，它可以作为一个消息 M 的摘要，代替原始消息 M，让发送者为 $H(M)$ 签名而不是对 M 签名。例如，SHA 散列算法用于数字签名协议 DSA 中。

实体认证系统模型与方法

实体认证也称身份认证，是对相同通信主体进行验证的过程，用户必须证明它是谁。一个认证系统模型如图 2.11 所示。在这个系统中，发送者通过一个公开信道将消息发送给接收者；接收者不仅想收到消息本身，还要验证消息是否来自合法的发送者及消息是否经过篡改。系统中的密码篡改者不仅能够截取接收、分析信道中所传送的密文，而且可伪造密文发送给接收者进行欺诈，所以一个实际的认证系统可能还要防止收、发之间的相互欺诈。

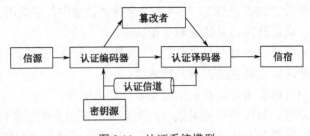

图 2.11　认证系统模型

常用的基本身份认证方法有以下几种：

1. 用户名/密码认证

网络上身份认证最简单、最常用的一种方法是：用户名+密码=某人的身份。身份是用户与操作系统之间交换的信物。用户要想使用网络系统，首先以系统管理员权限登录系统，在系统中建立一个用户账号，账号中存放用户的名字（或标识）和密码。用户输入的用户名和密码必须与存放在系统中的账户和密码文件中的相关信息一致才能进入系统。也就是说，只要能够正确输入用户名/密码，计算机网络系统就认为他就是这个用户。然而实际上，由于许多用户为了防止忘记密码，经常采用自己或家人的生日、电话号码等容易被他人猜测到的有意义的字符串作为密码，或者把密码抄在一个自己认为安全的地方，这都存在着安全隐患，极易造成密码泄露。即使能保证用户密码不被泄露，由于密码是静态数据，并且在验证过程中需要在计算机内存和网络中传输，而每次验证过程使用的认证信息都是相同的，就很容易被驻留在内存中的木马或网络监听设备截获。因此，用户名/密码认证是一种不安全的身份认证方式。

2. 主体特征认证

主体特征认证是指通过自动化技术利用人体固有的生理特征或行为动作进行身份识别或验证，可以分为生理特征认证和生物特征认证。

研究和经验表明，人的指纹、掌纹、面孔、发音、虹膜、视网膜、骨架等都具有唯一性和稳定性特征。每个人的生理特征与别人不同，而且终生不变，因此可据此识别人的身份。每个人的生活环境、方式、生理特点、知识结构等诸方面的差异，一个人的书写习惯、肢体运动、表情行为等都具有一定的稳定性和难以复制性。基于这些特性，人们研发了指纹识别、虹膜识别、面部识别、发音识别、笔迹识别等多种主体特征认证技术。

主体特征认证的核心在于如何获取人体的物理行为特征，并将其转换为数字信息，存储于计算机网络系统中，利用可靠的匹配算法来完成个人身份的认证与识别。所有主体特征认证系统的处理过程，都包括采集、解码、比对和匹配。例如，指纹识别就包括对指纹图像采集、指纹图像处理和特征提取、特征值的比对与匹配等过程。

3. USB Key 认证

USB Key 是一种 USB 接口的智能存储设备，可以存储用户的密钥或数字证书。USB Key

利用内置的密码算法实现对用户身份的认证，外形小巧，非常方便随身携带，可插在计算机的 USB 接口中使用。基于 USB Key 的身份认证方式是近几年发展起来的一种方便、安全、经济的身份认证技术。

4. 动态密码（也称动态口令）

动态密码技术是一种让用户的密码按照时间或使用次数不断动态变化，每个密码只使用一次的技术，即一次性密码认证。动态密码技术采用一次一密的方法，可有效保障用户身份的安全性。

5. 身份认证协议

身份认证协议是指通过网络协议对通信主体进行身份认证。不同的身份认证协议对窃听、串扰、重放和冒充等攻击手段具有不同的防御能力。在身份认证协议中，使用较为广泛的是密码认证协议（Password Authentication Protocol，PAP）、质询–握手认证协议（Challenge Handshake Authentication Protocol，CHAP）、网络认证协议（Kerberos）和数字证书标准（X.509）。在身份认证方法中，目前使用较为普遍的是基于共享密钥和基于公钥的认证。

基于共享密钥的认证，其通信双方以共享密钥作为相互通信的依据，且在相互通信过程中为每一个新连接选择一个随机生成的会话密钥。主要通信数据采用会话密钥进行加密。基于共享密钥的常见认证协议有质询–握手认证协议（CHAP）、使用密钥分发中心（KDC）的认证协议、Needham-Schroeder 认证协议和 Otway-Rees 认证协议。

基于公钥的认证采用公钥体制，通信双方在发送通信消息时都使用对方的公钥进行加密，并用各自的私钥对收到的消息解密，以判断通信用户的真实性。基于公钥的认证具有较高的安全性。

数字签名

数字签名（Digital Signature）是目前电子商务、电子政务中普遍使用的、技术成熟的、可操作性强的一种电子签名方法。它采用了规范化的程序和科学化的方法，用于鉴定签名人的身份以及对一项电子数据内容的认可。它还能验证文件的原文在传输过程中有无变动，确保传输电子文件的完整性、真实性和不可抵赖性。

数字签名的基本概念

在实际生活中，传统的物理签名一直被用作签名者身份的证明。在日益普及的数字化生活中，电子文档将逐步代替纸质文件而成为信息交流的主体。要证明一个电子文件是某位作者所作，其方法是模拟普通的手写签名在电子文档上进行电子签名，再将签名传输到电子文件中。这种方式虽然比物理签名更加便捷，但仍然可以被非法地复制并粘贴到其他文件上，签名的安全性无法得到保障。因此，电子签名还要具有一些特殊的性质来抵御这些攻击，此时数字签名技术应运而生。

不同于"数字化"签名技术，数字签名与手写签名的形式毫无关系，它实际上是使用密码学的技术将发送方的信息明文转换成不可识别的密文进行传输，在信息的不可伪造性、不可抵赖性等方面有着其他签名方式无法替代的作用。数字签名作为一种密码技术，它是公开密钥加密技术和报文分解函数相结合的产物。与加密不同，数字签名的目的是为了保证信息的完整性和真实性。数字签名不同于在纸上书写的物理签名。

数字签名是指使用加密算法对待发送的数据进行加密处理，生成一段信息，附加在原文后面一起发送或者说是对数据所做的密码变换，这种变换允许数据的接收者用以确认数据的来源和数据的完整性并保护数据，防止别人进行伪造，是对电子形式的消息进行签名的一种方法。这段信息类似现实生活中的签名或印章，接收方对其验证后能判断原文的真伪。

数字签名通常分为普通数字签名和特殊数字签名。普通数字签名算法有 RSA、ElGamal、Schnorr、椭圆曲线数字签名算法和有限自动机数字签名算法等；特殊数字签名有盲签名、代理签名、群签名、不可否认签名等。数字签名满足以下要求：接收方能确认发送方的签名，但不能伪造；发送方发出签名以后，就不能否认；接收方对收到的签名消息不能否认，即有收报认证；第三者可以确认收发双方之间的消息传送，但不能伪造这一过程。

数字签名的基本原理

数字签名发展至今，常见的签名算法除了 ElGamal 签名算法、RSA 签名算法，还有 Schnorr 算法、DSA 算法等。数字签名必须保证以下几点：

▶ 接收者能够核实发送者对消息的签名；
▶ 发送者事后不能抵赖对消息的签名；
▶ 接收者不能伪造对消息的签名。

数字签名的基本原理如图 2.12 所示。

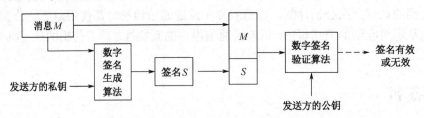

图 2.12　数字签名的基本原理

数字签名的步骤如下：

▶ 系统的初始化，生成数字签名中所需的参数；
▶ 发送方利用自己的私钥对消息进行签名；
▶ 发送方将消息原文和作为原文附件的数字签名同时传给消息接收方；
▶ 接收方利用发送方的公钥对签名进行解密；
▶ 接收方将解密后获得的消息与消息原文进行对比，如果二者一致就表示消息在传输中没有受到过破坏或者篡改，反之不然。

假定 A 发送一个签了名的信息 M 给 B，则 A 的数字签名应该满足下述条件：

▶ B 能够证实 A 对信息 M 的签名；
▶ 任何人（包括 B 在内）都不能伪造 A 的签名；
▶ 如果 A 否认对信息 M 的签名，可以通过仲裁解决 A 和 B 之间的争议。

假定 A 向 B 发送一条消息 M，则其过程如下：

▶ A 计算出 $C=D_A(M)$，对 M 签名；
▶ B 通过检查 $E_A(C)$ 是否恢复 M，验证 A 的签名；

▶　如果 A 和 B 之间发生争端，仲裁者可以返回上一步的方法鉴定 A 的签名。

普通数字签名方案

1. RSA 签名方案

RSA 是一个较为完善的公钥加密算法，其安全性基于大数分解的难度。RSA 是一个基于数论的非对称密码体制，不仅能应用于加密，而且也可用于数字签名。它通常是先生成一对RSA 密钥：一个密钥是保密密钥，用户自己保存；另一个为公开密钥，可对外公开。为提高保密强度，RSA 密钥至少为 600 bit 长，一般推荐为 1 024 bit。

RSA 具体应用于签名和验证的过程如下：

▶　选取两个大素数 p 和 q，计算 $n = pq$，$\phi(n) = (p-1)(q-1)$，其中 $\phi(n)$ 是 n 的欧拉函数值；

▶　随机选取一整数 e，满足 $1 < e < \phi(n)$，且 $\gcd[e,\ \phi(n)] = 1$，e 是公开的密钥（公钥）；

▶　用 Euclid 算法计算 d，满足 $ed = 1 \bmod \phi(n)$，d 是保密的密钥（私钥）；

▶　签名过程：$S = \text{Sig}k(M) = M^d \bmod n$ 为对消息 M 的签名；

▶　验证过程：$M = S^e \bmod n$，如果 $\text{Ver}_k(M, S) = \text{true}$ 则验证通过，否则不通过。

2. ElGamal 签名方案

ElGamal 签名体制是由 ElGamal 在 1985 年提出的，是一种较为常见的加密算法。它基于 1984 年提出的公钥密码体制和椭圆曲线加密体系，既能用于数据加密也能用于数字签名。ElGamal 签名方案实施过程如下：

（1）密钥生成阶段。

p：系统选取大素数 p，可使 Z^p 中求解离散对数为困难问题；

g：是 Z^p 中乘群 Z_p^* 的一个生成元或本原元素；

用户随机选取整数 x，计算 $y = g^x \bmod p$，密钥：$K = (p, g, x, y)$，其中 p、g 和 y 是公开的密钥，x 是保密的密钥。

（2）签名过程。

设 M 是 Z_p^* 计算待签名的消息，用户秘密随机选取一个整数 k，$1 \leqslant k \leqslant p-2$，且 k 与 $p-1$ 互素。

计算 $H(M)$：$r = g^k \bmod p$，$s = [H(M) - xr]k^{-1} \bmod (p-1)$；

将 $\text{Sig}_k(M, k) = S = (r \| s)$ 作为签名，将 M 和（$r \| s$）发送给对方。

（3）验证过程。

接收方收到 M 和 S，先计算 $H(M)$，然后按下列方法进行验证：$y^r r^s \equiv g^{H(M)} \bmod p$。如果 $\text{Ver}_k[H(M), r, s] = \text{true}$，那么验证通过，签名有效；否则不通过。

3. DSA 签名方案

DSA（Digital Signature Algorithm）是一种基于整数有限域离散对数难题的算法。DSA 与RSA 不同之处在于它不能用于加密和解密，也不能进行密钥交换，只用于签名；所以它比 RSA要快很多，而其安全性与 RSA 相比差不多。DSA 的一个重要特点是两个素数公开。这样，当使用别人的 p 和 q 时，即使不知道私钥，也能确认它们是随机产生的还是被改动过，而 RSA

算法却做不到。

DSA 的整个签名算法流程如下：

▶ 发送方使用 SHA-1 和 SHA-2 编码将发送内容加密，产生数字摘要。

▶ 发送方用自己的专用密钥对摘要进行再次加密，得到数字签名。

▶ 发送方将原文和加密后的摘要传给接收方。

▶ 接收方使用发送方提供的密钥进行解密，同时对收到的内容用 SHA-1/SHA-2 编码加密产生同样的摘要。

▶ 接收方再将解密后的摘要和上一步骤中加密产生的摘要进行比对。如果两者一致，则说明传输过程的信息没有被破坏和篡改；否则，传输信息则不安全。

特殊数字签名

1. 盲签名

一般情况下，人们总是先知道文件的内容，然后再进行签名。但在某种情况下，用户需要让签名者对明文消息文件进行数字签名，而又不希望签名者知晓明文消息文件的具体内容，这就需要盲签名。

盲签名相对于一般的数字签名而言还具有下列几个特性：

▶ 签名者不能看到明文消息；

▶ 认证者不能看到明文消息，只能通过签名来确认文件的合法性；

▶ 无论是签名者还是认证者，都不能将盲签名和盲消息对应起来。

总之，盲签名具有消息内容的保密性以及盲签名与原消息的概率无关等特征，较好地保护了消息通信的隐私，其应用较为广泛。目前，盲签名主要用于基于 Internet 的匿名金融交易，如匿名电子现金支付系统、匿名电子拍卖系统等。

2. 群签名

群签名是传统数字签名在多方参与情况下的一个推广，由 Chaum 和 Van Heyst 在 1991 年首先提出。简单地说，在一个群签名方案中，群签名的任何一个成员都可以代表整个群体对消息进行签名；验证者可以使用单个的群公钥来检验群成员的签名，一旦发生纠纷，群管理员可以"打开"该签名并识别出是哪一个成员签发的。群签名作为一种密码技术，能够用来隐藏组织的内部结构，因而无论在政治领域、军事领域还是商业领域都具有广泛的用途。群签名是具有下列三个特性的一种数字签名：

▶ 只有群的成员才能代表那个群签发消息；

▶ 签名的接收者能验证它是那个群的一个合法签名，但不能揭示它是群中的哪一个成员产生的；

▶ 在后来发生争端的情况下，借助于群成员或一个可信的机构能识别出那个签名者。

群签名方案可以看作包含如下 5 个协议或算法的数字签名方案：

（1）创建算法：通过输入一个随机数，能够产生群的公开密钥 Y 和群管理员的秘密密钥 S。

（2）注册协议：群管理员与群成员之间的一个概率交互协议。它可使得某个用户注册为新的成员，其输出为一个群成员的身份证书以及一个只有群成员知道的秘密密钥。

（3）签名算法：群成员与签名接收者之间的协议。当输入消息 M 与某个群成员的身份证书和秘密密钥后，输出消息 M 的签名。

（4）验证算法：一个确定性算法。当输入消息 M 和消息的签名以及群的公开密钥 Y 后，输出关于这个签名是否有效的判定。

（5）打开算法：一个确定性算法。当输入消息 M 和它的签名以及群管理员和秘密密钥 S 后，输出签名者的身份。

在公共资源的管理、重要军事情报的签发、重要领导人的选举、电子商务重要新闻的发布、金融合同的签署等事务中，群签名都可以发挥重要作用。另外，群签名在电子现金系统中可以有下面的应用：利用群盲签名来构造有多个银行参与和发行电子货币的、匿名的、不可跟踪的电子现金系统，在这样的方案中有许多银行参与这个电子现金系统，每个银行都可以安全地发行电子货币，这些银行形成一个群体并受中央银行的控制，而中央银行担当群管理员的角色。

3. 代理签名

代理签名是在一个签名方案中原始签名人将他的签名权委托给某个代理签名人，并由该代理签名人代表原始签名人群组行使签名权的一种签名方式。一个代理签名体制可以由以下几部分组成：

▶ 初始化：用于生成该签名体制的公共参数以及相应的用户密钥等；

▶ 签名权力的委托：原始签名人将自己的签名权授权或委托给代理签名人，该代理签名人可能是原始签名人信任的某一个部门或员工；

▶ 代理签名生成：代理签名人使用来自原始签名人的签名授权，代替原始签名人生成代理签名；

▶ 验证：验证人对签名的有效性进行验证。

代理签名的形式化定义过程：代理签名是一个元组（M, S, S_K, P_K, GenKey, Sign, Ver），其中 M、S_K、P_K 分别为消息的集合、签名的集合以及方案中实体的公开密钥集合，GenKey、Sign 和 Ver 分别是签名密钥算法集合、签名算法集合与签名验证算法集合。方案中实体的密钥对分别为 $(x_A, y_A), (x_B, y_B) \in SK \times PK$，如果下面的条件能够成立，就认为用户 A 将他的部分签名权利委托给了用户 B：

▶ A 利用私钥 x_A 计算出一个数 σ 并将其秘密交给 B；

▶ 任何人都不能通过 σ 求解出 x_A；

▶ B 利用 σ 和 x_B 得到一个新的签名密钥 $\sigma_{A \to B}$；

▶ 存在公开验证算法 Ver，使得 $Ver(y_A, s, m) = true \Leftrightarrow Sign(\sigma_A \to B, m)$，其中 $s \in S$，$m \in M$；

▶ 任何人都不能通过 $Sign(\sigma_{A \to B}, m)$ 得到 x_A、x_B、σ 和 $\sigma_{A \to B}$。

其中，A 是原始签名人，B 是代理签名人，作为他们之间的委托密钥的 σ 也被称为代理密钥，而 $\sigma_{A \to B}$ 就是代理签名秘钥。

数字证书

数字证书（Digital Certificate）又称数字标识（Digital ID），是一种在 Internet 上提供验证身份的方式。数字证书类似于现实生活中的居民身份证，所不同的是数字证书不再是纸质的证照，而是一段含有证书持有者身份信息并经过认证中心（CA）审核签发的电子数据文件。数字证书可以方便、灵活地运用在电子商务、电子政务等事务中。

数字证书的功能

数字证书是各类终端实体和最终用户在网上进行信息交流和商务活动的身份证明。在电子商务、电子政务的各个环节，交易双方都需要验证对方数字证书的有效性，从而解决相互信任问题。在使用数字证书时，通过运用对称和非对称密码体制等加密技术能够建立起一套严格的身份认证系统，实现以下主要功能：

- ▶ 身份认证——数字证书的主要内容有证书拥有者的个人信息、证书拥有者的公钥、公钥的有效期、颁发数字证书的认证中心（CA）、CA 的数字签名等。所以，双方经过网络相互验证数字证书后，不用再担心对方身份的真伪，可以放心地与对方进行交流或授予相应的资源访问权限。认证中心（CA）作为权威的、可信赖的、公正的第三方机构，专门负责为各种认证提供数字证书服务。
- ▶ 加密传输信息——数字证书认证技术采用了加密传输和数字签名技术，无论是文件、批文，还是合同、票据、协议、标书等，都可以经过加密后在互联网上传输。发送方用接收方的公钥对报文进行加密；接收方用只有自己才有的私钥进行解密，得到报文明文。
- ▶ 数字签名抗否认——在现实生活中用公章、签名等来实现的抗否认，在网上可以借助数字证书的数字签名来实现。数字签名不是书面签名的数字图像，而是在私有密钥控制下对报文本身进行加密而形成的。在电子商务、电子政务中能够实现身份认证、安全传输、不可否认和数据一致性的认证与鉴别。

X.509 数字证书的结构

国际电信联盟（ITU-T）制定的 X.509 建议定义了一种提供认证服务的框架，其中数字证书是 X.509 的核心内容。遵从 X.509 建议所定义格式的数字证书，称为 X.509 数字证书。由于 X.509 中定义的证书结构和认证协议已被广泛应用于 S/MIME、IPSec、SSL/TLS 以及 SET 等过程，因此 X.509 建议已经成为数字证书格式和应用的行业标准。

数字证书是一个经证书授权中心（CA）数字签名的、包含证书申请者个人信息以及公开密钥的文件，它与数字签名或数字信封配套使用。最简单的数字证书应包含一个公开密钥、名称以及证书授权中心的签名。一般情况下，数字证书还包含密钥的有效时间、发证机关（证书授权中心）的名称、该证书的序列号等信息。一个标准的 X.509 数字证书包含如下内容：

- ▶ 版本号——指出该证书使用了哪个版本的 X.509 标准（版本 1、版本 2 或是版本 3）。版本号会影响证书中的一些特定信息，目前的版本为版本 3。
- ▶ 序列号——标识证书的唯一整数，是由证书颁发者分配给本证书的唯一标识符。
- ▶ 签名算法标识符——用于签证书的算法标识，由对象标识符加上相关的参数组成，用于说明本证书所用的数字签名算法。例如，SHA-1 和 RSA 的对象标识符就用来说明该数字签名是利用 RSA 对 SHA-1 杂凑加密。
- ▶ 认证机构的数字签名——使用发布者私钥生成的签名，以确保这个证书在发放之后没有被篡改过。
- ▶ 认证机构——证书颁发者的可识别名，是签发该证书实体的唯一 CA 的 X.500 名称（X.500 是构成全球分布式名录服务系统的协议）。使用该证书意味着信任签发证书的实体。

▶ 有效期限——证书起始日期和时间以及终止日期和时间，指明证书在时间域内有效。现在通用的证书一般采用 UTC 时间格式。

▶ 主体信息——证书持有人唯一的标识符，持有人名称在 Internet 上是唯一的。证书持有人名称的命名规则采用 X.500 格式。

▶ 公钥信息——包括证书持有人的公钥、算法的标识符和其他相关的密钥参数等。

▶ 颁发者唯一标识符——证书颁发者的唯一标识符，仅在版本 2 和版本 3 中有要求，属于可选项。

▶ 扩展域：在版本 3 中增加的字段，是一个包含若干扩展字段的集合。

在 X.509 中，数字证书发行机构 Y 颁发给用户 X 的证书表示为 Y<<X>>；Y 对信息 I 进行的签名表示为 Y{I}。例如，一个 CA 颁发给用户 A 的 X.509 证书可以表示为：

$$CA<<A>>=CA\{V,SN,A1,CA,TA,A,AP\}$$

其中 V 为版本号，SN 为证书序列号，A1 位算法标识符，TA 为有效期，AP 为 A 的公开密钥信息。

数字证书的管理和使用

在数字证书的使用过程中，认证中心（CA）作为权威的、可信赖的、公正的第三方机构，专门负责发放和管理所有参与网上交易的实体所需的数字证书。数字证书的获取、颁发、撤销也必须严格遵守管理规定。

1. 数字证书的获取

通常，可以从 CA 获取数字证书。数字证书由 CA 签名，是不可伪造的。一个可信的数字证书认证中心（CA）给每个用户分配一个唯一的名字并签发一个包含名字和用户公开密钥的证书。所以，CA 无须对证书提供其他特殊保护，它将证书简单地放在一个公共目录中，用户可以直接到该目录下获取所需的数字证书。

如果通信双方甲、乙都由同一个 CA 签署数字证书，则可以直接在公共目录下下载对方的证书。数字证书除了可以通过公共目录下载之外，还可以由用户直接将其发送给通信对象。

如果通信双方甲、乙不属于同一个 CA，则需要通过 CA 之间的信任关系获取对方的证书。甲必须从 CA 的树状结构的底层 CA 向上层 CA 查询，一直追踪到同一个 CA 为止，找出共同信任的 CA。认证中心一般采用多层的树状分级结构组织，CA 的树状结构可以被映射为证书链。图 2.13 所示为一个简单的证书链，若用户 U1 与用户 U2 进行安全通信，需要涉及 3 个证书链（U1、U2、CA1）的证书；若 U1 与 U3 进行安全通信，则需要涉及 5 个证书链（U1、CA1、RootCA、CA3、U3）的证书。跨域的证书认证也可以通过交叉认证来实现。通过交叉认证机制，能够缩短信任关系的路径，提高效率。

一般来说，假如有两个用户 A 和 B，A 的证书由认证中心 X 颁发和管理，B 的证书由认证中心 Y 颁发和管理，两个认证中心 X 与 Y 相互信任，即互相交换数字证书，则 A 可以通过如下方式获取 B 的证书：

（1）A 先取得由 X 签名颁发给 Y 的证书，并从该证书取得 Y 的公钥。该过程可以表示为 X<<Y>>。

（2）A 从 Y 处取得由 Y 签名颁发给 B 的证书，并从该证书中取得 B 的公钥。该过程可以表示为 Y<<B>>。

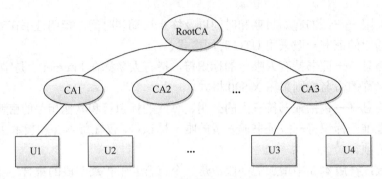

图 2.13 简单的证书链

（3）A 获取 B 的数字证书的证书链可以表示为 X<<Y>> Y<<B>>。同理，B 获取 A 的数字证书的证书链可以表示为 Y<<X>> X<<A>>。

（4）X.500 对证书链的长度没有限制，就是说可以有任意多个 CA 参与证书链。例如，X1，X2，…，Xn 是一系列 CA，则 X1 的用户 A 可以通过以下证书链获取 Xn 的用户 B 的证书：

$$X1<<X2>>X2<<X3>>\cdots Xn\text{--}1<<Xn>>Xn<<B>>$$

2. 数字证书的颁发过程

▶ 用户产生自己的密钥对，并将公钥及部分个人身份信息传送给认证中心（CA）；

▶ 认证中心在核实用户身份后将执行一些必要的步骤，以确信请求者确实是真实用户；

▶ 认证中心发给用户一个数字证书，该证书内包含用户的个人信息及其公钥信息，同时还附有认证中心的签名信息。

3. 数字证书的撤销

数字证书可以存储在网络数据库中。用户可以利用网络彼此交换数字证书。因为某些原因，如用户的私钥丢失，用户不再由该 CA 颁发数字证书，或认为 CA 的数字证书已经泄露等，需要在过期之前撤销数字证书。

为了保证安全性和完整性，每个 CA 需要通过证书废止列表（CRL）来保存所有已经撤销的未过期数字证书。CRL 也要对外发布，提供给其他 CA 访问。

当数字证书被撤销后，将被从证书目录中删除，然而签发此证书的 CA 仍保留此证书的副本，以备日后解决可能引起的纠纷。如果用户的密钥或 CA 的密钥被破坏，也将导致数字证书的撤销。每一个 CA 必须保留一个已经撤销但还没有过期的证书废止列表（CRL）。当甲收到一个新证书时，首先应该从证书废止列表（CRL）中检查该证书是否已经被撤销。

基于数字证书的身份认证

数字证书采用数字签名技术，能够保证信息传送的真实性、完整性和不可否认性；又由于签名使用的是发送者的私钥，接收者提供发送公钥检验签名来确认发送者的身份，因此数字证书还能提供身份认证。X.509 提供了以下三种身份认证机制：

▶ 单向身份认证——发送者 A 对自己身份的证明，发送者单方面向接收者 B 提供认证消息。接收者收到认证消息后，只需利用发送者 A 的证书对消息的签名进行解密，并核对接收者 B 的身份、一次性随机数和时间戳，便可以达到认证发送者 A 身份的目的。

▶ 双向身份认证——在单向身份认证的基础上，增加接收者 B 的应答，使发送者 A 能够对接收者 B 的身份进行认证，从而使通信双方相互确认身份。

▶ 三向身份认证——双向身份认证的一种加强模式，适用于通信双方无法建立时钟同步的场合。三向身份认证是在完成双向认证后，A 再对 B 发来的一次性随机数 R_B 进行数字签名后回发给 B，此时双方不需要检查时间戳而只需检查对方的一次性随机数就可以检查出是否存在重放攻击。

练习

1. 下面（ ）不是 Hash 函数的特性。
   a. 单向性　　　　　b. 可逆性　　　　　c. 压缩性　　　　　d. 抗碰撞性

2. 下面（ ）不是 Hash 算法的主要应用。
   a. 文件校验　　　　b.数字签名　　　　c.数据加密　　　　d.认证协议

3. 通信中仅仅使用数字签名技术，则不能保证的服务是（ ）。
   a. 认证服务　　　　b.完整性服务　　　c. 保密性服务　　　d.防否认服务

4. 在普通数字签名中，签名者使用（ ）进行信息签名。
   a.签名者的公钥　　b.签名者的私钥　　c. 签名者的公私钥　d.代理签名者的私钥

5. 认证使用的技术不包括（ ）。
   a. 消息认证　　　　b. 身份认证　　　　c. 水印技术　　　　d. 数字签名

6. 数字签名最常见的实现方法是建立在（ ）的组合基础之上
   a. 公钥密码体制和对称密码体制　　　　　b. 对称密码体制和 MD5 摘要算法
   c. 公钥密码体制和单向安全散列函数算法　d. 公证系统和 MD4 摘要算法

7. 特殊数字签名算法不包括（ ）。
   a. 盲签名算法　　　b.代理签名算法　　c. RSA 算法　　　　d. 群签名算法

8. （ ）是将任意长的数字串 M 映射成一个较短的定长输出数字串 H 的函数，以 H 表示，即 $H(M)$。
   a. 杂凑函数　　　　b.比较函数　　　　c. 输出函数　　　　d. 映射函数

9. （ ）可以签发数字证书。
   a. CA　　　　　　　b. R_A　　　　　　c. 政府　　　　　　d. 银行

10. 数字证书采用（ ）密码体制。
    a. 私钥　　　　　　b. 公钥　　　　　　c. 授权　　　　　　d. 其他

【参考答案】1.b　2.c　3.c　4.b　5.c　6.c　7.c　8.a　9.a　10.b

补充练习

1. 利用互联网查阅资料，讨论数字签名具有哪些特点。

2. 试申请一个数字证书，并练习使用它。

第四节　密钥管理与分配

密钥是保密系统的核心，用来与待传输的明文进行某种变换，以产生密文。密钥的管理涉及从密钥产生到销毁整个过程中的各种问题：密钥的生成，密钥的分配和协商，密钥的保护和存储，密钥的更换和装入，密钥的吊销和销毁。在密钥的生命期中，每个阶段都不可忽视。密钥管理不仅影响系统的安全性，而且涉及系统的可靠性、有效性和经济性；因此，密钥管理在信息安全中占有越来越重要的分量。当前，密钥管理体制主要有三种：一是适用于封闭网的技术、以传统密钥管理中心为代表的 KMI 机制；二是适用于开放网的公钥基础设施 PKI 机制；三是适用于规模化专用网的 SPK。

本节主要介绍 KMI、PKI、SPK 和 PMI 技术。

学习目标

- ▶ 了解 KMI 的基本概念和发展历程；
- ▶ 掌握 PKI 的基本组成和体系标准；
- ▶ 了解 SPK 和 SDK；
- ▶ 掌握 PMI 的各种模型和实现机制。

关键知识点

- ▶ PKI 的基本组成和体系标准；
- ▶ PMI 的 4 种模型和 PMI 的实现机制。

KMI

密钥管理基础设施（Key Management Infrastructure, KMI）是一种密钥集中式管理机制，适用于各种专用网。由密钥管理中心（Key Mangement Center, KMC）提供统一的密钥管理服务，涉及密钥生成服务器、密钥数据库服务器和密钥服务管理器等组成部分。KMI 已成为目前应用较为广泛、研究较为热门的密钥管理技术。

KMI 经历了从静态分发到动态分发的发展历程，目前仍然是密钥管理的主要手段。无论是静态分发还是动态分发，都是基于秘密通道（物理通道）进行的。

静态分发

静态分发是在 KMC 和各所属用户之间建立信任关系的基础上，密钥由 KMC 统一生成、分发和更换的一种预配置技术。静态分发主要有以下几种配置结构：

（1）点对点密钥配置结构：其特点是可用单钥或双钥实现。单钥为鉴别提供可靠参数，但不提供不可否认服务。数字签名要求双钥实现。

（2）一对多密钥配置结构：也称星状密钥配置结构，其特点是可用单钥或双钥实现。一对多配置是点对点分发的扩展，只在中心保留所有各端的密钥，各端保留各自的密钥。一对多的密钥分配在银行清算、军事指挥、数据库系统中仍为主流技术，也是建立秘密通道的主要方法。

（3）格状网密钥配置结构：也称端到端密钥配置结构，其特点是可使用单钥或双钥实现，密钥配置量为全网 n 个终端中选 2 的组合数。

动态分发

动态分发是一种"请求-分发"机制，即与物理分发相对应的电子分发，一般用于建立实时通信中的会话密钥。动态分发在一定意义上缓解了密钥管理规模化的矛盾，大致有以下两种分发方式：

（1）基于单钥的单钥分发：其特点是首先用静态分发方式配置的星状密钥配置，主要解决会话密钥的分发。这种密钥分发方式简单易行。

（2）基于单钥的双钥分发：其特点是公私钥对都被当作秘密变量，也可以将公钥和私钥分开，把私钥当作秘密变量，把公钥当作公开变量。

PKI

公开密钥基础设施（Public Key Infrastructure，PKI）是一种遵循既定标准的密钥管理平台，适用于开放性网络。PKI 能够为所有网络应用提供加密和数字签名等密码服务以及所必需的密钥和证书管理，从而达到保证网上所传递信息安全、真实、完整和不可抵赖的目的。利用 PKI 可以方便地建立和维护一个可信的网络计算环境，从而使得人们在这个无法直接相互面对的环境里，能够确认彼此的身份和所交换的信息，并安全地从事各种活动。PKI 技术是信息安全技术的核心，也是电子商务的关键技术。

PKI 基本组成

从狭义上讲，PKI 一般指数字证书管理系统。从广义上讲，所有基于 PKI 技术、提供公钥加密和数字签名服务的网络安全信任体系，都可叫作 PKI 系统。PKI 的核心技术围绕着数字证书的申请、颁发、使用与撤销等整个生命周期展开。PKI 的主要目的是通过自动管理密钥和证书，为用户建立起一个安全的网络运行环境，使用户可以在多种应用环境中方便地使用加密和数字签名技术，从而保证网上数据的安全性。

一个典型、完整、有效的 PKI 应用系统，至少应具有认证机构、数字证书库、密钥备份与恢复、证书撤销、PKI 应用接口等基本部分。PKI 的构建也将围绕这几大基础构件来完成。PKI 体系结构模型如图 2.14 所示。

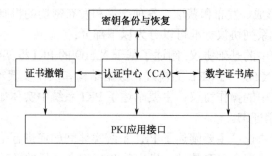

图 2.14 PKI 体系结构模型

认证中心（CA）即数字证书的申请和签发机关，是 PKI 的核心。CA 必须具备权威性的特征。通常，CA 主要由三部分组成：

- ▶ 注册中心，负责为提出证书申请的用户提供不间断服务；
- ▶ 证书申请受理和审核机构，负责证书的申请和审核；
- ▶ 认证中心服务器，负责证书的生成、发放、管理及各种事务处理。

数字证书库用于存储已签发的数字证书及公钥，是网上的一种公共信息库；用户可由此获得所需的其他用户的证书及公钥。

当用户由于某种原因丢失了解密密钥，使得密文数据无法解密时，将造成合法数据丢失。为避免这种情况，PKI 提供了密钥备份与恢复机制，当需要恢复时，用户向 CA 提出申请，CA 就会为用户自动恢复。这里特别说明：密钥备份与恢复只能针对解密密钥；对于签名私钥，为确保其唯一性，不能对其进行备份。

证书撤销是 PKI 的一个必备组件。与各种身份证件类似，数字证书在其有效期以内也可能要作废，原因可能是密钥介质丢失或用户身份变更等。为实现这一点，PKI 必须提供作废证书的一系列机制。

PKI 的价值在于使用户能够方便地使用加密、数字签名等安全服务。因此，一个完整的 PKI 必须提供良好的应用接口系统，使得各种各样的应用能够以安全、一致、可信的方式与 PKI 交互，确保网络环境的完整性、易用性。

PKI 的体系标准

随着 PKI 的广泛应用，为了保持各种产品之间的兼容性，标准化成了 PKI 不可回避的发展要求。从整个 PKI 体系建立与发展的历程来看，与 PKI 相关的体系标准主要有 4 种：

（1）ASN.1。ASN.1（Abstract Syntax Notation One）是一种 ISO/ITU-T 标准，它描述了对数据进行表示、编码、传输和解码的数据格式。ASN.1 提供了一整套正规的格式用于描述对象的结构，而不管语言上如何执行以及这些数据具体指代什么，也不用去管到底是什么样的应用程序。它原来是作为 X.409 的一部分而开发的，后来才自己独立成为一个标准。

（2）X.500 目录服务。X.500 是一套已经被 ISO 接受的目录服务系统标准，它定义了一个机构如何在全局范围内共享其名字和与之相关的对象。在 PKI 体系中，X.500 被用来唯一地标识一个实体，该实体可以是机构、个人和一台服务器。尽管 X.500 的实现需要较大的投资，并且比其他方式速度慢，但其优势是具有信息模型、多功能和开放性，所以 X.500 被认为是实现目录服务的最佳途径。

（3）PKIX。PKIX（Public Key Infrastructure on X.509）系列标准定义了 X.509 证书在 Internet 上的使用，包括证书的形成、发布和获取，各种产生和发布密钥的机制，以及怎样实现这些标准的轮廓结构等。PKIX 系列协议标准可以分为以下部分：

- ▶ PKIX 系列标准中的基础协议：阐述了基于 X.509 的 PKI 框架结构，详细定义了 X.509 V3 公钥证书、X.509 V2 CRL 的格式、数据结构和操作步骤等。
- ▶ PKIX 系列标准中的操作协议：主要阐述了 PKI 系统中实体如何通过证书库来存放、读取证书和撤销证书。
- ▶ PKIX 中的管理协议：主要阐述了 PKI 系统实体间如何进行信息的传递和管理。
- ▶ PKIX 中的扩展协议：主要是进一步完善 PKI 安全框架的各种功能，如安全服务中防抵赖和权限管理等。

（4）PKCS。PKCS（Public Key Cryptography Standards）是由美国 RSA 实验室制定的一组公钥密码学标准，其中包括证书申请、证书更新、证书作废列表发布、扩展证书内容及数字签名、数字信封的格式等方面的一系列相关协议。到 1999 年底，PKCS 已经公布了若干个标准，这里不再详述。

除了以上协议外，还有一些构建在 PKI 体系上的应用协议，包括安全电子交易协议（SET）、安全套接层（SSL）等。

PKI 的优势

PKI 作为一种安全技术，它具有良好的扩展性，适用于开放业务，被广泛应用于众多领域，表现出强大的技术优势。以公钥密码技术为基础的 PKI，使得网络上的数字签名有了理论上的安全保障，其优势主要体现在以下方面：

- ▶ 不可抵赖性：PKI 采用公开密钥密码技术，能够支持可公开验证且无法仿冒的数字签名，从而在支持可追究服务上具有不可替代的优势。这种可追究的服务也为原发数据完整性提供了更高级别的担保，可以公开地进行验证，并能实现操作的可追究性。
- ▶ 数据保密性：PKI 不仅能够为相互认识的实体之间提供机密性服务，同时也可以为陌生用户之间的通信提供保密支持。
- ▶ 用户可独立验证，服务的方便性：由于数字证书可以由用户独立验证，不需要在线查询。PKI 采用数字证书证明末端实体的密钥，而不是在线查询或在线分发。这种密钥管理方式突破了过去安全验证服务必须在线的限制。
- ▶ 证书撤销机制：PKI 撤销机制提供了在意外情况下的补救措施，在各种安全环境下都可以让用户更加放心。另外，因为有撤销技术，不论是永远不变的身份，还是经常变换的角色，都可以得到 PKI 的服务，为用户提供了方便。
- ▶ 极强的互联能力：PKI 按照人类世界的信任方式进行多种形式的互联互通，从而使 PKI 能够很好地服务于符合人类习惯的大型网络信息系统。PKI 的互联技术为消除网络世界的信任孤岛提供了充足的技术保障。

SPK/SDK

在 KMI 格状网密钥配置中，密钥只保存在终端而不是保存在中心，任意两个终端都可以提供密钥进行通信。如果用户量为 N 个，则每个终端用户都要保存 N 个密钥。当用户数量比较大时，这种密钥管理方式就显得非常困难。为此，提出了种子化公钥（Seeded Public Key，SPK）和种子化双钥 Seeded Double Key，SDK）技术。目前，提出来的种子化公钥（SPK）或种子化双钥（SDK）体制有三种。公钥和双钥的算法体制相同，在公钥体制中，密钥的一方要保密，而另一方则公布；在双钥体制中则将两个密钥都作为秘密变量。在 PKI 体制中，只能用前者，不能用后者；而在 SPK 体制中，两者都可以实现。

多重公钥（双钥）

多重公钥（双钥）（Lapped Public Key，LPK）或多重双钥（Lapped Double Key，LDK）用 RSA 公钥算法实现，于 1990 年提出并实现。例如，以 $2K$ 个公钥种子，能实现 100 万个用户的公钥分发。多重公钥（双钥）有两个缺点：一是将种子私钥以原码形式分发给署名用户；

二是层次越多，运算时间越长。

组合公钥（双钥）

组合公钥（双钥）（Combined Public Key，CPK）或组合双钥（Combined Double Key，CDK）用离散对数（DLP）或椭圆曲线密码（ECC）实现。因为这两个算法非常类似，算法和协议可以互相模拟。CPK 组合密钥算法是以 ECC 为理论基础的。ECC 是目前最安全的公钥密码算法。CPK 利用了椭圆曲线组合性特点，用小规模的密钥矩阵以一定的组合算法就可以产生大量的密钥。

组合公钥（双钥）算法 2000 年被提出，2001 年得以实现；它以 $1K$ 个公钥种子，实现 1 078 个用户的公钥。$1K$ 个公钥种子可以在网上公布，让各用户下载使用；也可以记录在简单媒体中，与私钥和 ID 卡或 CA 证书一同发给用户，将私钥和"公钥"一同加密，分发给用户使用。因此，公钥的分发变得非常简单而方便。

组合公钥克服了多重公钥的两个缺点，其私钥是经组合以后的变量，不暴露种子，而公钥的运算几乎不占时间。由此可见，种子公钥体制［尤其是椭圆曲线组合公钥（双钥）］是电子商务和电子政务中一种比较理想的密钥管理解决方案。

PMI

授权管理基础设施（Privilege Management Infrastructure，PMI）是中国国家信息安全基础设施的一个重要组成部分。PMI 是一个由属性证书（Attribute Certificate，AC）、属性权威机构（Attribute Authority,AA）、属性证书库等部件构成的综合系统，用来实现权限和证书的产生、管理、存储、分发和撤销等功能。其中，属性证书（AC）是一个数据结构，主要包含证书所有者 ID、证书颁发者 ID、签名算法、有效期、属性等信息。属性证书由属性权威机构（AA）进行数字签名，使证书持有者的认证信息被捆绑到一些属性值上。属性权威机构（AA）是通过发布属性证书来分配权限的认证机构。AA 和 CA 在逻辑上是完全独立的；在许多情况下，它们在物理上也是独立的。

目前，PMI 已成为电子商务等网络应用中不可缺少的安全支撑系统，它以身份证书为载体，同时记录用户的身份信息和权限信息，提供了身份认证的有效手段，为访问控制在网络系统中的实施奠定了基础。

PMI 是在 PKI 提出并解决了信任和统一的安全认证问题后提出的，其目的是解决统一的授权管理和访问控制问题。它分离了 X.509 标准中 PKI 的权限管理功能，提供了更为严格、方便和高效的访问控制机制，是一种基于 PKI 系统之上的、实现权限管理的体系。

PMI 的特点

▶ PMI 授权服务体系主要为网络空间提供用户操作授权的管理，即在虚拟网络空间中的用户角色与最终应用系统中用户的操作权限之间建立一种映射关系。

▶ PMI 技术通过数字证书机制来管理用户的授权信息。

▶ 授权操作与业务操作相分离，并将授权管理功能从应用系统中分离出来，以独立服务的方式面向应用系统提供授权管理服务。因此，授权管理模块自身的维护和更新操作与具体的应用系统无关，可以在不改变应用系统的前提下完成对授权模型的转换。

PMI 模型

PMI 模型包括通用模型、控制模型、委托模型和角色模型。这几个模型反映了 PMI 中的主要相关实体、主要操作进程以及交互的内容。

1. 通用模型

PMI 通用模型给出了 PMI 的一般描述，是理解 PMI 的基础。通用模型由对象、权限声称者和权限验证者三个实体组成。对象可以是被保护的资源，例如在一个访问控制应用中，受保护资源就是对象；权限声称者也就是访问者，是指拥有一定特权并针对某一特定服务声称具有其使用权的实体；权限验证者是对访问动作进行验证和决策，根据权限声称者所声称的权限和系统当前的权限策略对该用户是否享有某一服务做出判断的实体。

权限验证者根据以下条件决定访问通过或失败：权限声称者的权限、权限策略、环境变量（可选）和对象方法敏感度（可选）。权限声称者的权限通常被封装于其持有的属性证书中，这些权限信息反映了证书授权机构对受权实体的信任程度。权限策略规定访问某一特定对象所需权限的最小集合或门限，它精确地定义了权限验证者为了允许权限验证者访问某一请求对象、资源或应用服务所应包含的权限集。为了保证系统的安全性，权限策略需要进行完整性和可靠性保护，防止他人通过修改权限策略而攻击系统。

对象方法敏感度反映了请求对象的价值和重要性，例如文件内容的机密等级等。对象方法敏感度既可以经加密后显式地保存于通用安全标签中或由对象方法支持的属性证书内，也可以隐性地封装于请求对象的数据结构中。当然在某些应用环境下，对象方法敏感度是不需要的。环境变量是指权限验证者在进行访问控制判断时依据权限策略规定而需要使用的一些参数，如访问时间、权限持有者的源地址等。

一般，通用的权限管理模型可以应用到具体的权限管理和访问控制中去。

2. 控制模型

PMI 控制模型阐述了如何控制对敏感对象方法的访问。该模型中有 5 个实体：权限声称者、权限验证者、对象方法（敏感度）、权限策略和环境变量。权限声称者具有权限，对象方法具有敏感性，权限验证者在权限策略下控制权限声称者对对象方法的访问，特权和敏感性都是多值参数，具体如图 2.15 所示。

图 2.15　PMI 控制模型

3. 委托模型

PMI 委托模型通常由 4 个实体组成，包括授权机构源（Source of Authority，SOA）（也称信任源）、授权服务机构、权限持有者和权限验证者，具体如图 2.16 所示。

PMI 委托模型提出了授权机构的层次级联。权限经由若干中间环节从上到下依次传递和赋予，最终到达系统终端实体。这样，高层就只负责制定访问策略，维护有限的证书分配和管理功能，从而实现系统规模的扩张和整体性能的优化。

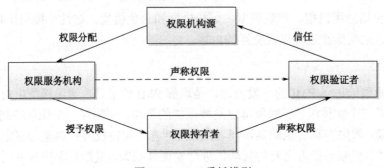

图 2.16　PMI 委托模型

授权机构源将权限委托给授权服务机构,通过发布属性证书来确定所拥有的权限或权限子集,同时赋予它进行权限委托的权力。可以通过限制委托路径深度、限制名字空间等方法来控制后继委托。所委托的权限不能超过他本身所拥有的权限。

权限验证者信任对资源的访问控制权限。当一个权限持有者提出请求时,若其持有证书并未颁发,则权限验证者将定位或通往委托路径进行验证,并对该路径上每一节点进行判断是否具有该权限。

4. 角色模型

在 PMI 角色模型中，角色是给用户分配权限的一种间接手段。用户作为某种角色的成员,其访问权限在管理上仅与其角色相关。这种思想极大地简化了用户授权的管理,提高了系统管理员的工作效率,降低了系统安全策略管理的复杂性。PMI 角色模型如图 2.17 所示。

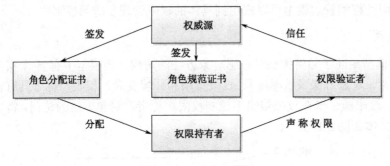

图 2.17　PMI 角色模型

PMI 的实现机制

PMI 实现的机制有多种，大致可以分为 Kerberos 机制、集中的访问控制列表（ACL）机制和基于属性证书（AC）机制。

1. 基于 Kerberos 的机制

Kerberos 是一种网络认证协议，其设计目标是通过密钥系统为客户机/服务器（C/S）应用程序提供强大的认证服务。该认证过程的实现不依赖于主机操作系统的认证,无须基于主机地址的信任,不要求网络上所有主机的物理安全,并假定网络上传送的数据包可以被任意地读取、修改和插入数据。Kerberos 便于软硬件的实现，比非对称密码算法速度快；但是，它存在密钥管理不便和单点失败的问题。这种机制适用于大量的实时事务处理环境中的授权管理。

2．集中的访问控制列表（ACL）机制

集中的 ACL 机制中有一个中心服务器，用来实行高度集中管理的控制方案；这种模式便于实行单点管理，但是很容易形成通信的"瓶颈"问题。所以，它适用于地理位置相对集中的实体环境。

3．基于属性证书的机制

基于属性证书的 PMI 建立在 PKI 提供的可信的身份认证服务基础上，以属性证书的形式实现授权的管理。属性证书是一种轻量级的数字证书，这种数字证书不包含公钥信息，而是利用属性来定义每个证书持有者的权限、角色等信息。这种机制是一种分布式解决方案，具有失败拒绝的优点，适用于支持不可否认服务的授权管理。

基于 Kerberos 机制和集中的访问控制列表（ACL）机制的 PMI 通常是集中式的，无法满足跨地域、分布式环境下的应用需求，缺乏良好的可伸缩性。基于属性证书的 PMI 通过属性证书的签发、发布、撤销等，在确保授权策略、授权信息、访问控制决策信息安全、可信的基础上，实现了 PMI 的跨地域、分布式应用。

练习

1．PKI 的主要理论基础是（　　）。
   a．对称密码算法　　　b．公钥密码算法　　　c．量子密码　　　d．摘要算法
2．PKI 是（　　）的简称。
   a．Private Key Infrastructure　　　　b．Public Key Infrastructure
   c．Public Key Institute　　　　　　　d．Private Key Institute
3．PKI 解决信息系统中的（　　）。
   a．身份信任　　　b．权限管理　　　c．安全审计　　　d．加密
4．（　　）是 PKI 体系中最基本的元素，PKI 系统所有的安全操作都是通过它来实现的。
   a．密钥　　　b．用户身份　　　c．数字证书　　　d．数字签名
5．许多与 PKI 相关的协议标准，如 PKIX、IPSec 等都是在（　　）基础上发展起来的。
   a．X.500　　　b．X.509　　　c．X.519　　　d．X.505
6．授权管理基础设施是指（　　）。
   a．PKI　　　b．KMI　　　c．PMI　　　d．DMI
7．PMI 使用（　　）来强化对特权的管理。
   a．用户口令　　　b．协议　　　c．属性证书　　　d．其他
8．PMI 主要为了解决什么问题才出现的？（　　）
   a．身份鉴别　　　b．鉴别后的授权　　　c．简化 PKI　　　d．替代 PKI
9．PKI 和 PMI 相比，（　　）更适合于那些基于角色进行访问控制的领域。
   a．PKI　　　b．差别不大　　　c．PMI　　　d．不确定
10．PMI 使用的属性证书是一种轻量级的数字证书，（　　）公钥信息。
   a．不包含　　　b．包含　　　c．有的包含　　　d．有的不包含

【参考答案】1.b　　2.b　　3.a　　4.c　　5.b　　6.c　　7.c　　8.b　　9.c　　10.a

补充练习

通过调研和查阅资料，讨论 PKI 的组成部分、功能及所提供的服务。

本 章 小 结

本章从密码学的基本概念入手，讨论了密码学及网络数据加密策略，从原理上简要介绍了认证技术，包括数字签名、X.509 数字证书、密钥管理与分配等。目的是让读者对于密码学技术有一个简单的整体概念，为此后深入学习奠定良好基础。

密码学是在编码与破译的斗争实践中逐步发展起来的，并随着先进科学技术的应用，已经成为一门综合性的尖端技术科学。密码学以研究数据保密为目的，对存储或传输的信息采取秘密交换以防止第三者窃取。在传统密码体制中加密和解密所采用的是同一密钥，称为对称密钥密码体制，又称私钥密码体制；在现代密码体制中加密和解密采用不同的密钥，称为非对称密钥密码体制，又称公钥密码体制。

网络加密是保护网络安全、确保信息可靠性的有效策略。一般来说，网络数据加密可以在通信的三个层次来实现：链路加密、节点加密和端到端加密。实现网络数据机密性的加密方式较多，常用的网络数据加密算法主要有：对称加密算法，如 DES、3DES、AES、SM4 等；非对称加密算法（也称公钥加密算法），如 RSA 算法、椭圆曲线密码（ECC）算法；消息摘要算法，如 MD5、SHA 算法等。

认证与鉴别是网络安全的一项重要内容。认证的基本思想是通过验证需认证实体的一个或多个参数的真实性和有效性，以确认其是否名副其实。认证技术一般可以分为消息认证和身份认证两种。消息认证用于保证信息的完整性和抗否认性，是对通信数据的认证，一般采用消息摘要算法；身份认证用于鉴别用户的真实身份，是对通信主体的认证。身份认证机制主要涉及认证中的安全保障技术，包括认证信息的完整性、不可否认性、保密传输性以及防止攻击等，避免用户身份的伪造、篡改、冒充、抵赖等。数字签名是通信双方在网络上交换信息用公钥密码，防止伪造和欺骗的一种身份认证。数字证书提供了一种在互联网上验证身份的方式，是一个经证书授权中心数字签名的包含公开密钥拥有者信息以及公开密钥的文件，已经广泛应用于电子商务、电子政务等领域。

密钥管理是信息安全的核心技术之一。密钥管理中一种很重要的技术就是秘密共享技术。密钥分配是密钥管理中的一个关键因素，目前已有很多密钥分配协议，但其安全性是一个重要问题。密钥管理体制可分为三种：一是适用封闭网络、以传统密钥管理中心为代表的 KMI 机制；二是适用于开放网络的 PKI 机制；三是适用于规模化专用网络的 SPK 机制。其中，公钥基础设施（PKI）是在分布式计算机系统中提供的使用公钥密码系统和 X.509 证书安全服务的基础设施。PKI 的主要组成包括认证机构（CA）、注册机构（RA）等。PKI 管理的对象有密钥、证书以及证书撤销列表（CRL）。随着各种应用在安全和授权管理方面需求的增长，基于 PKI 的网络安全平台成为安全技术发展的新趋势。

密码学及其相关技术的发展经历了从简单到复杂，从不完美到完美，从具有单一功能到完成多种功能的过程。在电子信息化时代的今天，新的密码与安防技术仍在不断发展，人们将越来越离不开现代网络安全技术，各种基于密码的应用系统也将不断出现。本章尽管只是对计算机密码学应用的一个概要性引导，但也涉及比较前沿的成果，所涵盖的内容比较多，理论性较强。

小测验

1. 一个密码系统至少由明文、密文、加密算法、解密算法和密钥 5 部分组成，但其安全性是由（　　）决定的。

　　　　a. 加密算法　　　　b. 解密算法　　　　c. 加解密算法　　　　d. 密钥

2. 利用（　　）算法，相同的明文用相同的密钥加密永远得到相同的密文。

　　　　a. 随机　　　　b. 分组　　　　c. 序列　　　　d. 非对称

3. RSA 算法的安全理论基础是（　　）。

　　　　a. 离散对数难题　　b. 整数分解难题　　c. 背包难题　　　　d. 代换和置换

4. 下面有关群签名说法错误的是（　　）。

　　　　a. 只有群成员能代表这个群组队消息签名

　　　　b. 验证者可以确认数字签名来自该群组

　　　　c. 验证者能够确认数字签名是哪个成员所签

　　　　d. 借助于可信机构可识别出签名是哪个签名人所为

5. 数字证书将用户与其（　　）相联系。

　　　　a. 私钥　　　　b. 公钥　　　　c. 护照　　　　d. 身份证

6. 以下加密算法中，适合对大量的明文消息进行加密传输的是（　　）。

　　　　a. RSA　　　　b. SHA-l　　　　c. MD5　　　　d. RC5

7. SHA-1 是一种将不同长度的输入信息转换成（　　）bit 固定长度摘要的算法。

　　　　a. 128　　　　b. 160　　　　c. 256　　　　d. 512

8. 在安全通信中，A 将所发送的信息使用（ 1 ）进行数字签名，B 收到该消息后可利用（ 2 ）验证该消息的真实性。

　　（1）a. A 的公钥　　　b. A 的私钥　　　c. B 的公钥　　　d. B 的私钥

　　（2）a. A 的公钥　　　b. A 的私钥　　　c. B 的公钥　　　d. B 的私钥

【提示】数字签名用的是发送方的私钥，接收方收到消息后用发送方的公钥进行核实签名。

9. DES 是一种 (1) 加密算法，其密钥长度为 56 bit，3DES 是基于 DES 的加密方式，对明文进行 3 次 DES 操作，以提高加密强度，其密钥长度是 (2) bit。

　　（1）a. 共享密钥　　　b. 公开密钥　　　c. 报文摘要　　　d. 访问控制

　　（2）a. 56　　　　b. 112　　　　c. 128　　　　d. 168

【提示】DES 算法：加密前对明文进行分组，每组 64 bit 数据，对每一个 64 bit 的数据进行加密，产生一组 64 bit 的密文，最后把各组的密文串接起来，得出整个密文，其中密钥为 64 bit（实际 56 bit，有 8 bit 用于校验）。在密码学中，3DES 是"三重数据加密算法"的通称，它相当于对每个数据块应用三次 DES 加密算法（第一次和第三次密钥一样，所以认为密钥长度是 112 bit）。

【参考答案】1.d　2.b　3.b　4.c　5.b　6.d　7.b　8.（1）b；（2）a　9.（1）a；（2）b

第三章　网络安全协议

概　　述

　　无论是 OSI 参考模型还是 TCP/IP 参考模型，在设计之初都没有充分考虑网络通信的安全问题。因此，只要在参考模型的任何一个层面发现安全漏洞或者缺陷，就会对网络造成安全威胁。互联网是典型的开放式网络环境，若要在互联网上实现安全通信，就必须设计 TCP/IP 参考模型各层的安全协议，并让这些协议有机地协调工作，以实现网络安全体系结构。

　　按照 TCP/IP 参考模型，把不同功能的协议分布在不同的协议层。针对 TCP/IP 模型设计之初存在的安全威胁，开发了许多运行在基础网络协议上的安全协议，即网络安全协议。网络安全协议也称作密码协议，是以密码学为基础的消息交换协议，其目的是在网络环境中提供各种安全服务，如通过网络安全协议进行实体之间的认证、在实体之间安全地分配密钥或其他各种秘密、确认发送和接收的消息的不可否认性等。网络安全协议是建立在密码体制基础上的一种交互通信协议，它运用密码算法和协议逻辑来实现认证和密钥分配等。

　　网络安全协议在协议中采用加密技术、认证技术等，为有安全需求的各方提供一系列安全保障。网络安全协议具有以下三个特点：

- ▶ 保密性——通信的内容不向他人泄露。为了维护个人权益，必须确保通信内容发给所指定的人，同时还必须防止某些怀有特殊目的的人的"窃听"。
- ▶ 完整性——通信的内容按照某种算法加密，生成密码文件（即密文）进行传输；在接收端对通信内容进行破译，必须保证破译后的内容与发出前的内容完全一致。
- ▶ 认证性——防止非法的通信者进入。在进行通信时，必须先确认通信双方的真实身份。双方通信时，必须确认双方是真正的通信双方，防止除双方以外的人冒充其身份进行通信。

　　本章按照 TCP/IP 参考模型的层次结构，介绍各层中所涉及的网络安全协议，讨论目前比较常见的几种网络安全协议所能承担的安全服务、加密机制、工作原理及应用领域，并对具有相似功能的协议进行比较、分析。

第一节　网络接口层安全协议

　　网络接口层是 TCP/IP 参考模型中的最低层，负责通过网络发送和接收 IP 数据报，允许主机接入网络时使用多种流行的现有协议，如局域网的 Ethernet、分组交换网的 X.25、帧中继等。网络接口层的安全协议主要实现身份认证、封装和隧道传输、信息加密等功能，常见的一些安全协议有 PAP/CHAP、隧道协议和无线局域网安全协议等。

学习目标

- ▶ 了解 PAP/CHAP 协议的工作原理；

▶　　熟悉隧道协议；
▶　　掌握无线局域网安全协议。

关键知识点

▶　　各种安全协议的使用场景及使用方式。

PAP/CHAP

目前，在点对点串行通信协议（PPP）中普遍使用的认证协议，是密码认证协议（PAP）和质询–握手验证协议（CHAP）。

密码认证协议（PAP）

密码认证协议（PAP）是一种简单的明文认证方式。它采用二次握手机制，使用明文格式发送用户名和密码；认证请求的发起方为被认证方，只在链路建立的阶段进行 PAP 认证；一旦链路建立成功，将不再进行认证检测。目前，PAP 在 PPPOE 拨号环境中用得比较多。关于 PAP 在 RFC1334 中有详细的定义。

PAP 的认证过程如图 3.1 所示。

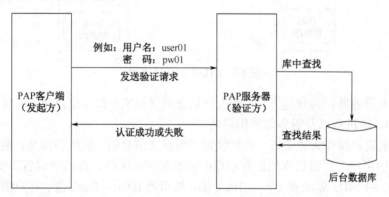

图 3.1　PAP 的认证过程

PAP 认证的详细步骤如下：

▶　　发起 PPP 连接的客户端是被认证方，它首先向担当身份认证的 PAP 服务器发送一个认证请求帧，其中包括用于身份认证的用户名和密码。

▶　　PAP 服务器是认证方，它在收到客户端发来的认证请求帧后，查看服务器后台数据库中的信息，看是否有客户端提供的用户名和密码信息。如果有，则表明客户端具有合法的用户账户信息，PAP 认证通过，向 PAP 客户端返回一个认证确认帧，表示认证成功；否则，返回一个认证否认帧，PAP 认证未通过，客户端不能与 PAP 服务器建立 PPP 连接。

PAP 身份认证的缺点是，用于身份认证的用户名及密码在网络上是以明文方式进行传输的，很容易被第三方捕获，如果在传输过程中被截获，便有可能对网络安全造成极大的威胁。所以，PAP 并不是一种安全有效的认证方法。

质询–握手认证协议（CHAP）

质询–握手认证协议（CHAP）是一种加密的身份验证方式。CHAP 对 PAP 进行了改进，不再直接通过链路发送明文口令，而是使用挑战口令以哈希算法对口令进行加密，使用密文格式发送 CHAP 认证消息。

CHAP 认证过程比较复杂，采用三次握手机制，由验证方发起 CHAP 认证，有效避免了暴力破解。在链路建立成功后具有再次验证检测机制，也就是说可以在连接建立后的任何时刻使用。目前常用于企业网的远程接入环境。关于 CHAP 的具体定义，可参阅 RFC1994。

1. CHAP 认证过程

CHAP 认证要经过三次握手，具体认证过程如图 3.2 所示。

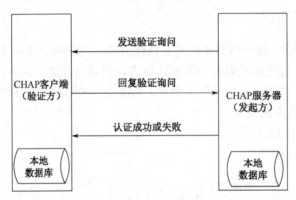

图 3.2　CHAP 的认证过程

► CHAP 服务器作为发起方，主动发送认证询问报文，报文信息包括：此次认证的序列号 ID、随机数以及服务器的用户名。

► CHAP 客户端作为验证方，当接收到询问报文信息后，解析该报文，根据接收到的服务器的用户名到自己本地的数据库中查找对应的密码，并结合服务器发来的 ID 和随机数，由 MD5 算法算出一个 Hash 值，然后把 ID 号、Hash 值、客户端用户名称一起组成应答（Response）报文发给服务器。

► CHAP 服务器接收到回应的询问报文后，解析该报文，根据客户端发来的客户端用户名称，在本地数据库中查找其对应的密码，结合 ID 找到先前保存的随机数，然后根据 MD5 算法算出一个 Hash 值，计算所得的 Hash 值和报文中的 Hash 值做比较：如果相等，则发送认证成功报文（Success）告知客户端；否则，发送认证失败（Failure）报文进行回应。

2. CHAP 认证举例

CHAP 使用三次握手来实现对网络节点的定期审查和认可，当链路建立时 CHAP 就可以进行身份认证。在链路建立后，必要时还可以重复进行 CHAP 认证。CHAP 认证的一个具体实例如图 3.3 所示。为了叙述方便，这里对图 3.3 中认证双方具体信息做出描述，如表 3.1 所示。由于 PAP 和 CHAP 的作用都是用来认证用户的账号和密码，所以在配置时就要有账号和密码。

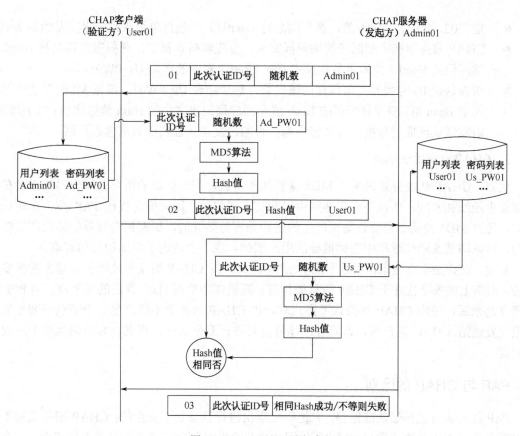

图 3.3 CHAP 认证过程实例

表 3.1 认证双方具体信息

项 目	具体信息
服务器名称	Admin01
服务器密码	Ad_PW01
客户端名称	User01
客户端密码	Us_PW01
询问报文标识	01
回应询问报文标识	02
认证成功与否报文标识	03

该实例的具体认证过程如下：

▶ CHAP 服务器作为发起方，主动发送认证询问报文，此报文中包含询问报文标识（假设为"01"）、系统随机生成的认证 ID 号以及一个随机数和代表服务器的名称一起打包组成请求询问报文（01，认证 ID，随机数，Admin01）。

▶ CHAP 客户端作为验证方，当接收到询问报文信息后，首先解析该报文，获取到服务器的用户名称 Admin01，然后到自己本地数据库中查找 Admin01 所对应的密码 Ad_PW01，此时利用 Ad_PW01 并结合服务器发来的认证 ID 号和随机数，采用 MD5 算法计算出一个 Hash 值。

- 把（02，ID 号，Hash 值，客户端名称 User01）一起打包组成回应报文发给服务器。
- CHAP 服务器接收到回应的询问报文后，首先解析该报文，获得客户端名称 User01，然后根据 User01 在本地数据库中查找 User01 对应的密码 Us_PW01。
- 结合认证 ID 号找到先前保存的随机数，然后结合 Us_PW01，根据 MD5 算法计算出一个 Hash 值。将计算所得的 Hash 值和回应询问报文中的 Hash 值做比较：如果相等，则发送认证成功数据包告知客户端；否则，发送认证失败数据包进行回应。

3. CHAP 认证的优缺点

优点：CHAP 认证方式采用了 MD5 摘要加密协议，用于认证的用户名和密码是直接在摘要消息中经过加密的，所以不会在网络中以明文方式传输，因此安全性比 PAP 高；在认证过程中，经过 MD5 摘要加密协议随机产生的密钥是有时效性的，原密钥失效后会随机产生新的密钥，所以即使在通信过程中密钥被非法用户破解，也不会适用于后面的通信截取。

缺点：密钥是明文信息，而且不能防止中间人攻击；CHAP 的安全性除了本地密钥的安全性外，网络上的安全性在于 CHAP 信息的长度、随机性和单向 Hash 算法的可靠性；当 PPP 链路建立起来后，采用 CHAP 身份认证方式时，由 CHAP 服务器不断产生一个随机序列号的质询报文发送给 CHAP 客户端，询问客户端是否要进行身份认证，直到该客户端为这个质询做出响应。

PAP 与 CHAP 的区别

PAP 以文本方式传递认证回答，它把明文送出进行认证是不安全的；CHAP 则是双发都把随机数和密码通过杂凑函数来运算，所以网络上只会监视到杂凑函数的种类及随机数，不会看到密码，因而安全性较高。

- PAP 认证通过两次握手实现，而 CHAP 则是通过三次握手实现；
- PAP 认证传送的是明文密码，而 CHAP 在验证过程中其密码被加密传送；
- PAP 是简单认证，明文传送，客户端直接发送包含用户名/密码的认证请求，服务器处理并回应；而 CHAP 是加密认证，使用 MD5 算法。

隧道协议

隧道技术是一种通过使用互联网基础设施在网络之间传递数据的方式。隧道技术的实质是用一种网络层的协议来传输另一种网络层协议，其基本功能是封装和加密。使用隧道传递的数据可以是不同协议的数据帧或包，隧道协议将其他协议的数据帧或数据包重新封装后通过隧道发送。

目前，有多种隧道协议，不同的隧道协议工作在不同的层。21 世纪以来出现了一些新的隧道技术，并在不同的系统中得到运用和拓展。这里所说的隧道类似于点到点的连接。这种方式能够使来自许多信息源的网络业务在同一个基础设施中通过不同的隧道进行传输。隧道技术使用点对点通信协议代替了交换连接，通过路由网络来连接数据地址。隧道技术允许授权移动用户或已授权的用户在任何时间、任何地点访问企业网络。

隧道建立后，通过隧道可以实现：

- 将数据流强制送到特定的地址；

> ▶　隐藏私有的网络地址；
> ▶　在 IP 网上传递非 IP 数据包；
> ▶　提供数据安全支持。

为创建隧道，隧道的客户端和服务器双方必须使用相同的隧道协议。隧道技术可分别以第二层或第三层隧道协议为基础。第二层隧道协议对应于 OSI 参考模型的数据链路层，使用帧作为数据交换单位。点对点隧道协议（PPTP）、第二层转发（L2F）协议和第二层隧道协议（L2TP）都属于第二层隧道协议，它们将用户数据封装在点对点协议帧中通过互联网发送。第三层隧道协议对应于 OSI 参考模型的网络层，使用包作为数据交换单位。IPIP(IP over IP)以及 IPSec隧道模式属于第三层隧道协议，它们将 IP 包封装在附加的 IP包头中，通过 IP 网络传送。无论哪种隧道协议都是由传输的载体、不同的封装格式以及用户数据包组成的。它们的本质区别在于，用户的数据包被封装在哪种数据包中在隧道中传输。

点对点隧道协议（PPTP）

点对点隧道协议（Point to Point Tunneling Protocol，PPTP）是由微软和 3Com 等公司组成的 PPTP 论坛开发、位于 OSI 参考模型的第二层、提供专用"隧道"来使 PPTP 客户端和 PPTP 服务器通过公共网络 Internet 进行加密通信的协议。通过该协议，远程用户能够通过工作站、操作系统以及其他装有点对点协议的系统安全访问公司网络，可以使远程用户通过拨号接入 ISP、通过直接连接 Internet 或其他网络安全地访问企业网。该协议是在 PPP 基础上开发的一种增强型安全协议，支持多协议虚拟专用网，可以通过密码身份验证协议、可扩展身份验证协议等方法增强安全性。PPTP在 RFC 2637 中定义。

1. PPTP 隧道工作模型

PPTP 隧道工作模型示意图如图 3.4 所示。远程用户通过 PPP 拨号连接到 PPTP 接入集中器作为 PPTP 客户端，然后 PPTP 客户端通过 PPTP 与 PPTP 服务器之间开通一个 PPTP 隧道，将用户数据通过隧道传送给 PPTP 服务器。

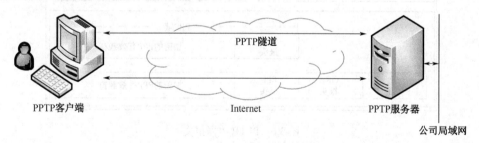

图 3.4　PPTP 隧道工作模型示意图

在建立 PPTP 隧道连接之前，PPTP 客户端与 PPTP 服务器之间必须先建立控制连接。PPTP 客户端用 TCP 向服务器发起连接请求，PPTP 服务器默认使用 TCP 端口 1723，然后在该 TCP 连接上实现 PPTP 链接控制。之后的链路控制协议和数据包都通过 IP 上的 GRE 承载，所建立的 TCP 连接只用于 PPTP 链路控制。

当远程用户要访问公司专用网时，可采用 PPTP 网络接入方式。用户先拨号到 PPTP 服务器建立 PPP 连接，PPTP 客户端和服务器之间建立 TCP 连接；然后通过 PPTP 协商建立一条用户到服务器的隧道；接着，通过 PPP 的 NCP 协商，为用户分配一个网段内 IP 地址。用户可以使用所分配的 IP 地址进行局域网内（实际上只是逻辑上的局域网，有可能地理位置跨越很大）的通信，从而为远程接入虚拟专用网提供一条在公共网络上创建安全连接的途径。

2. PPTP 报文结构

PPTP 报文格式分为两种：PPTP 控制报文和 PPTP 数据报文。

PPTP 控制报文用于创建、维护和终止 PPTP 连接。PPTP 控制连接建立在 PPTP 客户端 IP 地址和 PPTP 服务器 IP 地址之间，PPTP 客户端使用动态分配的 TCP 端口号，PPTP 服务器使用固定端口号 1723。在连接建立之后，客户端和服务器之间会周期性地发送回送请求和应答消息，以期检测出客户端与服务器之间可能出现的连接中断。PPTP 控制报文包括 IP 报头、TCP 报头和 PPTP 控制信息，其结构如图 3.5 所示。

数据链路层报头	IP报头	TCP报头	PPTP控制信息	数据链路层报尾

图 3.5　PPTP 控制报文结构

PPTP 数据报文用来传送 PPP 数据包，将 PPP 数据包封装在 GRE 里进行传送。PPTP 客户端和服务器之间通过连接过程建立隧道之后，就可以通过隧道传输数据。具体步骤如下：

▶ 用户的 IP 包经过 PPP 封装成 PPP 包；
▶ PPTP 对 PPP 帧的有效载荷进行加密（MPPE）、压缩（MPPC），加密和压缩是可选的；
▶ PPTP 使用通用路由封装协议（GRE）对 PPP 帧进行封装；
▶ 将 GRE 帧放入 IP 报文中，通过 IP 网络发送给 PPTP 服务器。

PPTP 数据报文格式如图 3.6 所示，PPTP 数据的隧道化过程采用多层封装的方法。封装后在网络上传输的数据包格式如图 3.7 所示。

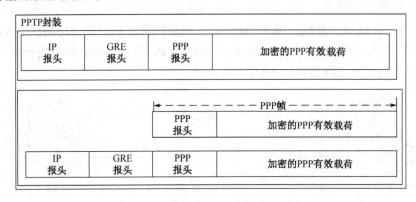

图 3.6　PPTP 数据报文

数据链路层报头	IP报头	GRE报头	PPP报头	加密的PPP有效载荷	数据链路层报尾

图 3.7　传输的数据包格式

第二层转发（L2F）协议

第二层转发（Layer Two Forwarding，L2F）协议是由 Cisco 公司提出的可以在多种传输网络上建立安全 VPN 通信的隧道方式，用于通过 IP 主干透明地转发 PPP 和 SLIP 帧。它将链路层的协议封装起来传送，因此网络的链路层完全独立于用户的链路层协议。L2F 远程用户能够通过任何拨号方式接入公共 IP 网络，其方法是：先按常规方式拨号到网络接入服务器（NAS），建立 PPP 连接；然后，NAS 根据用户名等信息发起第二次连接，呼叫用户网络的服务器。在这种情况下，隧道的配置和建立对用户是完全透明的。L2F 协议在 RFC 2341 中定义。表 3.2 示出了 L2F 协议所涉及的术语及简称。

表 3.2　L2F 协议所涉及的术语及简称

序号	术语及简称	序号	术语及简称
1	网络接入服务器（NAS）	5	Internet 服务提供商（ISP）
2	终点网关（Home Gateway）	6	ISP 出现点（Point of Presence，POP）
3	点到点协议（PPP）	7	串行线路 Internet 协议（SLIP）帧
4	多链路 PPP（MP）链路		

1．L2F 协议拓扑结构

L2F 协议支持将传统 NAS 的功能分开：NAS 接收呼叫，而 PPP/SLIP 连接终止于被称为终点网关（Home Gateway）的设备。终点网关和 NAS 位于不同的地方，这意味着企业可以将接收呼叫的工作外包给 ISP，同时让 PPP/SLIP 连接终止于企业网内部。这让企业能够节省/减少呼叫费用，因为远程接入客户无须直接向企业拨号，而能够拨入最近的 POP。要以逻辑方式将呼叫接收和 PPP 连接终止点分离，必须使用一种机制，在连接到终点网关的主干上将 PPP 帧进行隧道化。L2F 协议便提供了这样的机制。图 3.8 所示说明了 L2F 协议的拓扑结构。

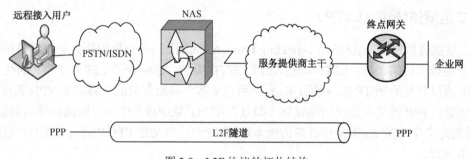

图 3.8　L2F 协议的拓扑结构

2．L2F 协议报文结构

L2F 协议报文结构如图 3.9 所示。

1	1	1	1	1	1	1	1	1	1	1	1	1	1	1	1	16	24	32（bit）
F	K	P	S	0	0	0	0	0	0	0	0	0	C	Version		Protocol	Sequence
Multiplex ID																Client ID		
Length																Offset		
Key																		

图 3.9　L2F 协议报文结构

其中，F、K、S 和 C 位各占 1 个比特位，设置为 1 时表明应包含可选字段。各字段域含义如下：

- ► F：被设置为 1 时表明应包含偏移（Offset）字段。
- ► K：被设置为 1 时表明应包含密钥字段。
- ► S：被设置为 1 时表明应设置序列号。
- ► C：被设置为 1 时表明应包含校验和。
- ► P：被设置为 1 时表明 L2F 分组为优先分组。RFC 2341 没有规定什么类型的分组应为优先分组，而将这项工作留给了实现商。
- ► Version：用于创建数据包的 L2F 软件的主版本。
- ► Protocol：协议字段，规定 L2F 数据包中传送的协议，只有 3 个有效取值 0x01、0x02 和 0x03。取值 0x01 表明这是一个 L2F 管理分组（类型为 L2F_PROTO）；取值 0x02 表明该分组中包含经过隧道化的 PPP 帧（类型为 L2F_PPP）；取值 0x03 表明该分组中包含经过隧道化的 SLIP 帧（类型为 L2F_SLIP）。
- ► Sequence：当 L2F 头部的 S 位设置为 1 时的当前序列号。
- ► Multiplex ID：数据包 Multiplex ID 用于识别一个隧道中的特殊链接。
- ► Client ID ：支持解除复用隧道中的终点。
- ► Length：整个数据包的长度大小（8 位形式），包括头、所有字段以及有效载荷。
- ► Offset：该字段规定通过 L2F 协议头的字节数，协议头是有效载荷数据起始位置，如果 L2F 头部的 F 位设置为 1 时，就会有该字段出现。
- ► Key：Key 字段出现在将 K 位设置在 L2F 协议头的情况。这属于认证过程；
- ► Checksum：数据包的校验和。Checksum 字段出现于 L2F 协议头中的 C 位设置为 1 的情况。

第二层隧道协议（L2TP）

第二层隧道协议（Layer Two Tunneling Protocol，L2TP）是一种国际标准的隧道协议，位于 OSI 分层模型的第二层。L2TP 功能大致和 PPTP 类似，它结合了 L2F 和 PPTP 的优点，是基于 L2F 协议开发的 PPTP 的后续版本，允许用户从客户端或访问服务器建立 VPN 连接。L2TP 是把链路层的 PPP 帧装入公用网络设施（如 IP、ATM、帧中继）中进行隧道传输的封装协议。L2TP 最初定义在 RFC 2661 中；目前的版本是 L2TPv3，定义在 RFC3991 中。L2TP 封装结构如图 3.10 所示。

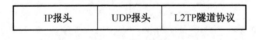

图 3.10　L2TP 封装结构

1. L2TP 拓扑结构

L2TP 主要由 LAC（L2TP Access Concentrator）和 LNS（L2TP Network Server）构成。LAC 支持客户端的 L2TP，发起呼叫，接收呼叫和建立隧道；LNS 是所有隧道的终点。在传统的 PPP 连接中，用户拨号连接的终点是 LAC，而 L2TP 能把 PPP 的终点延伸到 LNS。

L2TP 控制连接建立在 L2TP 客户端 IP 地址和 L2TP 服务器 IP 地址之间，PPTP 客户端使用动态分配的 UDP 端口号，而 L2TP 服务器则使用保留 UDP 端口号 1701。L2TP 控制连接用于隧道和会话连接的建立、维护和传输控制。L2TP 拓扑结构如图 3.11 所示。

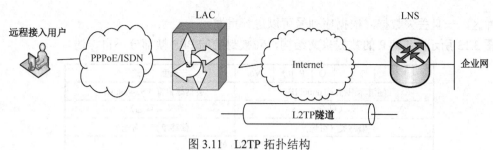

图 3.11 L2TP 拓扑结构

2. L2TP 报文结构

在 L2TP 中存在控制报文和数据报文两种报文。

L2TP 控制消息用于隧道和会话连接的建立、维护和传输控制；数据消息则用于封装 PPP 帧并在隧道上传输。控制消息的传输是可靠传输，并且支持对控制消息的流量控制和拥塞控制；而数据消息的传输是不可靠传输，若数据报文丢失，不予重传，不支持对数据消息的流量控制和拥塞控制。L2TP 报文头中包含隧道标识符（Tunnel ID）和会话标识符（Session ID）信息，用来标识不同的隧道和会话。

控制报文和数据报文共享相同的报文头。在报文头的后面，如果是被封装的 PPP 帧，则此报文为数 L2TP 的数据报文；如果是 AVP 集合，则为控制报文。L2TP 控制报文的结构如图 3.12（a）所示。

T	*	*	S	*	O	P	*	Ver	长度（可选）	
隧道标识符（Tunnel ID）									会话标识符（Session ID）	
Ns（可选）									Nr（可选）	
偏移量（可选）									偏移填充（可选）	
AVP集合										

(a)

M	H	保留	长度	厂商ID
属性类型				属性值
属性值…				

(b)

图 3.12 L2TP 控制报文的结构（a）和 AVP 集合的格式（b）

AVP 集合的格式如图 3.12（b）所示，其中各标识定义如下：

▶ M 是强制位：M=0，表示无法识别 AVP 时忽略 AVP；M=1，表示无法识别 AVP 时终止整个隧道，包括该隧道内的所有会话。

▶ H 是隐藏位：标识 AVP 属性值字段中数据的隐藏。此功能可用于避免将敏感数据（如用户密码）以明文形式传递到 AVP 中。

▶ 长度：指包含在此 AVP 中的数据长度。AVP 的最小长度为 6。如果长度为 6，则不存在属性值字段。

▶ 厂商 ID：如果 ID 为 0，表示使用 IETF 定义的值，否则为供应商自定义。

▶ 属性类型和属性值对应具体的信息，属性值随着属性类型而变化。

在 L2TP 控制报文中，Nr 表示下一个希望接收的信息序列号；Ns 表示当前发送的数据包序列号。L2TP 使用 Nr 和 Ns 字段进行流量和差错控制。双方通过序列号来确定数据包的顺序和缓冲区，一旦丢失数据，根据序列号可以进行重发。

图 3.13 所示为 L2TP 的数据报文结构，对被封装的 PPP 帧部分不再详述。

T	*	*	S	*	O	P	*	Ver	长度（可选）
隧道标识符（Tunnel ID）									会话标识符（Session ID）
Ns（可选）									Nr（可选）
偏移量（可选）									偏移填充（可选）
被封装的PPP帧									

图 3.13　L2TP 数据报文的结构

L2TP 允许对 IP、IPX 或 NetBEUI 数据流进行加密，然后将支持点对点的数据报传递到任意网络。它综合了 PPTP 和 L2F 的优点，并且支持多路隧道，这样使用户能够同时访问 Internet 和企业网。L2TP 方式给服务提供商和用户带来了许多方便。用户不需要在 PC 上安装专门的客户端软件；企业网可以使用未注册的 IP 地址，并在本地管理认证数据库，从而降低应用成本和维护费用。

3. PPTP 和 L2TP 的异同

PPTP 和 L2TP 都属于第二层隧道协议，尽管两个协议非常相似，但是仍存在以下不同：

▶ PPTP 和 L2TP 都使用 PPP 对数据进行封装，然后添加附加包头，用于数据在互联网络上的传输。PPTP 只能在两端点间建立单一隧道；L2TP 则支持在两端点间使用多隧道，用户可以针对不同的服务质量创建不同的隧道。

▶ L2TP 可以提供隧道验证，而 PPTP 则不支持隧道验证。但当 L2TP 或 PPTP 与 IPSec 共同使用时，可以由 IPSec 提供隧道验证，不需要在第 2 层协议上验证隧道就能使用 L2TP。

▶ PPTP 要求互联网络为 IP 网络。L2TP 只要求隧道媒介提供面向数据包的点对点的连接。L2TP 可以在 IP（使用 UDP）、帧中继永久虚电路、X.25 虚电路或 ATM 网络上使用。

▶ 与 PPTP 和 L2F 相比，L2TP 的优点在于提供了差错和流量控制。L2TP 使用 UDP 封装和传送 PPP 帧。面向无连接的 UDP 无法保证网络数据的可靠传输，L2TP 使用 Nr 和 Ns 字段进行流量和差错控制。

▶ 作为 PPP 的扩展协议，L2TP 支持标准的安全特性CHAP 和 PAP，可以进行用户身份认证。L2TP 定义了控制包的加密传输，每个被建立的隧道分别生成一个独一无二的随机密钥，以便对付欺骗性攻击，但是它对传输中的数据并不加密。

无线局域网安全协议

无线局域网（WLAN）从诞生之日起，其安全问题就成为制约其发展的瓶颈；不断增长的无线应用又使得该问题暴露得更加突出。由于 WLAN 中的数据通过高频无线电波传输，攻击者可以肆无忌惮地窃听、盗取用户账号，而且在 WLAN 环境中，难以应用有线网络的物理访问控制手段，因此 WLAN 面临着比有线网络更为严峻的安全威胁。IEEE 一直致力于解决 WLAN 的安全问题，最初使用 WEP 协议，但 WEP 并不能使那些重要信息免受恶意攻击。之后出现了 IEEE 802.11i 安全标准、WPA/WPA2 协议，填补了 WEP 中的许多缺陷，但仍然不够完美。为了赢得用户的信赖并展示 WLAN 生态系统的可靠性，仍急需完善、发展现有的 WLAN 安全技术，以满足更高的安全防御要求。

WEP 协议

有线对等保密（Wired Equivalent Privacy，WEP）算法是一种以链路层为基础的安全协议，本质上它是一种数据加密算法，其主要用途包括：提供接入控制，防止未授权用户访问网络；对数据进行加密，防止数据被攻击者窃听；防止数据被攻击者中途恶意篡改或伪造。此外，WEP 也提供认证功能，当加密机制功能启动，客户端要尝试连接无线接入点（AP）时，无线接入点会发出一个挑战包给客户端，客户端再利用共享密钥将此值加密后送回存取点以进行认证比对；如果正确无误，才能获准存取网络的资源。

在 WEP 加密的 WLAN 中，所有客户端与无线接入点的数据都会以一个共享密钥进行加密，WEP 采用 RC4 加密算法来实现数据的保密性，使用 CRC-32 循环冗余校验值验证数据的正确性。WEP 协议保证了 WLAN 具备与有线网级别相同的安全性，保证了数据的完整性与保密性。

1. WEP 数据帧结构

WEP 数据帧分为 32 bit 的初始向量（Initialization Vector，IV）、传输数据和 32 bit 的 CRC 完整性校验值（Integrity Check Value，ICV）。其中 32 bit 的 IV 包含三个子数据：24 bit 的 IV、2 bit 的密钥 ID 和 6 bit 的填充数据（填充值一般为 0）。WEP 数据帧格式如图 3.14 所示。

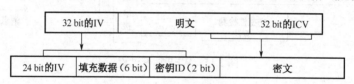

图 3.14　WEP 数据帧格式

2. 接入控制与认证

WEP 定义了开放系统认证和共享密钥认证两种认证方式。

开放系统认证是 IEEE 802.11 标准下一种常见的认证机制，它的整个过程采用明文方式进行认证。在该认证机制下所有的接入设备都可以顺利完成认证，所以某种意义上说这种认证机制是一个空认证。此认证机制特别适合于一些提供无线网络的开放场所，整个认证过程只有认证请求和响应两个步骤。

共享密钥认证通过一个共享密钥的方式来控制用户对网络资源的访问，所使用的认证密钥与 WEP 数据加密算法的密钥相同。WEP 的共享密钥认证是一种单向认证，具体认证步骤如下：

- ▶ 客户端向 AP 发送认证请求。
- ▶ 该 AP 接收给出的请求之后，把随机捕获的数据发送给无线客户端。
- ▶ 客户端使用与 AP 共享的密钥和 RC4 流密码算法加密该随机数，并把密文传回给 AP。
- ▶ AP 利用共享的密钥对接收的密文实施解密，并将解密结果和传送的随机数进行对比：若二者相同，就证实了该客户端就是合法身份用户，准许它对网络进行访问；不然，将不允许该客户端的访问网络请求。

说明：加密时利用 RC4 流密码算法，但它的认证过程不支持双向认证。AP 可以对客户端进行认证而客户端却不能对 AP 进行身份认证，所以无法保证客户端和一个合法的 AP 或无线网络之间信息的交互。这种单向的认证机制安全性能不太好，可能会遭到各种攻击。

3．WEP 加密过程

在 WEP 加密过程中，设计了 ICV 作为完整性校验。WEP 加密过程如图 3.15 所示。假设在发送端和无线 AP 间共享一个长度为 40 bit 或 104 bit 的密钥，称之为基础密钥，简称密钥。一般来说，WEP 数据的加密过程分为如下几个步骤：

- 计算出明文的 32 bit CRC 完整性校验值（ICV），进行完整性校验。
- 将校验码 ICV 和明文构成传输载荷。
- 选定一个 24 bit 的数用作明文的初始向量（IV），将 IV 与密钥连接起来，构成一个长度为 64 bit 或 128 bit 的种子密钥；将种子密钥送入 RC4 伪随机数生成器生成加密密钥流。
- 将加密密钥流与传输载荷按位进行异或操作，获得密文。
- 在密文中加入 IV 打包得到 WEP 数据帧，进行整体传递。

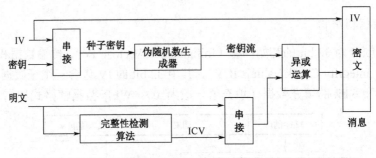

图 3.15　WEP 加密过程

当进行 WEP 加密时，在数据包送出之前，会经过一个完整性检查，并产生一个验证码，作为数据包的 CRC 位，其作用是避免数据在传输过程中遭到非法篡改。

从上述加密过程可以看出，WEP 的加密体制存在缺陷：发送端将 IV 以明文形式和密文一起发送，当密文传送到 AP 后，AP 从数据包中提取出 IV 和密文，将 IV 和所持有的共享密钥送入伪随机数发生器而得到的解密密钥流和加密密钥流相同。

4．WEP 解密过程

WEP 数据解密是指将在 WLAN 中传送的数据转化为明文，这一解密过程如图 3.16 所示，一般分为如下几个步骤：

- 提取出 WEP 数据帧中的 IV 和密文；
- 通过伪随机数生成器获取 IV 与密钥的密钥流；
- 密文与密钥流经异或运算转化为明文；
- 将明文进行 CRC 计算后得到校验码 ICV′；
- 通过对比 ICV′ 与 ICV 来验证所接收数据的完整性。

WEP 加密方式适合一些小型企业、家庭用户等小型环境的无线网络应用，不需要额外的设备支出，配置方便。但在无线网络应用中，基于 WEP 加密技术的安全缺陷饱受非议。目前针对 WEP 数据包加密已有破译的方法，且使用这一方法破解 WEP 密钥的工具可以在互联网上免费下载。

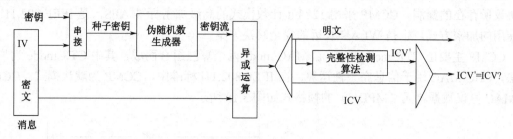

图 3.16　WEP 解密过程

IEEE 802.11i 安全标准

为了弥补 WEP 的安全缺陷，根据 WLAN 的特点，IEEE 制定了 IEEE 802.11i 安全标准。IEEE 802.11i 是 IEEE 为了弥补 802.11 脆弱的安全加密功能而制定的修正案，提出了"强健安全网络"（Robust Security Network，RSN）的概念，规定使用 IEEE 802.1x 认证和密钥管理方式，定义了临时密钥完整性协议（Temporal Key Integrity Protocol，TKIP）、计数器模式密码块链消息完整码协议（Counter-Mode/CBC-MAC Protocol，CCMP）和 WRAP（Wireless Robust Authenticated Protocol，WRAP）三种数据加密机制。由于 CCMP 可以提供和 WRAP 一样的安全保证，通常使用 CCMP 增强 WLAN 中的数据加密和认证性能，IEEE 802.11i 协议结构如图 3.17 所示。

图 3.17　IEEE 802.11i 协议结构

1. TKIP

临时密钥完整性协议（TKIP）是一种用于 IEEE 802.11 无线网络标准中的替代性安全协议。TKIP 由美国电气电子工程师学会（IEEE）802.11i 任务组和 Wi-Fi 联盟用来在不需要升级硬件的基础上替代有线等效加密（WEP）协议。TKIP 与 WEP 一样基于 RC4 加密算法，但它与WEP 算法相比，在 RC4 算法的基础上增加了一些新的计算方法：

▶ 将 WEP 密钥的长度由 40 bit 加长到 128 bit，初始化向量 IV 的长度从 24 bit 扩展到了 48 bit，解决了重放攻击问题；
▶ 每包一密钥构建机制，避免了初始向量与弱密钥的关联性，防止对弱密钥的攻击；
▶ 引入消息完整性代码（Message Integrity Code，MIC），预防对信息修改和假造；
▶ 密钥重新获取和定期更新机制，防止对初始化向量进行攻击。

TKIP 即使包括了这些安全功能，但仍然可以被一些改进的攻击所破解。自 2012 年以后的 IEEE 802.11 标准中 TKIP 已不再被认为是安全的且即将被废弃。

2. CCMP

计数器模式密码块链消息完整码协议（CCMP）是一种增强的数据加密封装机制，为 WLAN

提供加密、认证、完整性和抗重放攻击的能力。它的出现是为了解决 WEP 这个过时且不安全的协议所存在的漏洞。CCMP 采用 128 bit 计数模式的高级加密标准 AES，是 IEEE 802.11i 强制使用的加密方式，也是 WLAN 长远的安全解决方案。

CCMP 主要由 CTR mode 和 CBC-MAC mode 两个算法组合而成，其中 CTR mode 为加密算法，CBC-MAC 用于信息完整性运算。在 IEEE 802.11i 标准中，CCMP 为默认模式。CCMP 的 MAC 协议数据单元（MPDU）的帧格式如图 3.18 所示。

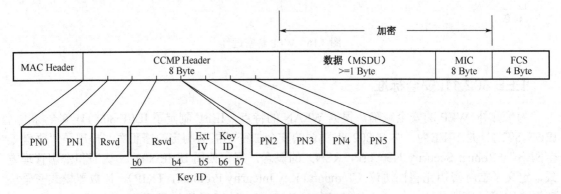

图 3.18 CCMP MPDU 的帧格式

从图 3.18 可看到，前 32 Byte（字节）的 MAC Header（MAC 头部）没有任何变化，帧体由 CCMP Header（头部）、MSDU Payload（需要发送的有效载荷，MSDU 即 MAC 服务数据单元）和 MIC 三部分构成。其中 CCMP 头部由密钥 ID（Key ID）和 PN 等构成（PN 被分为 6 个字段，分别放置）。CCMP 头部是没有被加密的，有加密的部分是 MSDU Payload 和 MIC。

CCMP 头部（8 Byte）和 MIC（8 Byte）部分是基于原来的帧多出部分，当开启 CCMP 加密时，MPDU 的帧体部分将会增大 16 Byte，这样所允许的最大帧体将是 2 304 Byte+16 Byte = 2 320 Byte。

通过上述分析可知，CCMP 加密是基于 MPDU 的加密，这样就避免了针对 MSDU 的攻击，解决了在 MSDU 加密中不能解决的问题。

CCMP 的加密过程如图 3.19 所示，具体加密过程如下：
▶ 添加 PN，相当于为每一个传输单元 MPDU 赋予一个编号；
▶ 通过 TA、DLEN 构造 MIC IV；
▶ 计算并截取 64 bit 的 MIC，并将其放在 MPDU 后面；
▶ 构造基于 CTR 模式的计数器；
▶ 采用新型加密算法加密 MPDU 数据和 MIC。

CCMP 的解密和验证过程如图 3.20 所示，具体解密步骤如下：
▶ 从接收数据中分解得到 PN、DLEN，但要选择 DLEN>16 Byte 的 MPDU，包括 MIC、PN；
▶ 对重放攻击进行检测，当 PN 被判断为在重放窗口之外时，该帧被认为是重放消息，则丢弃该 MPDU；
▶ 通过 PN、MPDU 的 TA 构造 CTR 模式的计数器；
▶ 通过以上得到的结果对 CTR 模式进行解密；
▶ 通过 MPDU 的 TA、DLEN、PN 构造 CCM-MAC 的 IV，DLEN 减去 16，以排除

MIC 和 SN；

▶ 通过得到的 IV、CCMP 在 CCM-MAC 下使用 AES 算法计算 MPDU 的 MIC，然后比较 MIC 的值；若二者不等，则丢弃该 MPDU。

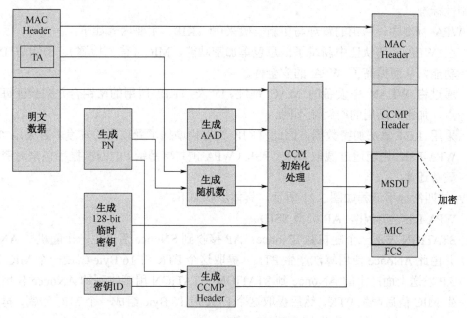

图 3.19　CCMP 加密过程

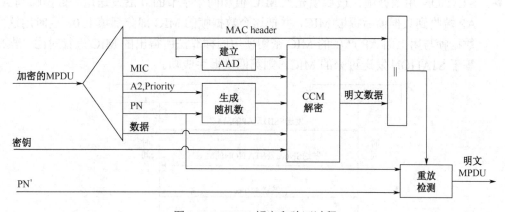

图 3.20　CCMP 解密和验证过程

CCMP 是 IEEE 802.11i 强制使用的加密方式，标志着它将成为取代 WEP 的新一代加密算法；但由于 AES 算法对硬件要求比较高，因此 CCMP 无法通过在原有设备上升级硬件来实现，而必须重新设计芯片。这也意味着原来的 WLAN 用户必须更换设备，并且需要硬件厂商的积极响应和配合。

WPA/WPA2

无线局域网安全接入（WiFi Protected Access，WPA）是一种基于标准的可互操作的 WLAN 安全性增强解决方案，它大大增强了现有的以及未来的 WLAN 系统的数据保护和访问控制水平。目前，有 WPA 和 WPA2 两个标准，是一种保护 WLAN 安全的系统。如果部署适当，WPA

可保证 WLAN 用户的数据受到保护，并且只有授权的网络用户才可以访问 WLAN。

WPA 标准是一种保证 WLAN 安全的过渡性方案，其实现步骤为：认证→加密→数据完整性校验。其中针对 WPA 认证所用的密钥仅可用在身份认证中。WPA2 出现后，已逐渐成为一种强制性标准。

在 WPA 标准中，密钥的管理与更新一般采用 TKIP，主要内容如下：

▶ 在 WEP 密码认证中新增了信息包单加密功能、MIC（信息检测）、密钥与 IV 生成功能，从而提高了 WPA 的安全性。

▶ 通过将 WLAN 中设备的 MAC 地址、IV 及 TKIP 所用的密钥合并来验证每一个站点，加密时所用的密钥流不同。

▶ 采用 RC4 算法加密数据，因此 TKIP 的密钥增加了受攻击的难度。若采用 TKIP，WPA-PSK 则应通过截取 WPA-PSK（WPA 预共享密钥）的四次握手包来对密钥进行破解还原。

WPA 的四次握手流程如图 3.21 所示，具体步骤如下：

▶ WPA-PSK 初始化，AP 广播 SSID。

▶ STATION 发送一个随机数 SNonce；AP 接收到 SNonce 后产生一个随机数 ANonce，并由此 ANonce 使用算法产生 PTK，提取这个 PTK 前 16 Byte 组成一个 MIC 密钥。

▶ AP 发送上面产生的 ANonce 到 STATION；STATION 用接收到的 ANonce 使用算法产生 MIC 值后产生 PTK，然后提取这个 PTK 前 16 Byte 组成一个 MIC 密钥，再用这个 MIC 密钥与 802.1x 数据帧得到 MIC 值。

▶ STATION 用数据帧在最后填充上 MIC 值和两个字节的 0 后发送这个数据帧到 AP；AP 端收到数据帧后提取 MIC，并把这个数据帧的 MIC 部分都填上 0。这时用这个新数据帧与用上面 AP 产生的 MIC 密钥使用同样算法所得出的 MIC 进行对比，若 MIC 等于 STATION 发送过来的 MIC，则第四次握手成功。

图 3.21　WPA 的四次握手流程

WPA 的认证分为以下两种方式：

▶ 802.1x＋EAP 方式。用户提供认证所需的凭证，并通过特定认证服务器（一般是 RADIUS 服务器）实现认证。这种加密方式多用于大型企业无线网络。

▶ WPA 预共享密钥（WPA-PSK）。该认证是上一种认证方式的简化模式，省去了专门认证服务器，仅要求在每个 WLAN 节点预先输入一个密钥即可实现认证并获得访问权。这里的密钥仅仅用于认证，而不用于加密过程。

WEP 使用一个静态的密钥来加密；而 WPA 不断地转换密钥，使用动态密钥，其安全性明显高于 WEP 加密。WPA 采用暂时 TKIP 加密，TKIP 在 WEP 密码认证中添加了信息检测（MIC）、信息包单加密功能、具有序列功能的初始向量和密钥生成功能 4 种算法来提高安全强度，TKIP 使用的密钥与 WLAN 中每台设备的 MAC 地址及更大的初始化向量合并，以确信每个站点均使用不同的密钥流进行加密，最后使用 RC4 加密算法对数据进行加密。由于 TKIP 对 WEP 加密的改进，WPA-PSK 无法通过获取大量数据包来破解还原密钥；但仍可以通过截取其四次握手包来破解还原密钥。

目前，WEP 加密破解安全系数较低，虽然 WPA 是 WEP 的增强，但还是能够在截取握手包后，采取字典穷举的方法进行破解。因此，目前 WLAN 的安全协议还有待提高，尤其是 WEP 加密非常脆弱，不能作为合格的 WALN 加密协议使用；一般使用改进的 WPA——WPA2 加密或者 WAPI 加密来提高 WLAN 的安全性。

WAPI 协议

WAPI（WLAN Authentication and Privacy Infrastructure，无线局域网鉴别和保密基础结构）是由我国无线局域网国家标准 GB 15629.11 提出的 WLAN 安全解决方案。WAPI 安全机制由无线局域网鉴别基础结构（WLAN Authentication Infrastructure，WAI）和无线局域网保密基础结构（WLAN Privacy Infrastructure，WPI）两部分组成。WAI 提供安全策略协商、用户身份鉴别、接入控制的功能，而 WPI 则提供用户通信数据的保密性、完整性。

WAPI 采用公开密钥体制的椭圆曲线密码算法和秘密密钥体制的分组密码算法，分别用于 WLAN 设备的数字证书、链路验证、访问控制和用户信息在无线传输状态下的加密保护。

1. WAPI 的工作机制

在基本架构上，WAPI 与 802.11i 采用的 AAA 架构类似，也包括了三个实体，即鉴别请求者系统（WLAN 终端）、鉴别器系统（WLAN 设备）和鉴别服务系统。WAPI 实现了客户端（STA）之间或者客户端（STA）与接入点（AP）之间的双向身份鉴别和密钥管理，保障合法用户访问合法网络；实现了通信数据的机密性、完整性，以及重放保护、数据源鉴别等功能。WAPI 协议工作过程如图 3.22 所示。

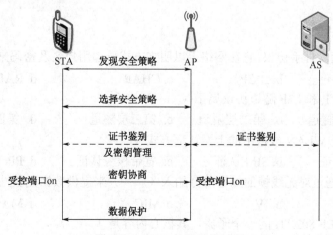

图 3.22　WAPI 协议工作过程

由图 3.22 可以看到，整个 WAPI 协议工作过程主要包括两个阶段：WLAN 终端（STA）

和 WLAN 设备（AP）把各自的证书发给鉴别服务器（AS），由 AS 负责判断证书的合法性；STA 和 AP 通过报文交互，完成相互之间的身份认证和密钥协商。

2. 无线局域网鉴别基础结构（WAI）

WAI 主要包含两部分：安全策略的发现与协商；鉴别和密钥协商协议。WAI 不仅具有更加安全的鉴别机制、较为灵活的密钥管理技术，而且实现了整个基础网络的集中用户管理，从而满足更多用户的和更复杂的安全性要求。

（1）安全策略的发现与协商。移动终端和网络接入点通过信标和探询响应帧来发现安全策略，移动终端和网络接入点在其发出的信标和探询响应帧中包含 WAPI 参数集合来通告安全策略。在发现了安全策略后，移动终端和网络接入点将进行安全策略的协商。在 BSS 模式下，它们通过关联过程协商安全策略，在单播密钥协商过程中进行确认；在 IBSS 模式下，关联过程不一定存在，因此在单播密钥协商过程中进行协商和确认。

（2）鉴别和密钥协商协议。鉴别和密钥协商协议包含两种类型：基于证书的鉴别和密钥管理；基于预共享密钥的鉴别和密钥管理。通过三个过程来实现：证书鉴别、单播密钥协商和组播密钥通告。三个子过程成功完成后，双方均打开受控端口，允许通信数据利用协商或通告的单播或组播密钥进行保护传输。

3. 无线局域网保密基础结构（WPI）

WPI 主要包含两部分：WPI 密码封装协议和密码算法。WPI 用于保护通信数据，保密采用成熟的密码算法封装模式 OFB，完整性校验采用 CBC-MAC 模式，分组算法使用 128 位的分组算法 SM4（我国国家密码管理局配给的算法）。

WPI 对 MAC 子层的 MPDU 进行加解密处理，分别用于 WLAN 设备的数字证书、密钥协商和传输数据的加解密，从而实现设备的身份鉴别、链路验证、访问控制和用户信息在无线传输状态下的加密保护。

WAPI 安全技术架构作为 WLAN 一种接入控制，支持无线局域网络承载层安全的体系架构，有着广泛的应用。

练习

1. （   ）为两次握手协议，它在网络上以明文方式传递用户名及密码来对用户进行认证。

  a. PAP   b. IPCP   c. CHAP   d. RADIUS

2. PPTP、L2TP 和 L2F 隧道协议属于（   ）协议。

  a. 第一层隧道 b. 第二层隧道 c. 第三层隧道   d. 第四层隧道

3. 下列哪个是 WLAN 最常用的上网认证方式（   ）。

  a. WEP 认证 b. SIM 认证 c. 宽带拨号认证 d. PPoE 认证

4. WEP 协议通过对无线帧的加密部分加入（   ）来提供数据完整性的验证。

  a. ICV   b. IV   c. MIC   d. MAC

5. WPA 是 IEEE 802.11i 的一个子集，其核心内容是（   ）。

  a. IEEE 802.1x b. EAP   c. TKIP   d. MIC

【参考答案】1.a 2.b 3.a 4.a 5.c

补充练习

利用互联网资源，研究 PPTP 和 L2TP 有哪些区别。

第二节　网际层安全协议

网际层作为 TCP/IP 中最重要的一层，它的安全性直接决定了整个 Internet 的安全。网际层安全协议的目的是为 IP 数据分组提供安全传输服务，包括数据封装、数据加密、访问控制、完整性检查和防重放攻击等。在这一层最常见的网络安全协议是 IPSec 协议和 GRE 协议。

学习目标

- ▶ 掌握 IPSec 协议的封装模式及传输模式；
- ▶ 熟悉 IPSec 的工作原理；
- ▶ 了解 GRE 协议的报文结构和工作流程。

关键知识点

- ▶ IPSec 的报文结构，包括 AH 报文格式和 ESP 报文格式；
- ▶ GRE 协议报文结构和 GRE 的优缺点。

IPSec 协议

IP 安全（IP Security）协议简称 IPSec 协议，是一个范围广泛、开放的安全协议。IPSec 协议是 IETF 的 IPSec 小组建立的一套安全协作的密钥管理方案，其目的是尽量使下层的安全与上层的应用程序之间相互独立，使应用程序和用户不必了解底层的安全技术，就能保证数据安全、可靠地传输。IPSec 是保护内部网络、专用网络、防止外部攻击的关键防线。从 1995 年开始 IPSec 的研究以来，IETF IPSec 工作组在它的主页上发布了几十个 Internet 草案文献和 12 个 RFC 文件。其中，比较重要文件为 RFC2409 IKE、RFC2401 IPSec 协议、RFC2402 AH、RFC2406 ESP 等文件。

IPSec 服务内容

IPSec 协议是集多种安全技术为一体的一套协议包而不是一个独立的协议，它给出了应用于 IP 层上网络数据安全的一整套体系结构，包括认证头（Authentication Header，AH）协议、封装安全载荷（Encapsulating Security Payload，ESP）协议、互联网密钥交换（Internet Key Exchange，IKE）协议和用于网络认证及加密的一些算法等。AH 协议为 IP 包提供信息源验证和完整性保证；ESP 协议提供加密机制；IKE 协议提供双方交流时的共享安全信息。ESP 和 AH 协议都有相关的一系列支持文件，规定了加密和认证的算法。IPSec 协议规定了如何在对等层之间选择安全协议、确定安全算法和密钥交换，向上提供了访问控制、数据源验证、数据加密等网络安全服务。IPSec 协议用于提供 IP 层的安全性，由于所有支持 TCP/IP 的主机在进行通信时都要经过 IP 层的处理，所以提供了 IP 层的安全性就相当于为整个网络提供了安全通信的基础。IPSec 协议所提供的具体安全服务如下：

- ▶ 数据机密性：IPSec 发送方在通过网络传输数据包前对数据包进行加密。
- ▶ 数据完整性：IPSec 接收方对发送方发送来的数据包进行认证，以确保数据在传输过程中没有被篡改。
- ▶ 数据来源认证：IPSec 在接收端可以认证发送 IPSec 报文的发送端是否合法。
- ▶ 防止重放攻击：IPSec 接收方可检测并拒绝接收过时或重复的报文。IPSec 对于 IPv4 是可选的，但对 IPv6 是强制性的。

认证头（AH）协议

AH 协议用来向 IP 通信提供数据完整性和身份验证，同时可以提供抗重放攻击服务，但它不提供保密性服务。在 IPv6 中采用 AH 协议后，因为在主机端设置了一个基于算法独立交换的密钥，非法潜入的现象可得到有效防止，密钥由客户和服务商共同设置。在传送每个数据包时，IPv6 认证根据这个密钥和数据包产生一个检验项。在数据接收端重新运行该检验项并进行比较，从而保证了对数据包来源的确认以及数据包不被非法修改。AH 协议常用摘要算法（单向 Hash 函数）MD5 和 SHA1 实现该特性。

AH 协议在每个数据包上添加一个身份验证报头，该报头位于 IP 报头和传输层协议报头之间。AH 报头格式如图 3.23 所示。

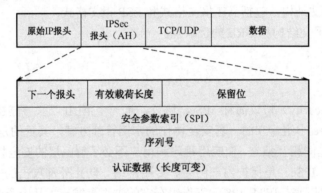

图 3.23　AH 报头格式

在 AH 报头格式中，各字段的含义如下：

- ▶ 下一个报头：占 8 bit，标识紧跟 AH 头后面使用 IP 协议号的报头。
- ▶ 有效载荷长度：占 8 bit，即鉴别数据字段的长度，以 32 bit 为单位。
- ▶ 保留位：占 16 bit，为将来的应用保留，目前为 0。
- ▶ 安全参数索引（SPI）：占 32 bit，是一个随机数，与外部目的 IP 地址一同标识。
- ▶ 序列号：从 1 开始的 32 bit 单增序列号，不允许重复，用于唯一地标识每个发送的数据包，用来避免重放攻击。
- ▶ 认证数据（AD）：32 bit 整数倍的消息认证码，用于源端身份认证和数据完整性检测。

封装安全载荷（ESP）协议

ESP 协议提供 IP 层加密保证和验证数据源，以应对网络上的监听。AH 虽然可以保护通信数据免受篡改，但它并不对数据进行变形转换，数据对于黑客而言仍然是清晰的。为了有效保证数据传输安全，在 IPv6 中采用了另外一个报头——ESP，以进一步提供数据保密性并防止篡改。

ESP 协议可以同时提供数据完整性确认、数据加密、防重放等安全特性；ESP 协议通常使用 DES、3DES、AES 等加密算法实现数据加密，使用 MD5 或 SHA1 实现数据完整性。ESP 报文格式如图 3.24 所示。

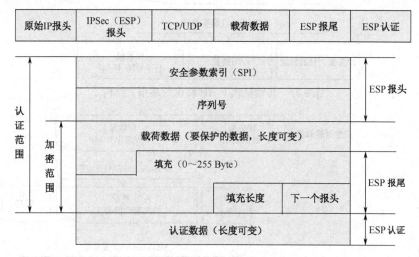

图 3.24　ESP 报文格式

在 ESP 报文格式中，各字段含义如下：

▶　安全参数索引：占 32 bit，用于标识下一个安全的关联，与 AH 中 SPI 的概念一致。

▶　序列号：占 32 bit，是从 1 开始的 32 bit 单增序列号，不允许重复，用于唯一地标识每个发送的数据包，用来避免重放攻击。

▶　填充数据：将明文扩充到所需的长度，用来保证边界的正确性。

▶　填充长度：指出在这个字段前面填充字节的数目。

▶　下一个报头：标识紧跟 ESP 后面使用 IP 协议号的报头。

▶　认证数据：一个包含了完整性检查值的可变字段。

注意：以上是传输模式下的 AH 协议和 ESP 协议，隧道模式下的 ESP 和 AH 协议与传输模式下略有不同。

IPSec 协议的工作模式

IPSec 协议无论是进行加密还是进行认证，均有两种工作模式：一种是传输模式，另一种是隧道模式。AH 和 ESP 协议均可以应用于这两种模式。

1. 传输模式

传输模式主要为上层协议提供保护。通常，传输模式应用在两台主机之间端到端的通信，该模式要求主机支持 IPSec 协议。在传输模式中，IPSec 协议头（AH 或 ESP 报头）插入在 IP 报头和传输层协议报头之间，只对 IP 包的有效载荷进行加密或认证，其封装报文结构如图 3.25 和图 3.26 所示。

2. 隧道模式

在隧道模式下，用户的整个 IP 数据包被用来计算 AH 或 ESP 头，AH 或 ESP 头以及 ESP

加密的用户数据被封装在一个新的 IP 数据包中。通常，隧道模式应用在两个安全网关（防火墙、路由器）之间的通信。当 IPSec 通信的一端为安全网关时，必须采用隧道模式。

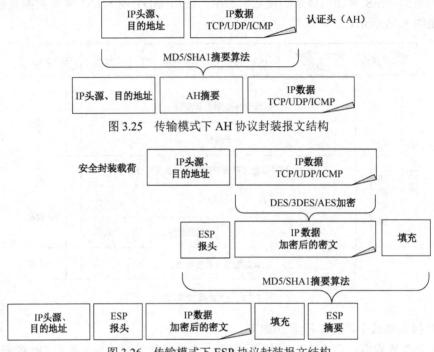

图 3.25　传输模式下 AH 协议封装报文结构

图 3.26　传输模式下 ESP 协议封装报文结构

在隧道模式下，IPSec 会先利用 AH 或 ESP 对 IP 包进行认证或加密，然后在 IP 包外面再包上一个新的 IP 头，其封装报文结构如图 3.27 和图 3.28 所示。

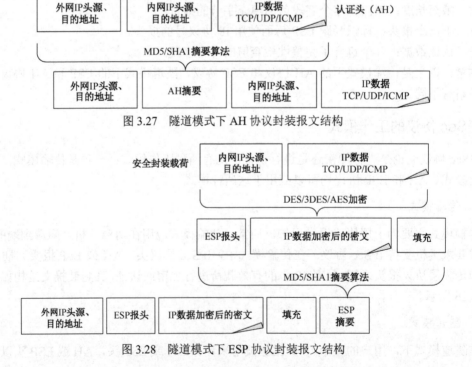

图 3.27　隧道模式下 AH 协议封装报文结构

图 3.28　隧道模式下 ESP 协议封装报文结构

IPSec 的工作流程

为简单起见，下面给出一个 Intranet 示例，每台主机都有处于激活状态的 IPSec 策略，IPSec 的工作流程如图 3.29 所示。

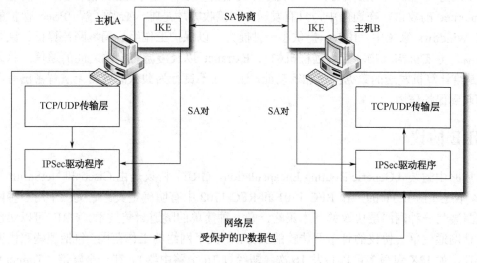

图 3.29　IPSec 的工作流程

（1）用户甲（在主机 A 上）向用户乙（在主机 B 上）发送一消息；

（2）主机 A 上的 IPSec 驱动程序检查 IP 筛选器，查看数据包是否需要受保护以及需要受到何种保护；

（3）驱动程序通知 IKE 开始安全协商；

（4）主机 B 上的 IKE 收到请求安全协商通知；

（5）两台主机建立第一阶段 SA，各自生成共享"主密钥"；（注：若两台主机在此前通信中已经建立起第一阶段 SA，则可直接进行第二阶段 SA 协商）

（6）协商建立第二阶段 SA 对，即入站 SA 和出站 SA（SA 包括密钥和 SPI）；

（7）主机 A 上 IPSec 驱动程序使用出站 SA 对数据包进行签名（完整性检查）和（或）加密；

（8）驱动程序将数据包递交 IP 层，再由 IP 层将数据包转发至主机 B；

（9）主机 B 网络适配器驱动程序收到数据包并提交给 IPSec 驱动程序；

（10）主机 B 上的 IPSec 驱动程序使用入站 SA 检查完整性签名和（或）对数据包进行解密；

（11）驱动程序将解密后的数据包提交上层 TCP/IP 驱动程序，再由 TCP/IP 驱动程序将数据包提交主机 B 的接收应用程序。

从上述可见，IPSec 的工作过程是比较复杂的，但所有操作对用户是完全透明的。中介路由器或转发器仅负责数据包的转发，如果中途遇到防火墙、安全路由器或代理服务器，则要求它们具有 IP 转发功能，以确保 IPSec 和 IKE 数据流不会遭拒绝。需要指出的是，使用 IPSec 保护的数据包不能通过网络地址译码（NAT）。因为 IKE 协商中所携带的 IP 地址是不能被 NAT 改变的，对地址的任何修改都会导致完整性检查失效。使用 IPSec，数据就可以在公网上传输，而不必担心数据被监视、修改或伪造。IPSec 提供了两个主机之间、两个安全网关之间或主机和安全网关之间的保护。IPSec 支持的组网方式包括：主机与主机、主机与网关、网关与网关。IPSec 可提供对远程访问用户的支持，还可以和 L2TP、GRE 等隧道协议一起使用，给用户提供更大的灵活性和可靠性。

IPSec 是安全联网的发展方向。它通过端到端的安全性来提供主动的保护，以防止专用网络与 Internet 的攻击。在通信中，只有发送方和接收方才是唯一必须了解 IPSec 保护的计算机。在 Windows 家族中，IPSec 提供了一种能力，以保护工作组、局域网计算机、域客户端和服务器、分支机构（物理上为远程机构）、Extranet 以及漫游客户端之间的通信。总之一句话，就是给计算机发送的数据提供加密功能，让一些不良行为截获的数据无法解密出有用的信息从而起到保护作用。

GRE 协议

通用路由封装（Generic Routing Encapsulation，GRE）协议是由 Cisco 和 NetSmith 等公司于 1994 年提交给 IETF 的，在 RFC 1701 和 RFC 1702 中有明确定义。它提供了用一种网络层协议去封装另一种网络层协议的基本策略，是一种简单的隧道封装技术。GRE 可以实现多协议的本地网通过单一协议的骨干网传输的服务，扩大了网络的工作范围，包括那些路由网关有限的协议，如 IPX 包最多可以转发 16 次（即经过 16 个路由器）。在一个隧道（Tunnel）连接中看上去只经过了一个路由器，就将一些不能连续的子网连接起来了。

GRE 的报文结构

GRE 对某些网络层协议（如 IP、IPX 和 Apple Talk，称作乘客协议）的数据报进行封装，使这些被封装的数据报能够在另一个网络层协议（如 IP，称为传输协议）中传输。

GRE 协议实际上是一种承载协议（Carrier Protocol），它提供了将一种协议的报文封装在另一种协议报文中的机制，使报文能够在异种网络中传输，异种报文传输的通道称为隧道（Tunnel）。隧道是一个虚拟的点对点的连接。

GRE 封装后的报文结构如图 3.30 所示。其中，封装前的报文称为净荷（Payload Packet），封装前的报文协议称为乘客协议。封装协议（Encapsulation Protocol）也称为运载协议（Carrier Protocol），GRE 头部（GRE Header）是由封装协议完成并填充的。传输协议（Transport Protocol 或者 Delivery Protocol）负责对封装后的报文进行转发。GRE 头部包含了协议类型（用于标明乘客协议的类型）、校验和、GRE 密钥（用于接收端验证接收的数据）、序列号（用于接收端数据包的排序和差错控制）、路由信息（用于本数据包的路由）。

GRE 头部各字段域的具体含义如下：

▶ C：校验和标志位，1 bit。如该标志位设置为 1，校验和（可选）、偏离（可选）、路由（可选）部分的共 8 Byte 出现在 GRE 头部。如 R 为 0，校验和（可选）、偏离（可选）、路由（可选）部分不出现在 GRE 头部。

▶ R：路由标志位，1 bit。若 R 比特位置 1，则递归控制域有效。

▶ K：密钥标识位，1 bit。若此位置 1 则 GRE 密钥（可选）域有效。如配置了 GRE 秘钥则该位置为 1，则密钥（可选）部分的共 4 Byte 出现在 GRE 头部，表示收发双方将进行通道识别关键字的验证，只有隧道两端设置的识别关键字完全一致时才能通过验证，否则将报文丢弃；如不配置 GRE 密钥，则该位置 0，同时密钥（可选）部分不出现在 GRE 头部。

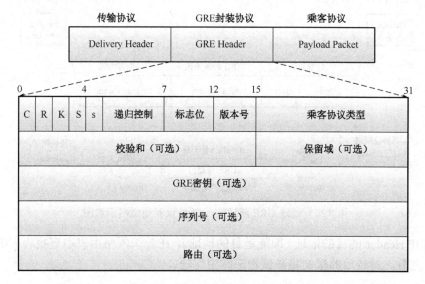

图 3.30　GRE 封装后的报文结构

▶　S：序列号同步标识位，1 bit。此位若置 1，则序列（可选）域有效。

▶　s：是否包含源路由字段，1 bit。目前实现的 GRE 头部不包含源路由字段，故此位置 0。

▶　递归控制：3 bit，指封装次数限制，记录允许的封装次数。

▶　标志位：5 bit，定义为 0。

▶　版本号：3 bit，为 0。

▶　乘客协议类型：2 Byte。标识常用的协议，例如 IP 为 0800。

▶　校验和：包含了对 GRE 头部和乘客协议所有字段做检验的值。在计算校验和之前，校验和域的值为 0。该域仅在 GRE 报文第一比特位为 1 时出现。

其他字段域根据前面标识位的不同值，出现或不出现。

GRE 实现过程

报文在 GRE 隧道（GRE Tunnel）中传输，包括封装和解封装两个过程。GRE 隧道中的报文在隧道源地址端进行 GRE 报文的加封装，在隧道目的地址端进行 GRE 报文解封装。GRE 隧道技术提供了一条通路，使封装后的数据报文能够在虚拟的点对点连接中传输，而源地址端和目的地址端之间的转发则当作一般的报文处理。GRE 隧道的工作过程如图 3.31 所示。在图 3.31 中，如果 X 协议报文从 Ingress PE（入口提供商边界设备）向 Egress PE（出口提供商边界设备）传输，则封装在 Ingress PE 上完成，而解封装在 Egress PE 上进行；封装后的数据报文在网络中沿着 GRE 隧道传输。

1. GRE 隧道源的加封装

Ingress PE 从连接 X 协议的网络端口接收到 X 协议报文后，首先交由 X 协议处理。

X 协议根据报文头中的目的地址在路由表或转发表中查找出端口，确定如何转发此报文。如果发现出端口是 GRE 隧道端口，则对报文进行 GRE 封装，即添加 GRE Header。

假如骨干网传输协议为 IP，给报文加上 IP Header，则 IP Header 的源地址就是隧道源地址，目的地址就是隧道目的地址。

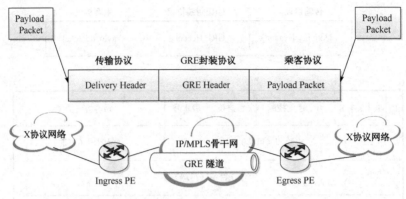

图 3.31   通过 GRE 隧道实现 X 协议互通组网示意图

根据该 IP Header 的目的地址（即隧道目的地址），在骨干网路由表中查找相应的出端口并发送报文。之后，封装后的报文将在该骨干网中传输。

2. GRE 隧道源的解封装

解封装过程和封装的过程正好相反。

Egress PE 从 GRE 隧道端口收到该报文，分析 IP Header 发现报文的目的地址为本设备，则 Egress PE 去掉 IP Header 后交给 GRE 协议处理。

GRE 协议剥掉 GRE Header，获取 X 协议，再交由 X 协议对此数据报文进行后续的转发处理。

例如，一个 IP 数据报文在对其进行 GRE 加封装、解封装过程中，网络数据报文结构发生的变化如图 3.32 所示。

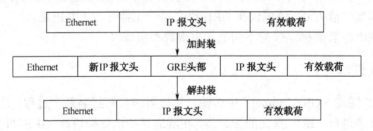

图 3.32   GRE 加封装和解封装示例

GRE 的安全机制

GRE 本身提供了"校验和验证"、识别关键字两种基本的安全机制。

1. 校验和验证

校验和验证是指对封装的报文进行端到端校验。

若 GRE Header 中的 C 位标识位置 1，则校验和有效。发送方将根据 GRE Header 及 Payload 信息计算校验和，并将包含校验和的报文发送给对端。接收方对接收到的报文计算校验和，并与报文中的校验和比较：如果一致，则对报文进一步处理；否则，丢弃。

GRE 隧道两端可以根据实际应用的需要决定配置校验和或禁止校验和。如果本端配置了校验和而对端没有配置，则本端将不会对接收到的报文进行校验和检查，但对发送的报文计算校验和；相反，如果本端没有配置校验和而对端已配置，则本端将对从对端发来的报文进行校验和检查，但对发送的报文不计算校验和。

2. 识别关键字

识别关键字（Key）验证是指对 GRE 隧道端口进行校验。通过这种弱安全机制，可以防止错误识别、接收其他地方来的报文。

RFC1701 规定：若 GRE Header 中的 K 位为 1，则在 GRE Header 中插入一个 4 Byte 长关键字字段，收发双方将进行识别关键字的验证。

关键字的作用是标志 GRE 隧道中的流量，属于同一流量的报文使用相同的关键字。在报文解封装时，GRE 将基于关键字来识别属于相同流量的数据报文。只有 GRE 隧道两端设置的识别关键字完全一致时才能通过验证，否则将报文丢弃。这里的"完全一致"是指两端都不设置识别关键字，或者两端都设置相同的关键字。

GRE 优缺点

GRE 是一个标准协议，支持多种协议和多播，能够用来创建弹性 VPN，支持多点隧道，能够实施 QoS。

GRE 的主要缺点是：缺乏加密机制，没有标准的控制协议来保持 GRE 隧道；隧道消耗 CPU 资源，出现问题要进行调试也很困难；GRE 只提供了数据包的封装，没有防止网络侦听和攻击的加密功能。所以在实际环境中，GRE 常与 IPSec 一起使用，由 IPSec 为用户数据的加密，给用户提供更好的安全服务。

由于 GRE 并不具备检测链路状态的功能，如果对端接口不可达，则 GRE 隧道并不能及时关闭该隧道连接，这样会造成源端会不断地向对端转发数据，而对端却因 GRE 隧道不通而接收不到报文，由此就会形成数据空洞。

GRE 的 Keepalive 检测功能可以检测隧道状态，即检测隧道对端是否可达。如果对端不可达，隧道连接就会及时关闭，避免因对端不可达而造成的数据丢失，有效防止数据空洞，保证数据传输的可靠性。

练习

1. IPSec 和（　　）VPN 隧道协议处在同一层。
    a. PPTP　　　　　　　　b. L2TP　　　　　　　c. GRE　　　　　　　d. 以上皆是
2. GRE 的乘客协议是（　　）。
    a. IP　　　　　　　　　b. IPX　　　　　　　　c. AppleTalk　　　　d. 上述皆可
3. IPSec 用于增强 IP 网络的安全性，下面说法中不正确的是（　　）。
    a. IPSec 可对数据进行完整性保护　　　　b. IPSec 提供用户身份认证服务
    c. IPSec 的认证头添加在 TCP 封装内部　　d. IPSec 对数据加密传输
4. 将 GRE 封装后的隧道端口的 IPX 报文格式，按照 1、2、3 的次序，正确的是（　　）。
    a. 链路层　IP　GRE　IPX　　　　　　　b. 链路层　　GRE　　IPX　　IP
    c. 链路层　GRE　IP　IPX　　　　　　　d. 链路层　　IP　　IPX　　GRE

【参考答案】1.c   2.d   3.c   4.a

补充练习

1. 研究简述 IPSec 提供的安全服务。
2. 简述传输模式和隧道模式的主要区别。
3. 为什么说隧道协议和 IPSec 协议是实现 VPN 的基础？

第三节   传输层安全协议

在传输层引入安全协议，目的是为了保护传输层的安全，并在传输层上提供实现保密、认证和完整性检验等安全措施。目前，传输层的安全协议主要是 SSL/TLS、SOCKS 等。本节主要从其数据包格式，所处协议栈的位置，到协议具体的应用场景及工作流程做简要介绍。

学习目标

- ▶ 了解传输层安全协议的作用；
- ▶ 掌握 SSL/TLS 协议数据包格式及应用场景；
- ▶ 了解 SOCKS 协议及工作流程。

关键知识点

- ▶ SSL 和 TLS 两者间的关系、协议数据单元格式及通信流程；
- ▶ SOCKS 协议的工作流程及特性。

SSL/TLS 协议

安全套接层（Secure Sockets Layer，SSL）协议是 Netscape 公司提出的为网络通信提供安全及数据完整性的一种安全协议。它指定了一种在应用程序协议和 TCP/IP 间提供数据安全性分层的机制，但常用于安全 Web 应用的 HTTP。SSL 协议已成为全球化标准，所有主要的浏览器和 Web 服务器程序都支持 SSL 协议。目前有三个版本，即 SSL2.0、SSL3.0 和 SSL3.1；最常用的是 1995 年发布的第 3 版，已被广泛地用于 Web 浏览器与服务器之间的身份认证和加密数据传输。

传输层安全（Transport Layer Security，TLS）协议的前身是 SSL 协议，最早由 Netscape 公司于 1995 年发布，1999 年经过 IETF 讨论和规范后，改名为 TLS。它是建立在 SSL 3.0 协议规范之上，是 SSL 3.0 的后续版本，目前有 TLS 1.0、TLS1.1、TLS1.2 等版本。TLS 主要用于在两个通信应用程序之间提供保密性和数据完整性。

1. SSL/TLS 协议体系结构

SSL/TLS 协议位于 TCP/IP 参考模型的网络层和应用层之间，使 TCP 提供一种可靠的端到端的安全服务。SSL/TLS 协议在应用层通信之前完成加密算法、通信密钥的协商及服务器认证工作，在此之前应用层协议所传送的数据都被加密。

SSL/TLS 协议体系结构基本相同。如果不特别说明，SSL 和 TLS 说的都是同一个协议。

因此，对 TLS 不再做过多的叙述。

SSL 协议位于 TCP/IP 与各种应用层协议之间，为数据通信提供安全支持。SSL 协议实际上是由共同工作的 SSL 记录协议和 SSL 握手协议两层协议组成。握手协议又由 SSL 握手协议、SSL 修改密文协议和 SSL 报警协议 3 个子协议组成。SSL 协议体系结构如图 3.33 所示。

SSL 握手协议	SSL 修改密文协议	SSL 报警协议	应用数据协议
SSL 记录协议			
TCP			
IP			

图 3.33　SSL 协议体系结构

（1）SSL 记录协议。SSL 记录协议是建立在可靠的传输协议之上，为高层协议提供数据封装、压缩、加密等基本功能的支持。SSL 记录协议字段的结构如图 3.34 所示，各字段域的含义如下：

- ▶ 内容类型：8 bit，表示封装数据的上一层协议，如握手协议、报警协议等。
- ▶ 主要版本：8 bit，使用的 SSL 主要版本。SSL v3.0 版值为 3。对于 SSL v3.0 已经定义的内容类型是握手协议、警告协议、改变密码格式协议和应用数据协议。
- ▶ 次要版本：8 bit，使用的 SSL 次要版本。对于 SSL v3.0，其值为 0。
- ▶ 压缩长度：16 bit，明文数据（如果选用压缩则是压缩数据）以字节为单位的长度。

内容类型	主要版本	次要版本	压缩长度
明文（压缩可选）			
MAC（0，16 或 20 位）			

图 3.34　SSL 记录协议字段的结构

（2）SSL 握手协议。SSL 握手协议是建立在 SSL 记录协议之上，被封装在记录协议中，用于在实际的数据传输开始前，通信双方进行身份认证、协商加密算法、交换加密密钥等。在初次建立 SSL 连接时，服务器与客户机交换一系列消息。这些消息交换能够实现如下操作：

- ▶ 允许客户机与服务器选择双方都支持的密码算法；
- ▶ 可选择的服务器认证客户；
- ▶ 使用公钥加密技术生成共享密钥。

SSL 握手协议可以使得服务器和客户能够相互鉴别对方，协商具体的加密算法和 MAC 算法以及保密密钥，用来保护在 SSL 记录中发送的数据。SSL 握手协议报文头包括以下三个字段：

- ▶ 类型（Type）：1 Byte，该字段指明使用的 SSL 握手协议报文类型；
- ▶ 长度（Length）：3 Byte，以 Byte 为单位的报文长度；
- ▶ 内容（Content）：大于等于 1 Byte，对应报文类型的实际内容、参数。

（3）SSL 修改密文协议。为了保障 SSL 传输过程的安全性，客户端和服务器双方应该每隔一段时间改变加密规范，所以有了 SSL 修改密文协议。SSL 修改密文协议是 3 个高层的特定协议之一，也是其中最简单的一个。在客户端和服务器完成握手协议之后，它需要向对方发送相关消息，该消息只包含一个值为 1 的单字节，通知对方随后的数据将用刚刚协商的密码规范算法和关联的密钥处理，并负责协调本方模块按照协商的算法和密钥工作。

（4）SSL 报警协议。SSL 报警协议是用来为对等实体传递 SSL 的相关警告。如果在通信过程中某一方发现任何异常，就需要给对方发送一条警示消息通告。该协议由 2 Byte 组成，一个字节说明报警级别，另一个字节是报警说明，由特定报警代码组成，如图 3.35 所示，字段域含义如下：

▶ 报警级别：占用 1 Byte，警示消息有两种：①Fatal 错误，如传递数据过程中发现错误的信息验证码（Message Authentication Code，MAC），双方就需要立即中断会话，同时消除自己缓冲区相应的会话记录；②Warning 消息，这种情况，通信双方通常都只是记录日志，而对通信过程不造成任何影响。

▶ 报警类型：占用 1 Byte，由特定报警代码组成。例如：0 表示通知接收方发送方在本连接中不会再发任何消息；10 表示接收到不适当的消息；20 表示接收到的记录 MAC错误等。

报警级别	报警类型

图 3.35　SSL 报警协议结构

2. SSL 的优缺点

SSL 因其使用范围广、所需费用少、实现方便，所以普及率较高，主要用于 Web 通信安全、电子商务，还被用在对 SMTP、POP3、Telnet 等应用服务的安全保障上。SSL 采用 RSA、DES/3DES 等、密码体制以及 MD 系列 Hash 函数、Diffie-Hellman 密钥交换算法。SSL 协议的优势在于它与应用层协议独立无关。SSL 在应用层协议通信前就已完成加密算法，通信密钥的协商及服务器认证工作，此后应用层协议所传送的所有数据都会被加密，从而保证了通信的安全性。

SSL 设置简单成本低，银行和商家无须大规模系统改造；凡构建于 TCP／IP 协议栈上的C/S 模式需进行安全通信时都可使用，持卡人想进行电子商务交易，无须在自己的计算机上安装专门软件，只要浏览器支持即可。

但是，SSL 除了传输过程外不能提供任何安全保证；客户认证是可选的，所以无法保证购买者就是该信用卡合法拥有者；SSL 不是专为信用卡交易而设计的，在多方参与的电子交易中，SSL 协议并不能协调各方之间的安全传输和信任关系。

SOCKS 协议

防火墙安全会话转换协议 SOCKS 是一个基于传输层的网络代理协议，它提供了一个通用的框架，目的是为在 TCP 和 UDP 域中的客户机/服务器应用程序能更方便、安全地使用网络防火墙所提供的服务。SOCKS 的具体定义在 RFC 1928 中。

SOCKS 协议最初是由 David Koblas 在 1992 年为解决企业内部网接入 Internet 的安全问题提出的应用协议，由于其结构简洁、实用高效、灵活而获得了广泛的支持，已被 IETF 批准为标准规范。SOCKS 目前主要作为代理协议，在很多软件中都获得了支持，如 Microsoft 等浏览器都支持 SOCKS，一些防火墙软件也都支持 SOCKS。而且随着应用的增加，SOCKS 协议在不断地发展和完善，SOCKS 默认使用端口 1080。SOCKS 协议主要有 SOCKSv4 和 SOCKSv5

两个版本，SOCKSv4 为基于 TCP 的，Client/Server 程序提供了不安全的防火墙通过机制，SOCKSv5 扩展了 SOCKSv4 模型，支持 UDP，增加了认证机制，并且支持域名地址和 IPv6 类地址。

SOCKS 的特性

由于 SOCKS 的简单性和可伸缩性，SOCKS 已经广泛地作为标准代理技术应用于内部网络对外部网络的访问控制。SOCKSv5 的主要特性有：

（1）强壮的认证机制技术。SOCKSv5 协议有两种认证方法：用户名/口令认证和普通安全服务应用编程接口认证。

（2）SOCKS 与具体应用无关。SOCKS 协议工作在应用层和传输层之间，当应用层出现新的协议时，SOCKS 不需要任何扩展就可进行代理。

（3）灵活的访问控制策略。SOCKS 的访问控制策略可基于用户、应用、时间、源地址和目的地址，加强了控制的灵活性，能较好地控制网络访问。

（4）支持双向代理。大多数的代理机制只支持单向代理，而 SOCKS 通过域名来确定通信目的地，克服了使用私有 IP 地址的限制。

（5）地址解析技术。SOCKSv5 内建的地址解析代理，简化了域名解析的管理，其客户端可以将域名代替 IP 地址直接发送给 SOCKSv5 服务器，由该服务器进行地址解析，并负责与应用程序服务器建立连接。

（6）UDP 代理技术。SOCKSv5 允许创建 UDP 代理，支持 UDP 方式的应用。

因此，采用以上关键技术的 SOCKSv5，已经成为一个需要认证的防火墙协议。当 SOCKS 和 SSL 协议配合使用时，可作为建立高度安全虚拟专用网的基础，SOCKS 协议的优势在于访问控制，因此适合用于安全性较高的虚拟专用网。

SOCKS 的工作流程

SOCKS 的整体结构包括 SOCKS 服务器、SOCKS 客户端两个部件。SOCKS 服务器在客户与应用层服务器之间传递数据，在它两端的网络不存在网络层直接的连接，有利于提高网络的安全性。SOCKS 客户端的应用程序使用 SOCKS 化的系统调用，这些新的系统调用在已知端口上连接到 SOCKS 服务器。SOCKS 服务器检查安全策略库和认证协商处理，判定是否允许该 SOCKS 客户端进行该网络连接。如果确认客户端为合法用户，SOCKS 服务器代理客户端的访问，然后透明地在客户机和远程应用服务器之间来回移动数据。

练习

1. SOCKSv5 的优点是定义了非常详细的访问控制，它在 OSI 参考模型的哪一层控制数据流？（　　）
    a. 应用层   b. 网络层   c. 传输层   d. 会话层

2. 以下安全协议中，与 TLS 功能相似的协议是（　　）。
    a. PGP   b. SSL   c. HTTPS   d. IPSec

3. TCP/IP 在多个层引入了安全机制，其中 TLS 协议位于（　　）。
    a. 数据链路层   b. 网络层   c. 传输层   d. 应用层

4. 以下关于安全套接层协议 SSL 的叙述中，错误的是（　　　）
    a. 是一种应用层安全协议（介于传输层与应用层之间）　　b. 提供数据安全机制
    c. 为 TCP/IP 连接提供数据加密　　　　　　　　d. 为 TCP/IP 连接提供服务器认证

5. SSL 安全协议最初是由哪家公司设计开发的？（　　）
    a. Netscape Communication 公司　　　　　　b. VISA 和 Mastercard 公司
    c. 法国 Roland Moreno 公司　　　　　　　　d. IBM 公司

【参考答案】1.c　　2.b　　3.c　　4.a　　5.a

补充练习

研究讨论：SSL 连接与 SSL 会话有什么区别？SSL 产生会话密钥的方式是什么？

第四节　应用层安全协议

属于应用的概念和协议发展得很快，使用面又很广泛，这给应用功能的标准化带来了复杂性和困难性。比起其他层来说，应用层需要的标准最多，也是最不成熟的一层。随着各种特定应用服务的增多，常用的一些网络应用如电子商务的应用发展，应用层的安全越来越显得至关重要。如何保证应用层的安全呢？应用层的安全不是独立的，它依赖于操作系统、下层平台所提供的运行环境等是否安全；应用层的安全还反映在不同的应用环境中的安全需要。应用层安全协议都是为特定的应用提供安全性服务的，其中比较常用的有 SSH 协议、Kerberos 协议、PGP 和 S/MIME 协议等。

本节主要从应用层安全协议的概念着手，简要介绍其工作原理、协议的实现及应用场景。

学习目标

▶　了解应用层安全协议的基本概念；
▶　掌握各种协议的应用场景、特定场合及主要优势；
▶　掌握 Kerberos 协议的工作原理；
▶　熟悉应用层各协议的核心内容以及它们之间的异同点。

关键知识点

▶　应用层安全协议的基本特征及工作原理；
▶　各个应用层安全协议的异同点及应用。

SSH 协议

常用的应用层网络通信协议如 FTP、POP3 和 Telnet 等大多数是不安全的，因为它们在网络上用明文传输用户账号、口令和数据，很容易被窃听、假冒、篡改和欺骗。安全外壳协议（Secure Shell Protocol，简称 SSH）是由 IETF 的网络工作小组制定的专为远程登录会话和其他网络服务提供安全性的协议。利用 SSH 可以有效防止远程管理过程中的信息泄露问题。SSH

最初是 UNIX 系统上的一个程序，后来又迅速扩展到其他操作平台。通过使用 SSH，可以把包括密码在内的所有传输的数据进行加密，这样即阻断了"中间人"攻击，也能够防止 DNS 欺骗和 IP 欺骗。使用 SSH，还有一个额外的好处就是传输的数据是经过压缩的，可以提高数据传输速度。

　　在 SSH 中，由于协议标准的不同，到目前为止有两个不兼容的版本 SSH1 和 SSH2。SSH1 又分为 1.3 和 1.5 两个版本。SSH1 采用 DES、3DES、 Blowfish 和 RC4 等对称加密算法保护数据安全传输，而对称加密算法的密钥是通过非对称加密算法 RSA 来完成交换的。SSH1 使用循环冗余校验码（CRC）来保证数据的完整性。SSH2 避免了 RSA 的专利问题，并修补了 CRC 的缺陷。SSH2 用数字签名算法 DSA 和 Diffie-Hellman 算法代替 RSA 来完成对称密钥的交换，用 HMAC 代替 CRC。同时 SSH2 增加了 AES 和 Twofish 等对称加密算法。

　　OpenSSH 是 SSH 协议的免费开源实现。它提供了服务端后台程序和客户端工具，用来加密远程控件和文件传输过程的中的数据，并由此来代替原来的类似服务。OpenSSH 与 SSH1 和 SSH2 的任何一个协议都能对应，但默认使用 SSH2。更多内容请参考 The SSHv1 Protocol & The SSHv2 Protocol。

SSH 协议组成框架

　　SSH 协议框架主要由传输层协议、用户认证协议和连接协议三部分组成，同时，SSH 协议框架还为许多高层的网络安全应用协议提供扩展支持。它们之间的具体层次结构如图 3.36 所示。组成 SSH 的三个协议所实现的功能和提供的服务如下。

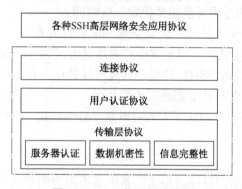

图 3.36　SSH 协议组成框架

　　（1）传输层协议（SSH-TRANS）。提供了服务器认证、数据保密性及信息完整性服务。此外它有时还提供压缩功能和密钥交换功能。SSH-TRANS 通常运行在 TCP/IP 连接上，也可能用于其他可靠数据流上。SSH-TRANS 提供了强力的加密技术、密码主机认证及完整性保护。该协议中的认证基于主机，并且该协议不执行用户认证，更高层的用户认证协议可以设计为在此协议之上。

　　（2）用户认证协议（SSH-USERAUTH）。用于向服务器提供客户端用户身份鉴别功能。它运行在传输层协议 SSH-TRANS 之上。当 SSH-USERAUTH 开始后，它从底层协议那里接收会话标识符，会话标识符唯一标识此会话并且适用于标记以证明私钥的所有权。SSH 支持多种认证方式：用户密码、公钥认证、CA 等，可以单独使用一种认证方式，也可以多种认证方式共同使用。

（3）连接协议（SSH-CONNECT）。将多个加密的信息隧道分成若干个逻辑通道，提供给更高层的应用协议使用。它运行在用户认证协议上。它提供了交互式会话、远程命令执行、转发 TCP/IP 连接和转发 X.11 连接等处理功能，这些都被认为是通道，一个单一的会话连接可以处理多个通道，这项工作由连接协议来完成。

此外，各种 SSH 高层应用协议可以相对独立于 SSH 基本体系之外，并依靠这个基本框架，通过连接协议使用 SSH 的安全机制。

SSH 的认证方式

从客户端来看，SSH 提供了基于密码和基于密钥的安全验证等认证方式。

对于基于密码的安全认证方式，只要知道账号和密码，就可以登录到远程主机。所有传输的数据都会被加密，但是不能保证正在连接的服务器就是所要连接的服务器。可能会有别的服务器在冒充真正的服务器，也就是受到"中间人"方式的攻击。

对于基于密钥的安全验证方式，需要依靠密钥，也就是必须创建一对密钥，并把公用密钥放在需要访问的服务器上。如果要连接到 SSH 服务器上，客户端软件就会向服务器发出请求，请求用用户的密钥进行安全验证。服务器收到请求之后，先在该服务器上用户的主目录下寻找公用密钥，然后把它和所发送过来的公用密钥进行比较。如果两个密钥一致，服务器就用公用密钥加密"质询"并把它发送给客户端。客户端收到"质询"之后就可以用客户的私人密钥解密再把它发送给服务器。用这种方式，用户必须知道自己的密钥。但是，与第一种级别相比，第二种级别不需要在网络上传送密码。第二种级别不仅加密所有传送的数据，而且阻止了"中间人"攻击，但整个登录的过程可能需要耗费一些时间。

SSH2.0 还提供了 password-publickey 认证和 any 认证方式。

- ▶ password-publickey 认证：指定该用户的认证方式为 password 和 publickey 认证同时满足。客户端版本为 SSH1 的用户只要通过其中一种认证即可登录；客户端版本为 SSH2 的用户必须两种认证都通过才能登录。

- ▶ any 认证：指定该用户的认证方式可以是 password，也可以是 publickey。

SSH 的密钥机制

SSH 是以提供安全通信为目标的协议，其中必不可少的就是一套完备的密钥机制。SSH 协议的 3 个主要密钥为主机密钥、服务器密钥和用户密钥。

（1）主机密钥。SSH 主机密钥用于认证 SSH 主机，这是基于主机的认证，不是基于用户的认证。SSH 要求 SSH 主机至少有一对主机密钥，其中 SSH 1.0 使用的是 RSA 主机密钥，SSH 2.0 使用 DSA 主机密钥。为防止第三方假冒 SSH 主机，SSH 连接在建立之前，双方要进行主机认证，确认对方身份是否合法，方可进行连接。这项工作通过 SSH 主机密钥体系来完成。

（2）服务器密钥。服务器密钥是 SSH 守护进程用来识别 SSH 服务守护进程是否正常运行的。主机密钥和服务器密钥都是生成加密会话的因子，主机密钥存放在主机的安全位置下，而服务器密钥不存储于任何地方，默认情况下它每小时生成一次，以增加该密钥被破解的难度。

（3）用户密钥。用户密钥用于认证登录到主机的用户。用户密钥可以是 RSA 对，也可以是 DSA 对。用户密钥对由客户端用户产生，其私钥存放在客户端上，公钥通过安全的方式存放在服务器上。

SSH 的工作原理及过程

为实现 SSH 的安全连接，在整个通信过程中，服务器与客户机要经过如下 5 个阶段：版本号协商阶段，密钥和算法协商阶段，认证阶段，会话请求阶段，交互会话阶段。其工作原理如图 3.37 所示。

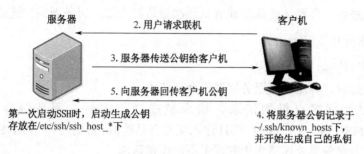

图 3.37　SSH 工作原理

1. 版本号协商阶段

▶ 服务器打开端口，等待客户机连接。

▶ 客户机向服务器发起 TCP 初始连接请求，TCP 连接建立后，服务器向客户机发送第一个报文，包括版本标志字符串，格式为 "SSH－<主协议版本号>.<次协议版本号>－<软件版本号>"，协议版本号由主版本号和次版本号组成，软件版本号主要用于调试。

▶ 客户机收到报文后，解析该数据包，如果服务器端的协议版本号比自己的低，且客户机能支持服务器的低版本，就使用服务器的低版本协议号，否则使用自己的协议版本号。

▶ 客户机回应服务器一个报文，包含了客户机决定使用的协议版本号。服务器比较客户机发来的版本号，决定是否能同客户机一起工作。

如果协商成功，则进入密钥和算法协商阶段，否则服务器断开 TCP 连接。

2. 密钥和算法协商阶段

SSH 支持多种加密算法，双方根据各自支持的算法，协商出最终使用的算法。

▶ 服务器和客户机分别发送算法协商报文给对方，报文中包含自己支持的公钥算法列表、加密算法列表、消息验证码（Message Authentication Code，MAC）算法列表、压缩算法列表等；

▶ 服务器和客户机根据对方和自身支持的算法列表得出最终使用的算法；

▶ 服务器和客户机利用 DH 交换（Diffie-Hellman Exchange，DH）算法、主机密钥对等参数，生成会话密钥和会话 ID。

通过以上步骤，服务器和客户机就取得了相同的会话密钥和会话 ID。对于后续传输的数据，两端都会使用会话密钥进行加密和解密，以保证数据安全传送。

3. 认证阶段

会话密钥协商后，双方进入认证阶段。

▶ SSH 客户机向服务器发起认证请求，认证请求中包含用户名、认证方法、与该认证方法相关的内容。服务器对客户机进行认证。进入认证阶段后，从此以后所有通信均加密。在认证阶段，两端会使用会话 ID 用于认证过程。

▶ 服务器对客户机进行认证，如果认证失败，则向客户机发送认证失败消息，其中包含可以再次认证的方法列表。

▶ 客户机从认证方法列表中选取一种认证方法再次进行认证。

该过程反复进行，直到认证成功或者认证次数达到上限，服务器关闭连接为止。

4. 会话请求阶段

▶ 服务器等待客户机的请求；

▶ 认证通过后，客户机向服务器发送会话请求；

▶ 服务器处理客户机的请求。请求被成功处理后，服务器会向客户机回应 SSH_SMSG_SUCCESS 包，SSH 进入交互会话阶段；否则回应 SSH_SMSG_FAILURE 包，表示服务器处理请求失败或者不能识别请求。

5. 交互会话阶段

▶ 在会话请求通过后，进入交互会话模式，服务器和客户机进行信息的交互，数据被双向传送；

▶ 客户机将要执行的命令加密后传给服务器；

▶ 服务器接收到报文，解密后执行该命令，并将执行的结果加密发还给客户机；

▶ 客户机将接收到的结果解密后显示到终端上。

SSH 的扩展

SSH 协议框架中设计了大量可扩展的冗余能力，比如用户自定义算法、自定义密钥规则、高层扩展功能性应用协议。这些扩展大多遵循有关规定，特别是在重要的部分，像命名规则和消息编码方面。SSH 采用 TCP 传输，使用 22 号端口，安全系数较高。启动了 SSH 服务后，一定要关闭 Telnet 服务，这样服务器就处在安全环境之中了，不再担心数据被窃。

Kerberos 协议

Kerberos 协议是 1988 年由麻省理工大学开发的一个基于对称密码技术和用户密码的第三方网络认证协议，网络中的 Kerberos 服务起着可信仲裁者的作用，它广泛应用于分布式网络环境，可以在不安全的网络环境中为用户对远程服务器的访问提供自动鉴别、数据完整性及密钥管理服务。Kerberos 协议可提供安全的网络认证，允许个人访问网络中不同的机器。它基于分布式环境，要与操作系统或应用软件融合在一起才能发挥作用，而目前主要的操作系统都支持 Kerberos 协议，因而它已成为工业界事实上的工业标准，在 RFC 1510 中定义。

为便于讨论 Kerberos 协议的基本工作原理，将一些基本术语及其简称归纳于表 3.3。

在 Kerberos 认证模型中，具有安装在网络上的实体，即客户机（C）和服务器（S）。客户机可以是用户，也可以是处理事务所需的独立的软件程序。Kerberos 系统有一个所有客户和他们的秘密密钥的数据库。对于个人用户来说，秘密密钥是一个加密的密码；需要认证的网络业务以及希望运用这些业务的客户机，都需要用 Kerberos 系统注册其秘密密钥。由于 Kerberos

系统知道每个人的秘密密钥，故而它能产生消息向一个实体证实另一个实体的身份。Kerberos 系统还能产生会话密钥，只供一个客户机和一个服务器使用，会话密钥用来加密双方间的通信消息，通信完毕即销毁会话密钥。

表 3.3　基本术语及其简称

简　称	英　文	对 应 中 文
C	Client	客户机
AS	Authentication Server	认证服务器
TGS	Ticket Granting Server	许可证服务器
AP	Application Server	应用服务器
KDC	Key Distribution Center	密钥分配中心（AS 与 TGS 总称）
$K_{c,\,tgs}$	Session Key used between C and TGS	C 和 TGS 之间的会话密钥
$K_{c,\,s}$	Session Key used between C and AP	C 和 AP 之间的会话密钥
$\{A_c\}\,K_{c,\,tgs}$	Encrypted authenticator for C to TGS	给 TGS 的加密的认证符
$\{A_c\}\,K_{c,\,s}$	Encrypted authenticator for C to AP	给 AP 的加密的认证符

　　Kerberos 的具体认证过程分为 3 个阶段 6 个步骤，即分别由 3 组 6 个消息交换来完成，如图 3.38 所示。当第一次访问 S（AS 或 TGS）时，需要完成这三个阶段；如果 C 已经访问过 TGS 并获得 C 与 S 的通信票据 $T_{c,s}$，则不需要经过第一阶段。通信票据 T_c 包含有 S 的名字、C 的地址、C 的时间戳、生命期以及一个随机会话密钥信息。

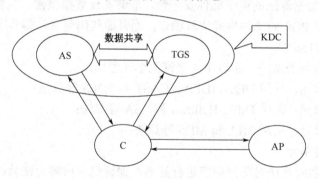

图 3.38　Kerberos 认证模型

　　第一阶段是获取 TGS 许可票据阶段。该阶段有两个步骤：一是 C 把用户名、TGS 的名称和本地时间戳（消息 1）以明文形式传送到 AS，请求与 TGS 进行通信所需的会话密钥。二是 AS 接收到用户请求之后，产生 C 与 TGS 通信所需的会话票据和会话密钥（消息 2），并用从 C 的密码产生的密钥加密（消息 3）。C 接收到消息 3 之后，首先利用自己密码产生的密钥解密整条消息，从中取出 $K_{c,\,tgs}$，然后检查随机值判定消息是否是新的；如果通过检查，就将消息 3 发送给 TGS。

　　第二阶段是获取 C 至 AS 认证密钥和许可证票据阶段。该阶段也分为两个步骤：TGS 接收到消息 3 之后，用自己的密钥解密消息，检验认证符 A_c 是否合法。如果合法，就为 C 产生去应用服务器（AP）的会话密钥和许可证，产生消息 4，使用 C 与 TGS 之间的会话密钥加密之后发送消息 4 到 C。C 收到后进行检查，如果通过检查，就保存 $K_{c,\,s}$。然后产生认证符，连同 $T_{c,\,s}$ 发送到 AP（消息 5）。

第三阶段是 C 与 AP 通信阶段，C 与 AP 实现双向认证，传递会话密钥，并使用会话密钥进行通信。第三阶段也分为两个步骤：AP 解密消息 5，检验认证符的正确性，如果通过检验，将 T_c+1 使用会话密钥加密之后传送到 C（消息 6）。C 判定消息 6 的有效性，如果正确，就通知 AP，整个认证过程结束。

经过这三个阶段，C 与 AP 之间实现了相互认证，并获得了会话密钥和通信的初始化序列号，接下来双方就可以使用会话密钥和序列号进行通信了。

PGP 和 S/MIME 协议

目前，互联网上应用最多的服务是电子邮件。电子邮件在传输中使用的是 SMTP，它不提供加密服务，那么邮件在传输中可能被攻击者截获或篡改，引起邮件信息的泄露。为了保证电子邮件的安全，常用 PGP 和 S/MIME 两种端到端的安全技术。这两种技术是目前互联网上实现电子邮件端到端的主流加密安全技术，主要功能就是身份的认证和传输数据的加密。PGP 和 S/MIME 协议对一般用户来说，在使用上几乎没有什么差别。但事实上它们是完全不同的，主要体现在格式上，也就是说由于格式的不同，一个使用 PGP 的用户不能与另一个使用 S/MIME 的用户通信，且也不能共享证书。

PGP

PGP（Pretty Good Privacy，更好地保护隐私）最早出现在 1990 年，它是一个基于 RSA 公钥&私钥及 AES 等加密算法的电子邮件安全包，能够实现数据保密、完整性鉴别、数字签名甚至压缩功能。由于 PGP 的总体性能比较稳定，而且源代码免费，得到了广泛使用。PGP 协议具体定义在 RFC 3156 中。

PGP 是一个混合加密系统，由以下 4 个密码单元组成：

- ▶ 分组密码单元，采用 DES、IDEA、CAST 和 3DES 等算法；
- ▶ 公钥密码单元，采用 Diffie-Hellman 和 RSA 等算法；
- ▶ 散列函数单元，采用 SHA 和 MD5 等算法；
- ▶ 随机数产生单元。

PGP 通过单向散列算法对邮件内容进行签名，保证信件内容无法修改，使用公钥和私钥技术保证邮件内容保密且不可否认。PGP 安全电子邮件处理过程与人们认识朋友的朋友的过程有些类似，以 PGP 公钥为例：Mike 认识 David，David 认识 Alice，现在 Mike 要与 Alice 通信，那么 David 作为中间人，他用自己的私钥在 Alice 的公钥上签名，担保这个确实是 Alice 的公钥。然后这个公钥上传到 BBS，Mike 获取后，通过验证其上 David 的签名，从而信任这个的确是 Alice 的公钥。反之亦然。用这种方式，公钥安全性得到保障，也无须付费，是一种从公共渠道传递公钥的安全手段。

PGP 实现了以下几点安全和通信需求：

- ▶ 采用一次一密的对称加密方法，密钥随邮件加密传送，每次可以不同；
- ▶ RSA 密钥最长可达 2 048 bit，而普通网络产品密钥仅为 40 bit；
- ▶ 数字签名验证可防止中途篡改和伪造；
- ▶ 邮件内容经过压缩，减少了传送量；
- ▶ 进行 Base 64 编码，便于兼容不同邮件传送系统。

　　用户通过 PGP 的软件加密程序，可以在不安全的通信链路上创建安全的消息和通信。PGP 协议已经成为公钥加密技术和全球范围内消息安全性的事实标准。

　　PGP 的数字签名具有很重要的意义。在邮件里加上数字签名，使得收信人可以确认邮件的发送方。PGP 的数字签名算法是 RSA 或 DSA。签名使用的密钥来自私有密钥环，签名在消息压缩前进行。

S/MIME 协议

　　安全多用途国际邮件扩充协议（Secure / Multi-purpose Internet Mail Extensions，S/MIME）由 RSA 公司提出，是电子邮件的安全传输标准。国内众多的认证机构基本都提供一种叫"安全电子邮件证书"的服务，其技术对应的就是 S/MIME 技术。目前大多数电子邮件产品都包含对 S / MIME 的内部支持。该协议定义在 RFC 2630、2632、2633。

　　S/MIME 是从 PEM（Privacy Enhanced Mail）和 MIME（Multi-purpose Internet Mail Extensions）发展而来的。S/MIME V2 版本已经广泛地使用在安全电子邮件上。同 PGP 一样，S/MIME 也利用单向散列算法和公钥与私钥的加密体系。

　　S/MIME 与 PGP 相比主要有两点不同：它的认证机制依赖于层次结构的证书认证机构，所有下一级的组织和个人的证书由上一级的组织负责认证，而最上一级的组织根证书之间相互认证，整个信任关系基本上是树状的。还有，S/MIME 将信件内容加密签名后作为特殊的附件传送，它的证书格式采用 X.509，但与一般浏览器网上使用的 SSL 证书有一定差异。在加密机制方面，S/MIME 采用单向散列算法，如 SHA-1、MD5 等，也采用公钥机制的加密体系。

　　S/MIME 与传统方式不同，因其内部采用 MIME 的消息格式，所以不仅能发送文本，还可携带各种附加文档，如包含国际字符集、HTML、音频、语音邮件、图像等不同类型的数据内容。S/MIME 技术虽然整体上设计严谨，安全程度高，技术成熟，但是也正是由于其复杂的公钥管理机制，导致在公钥发布上需要耗费巨大的使用和管理成本，对用户来说不得不承受高额使用费和复杂操作。

S-HTTP

　　安全超文本传输协议（Secure Hypertext Transfer Protocol，S-HTTP）是结合 HTTP 而设计的一种面向安全信息通信的协议。该协议处于应用层，它是 HTTP 的安全增强版，它仅适用于 HTTP 连接上，可提供通信保密、身份识别、可信赖的信息传输服务及数字签名等，是基于 HTTP 框架的数据安全规范及完整的客户机/服务器认证机制。S-HTTP 定义在 RFC 2660。

　　S-HTTP 请求报文与 HTTP 相同，由请求或状态行组成，后面是信头和主体。为了与 HTTP 报文区别，S-HTTP 需要特殊处理，请求行使用特殊的"安全"途径和指定协议 S-HTTP/1.4。因此，S-HTTP 和 HTTP 可以在相同的 TCP 端口混合处理，例如使用 TCP 的 80 号端口。

　　S-HTTP 响应报文采用指定协议 S-HTTP/1.4。

　　S-HTTP 支持端对端安全传输，S-HTTP 是通过在 S-HTTP 所交换包的特殊头标志来建立安全通信的。当使用 S-HTTP 时，敏感的数据信息不会在网络上明文传输。S-HTTP 提供了完整且灵活的加密算法及相关参数，S-HTTP 用于签名的非对称算法有 RSA 和 DSA 等，用于对称加解密的算法有 DES 和 RC2 等；S-HTTP 不需客户端公用密钥认证，因为它支持对称密钥操作模式。选项协商用来确定客户机和服务器在安全事务处理模式、加密算法及证书选择等方面达成一致。S-HTTP 为 HTTP 客户机和服务器提供多种安全机制，提供安全服务选项是为适用于万维网上各类潜在用户。S-HTTP 可通过和 SSL 结合保护 Internet 通信，另外还可通过和 SET、SSL 结合保护 Web 事务。

HTTPS

HTTPS（Hypertext Transfer Protocol over Secure Socket Layer）是基于 HTTP 开发的，用于客户计算机和服务器之间交换信息。HTTPS 实际上应用了 Netscape 的安全套接字层 SSL 进行信息交换，简单来说它是 HTTP 的安全版。

HTTPS 在 1994 年由 Netscape 公司首次提出，在众多互联网厂商的推广之下，如今已被广泛使用到各种大小网站。HTTPS 使用默认端口 443，它的数据会用 PKI 中的公钥进行加密，这样抓包工具捕获到的数据包也没有办法看包中的内容，安全性大大提高，要解密数据的话就要用到 PKI 中的私钥。所以一些安全性比较高的网站，如网上银行、电子商务网站都用 HTTPS 访问。

HTTPS 的功能

在传统流行的 Web 服务中，由于 HTTP 没有对数据包进行加密，导致 HTTP 下的网络包是明文传输，所以只要攻击者拦截到 HTTP 下的数据包，就能直接窥探这些网络包的数据。HTTPS 就是来解决这个问题的。HTTPS = HTTP+SSL，在 HTTP 的基础上，通过 SSL 加密协议使 Web 服务器与用户客户端之间建立信任连接，加密传输数据，从而实现信息的加密传输。HTTPS 提供了三个强大的功能来保护用户隐私，防止流量劫持：

▶ 内容加密。浏览器到服务器的内容都以加密形式传输，中间者无法直接查看原始内容。
▶ 身份认证。保证用户访问的是相应的服务，即使被 DNS 劫持到了第三方站点，也会提醒用户没有访问相应的服务，有可能被劫持。
▶ 数据完整性。防止内容被第三方冒充或者篡改。

HTTPS 的工作原理

HTTPS 在传输数据之前需要客户端（浏览器）与服务端（网站）之间进行一次握手，在握手过程中将确立双方加密传输数据的密码信息。具体握手过程如下：

（1）浏览器将自己支持的一套加密规则发送给网站。

（2）网站从中选出一组加密算法与 Hash 算法，并将自己的身份信息以证书的形式发回给浏览器。证书里面包含了网站地址、加密公钥以及证书的颁发机构等信息。

（3）浏览器在获得网站证书之后要做以下工作：验证证书的合法性；如果证书受信任，或者是用户接受了不受信任的证书，浏览器会生成一串随机数的密码，并用证书中提供的公钥加密；使用约定好的 Hash 算法计算握手消息，并使用生成的随机数对消息进行加密，最后将之前生成的所有信息发送给网站。

（4）网站接收到浏览器发来的数据之后要做以下的操作：使用自己的私钥将信息解密，取出密码，使用密码解密浏览器所发来的握手消息，并验证 Hash 值是否与浏览器发来的一致；使用密码加密握手消息，发送给浏览器。

（5）浏览器解密并计算握手消息的 Hash 值，如果与服务端发来的 Hash 值一致，此时握手过程结束,之后所有的通信数据将由之前浏览器生成的随机密码并利用对称加密算法进行加密。

浏览器与网站互相发送加密的握手消息并验证,目的是为了保证双方都获得一致的密码,并且可以正常地加密解密数据,为后续真正数据的传输做一次测试。另外,HTTPS 一般使用的加密算法与 Hash 算法有:非对称加密算法,如 RSA、DSA/DSS;对称加密算法,如 AES、RC4、3DES;Hash 算法,如 MD5、SHA1、SHA256。

实现网站的 HTTPS 加密传输

要实现网站的 HTTPS 加密传输,只需要在 Web 服务器端部署 SSL 证书即可,完成网站 HTTPS 加密大致需要以下三个步骤:

- ▶　确认网站域名数量、子域名数量,申请 SSL 证书;
- ▶　在服务器上安装获取到的 SSL 证书;
- ▶　安装完成后,对网站进行漏洞检测,检测结果安全无误后,即表示网站已实现 HTTPS 加密。

许多国外大型互联网公司已经启用了全站 HTTPS,这也是未来互联网的发展趋势。国内的大型互联网并没有全站部署 HTTPS,只是在一些涉及账户或者交易的子页面/子请求上启用了 HTTPS。

HTTPS、HTTP 及 S-HTTP 的区别

HTTPS 和 HTTP 的区别

HTTP 的 URL 以 http://开头,而 HTTPS 的 URL 以 "https://" 开头;HTTP 信息是明文传输,HTTPS 则是具有安全性的 SSL 加密传输协议;HTTP 标准端口是 80,而 HTTPS 的标准端口是 443;在 OSI 模型中,而 HTTP 工作于应用层,HTTPS 工作在传输层;HTTP 无须签发证书,而 HTTPS 需要 CA 签发证书;而 HTTP 是不安全的,HTTPS 是 HTTP+SSL,比 HTTP 安全。

HTTPS 和 S-HTTP 的区别

S-HTTP 是一种保护两台计算机之间发送的每条消息的技术。HTTPS 使用 SSL 和 HTTP 在客户端和服务器之间提供一个受保护的通路。因此,如果需要加密单个消息,则使用 S-HTTP,如果两台计算机之间传递的所有信息都需要加密,则使用 HTTPS,即 HTTP 上的 SSL。S-HTTP 适用于单个消息需要加密的情况,HTTPS 适用于整个链路需要加密的情况。

SET 协议

安全电子交易(Secure Electronic Transaction,SET)协议是由美国 VISA 和 Master Card 两大信用卡公司于 1997 年联合推出的用于电子商务的行业规范,其实质是一种应用在 Internet 上、以信用卡为基础的电子付款系统规范,目的是为了解决用户、商家和银行之间通过信用卡支付交易而设计的。网上交易时持卡人希望在交易中保密自己的账户信息,商家则希望客户的订单不可抵赖,且在交易中交易各方都希望验明他方身份以防被骗。SET 协议是应用层上的网络标准协议,使用的主要技术包括对称密钥加密、公共密钥加密、哈希算法、数字签名技术及

公共密钥授权机制等。

SET 的主要功能

SET 协议为电子交易提供了许多安全保证措施，能保证电子交易的机密性、数据完整性、交易行为的不可否认性和身份的合法性。在 SET 协议证书中包括：银行证书及发卡机构证书、支付网关证书和商家证书。

（1）保证客户交易信息的保密性和完整性。SET 协议采用了双重签名技术对 SET 交易过程中消费者的支付信息和订单信息分别签名，使得商家看不到支付信息，只能接收用户的订单信息；而金融机构看不到交易内容，只能接收到用户支付信息和帐户信息，从而充分保证了消费者帐户和定购信息的安全性。

（2）确保商家和客户交易行为的不可否认性。SET 协议的重点就是确保商家和客户身份认证和交易行为的不可否认性。其理论基础就是不可否认机制，采用的核心技术包括 X.509 电子证书标准、数字签名、报文摘要、双重签名等技术。

（3）确保商家和客户的合法性。SET 协议使用数字证书对交易各方的合法性进行验证。通过数字证书的验证确保交易中的商家和客户都是合法的，可信赖的。

SET 的交易过程

SET 协议的执行步骤与常规的信用卡交易过程基本相同，不同之处是 SET 协议是通过 Internet 来实现的。在 SET 协议支付系统中共有 6 个参与方：持卡人（客户）、商家、支付网关、电子钱包（涉及：认证中心、收单银行和发卡银行）。SET 交易过程中要对商家、持卡人、支付网关等交易各方进行身份认证，因此其交易过程相对复杂：

（1）持卡人在网上商店看中商品后，与商家进行磋商，然后发出请求购买信息；

（2）商家要求持卡人用电子钱包付款；

（3）电子钱包提示持卡人输入密码后与商家交换握手信息，确认商家和持卡人两端均合法；

（4）持卡人的电子钱包形成一个包含订购信息与支付指令的报文发送给商家；

（5）商家将含有持卡人支付指令的信息发送给支付网关；

（6）支付网关在确认持卡人信用卡信息之后，向商家发送一个授权响应报文；

（7）商家向客户的电子钱包发送一个确认信息；

（8）将款项从持卡人账号转到商家账号，然后向顾客送货，交易结束。

从上面的交易流程可以看出，在完成一次 SET 协议交易过程中，需验证电子证书 9 次，验证数字签名6 次，传递证书 7 次，进行签名 5 次，4 次对称加密和 4 次非对称加密。通常完成一个 SET 协议交易过程大约要花费 1.5～2 min 甚至更长时间。由于各地互联网设施良莠不齐，因此完成一个 SET 协议交易过程可能需要耗费更长的时间。

SET 的加密技术

持卡人将消息摘要用私钥加密得到数字签名。随机产生一对称密钥，用它对消息摘要、数字签名与证书（含客户的公钥）进行加密，组成加密信息，接着将这个对称密钥用商家的公钥加密得到数字信封；当商家收到客户传来的加密信息与数字信封后，用他的私钥解密数字信封得到对称密钥，再用它对加密信息解密，接着验证数字签名：用客户的公钥对数字签名解密，得到消息摘要，再与消息摘要对照；认证完毕，商家与客户即可用对称密钥对信息加密传送。

SET 协议主要应用于保障网上购物信息的安全性。其优点在于安全性高，所有参与交易的成员都必须先申请数字证书来识别身份。通过数字签名商家可免受欺诈，消费者可确保商家的合法性，而且信用卡号不会被窃取。但由于 SET 过于复杂，使用麻烦，要进行多次加解密、数字签名、验证数字证书等，故成本高、处理效率低、商家服务器负荷重。SET 协议只支持 B2C 模式，不支持 B2B 模式，且要求客户具有"电子钱包"，因此只适于卡支付业务，且要求客户、商家和银行都要安装相应软件。

RADIUS 协议

远程用户拨号认证系统（Remote Authentication Dial In User Service，RADIUS）是目前应用最广泛的 AAA 协议［Authentication（鉴别），Authorization（授权），Accounting（计费）］RADIUS 是一种 C/S 结构的协议，最初由 Livingston 公司提出，原先的目的是为拨号用户进行认证和计费。后来经过多次改进，成为目前最常用的一项认证计费协议。

RADIUS 工作原理

RADIUS 的客户端最初就是 NAS（Net Access Server）服务器，任何运行 RADIUS 客户端软件的计算机都可以成为 RADIUS 的客户端。RADIUS 协议认证机制灵活，可以采用 PAP、CHAP或者 Unix 登录认证等多种方式。

RADIUS 的实体结构示意如图 3.39 所示。用户接入网络接入服务器 NAS，NAS 使用 Access-Require 数据包向 RADIUS 服务器提交用户信息，包括用户名、密码等相关信息，其中用户密码是经过 MD5 加密的，双方使用共享密钥，这个密钥不经过网络传播。RADIUS 服务器对用户名和密码的合法性进行检验，必要时可以提出一个质询（Challenge），要求进一步对用户认证，也可以对 NAS 进行类似的认证；如果合法，RADIUS 服务器给 NAS 返回 Access-Accept 数据包做出响应（Response），允许用户进行下一步工作，否则返回 Access-Reject 数据包，拒绝用户访问。如果允许访问，NAS 向 RADIUS 服务器提出计费请求 Account- Require，RADIUS 服务器响应 Account-Accept，对用户的计费开始，同时用户可以进行自己的相关操作。

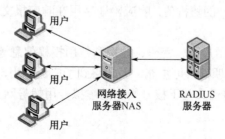

图 3.39 RADIUS 的实体结构示意图

RADIUS服务器和NAS 服务器通过 UDP 进行通信，RADIUS 服务器的1812端口负责认证，1813 端口负责计费。采用 UDP 的基本考虑是因为 NAS 和 RADIUS服务器大多在同一个局域网中，使用 UDP 更加快捷方便，而且 UDP 是无连接的，会减轻 RADIUS 的压力，也更安全。

RADIUS 还支持代理和漫游功能。简单地说，代理就是一台服务器，可以作为其他 RADIUS

服务器的代理，负责转发 RADIUS 认证和计费数据包。所谓漫游功能，就是代理的一个具体实现，这样可以让用户通过本来与其无关的 RADIUS 服务器进行认证，用户到非归属运营商所在地也可以得到服务，也可以实现虚拟运营。

RADIUS 协议还规定了重传机制。如果 NAS 向某个 RADIUS 服务器提交请求没有收到返回信息，那么可以要求备份 RADIUS 服务器重传。由于有多个备份 RADIUS 服务器，因此 NAS 在进行重传时，可以采用轮询的方法。如果备份 RADIUS 服务器的密钥和以前 RADIUS 服务器的密钥不同，则需要重新进行认证。

RADIUS 协议结构

RADIUS 协议在 RFC2865、RFC2866 中定义。RADIUS 协议报文结构如图 3.40 所示。其中，各字段含义如下：

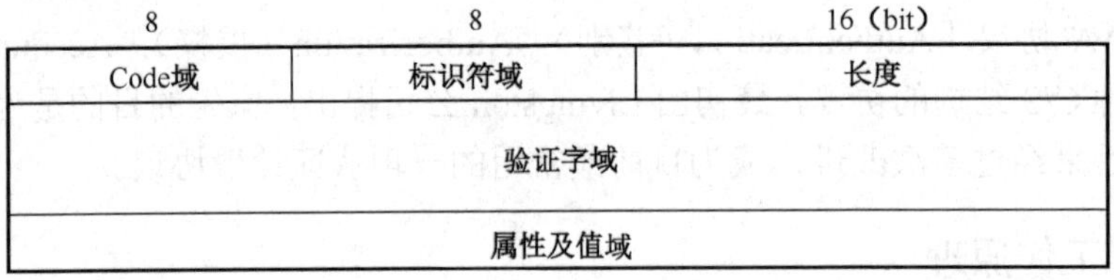

8	8	16（bit）
Code域	标识符域	长度
验证字域		
属性及值域		

图 3.40　RADIUS 协议报文结构

- Code 域：长度为 8 bit，用于标明 RADIUS 报文的类型，如果 Code 域中的内容是无效值，报文将被丢弃，有效值及代表的意义为：1（请求访问）；2（接收访问）；3（拒绝访问）；4（计费请求(Accounting-Request)）；5（计费响应）；11（挑战访问）；12（服务器状况）；13（客户机状况）；255（预留）。
- 标识符域：长度为 1 Byte，用于匹配请求和响应的标识符，同一组请求包和相应包的标识符应该相同。
- 长度：2 Byte，指明包括 code 域、标识符、长度、认证及属性域在内的所有域的数据包长度。
- 验证字域：占用 16 Byte，用于 RADIUS 客户端和服务器之间消息认证的有效性和密码隐藏算法。验证字分为两种：请求验证字和响应验证字。请求验证字用在请求报文中，必须为全局唯一的随机值；响应验证字用在响应报文中，用于鉴别响应报文的合法性。
- 属性及值域：包含用户名、密码、计费和常用授权信息等。

由于 RADIUS 协议简单明确，可扩充，因此得到了广泛应用，包括普通电话上网、ADSL上网、小区宽带上网、IP 电话、基于拨号用户的虚拟专用拨号网业务、移动电话预付费等业务。

IEEE 802.1x 协议

在早期企业网有线 LAN 应用环境下并不存在明显的安全隐患。但随着移动办公及驻地网运营等应用的大规模发展，服务提供者需要对用户的接入进行控制和配置。尤其是 WLAN 的应用和 LAN 接入在电信网上大规模开展，有必要对端口加以控制以实现用户级的接入控制，

802.lx 就是 IEEE 为了解决这一问题而定义的一个标准。

IEEE 802.1x 简介

IEEE 802.1x 是 IEEE 2001 年 6 月通过的基于端口访问控制的接入管理协议标准（Port-based Network Access Control Protocol），它起源于 IEEE 802.11 协议，制定 IEEE 802.1x 协议的初衷是为了解决无线局域网用户的接入认证问题。IEEE 802.1x 协议具有完备的用户认证、管理功能，可以很好地支撑宽带网络的计费、安全、运营和管理要求，对宽带 IP 城域网等网络的运营和管理具有极大的优势，它可以限制未经授权的用户/设备通过接入端口访问 LAN。在获得交换机或 LAN 提供的各种业务之前，IEEE 802.1x 对连接到交换机端口上的用户/设备进行认证。在认证通过之前，IEEE 802.1x 只允许基于局域网的扩展认证协议（Extensible Authentication Protocol over LAN，EAPoL）数据通过设备连接的交换机端口，认证通过以后，正常的数据可以顺利地通过以太网端口。

以太网的每个物理端口被分为受控和非受控的两个逻辑端口，物理端口收到的每个帧都被送到受控和非受控端口。其中，非受控端口始终处于双向连通状态，主要用于传递 EAPoL 协议帧，可随时保证接收认证请求者发出的 EAPoL 认证报文；受控端口的连通或断开是由该端口的授权状态决定的，它只有在认证通过的状态下才打开，用于传递网络资源和服务。受控端口与非受控端口的划分，分离了认证数据和业务数据，提高了系统的接入管理和接入服务提供的工作效率。

IEEE 802.1x 的体系结构

IEEE 802.1x 是根据用户 ID 或设备，对网络客户端或端口进行鉴权的标准。IEEE 802.1x 的体系结构包括三个部分：请求者系统、认证系统和认证服务器系统，如图 3.41 所示。

在该体系结构中，请求者系统与认证系统间运行 IEEE 802.1x 定义的 EAPoL 协议；当认证系统工作于中继方式时，认证系统与认证服务器系统间运行 EAP 协议，EAP 帧中封装了认证数据，将该协议承载在其他高层次协议中，以便穿越复杂的网络到达认证服务器。当认证系统工作于终结方式时，认证系统终结 EAPoL 消息，并转换为其他认证协议，传递用户认证信息给认证服务器系统。认证服务器是为认证系统提供认证服务的实体，通常使用 RADIUS 服务器来实现认证服务器的认证和授权功能。

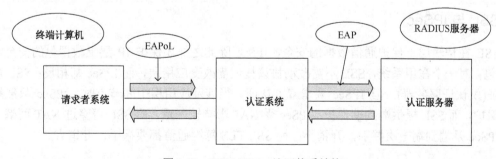

图 3.41　IEEE 802.1x 认证体系结构

IEEE 802.1x 的具体工作原理：请求者发出一个发连接请求EAPoL，该请求被认证系统（支持 802.1X 协议的交换机或无线接入点）转发到认证服务器（支持 EAP 验证的 RADIUS 服务器）上，认证服务器得到认证请求后会对照用户数据库，验证通过后返回相应的网络参数。认证系统得到这些信息后，会打开原本被堵塞的端口。客户机在得到这些参数后才能正常使用网络，否则端口就始终处于阻塞状态，只允许 IEEE 802.1x 的认证报文 EAPoL 通过。

IEEE 802.1x 认证过程

在具有 IEEE 802.1x 认证功能的网络系统中，当一个用户需要对网络资源进行访问之前，需要完成以下认证过程（在本示例中，假设认证服务器采用 MD5 摘要算法）：

（1）客户端向接入设备发送一个 EAPoL-Start 报文，开始 IEEE 802.1x 认证接入。

（2）接入设备向客户端发送 EAP-Request/Identity 报文，要求客户端将用户名送上来。

（3）客户端给接入设备回应一个 EAP-Response/Identity 请求，其中包括用户名。

（4）接入设备将 EAP-Response/Identity 报文封装到 RADIUS Access-Request 报文中，发送给认证服务器。

（5）认证服务器产生一个 Challenge，通过接入设备将 RADIUS Access-Challenge 报文发送给客户端，其中包含有 EAP-Request/MD5-Challenge。

（6）接入设备通过 EAP-Request/MD5-Challenge 发送给客户端，要求客户端进行认证。

（7）客户端收到 EAP-Request/MD5-Challenge 报文后，将密码和 Challenge 做 MD5 算法后的 Challenged-Pass-word，在 EAP-Response/MD5-Challenge 回应给接入设备。

（8）接入设备将 Challenge，Challenged Password 和用户名一起送到 RADIUS 服务器，由 RADIUS 服务器进行认证。

（9）RADIUS 服务器根据用户信息，做 MD5 算法，判断用户是否合法，然后回应认证成功/失败报文到接入设备。如果成功，携带协商参数，以及用户的相关业务属性给用户授权。如果认证失败，则流程到此结束。

（10）如果认证通过，用户通过标准的 DHCP（可以是 DHCP Relay），通过接入设备获取规划的 IP 地址。

（11）如果认证通过，接入设备发起计费开始请求给 RADIUS 用户认证服务器。

（12）RADIUS 用户认证服务器回应计费开始请求报文，用户上线完毕。

应用层安全协议对比分析

SSL 与 IPSec

SSL 在传输层上保护通信数据的安全，IPSec 除此之外还保护 IP 层上数据包的安全，如 UDP 包；对一个在用系统，SSL 不需改动协议栈但需改变应用层，而 IPSec 却相反；SSL 可单向认证(仅认证服务器)，但 IPSec 要求双方认证。当涉及应用层中间节点时，IPSec 只能提供链接保护，而 SSL 提供端到端保护；IPSec 受 NAT 影响较严重，而 SSL 可穿过 NAT 而毫无影响；IPSec 是端到端一次握手，开销小；而 SSL/TLS 每次通信都要握手，开销大。

SSL 与 SET

SET 仅适于信用卡支付，而 SSL 是面向连接的网络安全协议。SET 允许各方的报文交换非实时，SET 报文能在银行内部网或其他网上传输，而 SSL 上的卡支付系统只能与 Web 浏览器捆在一起；SSL 只占电子商务体系中的一部分(传输部分)；而 SET 位于应用层，对网络上其他各层也有涉及，它规范了整个商务活动的流程；SET 的安全性远比 SSL 高。SET 完全确保信息在网上传输时的机密性、完整性和不可抵赖性。SSL 也提供信息机密性、完整性和一定程度的身份鉴别功能，但 SSL 不能提供完备的防抵赖功能。因此从网上安全支付来看，SET 比 SSL 针对性更强、更安全。

SSL 与 S/MIME

S/MIME 是应用层专门保护 E-mail 的加密协议，而 SMTP/SSL 保护 E-mail 效果不是很好，因 SMTP/SSL 仅提供使用 SMTP 的链路的安全，而从邮件服务器到本地的路径是用 POP/MAN 协议，这无法用 SMTP/SSL 保护。相反 S/MIME 加密整个邮件的内容后用 MIME 数据发送，这种发送可以是任一种方式。它摆脱了安全链路的限制，只需收发邮件的两个终端支持 S/MIME 即可。

SSL 与 S-HTTP

S-HTTP 是应用层加密协议，它能感知到应用层数据的结构，把消息当成对象进行签名或加密传输。它不像 SSL 完全把消息当作流来处理。SSL 主动把数据流分帧处理。因此 S-HTTP 可提供基于消息的抗抵赖性证明，而 SSL 不能。所以 S-HTTP 比 SSL 更灵活，功能更强，但它实现较难，而使用更难，正因如此现在使用基于 SSL 的 HTTPS 要比 S-HTTP 更为普遍。

练习

1. HTTPS 的安全机制工作在（　　），而 S-HTTP 的安全机制工作在（　　）。
　　a.网络层　　　　　　　　b.传输层　　　　　　　　c.应用层　　　　　　　　d.物理层
2. S-HTTP 对 C/S 结构是（　　）的，与 HTTP 的区别是使用了协议指示器。
　　a. 非对称　　　　　　　b. 对称　　　　　　　c. 同步　　　　　　　d. 异步
3. 以下关于 S-HTTP 的描述中，正确的是（　　）。
　　a. S-HTTP 是一种面向报文的安全通信协议，使用 TCP 443 端口
　　b. S-HTTP 所使用的语法和报文格式与 HTTP 相同
　　c. S-HTTP 也可以写为 HTTPS　　　　　　　d. S-HTTP 的安全基础并非 SSL
4. SET 协议提供安全保证的支付方式是（　　）。
　　a. 信用卡　　　　　　　b. 电子现金　　　　　　　c. 电子支票　　　　　　　d. 电子钱包
5. IEEE 802.1x 是一种基于（　　）认证协议。
　　a. 用户 ID　　　　　　b. 报文　　　　　　c. MAC 地址　　　　　　d. SSID
6. Kerberos 是一种（　　）。
　　a. 加密算法　　　　　　b. 签名算法　　　　　　c. 认证服务　　　　　　d. 病毒
7. 在 RADIUS 协议中，下面哪个域是加密的？（　　）
　　a. 密码　　　　　　　b. 所有报文　　　　　　c. 密码+用户名　　　d. NAS 的 IP 地址
【参考答案】1. b；c　　2. b　3. d　4. a　5. a　6. c　7. a

补充练习

1. 研究讨论：什么是 PGP？什么是 S/MIME？PGP 主要提供了哪几种服务？
2. 下载 PGP 最新版本并安装试用。

本 章 小 结

　　网络安全协议是营造网络安全环境的基础，是构建安全网络的关键技术。在计算机网络应用中，人们对计算机通信的安全协议进行了大量研究，以提高网络信息传输的安全性。

　　网络安全协议，有时也称作密码协议，是建立在密码体制基础上的一种交互通信协议，它运用密码算法和协议逻辑来实现认证和密钥分配等目标，它以密码学为基础，其目的是在网络环境中提供各种安全服务。密码学是网络安全的基础，但网络安全不能单纯依靠安全的密码算法。安全协议是网络安全的一个重要组成部分，需要通过安全协议进行实体之间的认证、在实体之间安全地分配密钥或其他各种秘密、确认发送和接收的消息的非否认性等。本章从 TCP/IP 参考模型入手，讨论了每一层中所涉及的网络安全协议，如表 3.4 所示。

表 3.4　TCP/IP 参考模型各层的安全协议

协议层	针对的实体	安全协议	实现的主要安全策略
应用层	应用程序 PGP 和 S/MIME	S-HTTP	信息加密、数字签名、数据完整性验证
		HTTPS	信息加密、数据完整性验证、身份认证
		SET	信息加密、身份认证、数字签名、数据完整性验证
		PGP 和 S/MIME	信息加密、数字签名、数据完整性验证
		Kerberos	信息加密、身份认证
		SSH	信息加密、身份认证、数据完整性验证
		RADIUS	身份认证、授权、计费
		IEEE 802.1x	身份认证、授权、计费
传输层	端进程	SSL/TLS	信息加密、身份认证、数据完整性验证
		SOCKS	访问控制、穿透防火墙
网际层	主机	IPSec	信息加密、身份认证、数据完整性验证
		GRE	数据封装
网络接口层	端系统	PAP/ CHAP	身份认证
		PPTP/ L2F/ L2TP	数据封装
		WEP	信息加密、访问控制、数据完整性验证
		WPA/WPA2	信息加密、身份认证、访问控制、数据完整性验证

　　每种网络安全协议都有各自的优缺点，实际应用中要根据不同情况选择恰当协议并注意加强协议间的互通与互补，以进一步提高网络的安全性。另外现在的网络安全协议虽已实现了安全服务，但无论哪种安全协议建立的安全系统都不可能抵抗所有攻击，要充分利用密码技术的新成果，在分析现有安全协议的基础上不断探索安全协议的应用模式和领域。

　　网络安全协议的发展经历了从简单到复杂，从不完美到完美，从具有单一功能到多种安全协议相互配合使用完成多种功能的过程，在电子信息化时代的今天，网络安全协议将得到充分发展和应用。随着信息技术的发展，新的网络安全协议将会更好地服务于社会，人们将越来越离不开现代网络安全技术，各种基于网络安全协议的应用系统将不断出现。

小测验

1. 以下关于 WLAN 安全机制的叙述中，（　　）是正确的。

  a. WPA 是为建立无线网络安全环境提供的第一个安全机制

  b. WEP 和 IPSec 协议一样，其目标都是通过加密无线电波来提供安全保护

  c. WEP2 的初始化向量（IV）空间 64 bit

  d. WPA 提供了比 WEP 更为安全的无线局域网接入方案

2. 为了弥补 WEP 协议的安全缺陷，WPA 安全认证方案增加的机制是（　　）。

  a. 共享密钥认证　　　　　　　　b. 临时密钥完整性协议

  c. 较短的初始化向量　　　　　　d. 采用更强的加密算法

3. 以下关于 IPSec 的叙述中，正确的是（　　）。

  a. IPSec 是解决 IP 安全问题的一种方案

  b. IPSec 不能提供完整性（Hash 函数）

  c. IPSec 不能提供机密性保护

  d. IPSec 不能提供认证功能（AH，ESP 都提供认证）

4. 下面隧道协议中工作在网际层的协议是（　　）。

  a. SSL　　　　b. L2TP　　　　c. IPSec　　　　d. PPTP

5. PGP 的功能中不包括（　　）。

  a. 邮件压缩　　　　　　　　　　b. 发送者身份认证

  c. 邮件加密　　　　　　　　　　d. 邮件完整性认证

【提示】PGP 提供电子邮件的安全性、发送者鉴别和报文完整性功能。

6. PGP 和 S/MIME 的不同之处在于（　　）。

  a. 加密体系不同　　　　　　　　b. 信任关系不同

  c. 证书格式不同　　　　　　　　d. 安全邮件标准不同

7. SSL 协议和 SET 协议所存在的明显差异主要表现在哪些方面？（　　）

  a. 认证要求　　　　　　　　　　b. 部署与应用

  c. 购物过程风险责任归属　　　　d. 技术应用

8. 在 RADIUS 协议中，计费端口的默认值为（　　）。

  a. 1812　　　　b. 1813　　　　c. 8080　　　　d. 8081

【参考答案】1.d　2.b　3.a　4.c　5.a　6.b　7.a　8.b

第四章　网络安全防护技术

概　述

随着计算机网络技术的不断发展,全球信息化已进入人类生活,成为信息社会的基础设施。不久前在世界的瞩目下,美国成立了网络战司令部,并高调提出了信息时代下网络中心战和网络技术运用等思想,这充分体现了网络技术对于当代科技革命和人类生活的重要性。但是,由于计算机网络具有不安全性、不稳定性、连接形式多样性、终端分布不均匀性、脆弱性、网络的开放性、客户使用不安全性、互连性等特征,致使许多计算机网络用户容易受病毒、黑客、怪客以及恶意软件和其他网络漏洞的攻击,导致信息的泄露,造成不必要的影响。所以,防护网络安全已经成为当代网络技术至关重要的问题。

网络安全防护技术是指为防止网络通信阻塞、中断、瘫痪或被非法控制等,以及网络传输、存储、处理中的数据信息丢失、泄露或被非法篡改等所需的相关技术。目前,解决网络安全问题的主要途径是进行网络访问控制,设置防火墙、入侵检测等。这也是网络安全防御的三大主流技术。

本章依据计算机网络的防护理念,针对常见的网络攻击手段、入侵机制,讨论一些针对性较强的网络安全防护技术,包括访问控制、防火墙、入侵检测及计算机病毒与木马的防御等。虽然这些技术对防御具体的入侵机制很有效,但毕竟合法系统难以预测攻击者究竟会以什么样的机制实施入侵,攻击者也肯定不会总遵循固定的规则实施攻击,因此需要具有普遍性的网络安全解决方案。

第一节　访问控制

访问控制技术起源于 20 世纪 70 年代,当时是为了满足管理大型主机系统上共享数据授权访问的需要。随着计算机和网络技术的发展,访问控制技术在信息系统的各个领域得到了越来越广泛的应用,它是信息安全保障机制的重要内容,是实现数据保密性和完整性机制的主要手段之一。访问控制的目的是为了保证网络资源受控、合法使用,用户只能根据自己的权限来访问系统资源,不能越权访问。

本节主要介绍访问控制的概念及组成要素,AAA 访问控制体系、标准 IP 访问控制列表及扩展 IP 访问控制列表的配置方法。

学习目标

▶　掌握访问控制的基本概念及组成要素;

▶　了解几种经典的访问控制模型;

▶　了解 AAA 访问控制体系及标准;

▶　掌握标准 IP 访问控制列表及扩展 IP 访问控制列表的配置。

关键知识点

▶ 访问控制的组成要素；
▶ 标准 IP 访问控制列表及扩展 IP 访问控制列表的配置。

访问控制的概念

访问控制是指在网络系统信息资源受到未经授权的操作威胁时，采用适当的管理及防护措施来保护资源安全性和正确性。其内容一般包括：

▶ 主体：发出访问操作、存取要求的主动方；
▶ 客体：被调用的程序或被存取的数据对象；
▶ 访问规则：用以确定一个主体对某个客体是否拥有访问权限的判断策略。

访问控制的实质是通过安全访问策略限制访问主体对客体的访问权限，从而限制网络系统在合法范围内使用。通过实施访问控制，可以限制对关键资源的访问，防止因非法用户的侵入或合法用户的某些操作而造成破坏。

访问控制的核心是访问规则，也就是授权策略。以授权策略来划分，访问控制模型可分为：传统的访问控制模型（DAC\MAC\ACL）、基于角色的访问控制（RBAC）模型、基于任务和工作流的访问控制（TBAC）模型、基于任务和角色的访问控制（T-RBAC）模型等。

传统的访问控制模型

自主访问控制（Discretionary Access Control，DAC）：是指用户有权对自身所创建的访问对象（文件、数据表等）进行访问，并可将对这些对象的访问权授予其他用户或者从已授予权限的用户收回其访问权限。DAC 授权的实施主体自主负责赋予和回收其他主体对客体资源的访问权限。DAC 模型一般采用访问控制矩阵和访问控制列表来存放不同主体的访问控制信息，从而达到对主体访问权限的限制目的。其主要缺点是主体的权限太大，无意间就可能泄露信息

强制访问控制（Mandatory Access Control，MAC）：用来保护系统确定的对象，对此对象用户不能进行更改。也就是说，系统独立于用户行为强制执行访问控制，用户不能改变它们的安全级别或对象的安全属性。这样的访问控制规则通常对数据和用户按照安全等级划分标签，访问控制机制通过比较安全标签来确定授予还是拒绝用户对资源的访问。MAC 通过梯度安全标签实现信息的单向流通，可以有效地阻止特洛伊木马的泄露，其主要缺点是实现工作量较大，管理不便，不够灵活，而且过多强调了保密性，对系统连续工作能力、授权的可管理性方面考虑不足。

基于角色的访问控制模型

基于角色的访问控制模型（Role-Based Access Control，RBAC）的基本思想是将访问许可权分配给一定的角色，用户通过饰演不同的角色获得角色所拥有的访问许可权。它涉及五个基本数据元素：用户（users）、角色（roles）、目标（objects）、操作（operations，OPS）、许可权（permissions，PRMS）。该模型的主要优点是：通过角色配置用户及权限，增加了灵活性；支持多管理员的分布式管理，管理比较方便；支持由简到繁的层次模型，适合各种应用需要；完全独立于其他安全手段，是策略中立的；通过对资源的粒度控制，可以做到大到整个系统，小

到数据库表字段的控制。

基于任务和工作流的访问控制模型

所谓任务，是对要进行的一个个操作的统称。基于任务和工作流的访问控制模型（Task-Based Access Control，TBAC）是一种基于任务、采用动态授权的主动安全模型，其基本思想是将访问权限与任务相结合，每个任务的执行都被看作主体使用相关访问权限访问客体的过程。在任务执行过程中，权限被消耗，当权限用完时，主体就不能再访问客体了。系统授予用户的访问权限，不仅仅与主体、客体有关，还与主体当前执行的任务、任务的状态有关。客体的访问控制权限并不是静止不变的，而是随着执行任务的上下文环境的变化而变化。TBAC 的主要缺点是它并没有将角色与任务清楚地分离开来，也不支持角色的层次等级，另外，TBAC 并不支持被动访问控制，需要与 RBAC 结合使用。

AAA 访问控制

AAA 是认证（Authentication）、授权（Authorization）和计费（Accounting）的简称，是网络安全中进行访问控制的一种安全管理机制，它提供认证、授权和计费三种安全服务。AAA 提供的安全服务具体如下。

首先，认证部分提供了对用户的认证。整个认证通常采用用户输入用户名与密码来进行权限审核。认证的原理是每个用户都有一个唯一的权限获得标准。由 AAA 服务器将用户的标准同数据库中每个用户的标准一一核对。如果符合，那么对用户认证通过。如果不符合，则拒绝提供网络连接。

其次，用户要通过授权来获得操作相应任务的权限。比如，登录系统后，用户可能会执行一些命令来进行操作。这时，授权过程会检测用户是否拥有执行这些命令的权限。简单而言，授权过程是一系列强迫策略的组合，包括：确定活动的种类或质量、资源或者用户被允许的服务有哪些。授权过程发生在认证上下文中，一旦用户通过了认证，它们也就被授予了相应的权限。

最后，计费是指计算机用户在连接过程中所消耗的资源数目。这些资源包括连接时间或者用户在连接过程中的收发流量等。可以根据连接过程的统计日志、用户信息、授权控制、账单、趋势分析、资源利用以及容量计划活动来执行计费过程。

AAA 一般采用客户端/服务器（C/S）模式，这种模式结构简单、扩展性好，且便于集中管理用户信息。AAA 客户端运行于网络接入服务器（NAS）上，AAA 服务器用于集中管理用户信息，如图 4.1 所示。

常用协议

在 AAA 服务器上实现认证、授权、计费应用的协议主要包括 RADIUS 和 TACACS+协议（华为称 HWTACACS），Diameter协议作为新的标准也在逐步推广使用。RADIUS 协议内容参见RFC 2865、RFC 2866。TACACS+在 TACACS 协议(RFC 1492)基础上进行了功能增强。TACACS+是 Cisco 私有协议，HWTACACS 是华为协议。Diameter 协议内容参见 RFC 3588、RFC4006。

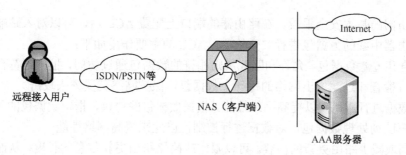

图 4.1　AAA 访问控制体系应用示意

AAA 应用模式

1. 认证模式

AAA 支持本地认证、不认证、RADIUS 认证和 TACACS+认证模式，并允许组合使用，组合认证模式是有先后顺序的。认证模式默认使用本地认证。

2. 授权模式

AAA 支持本地授权、不授权和 TACACS+授权模式，并允许组合使用，组合授权模式有先后顺序。授权模式默认使用本地授权。RADIUS 的认证和授权是绑定在一起的，所以不存在 RADIUS 授权模式。

3. 计费模式

AAA 支持不计费、RADIUS 计费、TACACS+计费模式。

访问控制列表

访问控制列表（Access Control List，ACL）是 Cisco IOS 等网络操作系统所提供的一种访问控制技术。顾名思义就是控制网络资源访问权限，可以基于 IP 地址进行控制，也可以基于 MAC 地址进行控制。对于控制列表中的 IP 地址或 MAC 地址，依据其设置的允许或拒绝前置条件可以做到只允许其设备使用网络或拒绝它们使用网络。

访问控制列表提供了一种机制，它可以控制和过滤通过路由器的不同端口去往不同方向的信息流。这种机制允许用户使用访问表来管理信息流，以制定公司内部网络的相关策略。这些策略可以描述安全功能，并且反映流量的优先级别。例如，某个组织可能希望允许或拒绝 Internet 对内部 Web 服务器的访问，或者允许内部局域网上一个或多个工作站能够将数据流发送到广域网上。这些情形，以及其他的一些功能都可以通过访问控制列表来实现。

在设计初期 ACL 仅用于路由器，近年来已扩展到三层交换机，部分新二层交换机也开始提供 ACL 的支持。访问控制列表实质上是一组由 permit（允许）和 deny（拒绝）语句组成的有序条件集合，用来帮助路由器分析数据包的合法性。

一般有两种类型的访问控制表：标准 IP 访问控制表和扩展 IP 访问控制表。

ACL 的作用

通过灵活地增加 ACL，作为网络控制的有力工具可以用来过滤流入和流出路由器端口的数据包。建立 ACL 后，可以限制网络流量，提高网络性能，对通信流量起到控制的作用，这也是对网络访问的基本安全手段。在路由器的端口上配置 ACL 后，可以对入站端口、出站端口及通过路由器中继的数据包进行安全检测。ACL 的主要作用如下：

（1）检查和过滤数据包。允许和匹配规则相符的数据包通过访问，拒绝不符合匹配规则的数据包。通过检查和过滤进出网络的每一个数据包，保护网络免受外来攻击。

（2）对数据进行限制，以提高网络性能。根据数据包的协议，指定数据包的优先级，按照优先级或用户队列处理数据包，对数据进行控制，以此来提高网络性能。

（3）限制或减少路由更新的内容。可以限定或简化路由更新信息的长度，从而限制通过路由器某一网段的通信流量。

（4）用于地址转换。可以规定哪些数据包需要进行地址转换。

（5）保护资源节点，限制访问权限。

ACL 的工作原理

ACL 是网络设备处理数据包转发的一组规则。ACL 采用包过滤技术，在路由器中读取第三层和第四层数据包包头中的信息，如源地址、目的地址、源端口、目的端口等，然后根据网络工程师预先定义好的 ACL 规则，在网络的出入口处对数据包进行过滤，从而实现对网络的访问控制、安全控制和流量控制。通过合理地设计路由器访问控制列表，可在保证网络安全的同时，减少在软硬件设备上的投资。

ACL 可以基于数据报文的源地址、目的地址和协议类型的方式来控制网络的数据流向。数据包由路由器端口进入路由器后，通过查看路由表来确定数据包的转发地址和端口，如果没有相关信息，数据包则丢弃。数据包到达相应的端口时，路由器会先根据所设置的规则，判断是否允许通过。如果数据包不符合控制列表所有规则，就会被路由器丢弃。

配置 ACL 的基本规则

网络中的节点有资源节点和用户节点两大类，其中资源节点提供服务或数据，用户节点访问资源节点所提供的服务与数据。ACL 的主要功能就是一方面保护资源节点，防止非法用户对资源节点的访问，另一方面限制特定用户节点所能具备的访问权限。对于路由器而言，ACL 是作用在路由器端口的规则列表，这些列表被用来控制路由器接收哪些报文，拒绝哪些报文，网络管理员可以在路由器端口上配置 ACL 来控制用户对某一网络的访问。一般来说，在实施 ACL 的配置过程中，应当遵循如下原则：

（1）最小特权原则。只给受控对象完成任务所必需的最小权限。也就是说被控制的总规则是各个规则的交集，只满足部分条件的是不容许通过规则的。

（2）最靠近受控对象原则。标准 ACL 尽可能放置在靠近目的地址的地方，扩展 ACL 尽量放置在靠近源地址的地方。

（3）单一性原则。一个端口在一个方向上只能有一个 ACL。

（4）默认丢弃原则。如果数据包与所有 ACL 都不匹配，则将所有不符合语句设定规则的数据包丢弃。在实际应用中应根据需要进行修正，避免造成不必要的问题。

（5）默认设置原则。路由器或三层交换机在没有配置 ACL 的情况下，默认允许所有数据包通过。防火墙在没有配置 ACL 的情况下，默认不允许所有数据包通过。

一个 ACL 可以由一条或者多条 ACL 语句组成，每条语句都实现一条过滤规则。ACL 语句的顺序是至关重要的。当报文被检查时，ACL 中的各条语句将顺序执行，直到某条语句满足匹配条件为止。一旦匹配成功，就执行匹配语句中定义的操作，后续语句将不再检查。例如，ACL 中有 2 条语句，第 1 条语句是允许所有的 HTTP 报文通过，第 2 条语句是禁止所有的报文通过。按照该顺序，能够达到只允许 HTTP 报文通过的目的。但如果将顺序倒过来，则所有的报文都将无法通过。

标准 IP 访问控制列表的配置

标准 IP 访问控制列表是通过使用 IP 包中的源 IP 地址进行过滤、控制基于网络地址的信息流的。在标准 IP 访问控制列表中，当要想阻止来自某一网络的所有通信流量，或者允许来自某一特定网络的所有通信流量，或者想要拒绝某一协议簇的所有通信流量时，可以使用标准访问控制列表来实现这一目标。

标准 ACL 的配置命令

由于不同类型网络协议数据包的格式和特性不同， ACL 的定义也要基于每一种协议。在实际配置中，不同的路由器由其表号来加以区别：标准 IP 访问控制列表主要根据 IP 报文中的源地址进行过滤，而不考虑这些信息属于哪种协议。常用的标准 IP 访问控制列表（ACL）的配置命令如表 4.1 所示。

表 4.1 常用的标准 ACL 配置命令

操　作	命　令
创建标准 IP 访问控制列表	Router(config)#access-list[list-number][permit|deny] [host|any][source address][wildcard-mask]
删除已建立的标准 ACL	Router(config)no access-list [list-number]
将访问控制列表应用于路由器相应接口	Router(config-if)#ip access-group [list-number] [in|out]
取消端口上的 ACL 应用	Router(config-if)#no ip access-group [list-number] [in|out]

其中，命令参数的含义如下：

▶ list-number：访问控制列表号，标准 IP 的 ACL 取值是 1～99；标准 IPX 的 ACL 取值是 800～899。

▶ permit|deny：如果满足规则，则允许/拒绝通过；

▶ host|any：用 host 字段可以指定某一个主机地址，any 是任意主机地址；此时不用写子网反码；此字段默认的值是 host。

▶ source address：数据包的源地址，可以是主机地址，也可以是网络地址；

▶ wildcard-mask：通配符掩码，也叫作反码，即子网掩码取反值。如：正常子网掩码 255.255.255.0，取反则是 0.0.0.255。

in|out: in：应用到入站端口，从外到内进入端口的数据方向，一般是接收；out：应用出站端口，从内到外离开端口的数据方向，一般是发送。

标准 ACL 配置实例

【例 1】access-list 10 deny host 192.168.1.1

该配置创建了一个访问控制列表，将所有来自 192.168.1.1 地址的数据包丢弃。

【例 2】access-list 10 deny 192.168.1.0　0.0.0.255

通过该配置将来自 192.168.1.0/24 的所有计算机数据包进行过滤丢弃。为什么后头的子网掩码表示的是 0.0.0.255 呢？这是因为华为设备包括大多数网络设备，在 ACL 中用反向掩码表示子网掩码，反向掩码为 0.0.0.255 的代表它的子网掩码为 255.255.255.0。

对于标准访问控制列表来说，默认的命令是 host，也就是说 access-list 10 deny 192.168.1.1 表示的是拒绝 192.168.1.1 这台主机数据包通信。

【例 3】禁止 172.16.4.0/24 网段中除 172.16.4.13 这台计算机访问 172.16.3.0/24 的计算机，172.16.4.13 可以正常访问 172.16.3.0/24。

配置命令为：

access-list 1 permit host 172.16.4.13

该命令设置 ACL，允许单 IP 数据包通过。

access-list 1 deny any

该命令设置 ACL，阻止其他一切 IP 地址通过。

扩展 IP 访问控制列表的配置

标准 ACL 是基于 IP 地址进行过滤的，不能控制到端口。如果希望将过滤细到端口或者希望对数据包的目的地址进行过滤，则需要使用扩展 ACL 配置。扩展功能很强大，不仅可以检查信息包的源主机地址还可以检查目的地主机的 IP 地址、协议类型以及 TCP/UDP 协议族的端口号等。扩展 ACL 具有更大的灵活性和可扩充性，即可以对同一地址允许使用某些通信协议的流量通过，而拒绝使用其他协议的流量通过。

扩展 ACL 一个最大的优点是可以保护服务器。例如，很多服务器为了更好地提供服务而暴露在公网上，这时为了保证服务正常提供，所有端口都对外界开放，很容易招来黑客和病毒的攻击；通过扩展 ACL 可以将除了服务端口以外的其他端口都封锁掉，以降低被攻击的概率。但是扩展 ACL 存在一个缺点，那就是在没有硬件加速的情况下，扩展会消耗大量的路由器 CPU 资源。所以，当使用中低档路由器时应尽量减少扩展 ACL 的条目数，而将其简化为标准 ACL 或将多条扩展 ACL 合而为一是最有效的方法。

扩展 ACL 的配置命令

扩展 IP 访问控制列表的编号范围为 100～199；扩展 IPX 访问控制列表在标准 IPX 访问控制列表的基础上，增加了对 IPX 报头中协议类型、源 Socket、目标 Socket 字段的检验。编号范围为 900～999。常用的扩展 IP 访问控制列表 ACL 配置命令格式如表 4.2 所示。

表 4.2 中命令参数的含义与表 4.1 中基本相同，对于新增部分说明如下：

- ▶ protocol keyword：协议名称；
- ▶ source port：源端口；
- ▶ destination address：目的地址；

▶　destination port：目的端口。

表 4.2　常用的扩展 ACL 配置命令格式

操　　作	命　　令
创建标准 IP 访问控制列表	Router(config)#access-list[list-number][permit|deny] [protocol keyword][source address][source port] [destination address] [destination port][options]
将访问控制列表应用于路由器相应端口	Router(config-if)#ip access-group[list-number] [in|out]
删除标准 IP 访问控制列表	Router(config)#no access-list [list number]

扩展 ACL 配置实例

【例 4】access-list 101 deny tcp any host 192.168.1.1 eq www，该命令是将所有主机访问 192.168.1.1 这个地址网页服务（WWW）TCP 连接的数据包丢弃。

【例 5】ip access-group 101 out，将 ACL 101 应用于出口方向。

【例 6】某高校的校园网络拓扑结构如图 4.2 所示。回答问题 1 至问题 3，将答案填入对应的解答括号内。

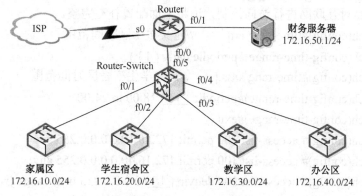

图 4.2　例 6 的网络拓扑结构

【问题 1】常用的 IP 访问控制列表有两种，它们是编号为 (1) 和 1300～1399 的标准访问控制列表和编号为 (2) 和 2000～2699 的扩展服务扩展列表。其中，标准访问控制列表是依据 IP 报文的 (3) 来对 IP 报文进行过滤的，扩展访问控制列表是依据 IP 报文的 (4)、(5)、上层协议和时间等来对 IP 报文进行过滤的。一般地，标准访问控制列表放置在靠近 (6) 的位置，扩展访问控制列表放置在靠近 (7) 的位置。

【解析】该问题考查访问控制列表的基础知识，IP 访问控制列表有标准访问控制列表和扩展访问控制列表。标准访问控制列表有以下几个特点：

▶　编号从 1～99 和 1300～1399；

▶　依据 IP 报文的源 IP 地址对数据包进行过滤；

▶　部署时应放置于靠近目的网络（或者路由器出口）的位置上。

扩展访问控制列表有以下特点：

▶　编号从 100～199 和 2000～2699；

▶ 依据 IP 报文的源 IP 地址、目的 IP 地址、上层协议、端口号和时间等信息对数据包进行过滤；

▶ 部署时应放置于靠近源地址（或者路由器入口）的位置上。

参考答案：（1）1～99；（2）100～199；(3) 源 IP 地址；（4）源 IP 地址；（5）目标 IP 地址；（6）目标地址（或出口）；（7）源地址（或入口）。注：（4）、（5）答案可互换。

【问题 2】为保障安全，使用 ACL 对网络中的访问进行控制。访问控制的要求如下：

▶ 家属区不能访问财务服务器，但可以访问互联网；

▶ 学生宿舍区不能访问财务服务器，且在每天晚上 18:00～24:00 禁止访问互联网；

▶ 办公区可以访问财务服务器和互联网；

▶ 教学区禁止访问财务服务器，且在每天 8:00～18:00 禁止访问互联网。

1. 使用 ACL 对财务服务器进行访问控制，请将下面配置补充完整。

R1(config)#access-list 1 (8) (9) 0.0.0.255

R1(config)#access-list 1 deny 172.16.10.0 0.0.0.255

R1(config)#access-list 1 deny 172.16.20.0 0.0.0.255

R1(config)#access-list 1 deny (10) 0.0.0.255

R1(config)#interface (11)

R1(config)#ip access-group 1 (12)

2. 使用 ACL 对互联网进行访问控制，请将下面配置补充完整。

Router-Switch(config)#time-rang jxq　　　//定义教学区时间范围

Router-Switch(config-time-range)#periodic daily (13)

Router-Switch(config)#time-rang xsssq　　　//定义学生宿舍区时间范围

Router-Switch(config-time-range)#periodic (14) 18:00 to 24:00

Router-Switch(config-time-range)#exit

Router-Switch(config)# access-list 100 permit 172.16.10.0 0.0.0.255 any

Router-Switch(config)# access-list 100 permit 172.16.40.0 0.0.0.255 any

Router-Switch(config)# access-list 100 denyip (15) 0 0.0.0.255 time-range jxq

Router-Switch(config)# access-list 100 denyip (16) 0 0.0.0.255 time-range xssq

Router-Switch(config)#interface (17)

Router-Switch(config-if)#ip access-group 100 out

【解析】根据题目给出的网络安全需求，访问控制列表的配置方法以及给出的部分配置代码，是使用标准访问列表 access-list 1 对财务服务器的访问进行控制。允许办公区（172.16.40.0）网段访问，并将 access-list 1 应用在靠近目的端的 R1 的 fastethernet 0/1 接口的出口方向。

创建扩展访问控制列表 access-list 100 来实现用户对互联网的访问，并创建于题目要求相应的时间段，分别设置允许和拒绝的网段，并应用相应的时间段，将应用在 route-Switch 设备的 f0/5 接口的出方向。

参考答案：（8）permit；（9）172.16.40.0；(10) 172.16.30.0；（11）fastethernet 0/1(或 f0/1)；（12）out；（13）8:00 to 18:00；(14) daily；(15) 172.16.30.0；（16）172.16.20.0；（17）f0/5。

【问题 3】网络在运行过程中发现，家属区网络经常受到学生宿舍区网络的 DDOS 攻击，现对家属区网络和学生宿舍区网络之间的流量进行过滤，要求家属区网络可访问学生宿舍区网络，但学生宿舍区网络禁止访问家属区网络。采用自反访问列表实现访问控制，请解释配置代码的含义。

Router-Switch(config)#ip access-list extended infilter

Router-Switch(config-ext-nacl)#permit ip any 172.16.20.0 0.0.0.255 reflect jsq //(18)

Router-Switch(config-ext-nacl)#exit

Router-Switch(config)# ip access-list extended outfilter

Router-Switch(config-ext-nacl)#evaluate jsq　　　　　　//(19)

Router-Switch(config-ext-nacl)#exit

Router-Switch(config)#interface fastethernet 0/1

Router-Switch(config-if)#ip access-group infilter in

Router-Switch(config-if)#ip access-group outfilter out　　//(20)

【解析】该问题要求理解自反访问控制列表的工作机制和配置方法。根据题目要求，家属区网络收到学生宿舍区发出的 DDOS 攻击报文。为了避免该现象，要求家属区网络可以访问学生宿舍区网络，反之不可。该应用场景是自反访问控制列表的典型应用场景。根据一个方向的访问控制列表，自动创建出一个反方向的控制列表，是与原来的控制列表——IP 的源 IP 地址和目的地址颠倒，并且源端口号和目的端口号完全相反的一个列表。

参考答案：（18）建立 jsq 的 ACL 映射表；（19）允许 jsq 映射表的连接通过；（20）应用 outfilter 规则到 fastethernet 0/1 接口的出方向。

练习

1.（　　）是常用的一类访问控制机制，用来决定一个用户是否有权访问一些特定客体的一种访问约束机制。

　　a. 强制访问控制　　　b.访问控制列表　　c. 自主访问控制　　d. 访问控制矩阵

2．下面不属于访问控制技术的是（　　）。

　　a. 强制访问控制　　　　　　　　b. 自主访问控制

　　c. 自由访问控制　　　　　　　　d. 基于角色的访问控制

3.标准访问控制列表的数字标识范围是（　　）。

　　a. 1～50　　　　　　b. 1～99　　　　　c. 1～100　　　　　d. 1～199

4．标准访问控制列表以（　　）作为判别条件。

　　a. 数据包大小　　　　　　　　b. 数据包的源地址

　　c. 数据包的端口号　　　　　　d. 数据包的目的地址

5．扩展 IP 访问控制列表的数字标识范围是（　　）。

　　a. 0～99　　　　　　b.1～99　　　　　c.100～199　　　　d.101～200

6．使配置的访问控制列表应用到端口上的命令是（　　）。

　　a. access-group　　　b. access-list　　　c. ip access-list　　d.ip access-group

【参考答案】1.c　　2.c　　3.b　　4.b　　5.c　　6.d

补充练习

进一步研究本节示例，归纳总结 ACL 的配置方法。

第二节　防　火　墙

随着网络的普及，安全问题正威胁着每一个网络用户。由于黑客攻击和信息泄露等安全问题并不像病毒那样直截了当地对系统进行破坏，而是故意隐藏自己的行动，所以往往不能引起人们的重视。但是，一旦网络安全问题发生，通常会带来严重的后果。因此，必须加强安全意识，并及早防范。防火墙作为最常用的网络安全防范工具，是目前应用最广泛的安全产品之一，一方面它使得本地系统和网络免于受到网络安全方面的威胁，另一方面提供了通过广域网和 Internet 对外界进行访问的有效方式。本节主要介绍关于防火墙基本概念、设计原理、主要功能、分类及体系结构及应用配置等方面的知识。

学习目标

- ▶　了解防火墙的基本概念、特点、主要作用及分类；
- ▶　掌握防火墙的设计原理、使用方法及应用配置；
- ▶　了解防火墙的安全标准。

关键知识点

- ▶　防火墙的主要功能及其分类；
- ▶　防火墙的设计原理、体系结构；
- ▶　防火墙的应用配置。

防火墙概述

防火墙也称防护墙，由 Check Point 创立者 Gil Shwed 于 1993 年发明并引入互联网。它是一种位于内部网络与外部网络之间的网络安全系统。防火墙实质上是一种隔离技术，是在被保护网络和外网之间进行访问控制策略的一种或一系列部件的组合。防火墙一般设置在可信任的内网边界上，作为不同网络安全域间通信流的唯一通道，能根据企业有关的安全策略控制进出网络的行为，是网络的第一道防线，也是当前防止系统被人恶意破坏的一种主要网络安全设备。

安全、管理、速度是防火墙三大要素。内网与互联网产生的所有网络流量都会经过防火墙，而防火墙则可以抽象为一个访问控制机制，根据网络管理员设置的安全规则，对网络流量进行审计并采取措施。所以，防火墙有效地将可信任的内网与不可信任的网络区域进行了隔离，再加上防火墙本身不易被攻击，便保证了内网中服务器与客户端的安全。

防火墙的基本概念

防火墙是一种网络访问控制软件或设备（通常是个路由器或计算机），是在被保护网络和外网之间进行访问控制策略的一种或一系列部件的组合。它在内部网和外部网之间、专用网与公共网之间的界面上能够构造一种保护屏障，也可以理解为是 Internet 与内部网络之间的一个安全网关。

简单地说，防火墙是提供信息安全服务、实现网络和信息安全的基础设施之一，一般安装在被保护区域的边界处。被保护区域与 Internet 网之间的防火墙可以有效控制区域内部网络与外部网络之间的访问和数据传输，进而达到保护区域内部信息安全的目的。防火墙系统的组成如图 4.3 所示。

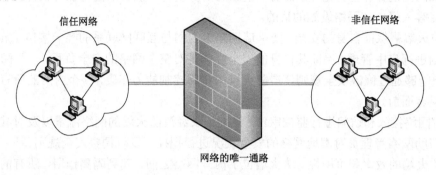

图 4.3 防火墙系统的组成

防火墙的发展历程

在防火墙产品的开发中，广泛应用了网络拓扑技术、计算机操作系统技术、路由技术、加密技术、访问控制技术、安全审计技术等成熟或先进的手段。纵观防火墙产品的发展历程，可将其分为 4 个阶段：

- ▶ 第一代防火墙：基于路由器的防火墙。利用路由器的访问控制列表来实现对分组的过滤；过滤和判定的依据可以是：地址、端口号、IP 标记及其他网络特征。这一代防火墙只能提供分组过滤的功能。

- ▶ 第二代防火墙：用户化的防火墙工具集，主要为纯软件产品又称为代理服务器。这一代防火墙用来提供应用级的控制，起到外部网络向被保护的内部网申请服务时中间转接作用。第二代防火墙将过滤功能从路由器中独立出来，并加上审计和告警功能，提供有针对性需求的模块化的软件包，用户可根据自己的需求自己动手构造一个防火墙。

- ▶ 第三代防火墙：指建立在通用操作系统上的防火墙。包括分组过滤或者借用路由器的分组过滤功能；装有专用代理系统，监控所有协议的数据和指令；保护用户编程空间和用户可配置内核参数的设置；安全性和速度大为提高。

- ▶ 第四代防火墙：指具有安全操作系统的防火墙。防火墙厂商具有操作系统源代码，并可实现安全内核；对安全内核实现加固处理，即去掉不必要的系统特性，加上内核特性，强化安全保护；对每个服务器、子系统都做了安全处理，一旦黑客攻破了一个服务器，它将会被隔离在此服务器内，不会对网络的其他部分构成威胁；在功能上包括了分组过滤、应用网关、电路级网关，且具有加密和鉴别功能；透明性好，易于使用。

防火墙的主要特性

设立防火墙的主要目的是保护一个网络不受来自另一个网络的攻击。通常，在内部网和外部网之间安装防火墙，已经成为保护内部网安全的一项重要措施，防火墙可以拒绝未经授权的用户访问，阻止未经授权的用户存取敏感数据，同时允许合法用户不受妨碍地访问网络资源。其主要功能包括：

（1）根据设定的网络安全策略，执行访问控制。从防火墙的定义可以看出，此功能是防火墙最基本的也是最为关键的功能。防火墙根据网络管理员预先设定好的网络安全策略，逐个审查进出内部网络的数据包，允许的放行，禁止的以及没有明确要求的都执行丢弃操作。这样便达到阻止黑客入侵内部网络设施的目的。

（2）防火墙需保证自身的安全。防火墙把守着内网与互联网联系的唯一接口，负责对局域网安全规则进行集中管理，保证其自身的安全性就是对整个网络的安全负责。一旦防火墙被攻破，黑客便能够通过修改安全规则使得防火墙的访问控制能力作废，整个内网的所有设备都完全暴露在黑客面前。

（3）对网络接入和访问进行监控审计。详细记录经过防火墙的网络流量以及对其采取的操作，从而帮助网络管理员对本地网络的安全状况进行把控，及时调整安全规则。

（4）防火墙的效率和可用性。防火墙位于内外网络之间，起到隔离作用，所有的网络数据包都要由防火墙进行过滤，在这一过程中肯定会影响通信速率。所以，防火墙的过滤速率变相地限制了网络的通信速率。而随着网络带宽的不断提升，对防火墙的处理效率的要求也越来越高，如果因为防火墙效率过低，阻塞了内外网的网络通信，那么防火墙就不具有存在的意义。

（5）通过对网络安全规则集中管理，提供统一的安全保护。如果一个内部网络不设置防火墙，为了不让内网中的所有设施暴露在外网中，每个设施都需要根据自己的安全需求，配置一套安全规则。如此一来，网络管理员需要为每一台设备配置一套安全规则并定期进行维护，大大增加了工作量。而借助于防火墙，可以实现安全规则的集中管理，降低网络安全的维护成本。

简单来说，在计算机网络中，增加防火墙设备的投入可以提高内部网络的安全性能，主要表现在以下几个方面：

- ▶ 防止来自被保护区域外部的攻击；
- ▶ 防止信息外泄和屏蔽有害信息；
- ▶ 集中安全管理；
- ▶ 安全审计和告警；
- ▶ 增强保密性和强化私有权；
- ▶ 访问控制和其他安全作用等。

防火墙的工作原理

防火墙是在网络之间执行安全控制策略的一个系统，也可以说是安全防范措施的总称。自采用包过滤技术的第一代防火墙到现在，防火墙技术经历了包过滤、应用代理、状态检测及深度检测技术等发展阶段。目前，已有多种防火墙技术可供选择使用，有些是独立产品，有些集成在路由器中，有些以软件模块形式组合在操作系统中。

包过滤防火墙

包过滤防火墙（Packet Filter Firewall）也称为访问控制列表，它根据已经定义好的过滤规则来审查每个数据包，并确定该数据包是否与过滤规则匹配，从而决定数据包是否能通过。包过滤防火墙又分为静态和动态两种。

1. 静态包过滤防火墙

这种类型的防火墙根据定义好的过滤规则审查每个数据包，以便确定其是否与某一条包过滤规则匹配。过滤规则基于数据包的报头信息来制定。报头信息中包括 IP 源地址、IP 目标地址、传输协议、TCP/UDP 目标端口、ICMP 消息类型等。包过滤类型的防火墙应遵循"最小特权原则"，即明确允许管理员希望通过的数据包，禁止其他的数据包。

2. 动态包过滤防火墙

这种类型的防火墙采用动态设置包过滤规则的方法，避免了静态包过滤所具有的问题。这种技术后来发展成为所谓包状态监测技术。采用这种技术的防火墙对通过其建立的每一个连接都进行跟踪，且根据需要可动态在过滤规则中增加或更新。

包过滤防火墙工作在网络层，通常基于一些网络设备（如路由器、交换机等）来控制数据包的转发策略，因此又称为网络层防火墙或包过滤路由器。在路由器上实现包过滤器的时侯，首先要以收到的 IP 数据包报头信息为基础建立起一系列的访问控制列表（ACL）。ACL 是一组表项的有序集合，每个表项表达一个规则，称为 IP 数据包过滤规则，内容包括被监测的 IP 数据包的特征、对该类型的 IP 数据包所实施的动作（放行、丢弃等）。包过滤防火墙的核心技术就是安全策略设计，即包过滤算法设计。包过滤防火墙的工作示意图如图 4.4 所示。

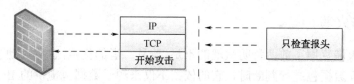

图 4.4　包过滤防火墙工作示意图

这种包过滤防火墙在网络层检查数据包，与应用层无关，使网络系统具有很好的传输性能，可扩展能力强。但是，包过滤防火墙的安全性有一定的缺陷，因为系统对应用层信息无感知，防火墙不理解通信的内容，可能被入侵者攻破。

应用代理防火墙

应用代理防火墙工作在应用层，针对专门的应用层协议制定数据过滤转发规则。应用代理防火墙又分为以下两种。

第一代代理防火墙，也被称为应用级网关。其核心技术是代理服务器技术。代理服务器，顾名思义就是代替用户与服务器进行交互的服务器。当用户需要连接某个外网服务器时，其连接请求都会被代理服务器受理，在确认用户的连接请求后，由它将连接请求发送到外网服务器上，在接受应答并进行安全审查后，再将具体答复转交给用户。虽然原理上代理服务器起到了中间转发的作用，但是从外网服务器的角度来看，连接请求的数据包就来源于防火墙，这样便起到了屏蔽内网结构的作用。

这种类型的防火墙在安全性上无可挑剔，因为完全没有给外部网的计算机与内网终端直接进行会话的机会。然而付出的相应代价是，一旦有大量用户进行外网访问，代理防火墙对于连接繁杂的处理过程就会影响到用户体验，成为内外网络流量的瓶颈。

第二代自适应代理防火墙。针对代理防火墙的低速率问题，商业化应用级网关采用了一种新技术，即自适应代理技术。应用这种技术的代理防火墙以保证安全性为前提，将处理性能提升了十倍以上。这种技术实现的关键要素有两个：自适应代理服务器和动态包过滤器。自适应代理技术通过控制通道将两者联系起来。网络管理员在配置安全策略时，只需设置服务类型以及安全等级。在接收到网络流量时，由自适应代理服务器根据安全等级决定是通过应用层代理连接还是通过网络层借助动态包过滤器进行数据包过滤。如此这般，既满足了安全性，在速度上的要求也得到了满足。

应用代理防火墙检查所有应用层的数据包，并将检查的内容放入决策过程，从而提高了网络的安全性，其工作过程如图 4.5 所示。但这种防火墙是通过 C/S 模式实现的，每个 C/S 通信需要两个连接：一个是客户端到防火墙，另一个是从防火墙到服务器。每个代理需要一个不同的应用进程，或一个后台运行的服务程序，对每个新的应用必须添加此应用的服务程序，否则不能使用该服务。所以，这种防火墙可伸缩性较差。

图 4.5　应用代理防火墙工作过程

状态检测防火墙

状态检测防火墙克服了前两种防火墙的不足，兼具二者的优点，也称为动态包过滤防火墙。在对放行还是丢弃数据包进行判断时，它的依据不仅来源于数据包提供的 IP 地址、端口号、协议类型等信息，还基于网络连接的机制、构建连接监测表、监视所有连接开始到断开的全过程。其工作示意图如图 4.6 所示。在检查连接状态后，决定一个端口的打开或关闭，最大程度上保证安全性。同时，对于同一连接的数据包，不用重复性地进行审查，数据包是否安全根据该连接在监测表中的状态即可获知，大大提升了网络数据包过滤效率。然而，状态检测防火墙也有缺点，在有大量连接时，连接状态表的维护复杂度较高，可能会造成同一连接大量数据包的滞留，从而造成网络拥堵。

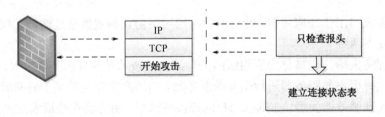

图 4.6　状态检测防火墙工作示意图

防火墙应用的网络结构

在网络设计时，经常需要使用防火墙技术保护内部网络的安全。防火墙的组网方式有很多种，在实际中需要根据网络安全的具体建设目标恰当选择网络结构。下面介绍几种常见防火墙应用的网络结构。

屏蔽路由器防火墙网络

屏蔽路由器防火墙网络是比较简单的一种防火墙网络。屏蔽路由器是指具有包过滤功能的路由器,可以被设置各种过滤规则,并根据网络地址、端口号进行流量过滤。屏蔽路由器防火墙的网络结构如图 4.7 所示。

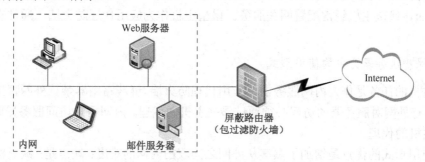

图 4.7　屏蔽路由器防火墙网络结构

屏蔽路由器防火墙网络的特点是:
- ▶ 只使用一个屏蔽路由器,网络结构比较简单;
- ▶ 屏蔽路由器可以具有简单的包过滤防火墙功能,也可以具有较高级的状态检测防火墙功能;
- ▶ 外网访问内网时,屏蔽路由器可以只开放若干个特定的地址和端口(对外开放的 Web 服务和邮件服务);
- ▶ 内网访问外网时,屏蔽路由器通常不做任何限制。

但是,屏蔽路由器防火墙网络存在如下一些局限性:
- ▶ 如果黑客能够入侵并控制了对外开放的服务器,就可以借机攻击内网的其他计算机;
- ▶ 如果屏蔽路由器被入侵,则整个内部网络将彻底暴露;
- ▶ 对内网主机用户缺乏控制能力。

屏蔽路由器防火墙+堡垒主机网络

屏蔽路由器防火墙+堡垒主机网络是在屏蔽路由器防火墙网络的基础上增加了一台堡垒主机,其网络结构如图 4.8 所示。显然,屏蔽路由器防火墙+堡垒主机网络能够实现屏蔽路由器防火墙网络的全部功能。

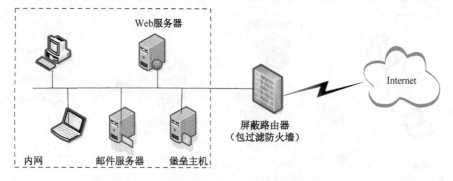

图 4.8　屏蔽路由器防火墙+堡垒主机网络结构

所谓堡垒主机,是指一种被强化的可以防御进攻的安全性很高的计算机,作为进入内部网络的一个检查点，以达到把整个网络的安全问题集中在某个主机上解决，从而省时省力，不用考虑其他主机的安全问题。一般，一个堡垒主机使用两块网卡，每个网卡连接不同的网络。一块网卡连接公司的内部网络用来管理、控制和保护，而另一块连接另一个网络，通常是公网也就是 Internet。堡垒主机经常配置网关服务。堡垒主机作为应用代理防火墙，通常有如下两种使用形式。

1. 以保护服务器为主的使用形式

堡垒主机的任务是作为内网服务器的应用代理防火墙。屏蔽路由器禁止外网直接访问内网服务器，所有外网对服务器的访问必须通过堡垒主机做代理。内网用户访问服务器时，不需要通过堡垒主机的代理。

这种使用形式的优点是增加了黑客从外网之间攻击内网的难度；缺点是：缺乏对内网主机的控制和保护功能；黑客可以利用内网用户的疏忽，设法将木马程序安装在内网主机上，木马以反向连接的方式接受黑客的控制，再通过内网主机间接入侵内网服务器。

2. 以管理内网用户为主的使用形式

堡垒主机的任务是作为内网用户的应用代理服务器。屏蔽路由器禁止内网主机（对外开放的服务器除外）直接访问外网，内网用户必须设置堡垒主机为其代理服务器，通过代理服务器访问外网。

这种使用形式的优点是：可以加强对内网用户的管理；代理服务器可以在一定程度上减少内外网通信的数据量，优化外网访问速度。其缺点是内网服务器没有得到堡垒主机的保护。

一般情况下，不建议堡垒主机既充当服务器代理的角色，又充当内网用户代理的角色。虽然这样做能够在一定程度上提高内网安全，但有如下缺点：

▶ 所有内外网通信都要通过堡垒主机，则堡垒主机将成为网络通信的瓶颈。
▶ 由于内网各主机之间可以直接访问，黑客只要设法入侵了其中任何一台主机（无论是服务器还是系统主机），就可以掌握整个网络的拓扑结构，并借机入侵其他主机。

屏蔽路由器防火墙+双宿主堡垒主机网络

屏蔽路由器防火墙+双宿主堡垒主机网络结构又称为屏蔽子网防火墙网络结构，是对前一种网络结构的改进，即将单宿主堡垒主机改为双宿主堡垒主机，其网络结构如图 4.9 所示。

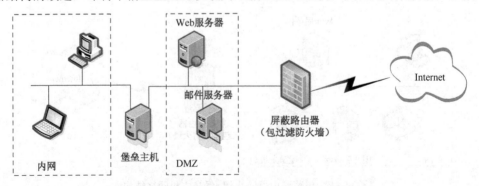

图 4.9　屏蔽路由器防火墙+双宿主堡垒主机网络结构

在这种防火墙结构中，堡垒主机和屏蔽路由器之间形成了一个特殊的网段，该网段成为内外网之间的隔离带，称之为隔离区，也称为非军事化区（Demilitarized Zone，简称 DMZ）。这种结构的一个显著特征是设置了一个 DMZ。也就是说，为了解决安装防火墙后外部网络不能访问内部网络服务器的问题，而设立的一个非安全系统与安全系统之间的缓冲区（DMZ）。DMZ位于企业内部网络和外部网络之间的小网络区域内，在这个小网络区域内可以放置一些必须公开的服务器设施，如企业 Web 服务器、邮件服务器和论坛等。另一方面，通过这样一个 DMZ区域，可以更加有效地保护内部网络，因为这种网络部署，比起一般的防火墙方案，对攻击者来说又多了一道关卡。

屏蔽路由器防火墙+双宿主堡垒主机网络结构的特点是：

▶　屏蔽路由器只允许外网访问 DMZ 内的服务器和堡垒主机，屏蔽非开放地址和端口；

▶　内网的主机需要通过堡垒主机的代理才能访问 DMZ 中的服务器；

▶　内网的主机需要通过堡垒主机的代理才能通过屏蔽路由器访问外网；

▶　堡垒主机禁止外网主动连接内网主机，也禁止 DMZ 的服务器主动连接内网主机；

▶　必要时，堡垒主机或屏蔽路由器可以禁止内网主机访问外网。

如果内网对 DMZ 访问量比较大，而且网络设计要求不需要应用层级别的安全保护，可以用屏蔽路由器替代堡垒主机，以避免堡垒主机造成的瓶颈。其内外网包过滤防火墙网络拓扑结构如图 4.10 所示。

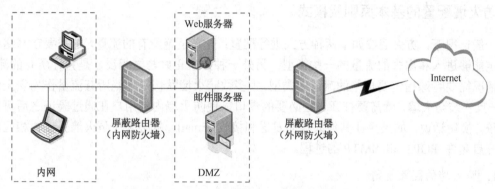

图 4.10　内外网包过滤防火墙网络拓扑结构

在这种网络拓扑结构中，外网防火墙负责处理对外的访问控制，内网防火墙负责处理对内的访问控制。其安全设计原则与前一种防火墙网络级别相同。

目前，有些防火墙可以同时提供内网防火墙和 DMZ 功能，以简化网络拓扑结构，降低造价。

双 DMZ 网络

对于大型网络来说，单 DMZ 的防火墙网络结构不一定能够满足安全要求。例如，某个大学的校园网的入网主机可达数万台，校内核心网络不但要防止外网访问，也需要限制内网的访问，因此需要建立双 DMZ 防火墙网络结构，如图 4.11 所示。

在实际网络工程中，防火墙网络结构并没有固定的形式，需要根据实际安全需求来设计合适的防火墙网络结构。

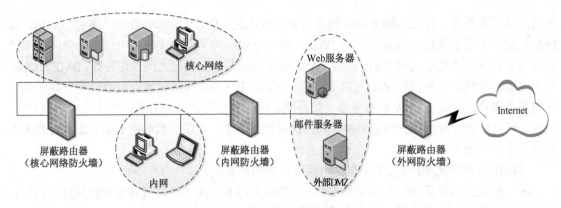

图 4.11 双 DMZ 防火墙网络结构

防火墙的应用配置

防火墙与路由器一样，在使用之前也需要进行配置。各种品牌的防火墙配置方法基本类似，在此以 PIX（Private Internet eXchange）防火墙为例，简单介绍一些基本的配置和使用。

防火墙配置的基本原则及模式

一般情况下，防火墙按如下两种方式进行配置：一是拒绝所有的流量，这需要在网络中特殊指定能够进入和出去的流量的一些类型；另外一种方式正好与之相反，是允许所有的流量，这种情况需要特殊指定要拒绝的流量的类型。大多数防火墙默认是拒绝所有流量作为安全选项的。一旦安装防火墙，就需要打开一些必要的端口以使防火墙内的用户在通过验证之后可以访问系统。换句话说，如果想让其他人能够发送和接收 Email，就必须在防火墙上设置相应的规则或开启允许 POP3 和 SMTP 的进程。

1. 防火墙的配置规则

一般情况下，需要遵循如下基本原则：

（1）简便实用。对防火墙环境设计来说，首要的就是越简单越好。因为越简单的实现方式，越容易被理解和使用，而且设计越简单，越不容易出错，防火墙的安全功能越容易得到保证，管理也越可靠和简便。可以针对具体应用环境进行配置，不必对每一功能都详细配置；否则会大大增强配置难度，同时还可能因各方面配置缺乏协调性，引起新的安全漏洞。

（2）全面深入。单一的防御措施难以保障系统的安全，只有采用全面的、多层次的深层防御体系才能实现系统的真正安全。在防火墙配置中，应系统地分析整个网络的安全防护体系，从深层次上防护整个系统。

（3）内外兼顾。防火墙的一个特点是防外不防内，其实在现实的网络环境中，80% 以上的威胁都来自内部，对内部威胁可以采取其他安全措施，比如主机防护、入侵检测、漏洞扫描、病毒查杀等。

2. 防火墙的配置模式

防火墙的配置模式与路由器/交换机类似，有普通用户模式、特权用户模式、配置模式（包括端口模式）和 ROM 监控模式 4 种配置模式。进入这 4 种模式的命令也与路由器一样：

Firewall>：普通用户模式无需特别命令；启动后即进入。

Firewall#：特权用户模式；进入特权用户模式的命令为"enable"。

Firewall(config)#：配置模式；进入配置模式的命令为"config terminal(可缩写为 conf t)"。进入端口模式的命令为"interface Ethernet()"。通常防火墙的端口没有路由器那么复杂，所以经常把端口模式归为配置模式，统称为全局配置模式。

monitor>：ROM 监控模式，开机按住[Esc]键或发送一个"Break"字符，可进入监控模式。

硬件防火墙的主要配置命令

常见硬件防火墙的许多配置命令与路由器一样，通常是通过命令行来完成的。常用的配置命令主要有：nameif、interface、ipaddress、global、nat、route、static 等。

1. nameif

nameif 命令用于设置端口名称，并指定安全级别。安全级别取值范围为 1～100，数字越大安全级别越高。例如，要求设置：ethernet0 命名为外部端口 outside，安全级别是 0；ethernet1 命名为内部端口 inside，安全级别是 100；ethernet2 命名为中间端口 dmz，安装级别为 50；可使用如下命令：

```
Firewall(config)# nameif ethernet0 outside security 0
Firewall(config)# nameif ethernet1 inside security 100
Firewall(config)# nameif ethernet2 dmz security 50
```

2. interface

interface 命令用于配置以太网端口工作状态，常见状态有 auto（设置网卡工作在自适应状态）、100full（设置网卡工作在 100Mbit/s，全双工状态）和 shutdown（设置网卡端口关闭，否则为激活）。其命令语法为：

```
Firewall(config)# interface ethernet0 auto
Firewall(config)# interface ethernet1 100 full
Firewall(config)# interface ethernet1 100 full shutdown
```

3. ip address

ip address 命令用于配置网络端口的 IP 地址和掩码。例如，若内网 inside 端口使用私有地址 192.168.1.0，外网 outside 端口使用公网地址 192.168.2.0，其命令为：

```
Firewall(config)# ip address outside 192.168.2.0 255.255.255.0
Firewall(config)# ip address inside 192.168.1.0 255.255.255.0
```

4. global

global 命令用于定义全局 IP 地址池，指定公网地址范围。global 命令的语法为：

```
global (if_name) nat_id ip_address-ip_address [netmark global_mask]
```

其中，(if_name)表示外网端口名称，一般为 outside；nat_id 为建立的地址池标识(nat 要引用)；ip_address-ip_address 表示一段 IP 地址范围；[netmark global_mask]表示全局 IP 地址的网络掩码。例如：

```
    Firewall(config)# global (outside) 1 192.168.2.0-192.168.2.16    //表示地址池 1 对
应的 IP 是 192.168.2.0-192.168.2.16;
    Firewall(config)# global (outside) 1 192.168.2.0   //表示地址池 1 只有一个 IP 地址
192.168.2.0;
    Firewall(config)# noglobal (outside) 1 192.168.2.6  //表示删除这个全局表项。
```

5. nat

地址转换命令 nat 用于将内网的私有 IP 地址转换为外网 IP 地址。nat 命令的语法为:

```
nat (if_name) nat_id local_ip [netmark]
```

其中, (if_name):表示端口名称,一般为 inside; nat_id 表示地址池,由 global 命令定义; local_ip 表示内网的 IP 地址,用 0.0.0.0 表示内网的所有主机;[netmark]表示内网 IP 地址的子网掩码。在实际配置中, nat 命令总是与 global 命令配合使用,一个指定外部网络,一个指定内部网络,通过 net_id 联系在一起。例如:

```
    Firewall(config)# nat (inside) 1 00  //表示内网所有主机(00)都能访问由 global 指定的外网。
    Firewall(config)# nat (inside) 1 192.168.1.0 255.255.255.0    //表示只有
192.168.1.0/16 网段的主机可以访问 global 指定的外网。
```

6. route

route 命令用于定义静态路由,其语法为:

```
route if_name 00 gateway_ip [metric]
```

其中, if_name 表示端口名称; 00 表示所有主机; gateway_ip 表示网关路由器的 IP 地址或下一跳;[metric]表示路由费用,默认值为 1。例如:

```
    Firewall(config)# route outside 00 192.168.2.0   //设置默认路由从 outside 口送出,下
一跳是 192.168.2.0。00 代表 0.0.0.0 0.0.0.0,表示任意网络。
```

Firewall(config)# route inside 192.168.1.0 255.255.0.0 192.168.1.3 2 //设置到 192.168.1.0,网络下一跳是 192.168.1.3,最后的 "2" 是路由费用。

7. static

static 用于配置静态 IP 地址映射,使内部地址与外部地址一一对应,其语法为:

```
static (internal_if_name, external_if_name) outside_ip_address inside_ip_address
```

其中, internal_if_name 表示内部网络端口,安全级别较高,如 inside; external_if_name 表示外部网络端口,安全级别较低,如 outside; outside_ip_address 表示外部网络的公有 IP 地址。inside_ip_address 表示内部网络的本地 IP 地址。注意:括号内序顺是先内后外,外边的顺序是先外后内。例如:

```
    Firewall(config)# static (inside,outside) 192.168.1.6 192.168.2.0  //表示内部 IP
地址 192.168.1.6,访问外网时被翻译成 192.168.2.0 全局地址。
    Firewall(config)# static (dmz,outside) 192.168.3.8 192.168.2.0  //表示中间区域 IP
地址 192.168.3.8,访问外网时被翻译成 192.168.2.0 全局地址。
```

8. conduit

conduit 命令用来设置允许数据从低安全级别的端口流向具有较高安全级别的端口。例如，允许从 outside 到 DMZ 或 inside 方向的会话（其作用与访问控制列表相同）。其语法为：

```
conduit permit|deny protocol global_ip port [-port] foreign_ip [netmask]
```

其中，global_ip 是一台主机时，前面加 host 参数，是所有主机时用 any 表示；foreign_ip 表示外部 IP；[netmask]表示可以是一台主机或一个网络。例如：

```
Firewall(config)# static(inside, outside) 192.168.1.5 192.168.3.6
Firewall(config)# conduit permit tcp host 192.168.3.6 eq www any
```

这个例子说明了 static 与 conduit 的关系。192.168.3.6 是内网一台 Web 服务器，现在希望外网的用户能够通过 PIX 防火墙访问 Web 服务，所以先做 static 静态映射：192.168.1.5→192.168.3.6；然后利用 conduit 命令允许任何外部主机对全局地址 192.168.3.6 进行 http 访问。

9. access-list

访问控制列表的命令 access-list 用于创建 ACL，允许或拒绝在 static 命令中定义的 global_ip_address 可被外部网络哪些网段访问。例如：

```
Firewall(config)# access-list 100 permit ip any host 192.168.3.6 eq www
Firewall(config)# access-group 100 in interface outside
```

10. fixup protocol

监听命令 fixup 的作用是启用或禁止一个服务或协议,通过指定端口设置 PIX 防火墙要监听 listen 服务的端口。例如：

```
Firewall(config)# fixup protocol ftp 21    //表示启用 ftp 协议，并指定 ftp 的端口号为 21；
Firewall(config)# fixup protocol http 8080  //表示启用 http 协议 8080 端口；
Firewall(config)# no fixup protocol http 80  //表示禁止 80 端口。
```

11. telnet

当从外部端口要 telnet 到 PIX 防火墙时，telnet 数据流需要用 VPN 隧道 IPSec 提供保护或在 PIX 上配置 SSH，然后用 SSHclient 从外部到 PIX 防火墙。例如：

```
telnet local_ip [netmask]
```

其中，local_ip 表示被授权可以通过 telnet 访问到 PIX 的 IP 地址。如果不设此项，PIX 的配置方式只能用 console 端口接超级终端进行。

12. show

show 命令用于查看显示可配置的 fixup protocol 设置。在普通用户模式下键入 show 命令，可显示出当前所有可用的命令及简单功能描述。

► show version：查看序列号和激活码。
► show interface：这个命令需在特权用户模式下执行，可显示出防火墙的所有端口配置情况。
► show static：这个命令需在特权用户模式下执行，可显示出防火墙的当前静态地址映射情况。

- ▶ show ip：查看端口 IP 地址。
- ▶ show config：查看配置信息。
- ▶ show run：显示当前配置信息。
- ▶ show route：查看路由表，验证路由信息是否正确。
- ▶ show cpuusage：显示 CPU 利用率，常用于排查故障。
- ▶ show traffic：查看流量。
- ▶ show blocks：显示拦截的数据包。

13. DHCP 服务

防火墙具有 DHCP 服务功能。例如：

```
Firewall(config)# ipaddress dhcp
Firewall(config)# dhcp daddress 192.168.1.100-192.168.1.200 inside
Firewall(config)# dhcp dns 192.168.3.68 192.168.166.48
Firewall(config)# dhcp domain abc.com.cn
```

防火墙安装配置步骤

通常防火墙的初始配置与路由器基本相同，也是采用配置线从计算机的 COM2 连到防火墙的 Console 端口，进入防火墙的操作系统，采用 Windows 系统里的"超级终端"，通信参数设置为默认。初始使用有一个初始化过程，主要设置：Date（日期）、Time（时间）、Hostname（主机名称）、Inside ip address（内部网卡 IP 地址）、Domain（主域）等。具体配置步骤如下：

（1）将防火墙的 Console 端口用一条防火墙自带的串行电缆线连接到便携式计算机的一个空余串口上。

（2）打开防火墙电源，让系统加电初始化，然后开启与防火墙连接的主机。

（3）运行便携式计算机 Windows 系统中的超级终端（Hyper Terminal）程序（通常在"附件"程序组中）。防火墙除了可以通过控制端口（Console）进行初始配置外，也可以通过 telnet 等配置方式进行高级配置。

（4）当防火墙进入系统后即显示"Firewall>"的提示符，这说明防火墙启动成功，进入了普通用户模式，可以进一步进行配置。

（5）输入命令"enable（或者 en）"，进入特权用户模式，此时系统提示符为"Firewall#"。

（6）输入命令"conf t"，进入全局配置模式，对系统进行初始化设置。初始化设置包括三件事情：设置主机名、设置口令(登录和启动)、设置端口的 IP 地址。具体操作命令为：

```
Firewall# config t
Firewall(config)#
```

设置主机名，使用主机名命令：

```
Firewall(config)# hostname Firewallnew
Firewallnew(config)#
```

注意：提示符转变到所设置的主机名字。接着，设置登录口令为"firewall"：

```
Firewallnew(config)# password firewall
Firewallnew(config)#
```

这是除了管理员之外获得访问 Firewallnew 防火墙权限所需的口令。现在，设置启动模式口令，用于获得管理员模式访问：

```
Firewallnew(config)# enable password firewall
Firewallnew(config)#
```

（7）配置基本的连通性。根据网络拓扑，配置每个网络端口的 IP 地址、速率、双工模式、别名，并定义相应的安全等级。

为了保证数据包能正确转发，需要配置静态路由表。当然，通常防火墙也支持动态路由协议（如 RIP 和 OSPF 协议），其方法与 IOS 路由器的配置方法类似。例如：

```
Firewall (config-if)# route inside 0.0.0.0 0.0.0.0
```

（8）防火墙的高级设置。

① 配置 NAT 网络地址转换。当外部全局地址有限时，可以配置 NAT 地址转换，让内部用户连接到外部网络。这样，所有内部设备都可以共享一个公共的 IP 地址（防火墙的外部 IP 地址）。

```
Firewall(config)# global (outside) 1 192.168.2.0
Firewall(config)# nat (inside) 1 192.168.1.0 255.255.0.0
```

② 配置防火墙规则。在内部网络的客户机有一个网络地址解析，但并不意味着允许它们访问。需要一个允许它们访问外部网络（互联网）的规则。这个规则还将允许返回通信。例如，要制定一个允许内网中的客户机访问端口 80 的规则，可输入如下命令：

```
Firewall(config)# access-list outbound permit tcp 192.168.2.0 255.255.0.0 any eq 80
Firewall(config)# access-group outbound in interface inside
```

注意：与路由器访问列表不同，防火墙访问列表使用正常的子网掩码，而不是通配符的子网掩码。使用这个访问列表，就限制了内部主机访问仅在外部网络的 Web 服务器（路由器）。

（9）保存配置结果。当完成防火墙的设置后，可以使用显示命令显示配置情况是否正确。然后使用"wr m"命令存储设置结果。如果不使用这个命令，当关闭防火墙电源时，就会丢失配置数据。

（10）使用命令"exit"退出当前模式。

目前，为了简化防火墙的配置和管理，通常都提供基于图形化的自适应安全设备管理器（Adaptive Security Device Manager，ASDM）。ASDM 比命令行方式简单得多。

防火墙配置实例

某一企业园区网的配置如图 4.12 所示，PIX 防火墙安装有 3 个端口，一个连接外部网络，一个连接内部网络，一个连接 DMZ。在 DMZ 网段上运行有 Web 服务器、Mail 服务器和 FTP 服务器，其中 Web 服务器在 80 端口和 8080 端口上提供 HTTP 服务。通过 PIX 防火墙实现对内部网络的所有主机进行保护，Internet 上的主机只能访问 DMZ 网段中的 Web 服务器、Mail 服务器和 FTP 服务器，内部网络上的主机通过 PIX 进行地址转换访问外网。

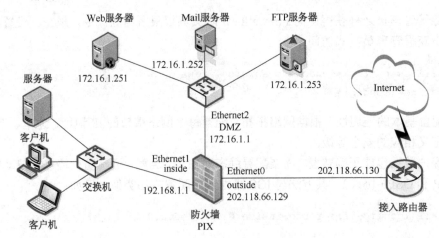

图 4.12　PIX 三端口防火墙网络配置

ISP 分配给该单位的公网地址为 202.118.66.128～202.118.66.143，子网掩码为 255.255.255.240，可用的公网地址只有 202.118.66.129～202.118.66.142。通过对 PIX 的配置实现企业内部网络的安全管理。

1．网络配置规划设计文档

在配置 PIX 之前，要对企业网进行详细规划和设计，IP 地址分配如表 4.3 所示，包括：
（1）每个 PIX 端口的 IP 地址（inside、outside 等）；
（2）如果要进行网络地址转换，则要提供一个 IP 地址池供 NAT 使用；
（3）外部网段的接入路由器地址。

表 4.3　IP 地址分配

项 目		外部 IP 地址	内部 IP 地址	DMZ 的 IP 地址
防火墙 PIX	outside	202.118.66.129/128		
	inside		192.168.1.1/24	
	DMZ			172.16.1.1/24
	Web	202.118.66.131/28		172.16.1.251/24
	Mail	202.118.66.132/28		172.16.1.252/24
	FTP	202.118.66.133/28		172.16.1.253/24
	NAT Pool	202.118.66.134-141/28		
	PAT	202.118.66.142/28		
接入 路由器	outside	Unnumbered inside		
	inside	202.118.66.130/28		

2．主要配置命令

```
PIX#config terminal    //进入全局配置模式
PIX(config)#nameif ethernet0 outside security 0   //确定外网端口，并设定安全级别
PIX(config)#nameif ethernet1 inside security 100   //确定内网端口，并设定安全级别
```

```
PIX(config)#nameif ethernet2 dmz security 50   //确定 DMZ 端口，并设定安全级别
PIX(config)#ip address outside 202.118.66.129 255.255.255.0  //设定外网 IP 地址和
掩码
PIX(config)#ip address inside 192.168.1.1 255.255.255.0  //设定内网 IP 地址和掩码
PIX(config)#ip address dmz 172.16.1.1 255.255.255.0  //设定 DMZ 外网的 IP 地址和掩码
PIX(config)#global(outside) 1 202.118.66.134-202.118.66.141  //定义全局复用地址池
PIX(config)#global(outside)1 202.118.66.142    //定义单个 PAT 地址
PIX(config)#global(dmz)1 172.16.1.200-172.16.1.254  //定义 DMZ 区复用地址池
PIX(config)#nat(inside)1 00  //转换内网的地址
PIX(config)#nat(dmz)1 00    //转换 DMZ 区的地址
PIX(config)#static(dmz , outside)  202.118.66.131  172.16.1.251  netmask
255.255.255.255   //将服务器 172.16.1.251 映射为 202.118.66.131
PIX(config)#static(dmz , outside)  202.118.66.132  172.16.1.252  netmask
255.255.255.255   //将服务器 172.16.1.252 映射为 202.118.66.132
PIX(config)#static(dmz , outside)  202.118.66.133  172.16.1.253  netmask
255.255.255.255   //将服务器 172.16.1.253 映射为 202.118.66.133
PIX(config)#fixupprotocol http 8080  //添加 http 的 8080 端口，使 PIX 在 80 和 8080 端
口上监听 http 流量
PIX(config)#access-list 101 permit tcp any host 202.118.66.131 eq www
      //允许外部任何地址对 202.118.66.131 进行 www（80 端口）的访问
PIX(config)#access-list 101 permit tcp any host 202.118.66.132 eq smtp
      //允许外部任何地址对 202.118.66.132 进行 smtp（25 端口）的访问
PIX(config)#access-list 101 permit tcp any host 202.118.66.133 range 20 21
      //允许外部任何地址对 202.118.66.133 进行 ftp 的访问
PIX(config)#access-list 101 in interface outside  //将 ACL 应用到 outside 端口
PIX(config)#route outside 0 0 202.118.66.130  //设置默认路由
```

练习

1. 防火墙是（   ）。
    a. 审计内外网数据的硬件设备   b. 审计内外网间数据的软件设备
    c. 审计内外网间数据的策略   d. 以上的综合
2. 关于防火墙的描述不正确的是（   ）。
    a. 防火墙不能防止内部攻击
    b. 若公司信息安全制度不明确，拥有再好的防火墙也没用
    c. 防火墙可以防止伪装成外部信任主机的 IP 地址欺骗
    d. 防火墙可以防止伪装成内部信任主机的 IP 地址欺骗
3. 以下不属于混合型防火墙的是（   ）。
    a. 多宿主机防火墙   b.一个堡垒主机和一个非军事区
    c. 两个堡垒主机和两个非军事区   d.两个堡垒主机和一个非军事区

4. 以下不属于攻击防火墙的方法有（　　　）。

  a. 探测防火墙类别　　　　　　　　b. 探测防火墙拓扑结构

  c. 地址欺骗　　　　　　　　　　　d. 寻找软件设计上的安全漏洞

5. 防火墙中地址翻译的主要作用是（　　　）。

  a. 提供应用代理服务　　　　　　　b. 隐藏内部网络地址

  c. 进行入侵检测　　　　　　　　　d. 防止病毒入侵

6. 在使用电脑过程中，哪些不是网络安全防范措施（　　　）。

  a. 安装防火墙和防病毒软件，并经常升级

  b. 经常给系统打补丁，堵塞软件漏洞

  c. 不上一些不太了解的网站，不打开 QQ 上传送过来的不明文件

  d. 经常清理电脑中不常用软件和文件

7. 下列不是包过滤型防火墙的缺点的是（　　　）。

  a. 数据包的过滤规则难以准确定义

  b. 随着过滤规则的增加，路由器的吞吐率会下降

  c. 处理包的速度比代理服务器慢

  d. 不能防范大多数类型的 IP 地址欺骗

8. 以下不属于防火墙的优点的是（　　　）。

  a. 防止非授权用户进入内部网络　　b. 可以限制网络服务

  c. 方便地监视网络的安全性并报警　d. 利用 NAT 技术缓解地址空间的短缺

9. 防火墙的发展阶段不包括（　　　）。

  a. 基于路由器的防火墙　　　　　　b. 用户化的防火墙工具套件

  c. 个人智能防火墙　　　　　　　　d. 具有安全操作系统的防火墙

【参考答案】1.d　2.c　3.a　4.b　5.b　6.d　7.c　8.b　9.c

补充练习

简述防火墙的基本含义、功能及分类，尝试配置某一型号（如华为）的防火墙。

第三节　入　侵　检　测

  随着计算机网络及其应用技术的飞速发展，黑客入侵开始呈现泛滥之势，它们不断采用新的技术和手段去对付计算机安全技术上的革新，并在网络上散布其发明的新攻击手法，使安全防范变得越来越困难。为了应对计算机网络安全领域中的各种安全挑战，人们提出了许多方法和手段。但在众多的攻击事件中许多与内部相关，而攻击者也来自组织的内部，内部信息泄露已经成为网络安全问题中的一个新焦点。由于防火墙是设置在内部网和外部网之间的安全组件，不能够解决来自内部人员对网络的破坏或资料的盗窃等安全问题，所以在计算机网络安全的实际应用中，仅仅依靠防火墙技术已无法满足网络安全的需要。面对网络安全领域的新问题和新挑战，人们提出了新一代的动态安全防范技术，即入侵检测及入侵防御技术。

  入侵检测及入侵防御被认为是防火墙之后的第二道安全闸门，在不影响网络性能的情况下能够对网络进行检测监控，从而提供对内部攻击、外部攻击和误操作的实时保护。

▶　了解入侵检测、入侵防御的概念和主要任务；
▶　掌握入侵检测系统的结构和工作原理；
▶　了解入侵检测系统的分析方法。

▶　入侵检测系统、入侵防御系统的工作原理；
▶　入侵检测系统的分析方法。

入侵检测系统（IDS）

入侵检测（Intrusion Detection，ID）是指通过对计算机与网络系统中的行为、安全日志、网络环境参数等数据进行一系列操作，发现非授权用户企图使用计算机系统或合法用户滥用其特权的行为，并对此做出反应的过程。为完成入侵检测任务而设计的计算机系统称为入侵检测系统（Intrusion Detection System，IDS）。IDS 本质上是一种"嗅探设备"，用于及时发现并上报当前系统环境下，未授权或异常的行为，是一种检测网络中违反设定的安全策略行为的技术手段。IDS 是一种积极主动的安全防护机制，可以弥补被动式网络安全机制的不足，提高网络安全的整体水平。

IDS 的组成

IDS 是最近几十年出现的一种新型网络安全技术。1980 年，James P.Anderson 第一次系统阐述了入侵检测的概念，并将入侵行为分为外部渗透、内部渗透和不法行为三种，还提出了利用审计数据监视入侵活动的思想。1986 年，Dorothy E.Denning 提出实时异常检测的概念，并建立起第一个实时入侵检测模型，命名为入侵检测专家系统。1990 年，L.T.Heberlein 等设计出监视网络数据流的入侵检测系统。自此以后，入侵检测系统才真正发展起来。

IDS 与其他安全产品不同，需要更多的智能。它必须能够将得到的数据进行分析，并得出有用的结果。近年来，研究者开始研究人工智能、遗传算法、代理体系结构等，用以检测变化多端的复杂攻击。一个入侵检测系统应具有准确性、可靠性、可用性、适应性、实时性和安全性等特点。一般 IDS 包括如下三个组成部分：

▶　IDS 信息的收集和预处理。对来自网络系统不同节点（不同子网和不同主机）隐藏了网络入侵行为的数据进行采集，如系统日志、网络数据包、文件、用户活动的状态和行为等。
▶　入侵分析引擎。IDS 运用模式匹配、异常检测和完整性分析等技术，对数据进行分析、查找入侵。
▶　响应和恢复系统。一旦发现入侵，IDS 能够马上进入响应过程，并在日志、警告和安全控制等方面做出反应。

IDS 的类型

IDS 分为实时入侵检测和事后入侵检测。实时入侵检测在网络连接过程中进行，IDS 发现入侵迹象立即断开入侵者与主机的连接，实施数据恢复。事后入侵检测由网络管理人员定期或不定期进行。目前，已有开发有多种入侵检测系统，按检测数据源可以将 IDS 分为基于网络的、基于主机的以及混合型三种入侵检测系统。

1. 基于网络的入侵检测系统

基于网络的入侵检测系统（Network-based IDS，NIDS）一般用于对网络体系中的重要网段实施防护。当被保护的子网与外部网络进行通信时，NIDS 通过网络嗅探，从网络接口中获

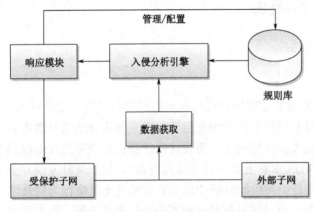

图 4.13　基于网络的入侵检测系统

取分组报文，如图 4.13 所示。其中，入侵分析引擎是对截获的报文数据进行处理的核心部分。通过解析数据包包头和数据体，入侵分析引擎可提取出用户行为的特征模式；协议分析和命令解析是提取特征模式的常用方法，能在高负载的网络环境中实现数据包的逐一解析。

入侵规则库通过一系列规则描述攻击行为的特征。由于异常行为潜在的破坏性和攻击性，其行为特征也常被加入入侵规则库中，用以检测潜在的未知攻击。入侵行为的判定标准是提取出的行为特征模式与规则库的匹配情况，如果正确匹配，则属入侵行为，反之为用户正常行为。响应模块接收到判定信息后，会发出警报等响应动作，并对当前行为进行监控，帮助管理员了解实时状况。

基于网络的入侵检测系统主要有：Snort 、ISS RealSecure Network Sensor、 Cisco Secure IDS、CAe-Trust IDS、Axent 的 NetProwler ，以及国内北方计算中心 NISDetector、中科威"天眼"等。

2. 基于主机的入侵检测系统

基于主机的入侵检测系统（Host-based IDS，HIDS）与部署在网络中的关键节点处的 NIDS 不同，HDIS 部署在受保护的系统上，只能对本地主机或服务器进行安全防护。HIDS 检测的主要目标是主机系统和本地用户，源数据来自主机系统的审计日志或操作系统，如用户操作命令、应用程序资源占用情况、注册表访问等。检测数据的来源和底层资源的调用决定了 HIDS 对主机系统的高度依耐性。

如果被保护的主机系统处于脆弱的安全环境下，HIDS 的检测性能也可能会受到影响，因而 HIDS 常与防火墙等其他防护技术同时部署，共同保护主机系统的安全。图 4.14 所示为 HIDS 实施安全防护时的流程。首先 HIDS 从被保护的目标系统中获取日志记录，数据经

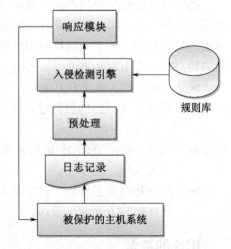

图 4.14　HIDS 实施安全防护时的流程

过预处理后可供 HIDS 实施检测。检测过程与 NIDS 系统相似，异常检测和误用检测是两种常用的具体实现技术。检测结果经安全管理接口传递至响应模块。

HIDS 部署简单、配置灵活，可用于加密环境中，对于内部人员的越权操作等入侵行为具有较好的检测效果。但当攻击者入侵成功后，会在系统日志中抹去攻击痕迹，HIDS 将难以发现。此外，由于检测模块驻留在被保护的主机上，还会占用部分系统资源，降低系统运行效率。

HIDS 适用于交换网环境，不需要额外的硬件，能监视特定的一些目标，能够检测出不通过网络的本地攻击，检测准确度较高；缺点是依赖于主机的操作系统及其审计子系统，可移植性和实时性均较差、不能检测针对网络的攻击，检测效果受限于数据源的准确性以及安全事件的定义方法，不适合检测基于网络协议的攻击。

基于主机的入侵检测系统有：ISS RealSecure OS Sensor、 Emerald Expert-BSM、金诺网安 KIDS 等。

3. 分布式入侵检测系统

混合型入侵检测系统是基于混合数据源的 IDS，是以多种数据源为检测目标，来提高检测性能的。实际上，这是一种能够同时分析来自主机系统审计日志和网络数据流的入侵检测系统，一般采用分布式结构，由多个部件组成，因此也称之为分布式入侵检测系统（Based Distributed Intrusion Detection System，BDIDS）。

BDIDS 最早在 1991 年由 Haystack 实验室和 California 大学 Davis 分校共同完成。该系统将 HIDS 和 NIDS 分散部署在网络中，分工协作共同完成检测工作。BDIDS 最早只是将 HIDS 和 NIDS 简单集成在一起，后来 SRI 设计的 EMERALD，具备高分布性、自动响应、分布升级等特点，适合大型的分布式网络入侵检测。1998 年普渡大学 COAST 实验室提出了 AAFID（Autonomous Agents for Intrusion Detection）模型，首次在分布式系统中引入了代理的概念。基于 Agent 的分布式入侵检测系统成了分布式入侵检测的一个新的研究分支，先后出现了基于移动 Agent 的分布式入侵检测和多 Agent 的分布式入侵检测等。

BDIDS 检测的数据也是来源于网络中的数据包，不同的是，它采用分布式检测、集中管理的方法，即在每个网段安装一个黑匣子，该黑匣子相当于基于网络的入侵检测系统，只是没有用户操作界面。黑匣子用来监测其所在网段上的数据流，根据安全管理中心制定的安全策略、响应规则等来分析检测网络数据，同时向安全管理中心发回安全事件信息。安全管理中心是整个分布式入侵检测系统面向用户的界面。它的特点是对数据保护的范围比较大，但对网络流量有一定的影响。

对于 IDS 也可以按照其他方式进行分类。例如，按照 IDS 的检测原理可分为误用入侵检测系统和异常入侵检测系统。

误用入侵检测也称为基于知识的入侵检测，它收集攻击行为和非正常操作行为的特征，建立相关的特征库，当检测到用户的行为与特征库中的行为匹配时，系统就会认为这是入侵。这对已知攻击类型的检测非常有效，但是无法检测系统未知的攻击行为，从而产生漏报。误用入侵检测方法包括专家系统、签名分析和状态转换分析等。

在异常入侵检测中，观察到的不是已知的入侵行为，而是所研究的通信过程中的异常现象，它通过检测系统的行为或使用情况的变化来完成。在建立该模型之前，首先必须建立统计概率模型，明确所观察对象的正常情况，然后决定在何种程度上将一个行为标为"异常"，并如何做出具体决策，通常利用统计方法来检测系统中的异常行为。

IDS 的主要任务

入侵检测的主要目的是识别入侵者和入侵行为，因此 IDS 通常需要完成以下任务：

▶ 监视并分析用户及系统活动；
▶ 审计系统的结构以及可能存在的漏洞；
▶ 检测已知的入侵行为并进行告警；
▶ 统计用户正常行为，界定异常行为的行为模式；
▶ 评估系统关键资源和数据文件的完整性；
▶ 操作系统的审计跟踪管理，并识别用户违反安全策略的行为。

IDS 的分析方法

IDS 常用的分析及检测方法主要分为两大类：基于特征的检测和基于异常的检测。基于特征的检测技术主要包括模式匹配和协议分析两种方法，而基于异常的检测技术有很多，例如采用统计模型、专家系统等。经研究表明，国内 90% 的 IDS 使用特征检测方法。

1. 基于特征的检测技术

特征检测对已知的攻击或入侵的方式做出确定性的描述，形成相应的事件模式。当被审计的事件与已知的入侵事件模式相匹配时，即报警。其检测方法与计算机病毒的检测方式类似。目前特征检测主要包括模式匹配和协议分析两种方法。

模式匹配就是将收集到的信息与已知的网络入侵和系统误用模式知识库进行比较，以发现入侵行为。这种检测方法只需收集相关的数据集合和维护一个知识库就能进行判断，检测准确率和效率也相当高，模式匹配应用较为广泛。该方法预报检测的准确率较高，但对于无经验知识的入侵与攻击行为却无能为力。

协议分析相对于模式匹配技术是一种更新的入侵检测技术。它首先捕捉数据包，然后对数据包进行解析，包括网络协议分析和命令解析，在解析的代码中快速检测某个攻击特征是否存在。协议分析技术大大地减少了计算量，即使在高负载的高速网络上，也能逐个分析所有的数据包。

2. 基于异常的检测技术

这类检测技术有很多，主要包括统计检测和专家系统。它首先要对系统的行为进行统计，获得系统正常使用时的统计性能，如访问次数、延时等。统计性能被用来与网络、系统的行为进行比较，当观察值在正常值范围之外时，IDS 就会判断有入侵行为。异常检测的优点是可以检测到未知入侵和复杂的入侵，缺点是误报、漏报率高。

统计检测的最大优点是它可以"学习"用户的使用习惯，从而具有较高检出率与可用性。但是它的"学习"能力也给入侵者以机会通过逐步"训练"使入侵事件符合正常操作的统计规律，从而透过入侵检测系统。统计检测的测量参数包括：事件的数量、间隔时间、资源消耗情况等。

用专家系统对入侵进行检测，经常是针对有特征的入侵行为。所谓的规则，即是知识，不同的系统与设置具有不同的规则，且规则之间往往无通用性。专家系统的建立依赖于知识库的完备性，知识库的完备性又取决于审计记录的完备性与实时性。入侵的特征抽取与表达，是入侵检测专家系统的关键。在系统实现中，将有关入侵的知识转化为 if-then 结构，也可以是复合结构，if 部分为入侵特征，then 部分是系统防范措施。运用专家系统防范有特征入侵行为的有效性完全取决于专家系统知识库的完备性。

IDS 工作原理

入侵检测需要收集网络或主机的运行数据，对这些数据进行分析，发现异常行为，并在适当的位置制止入侵行为。

1. IDS 的数据源

信息收集是入侵检测的第一步。信息的可靠性、正确性和实时性决定了检测的成败。IDS 利用的数据一般来自以下几个方面：

▶ 主机系统信息。主机系统信息包括系统日志、安全审计记录、系统配置文件的完整性情况和应用范围、产生的日志文件等。

▶ 网络信息。网络是需要关注的主要信息来源。凡是流经网络的数据流都可以被用作 IDS 的信息源。

▶ 其他安全产品提供的信息。如防火墙、身份认证系统、访问控制系统和网络管理系统产生的审计记录及通用消息等。

2. IDS 模型

为了解决入侵检测问题，人们提出了许多 IDS 模型。1986 年，美国斯坦福国际研究所的 Dorothy E.Denning 首次提出了一个入侵检测模型。他把一个入侵检测系统的通用模型主要分为四个组件：事件产生器、事件分析器、时间数据库以及响应单元，具体模型如图 4.15 所示。

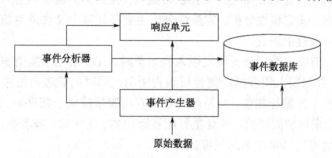

图 4.15　入侵检测通用模型

在这个通用模型中，把需要分析的数据通称为事件。事件产生器的目的是从环境中获取需要分析的数据，将其格式化为事件，然后向系统其他组件推送该事件，这些事件便是整个系统检测的依据，事件产生器的数据来源会随着系统所处环境的变化而发生改变；事件分析器分析得到的事件，产生相应分析结果；响应单元从分析器处得到结果，并做出适当响应；事件数据库是存放事件、处理过程中产生的中间数据以及事件处理结果的地方，它可以是复杂的数据库也可以是简单的文本文件。除以上四个模块以外，整个检测系统最核心的便是行为特征表，整个表的构建借助于对用户行为的统计以及模式化描述，一旦某次统计到的行为与之前的行为模式具有很大的偏差，就考虑该行为是异常行为，便将该事件提交到系统中进行处理响应。

随着 IT 业务系统应用技术日益繁多，恶意入侵者的攻击手段也不断变化，单一的 IDS 已经无法检测出全部的入侵，而各个 IDS 之间没有统一的标准互不兼容。为了解决入侵检测系统之间的互操作性，国际上的一些研究组织开展了标准化工作。目前，对 IDS 进行标准化工作的有 IETF 的 Intrusion Detection Working Group(IDWG)和 Common Intrusion Detection Framework(CIDF)两个组织。IDWG 负责定义 IDS 系统组件之间的通信格式，称作 Intrusion Detection Exchange Format；但目前只有相关的草案，并未形成正式的 RFC 文档。尽管如此，草案为 IDS 各部分之间甚至不同 IDS 系统之间的通信提供了一定的引导。CIDF 提出了入侵检测系统（IDS）的一个通用模型。CIDF 是一套规范，它定义了 IDS 表达检测信息的标准语言以及 IDS 组件之间的通信协议。符合 CIDF 规范的 IDS 之间可以共享检测信息，相互通信以及协同工作。

3. IDS 的工作过程

IDS 的入侵检测工作一般分为信息收集、数据分析和响应处理 3 个步骤。

（1）信息收集。入侵检测的第一步是信息收集，收集的内容包括系统、网络、数据及用户活动的状态和行为。而且需要在网络、计算机系统中的若干不同关键点（不同的网段和不同的主机）收集信息。入侵检测一般从 4 个方面收集信息：①系统和网络日志；②目录以及文件中的异常改变；③程序执行中的异常行为；④物理形式的入侵信息，包括对网络硬件连接和对物理资源的未授权访问。

（2）数据分析。对收集到的数据信息进行分析是 IDS 的核心工作。按照数据分析的方式，一般有 3 种手段：①模式匹配。模式匹配的方法就是将收集到的数据与已知的网络入侵和系统误用模式数据库进行比较，从而发现违背安全策略的行为。这种分析方法也称为误用检测。②统计分析。统计分析需要首先给系统对象（如用户、文件、目录和设备等）创建一个统计描述，统计正常使用时的一些测量属性（如访问次数、操作失败次数和延时等）。把测量属性的平均值与网络系统的行为进行比较，当观察值在正常值范围之外时，就认为有入侵发生。这种分析方法也称为异常检测。③完整性分析。完整性分析主要关注某个文件或对象是否被更改，包括文件和目录的内容及属性的变化。

（3）响应处理。当通过数据分析而发现入侵迹象时，IDS 采取预案措施进行防护（如切断网络，记录日志），并保留入侵证据以便他日调查所用，同时向管理员报警。例如，在系统管理员的桌面上产生一个告警标志位，向系统管理员发送警报或电子邮件等。控制台按照告警产生预先定义的响应，采取加固措施，或者重新配置路由器、防火墙，或者终止进程、切断链接，改变文件属性等；也可以只是简单的报警。

典型 IDS 的构建与配置

网络安全需要多种安全设备协同工作和正确部署，因此，在构建网络入侵检测系统时需要对整个网络有全面的了解，保证自身环境的正确性和安全性。在实际应用 IDS 时，一般可以在下述位置安装检测分析入侵行为的用的感应器或检测引擎。

▶ 对于基于主机的 IDS，一般直接将检测代理安装在受监控的主机系统上。

▶ 对于基于网络的 IDS，情况较为复杂一些，IDS 检测引擎可以部署安装在网络中的外网、DMZ、内网入口和内网等多个位置。

IDS 在网络中的配置、安装取决于 IDS 的种类，不同的 IDS 执行不同的安装与配置步骤，对于有硬件支撑的 IDS，需要首先确保线路连接、硬件设备的正确性，然后在配置相应的软件，执行对应的操作。比较常用的一个入侵检测系统是轻量级（意指使用方便、配置简捷、主要针对中小规模网络）的开源网络入侵检测系统 Snort。

1. Snort 软件简介

Snort 是一款开源的轻量级入侵检测软件，运行高效，拓展性强。基于 Snort 及其二次开发的入侵检测系统已被广泛使用。从本质上看，基于 Snort 的入侵检测系统是使用误用入侵检测技术实现的 NIDS，入侵规则由用户根据出现的误用操作进行配置，其结构模块如图 4.16 所示。数据包嗅探、解码、存储以及系统与用户的交互均要通过相关插件进行配置。在此以局域网下 Windows 环境为例，介绍基于 Snort 的入侵检测系统的构建与应用，各插件的功能如表 4.4 所示。

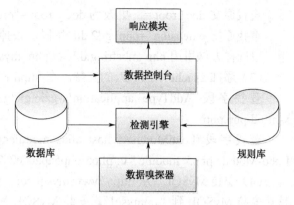

图 4.16　基于 Snort 的 IDS 的结构模块

表 4.4　入侵检测系统中各插件的功能

插件名称	安 装 文 件	功　　能
snort	snort- 2_9_0_1.exe	IDS 的核心模块部分
winPcap	winPcap3.0.exe	数据嗅探器，用于从网络中截获数据包
mysql	Mysql-4.0.13-win.zip	数据库，用于存储 snort 的日志、报警等信息
apache	Httpd-2.2.25-no_ssl.msi	Web 服务器，构建交互界面
acid	acid-0.9.6b23.tat.gz	数据库分析控制台，基于 PHP 的交互界面
adodb	adodb465.zip	为 PHP 提供统一的数据库连接函数
php	Php-5.2.1.zip	PHP 脚本的支持环境
jpgraph	Jpgraph-1.12.2.tar.gz	PHP 所用的图形库

2. IDS 的构建

Snort 支持 Linux、Windows 等多个平台，在不同平台上的安装和使用都比较方便。在 Linux 平台上，可以通过源码安装和 RPM 包安装两种方式。源码包按照标准开源软件的 ./configure;make; make install 步骤安装，但需要解决源码包依赖的问题，如必须安装 libcap、libpcre 等源码包，如需开启 MySQL 输出插件时，则必须安装 MySQL 源码包等。此外，Snort 的 ./configure 支持一些配置脚本参数，如支持 MySQL 数据库输出等。从 RPM 包安装 Snort 则比较方便，可以通过命令行模式，输入 rpm-Uvh snort-2.x..x.rpm 即可完成安装。在 Windows 平台上由表 4.4 中所列插件构建入侵检测系统的具体过程如下。

（1）安装 apache for Windows。从 http://apache.org 下载 Windows 版本的 Apache Web 服务器。双击默认安装，将监听端口更改至不常用的高端端口 50080 以避免冲突。更改方法为：在 httpd.conf 文件中通过 Listen 8080 字段将监听端口指定在浏览器常用的 8080 端口，将 8080 更改为 50080 即可。

（2）安装 PHP。解压缩 php-5.2.1-Win32.zip 至 c:\php5，复制 php5ts.dll、libmysql.dll、php_gd2.dll、php_mysql.dll、php_mbstring 这 5 个动态链接库到 c:\Windows\System32 系统目录下。将 php.ini- recommended 复制到 c:\Windows 下，重命名为 php.ini，并做如下更改：

查找原文 extension_dir ="./"，更改为 extension_dir ="c:\php5\ext"。

查找原文 doc_root =，更改为 doc_root ="c:\apache \htdocs"。

查找原文 extension =php_gd2.dll 字段，去掉字段前用以注释的分号，即可为动态库的引用。以同样方法引用 php_mbstring.dll 和 php_mysql.dll 两个动态库。

（3）添加 apache 对 PHP 的支持。在 httpd.conf 文件中做如下更改：

查找字段 AddType application/x-gzip.gz.tg，其后添加代码：AddType application / x-httpd-php.php。

查找字段#LoadModule vhost_alias_modulemodules/mod_vhost_alias.so，其后添加代码：Load-Module php5_module " c:/php5/php5apache2_2.dll"。

（4）安装 MySQL。从 http://www.mysql.com 下载 Windows 版本的 MySQL 数据库服务器；默认安装 MySQL 到 "c:\mysql"。安装 MySQL 为服务器方式运行；启动 MySQL 服务，并进行相关的配置。安装 mysql 数据库后，使用 create database 命令创建名为 snort 和 snort_archive 的数据库，使用 grant usage 命令，为已创建的数据库中新建 acid 和 snort 两个用户，密码分别为 acidtest 和 snorttest。新建的用户分配相应的权限，如插入、删除等，至此 mysql 配置完成。

（5）解压缩 adodb465.zip 完成 acid 安装。由表 7.1 可知：adodb 是为 PHP 提供连接函数的，解压缩路径应为步骤(2) 中 PHP 的安装路径。

（6）ACID（Analysis Console for Intrusion Database）的安装与配置。ACID 是基于 PHP 的入侵检测数据库分析控制台，可以从 http://www.cert.org/kb/acid 下载（如：acid-0.9.6b23.tat.gz）；解压缩 acid-0.9.6b23.tat.gz，路径选择为步骤(1) 中 apache 安装路径下的 htdocs 文件夹下，并修改 acid_conf.php 文件，并指定路径，添加其他插件的引用：

```
DBlib_path ="c:\php5\adodb" ;
$DBtype="mysql";
$ChartLib_path="c:\php5\jpgraph\src";
```

通过浏览器访问 acid_db_setup.php 页面，单击页面上的 create ACID AG 按钮，完成数据库的创建，至此控制台的配置完成。注意，访问页面需使用 50080 端口。

（7）jpgraph 库的安装。解压缩 jpgraph-1.12.2.tar.gz，在文件 jpgraph.php 中找到如下字段：

```
DEFINE("CACHE_DIR", "/tmp /jpgraph_cache /")
```

去掉该行前端注释的分号。

（8）安装 WinPcap。WinPcap 是网络数据包截取驱动程序，可以从 http//winpcap.polito.it 下载安装。然后编辑修改 "c:\snort\etc\snort.conf" 规则集文件；设置 Snort 输出 alert 到 MySQL 服务器。一般以默认设置完成安装即可。

（9）Snort 的安装与配置。从 http://www.snort.org 下载 Windows 版本的 Snort 安装包。直接双击 "snort-2_9_0_1.exe" 文件，Snort 将自动使用默认安装路径 "c:\snort"，按照安装提示操作即可。以路径 c:\Snort 安装 snort-2_9_0_1.exe 为例，在 c:\Snort\rules 中添加已有的规则文件，需要对配置文件 snort.conf 进行如下修改：将文件 classification.config、reference.config 和连接库 snort_dynamicpreprocessor、sf_engine.dll 的相对路径更改为绝对路径。同样 snort 对规则文件引用也是使用的相对路径，源代码为 var RULE_PATH../rules，更改为 var RULE_PATH c:\snort\rules，依此更改其他引用规则。调用控制台，输入下列命令以启动 snort：

```
c:\snort\bin> snort-c "c:\snort\etc\snort.conf"-l "c:\snort\log" -d -e -X
```

此时基于 snort 的入侵检测系统构建完成。

（10）打开 http://127.0.0.1:50080 /acid/acid_main.php 网页，可以看到 acid 分析控制台的主界面。控制台显示：入侵检测系统能对局域网中的流量进行实时监控，异常流量和入侵报警也在控制台中进行实时提醒，还可对网络中转发的数据包进行解析。

3．Snort 的使用方法

安装完 Snort 后的第一步是根据自己的需要对 Snort 进行配置，其配置文件为 snort.conf，通常可以从 "/etc/snort" 下找到这一文件。该文件包含了每次运行 Snort 时的参数配置，配置文件很长，但系统提供的示例文件包含了所有关于语法和用法的指令。可以参考用户手册了解 Snort 的各种运行参数选项。

按照要求安装配置 Snort 之后，它可以在嗅探器、数据包记录器、网络入侵检测 3 种模式下对整个网络进行监视。Snort 命令选项和参数比较多，通用格式为：

```
snort -[options]c
```

其中 options 为各种选项和参数。尽管目前已经出现了 Windows 平台下的基于 snort.exe 程序的图形界面控制程序 idscenter.exe，但还是需要使用命令行方式，因此需要了解一些选项和参数。

（1）嗅探器模式。所谓嗅探器模式就是让 Snort 从网络上捕获数据包，并作为连续不断的流显示在系统终端控制台上。例如，在命令行方式只要输入如下命令：

```
snort -v
```

即可将 Snort 设置为嗅探器模式，将 IP 和 TCP/UDP/ICMP 的包头信息显示在屏幕上。如果需要查看应用层的数据，命令格式为：

```
snort -vd
```

这条命令使 Snort 在输出包头信息的同时显示包的数据信息。如果还要显示数据链路层的信息，可使用如下命令：

```
snort -d -v -e（或 snort -vde）
```

（2）数据包记录器模式。在数据包记录器模式下，数据包记录器把数据包存储到存储媒体（如硬盘）中。如果要把所有的数据包记录到硬盘上，需要指定一个日志目录，Snort 就会自动记录数据包：

```
snort -dev -l ./log
```

当然，/log 目录必须存在，否则 Snort 就会报告错误信息并退出。当 Snort 在这种模式下运行时，它会记录所有看到的数据包将其放到一个目录中，这个目录以数据包目的主机 IP 地址命名，例如 202.119.167.11。

如果只指定了-l 命令开关，而没有设置目录名，Snort 有时会使用远程主机的 IP 地址作为目录名，有时会使用本地主机 IP 地址作为目录名。为了只对本地网络进行日志，可给出本地网络地址：

```
snort -dev -l ./log -h 202.119.167.11/24
```

这个命令告诉 Snort 把进入 C 类网络 202.119.167 的所有数据包的数据链路、TCP/IP 以及应用层的数据记录到目录./log 中。

（3）网络入侵检测模式。网络入侵检测模式最复杂，而且需要指定配置文件。在此模式下，Snort 可对获取的数据包进行分析，并根据一定的规则判断是否有网络攻击行为。这也是 Snort 最重要的用途，使用下面命令行可以启动这种模式：

```
snort -dev -l ./log -h 202.119.167.11/24 -c "c:\snort\etc\snort.conf"
```

其中，参数-c 表示之后的字符串是 snort.conf 规则集文件路径。在规则集文件 snort.conf 中规定了 Snort 检测内外网的 IP 地址范围，它会对每个数据包和规则集进行匹配，发现这样的数据包就采取相应的行动。如果不指定输出目录，Snort 就输出到/var/log/snort 目录。

注意：如果需要 Snort 作为长期使用的入侵检测系统，最好不要使用-v 选项。因为使用这个选项，使 Snort 向屏幕上输出一些信息，不但会降低 Snort 的处理速度，还会在向显示器输出的过程中丢弃一些数据包。此外，在多数情况下也没有必要记录数据链路层的包头，可以不用-e 选项。

入侵防御系统（IPS）

绝大多数 IDS 系统都是被动的，而不是主动的。也就是说，在攻击实际发生之前，IDS 往往无法预先发出警报。如果想提供主动防御，预先对入侵活动和攻击性网络流量进行拦截，避免其造成损失，而不是简单地在恶意流量传送时或传送后才发出警报，这就需要入侵防御系统（Intrusion Prevention System，IPS）。

IPS 的基本概念

IPS 是在 IDS 基础上发展起来的一种网络安全产品，Network ICE 公司在 2000 年最早提出这个概念，并推出了业界第一款 IPS 产品 BlackICE Guard。与传统的防火墙以及 IDS 提供的被动防御不同，IPS 是一种主动的、积极的入侵防御系统。它整合了防火墙技术和入侵检测技术，能能够即时的中断、调整或隔离一些不正常或是具有伤害性的行为，在发生攻击时及时发出警报，并将网络攻击事件及所采取的措施和结果进行记录。

IPS 工作原理

IPS 向受保护目标提供主动防御，直接嵌入到网络流量中，通过网络端口接受来自外部的流量，经检查确认该流量不包含异常或可疑内容后，再由另一端口传送到内部网络系统中，这样所有有问题的数据包及来自同一数据流的后续数据包，都能在 IPS 设备中被彻底清除，IPS 的工作原理是：

根据报头和流信息，对所有流经 IPS 的数据包进行分类；然后由多种过滤器负责分析相对应的数据包；通过过滤器检查的数据包可以继续前进，包含恶意内容的数据包就会被丢弃，被怀疑的数据包需要接受进一步的检查。

实现实时检查和阻止入侵的原理在于 IPS 拥有数目众多的过滤器，能够防止各种攻击。当新的攻击手段被发现之后，IPS 就会创建一个新的过滤器。针对不同的攻击行为，IPS 需要不同的过滤器。每种过滤器都设有相应的过滤规则，为了确保准确性，这些规则的定义非常广泛。

在对传输内容进行分类时，过滤引擎还需要参照数据包的信息参数，并将其解析至一个有意义的域中进行上下文分析，以提高过滤准确性。

IPS 的类型

1. 基于主机的入侵防御（HIPS）

基于主机的入侵防御（Host Intrusion Prevension Systems，HIPS）通过在主机/服务器上安装软件代理程序，防止网络攻击入侵操作系统以及应用程序。基于主机的入侵防御能够保护服务器的安全弱点不被不法分子所利用。基于主机的入侵防御技术可以根据自定义的安全策略以及分析学习机制来阻断对服务器、主机发起的恶意入侵。HIPS 可以阻断缓冲区溢出、改变登录口令、改写动态链接库以及其他试图从操作系统夺取控制权的入侵行为，整体提升主机的安全水平。

在技术上，HIPS 采用独特的服务器保护途径，利用由包过滤、状态包检测和实时入侵检测组成分层防御体系。这种体系能够在提供合理吞吐率的前提下，最大限度地保护服务器的敏感内容，既可以以软件形式嵌入到应用程序对操作系统的调用当中，通过拦截针对操作系统的可疑调用，提供对主机的安全防护；也可以以更改操作系统内核程序的方式，提供比操作系统更加严谨的安全控制机制。

由于 HIPS 工作在受保护的主机/服务器上，它不但能够利用特征和行为规则检测，阻止诸如缓冲区溢出之类的已知攻击，还能够防范未知攻击，防止针对 Web 页面、应用和资源的未授权的任何非法访问。

2. 基于网络的入侵防御（NIPS）

基于网络的入侵防御（Network Intrusion Prevension Systems，NIPS）通过检测流经的网络流量，提供对网络系统的安全保护。由于它采用在线连接方式，所以一旦辨识出入侵行为，NIPS 就可以去除整个网络会话，而不仅仅是复位会话。同样由于实时在线，NIPS 需要具备很高的性能，以免成为网络的瓶颈，因此 NIPS 通常被设计成类似于交换机的网络设备，提供线速吞吐速率以及多个网络端口。

NIPS 必须基于特定的硬件平台，才能实现千兆级网络流量的深度数据包检测和阻断功能。这种特定的硬件平台通常可以分为三类：一类是网络处理器(网络芯片)，一类是专用的 FPGA 编程芯片，第三类是专用的ASIC 芯片。在技术上，NIPS 吸取了目前 NIDS 所有的成熟技术，包括特征匹配、协议分析和异常检测。

3. 应用入侵防御（AIP）

应用入侵防御(Application Intrusion Prevention，AIP)是 NIPS 产品的一个特例，它把基于主机的入侵防御扩展成为位于应用服务器之前的网络设备。AIP 被设计成一种高性能的设备，配置在应用数据的网络链路上，以确保用户遵守设定好的安全策略，保护服务器的安全。NIPS 工作在网络上，直接对数据包进行检测和阻断，与具体的主机/服务器操作系统平台无关。

蜜罐

蜜罐（Honeypot）是一种在互联网上运行的计算机系统，是专门为吸引并诱骗那些试图非法闯入他人计算机系统的攻击者而设计的。蜜罐系统是一个包含漏洞的诱骗系统,它通过模拟一个或多个易受攻击的主机,给攻击者提供一个容易攻击的目标。简单来说,蜜罐就是诱捕攻击者的一个陷阱。它好比是情报收集系统,故意引诱黑客前来攻击,当攻击者入侵后,就可以随时了解针对服务器发动的最新的攻击和漏洞,还可以通过窃听黑客之间的联系,收集黑客所用的种种工具,并且掌握他们的社交网络。

蜜罐的关键技术

蜜罐是一个安全资源,其价值在于被探测、攻击和损害。蜜罐是网络管理员经过周密布置而设下的"黑匣子",看似漏洞百出却尽在掌握之中,所收集的入侵数据十分有价值。蜜罐的作用是:①诱骗那些非法闯入他人计算机系统的入侵者,监控、记录并分析他们的行为、手法;②拖延攻击者对真正目标的攻击,让攻击者在蜜罐上浪费时间,减少攻击者对实际系统的威胁。这些功能是通过诱骗技术、数据捕获、数据分析和数据控制4项关键技术实现的。

1. 诱骗技术

蜜罐的欺骗性越强,就越能吸引攻击者的注意力,使入侵者相信存在有价值的、可利用的安全弱点。网络欺骗技术是蜜罐技术体系中最为关键的核心技术,常见的欺骗技术有模拟服务端口、模拟系统漏洞和应用服务、IP空间欺骗、流量仿真、信息欺骗等。

2. 数据捕获

数据捕获的目标是捕获和记录黑客、木马、病毒、蠕虫的扫描、攻击、入侵成功后的操作直至事后退出的每一步动作。数据捕获技术既包括虚拟主机的防火墙、网络服务日志记录,也包括网络防火墙的日志、入侵检测系统的日志等。数据捕获一般分三层实现:最外层由防火墙对出入蜜罐系统的网络连接进行日志记录;中间层由入侵检测系统(IDS)完成,抓取蜜罐系统内所有的网络包;最里层由蜜罐主机完成,捕获蜜罐主机的所有系统日志、用户击键序列和屏幕显示。这些数据可以存储在本地,也可以存储在异地设备上。

3. 数据分析

要从大量的网络数据中提取出攻击行为的特征和模型是相当困难的,数据分析是蜜罐技术中的难点。数据分析包括网络协议分析、网络行为分析、攻击特征分析和入侵报警等。数据分析对捕获的各种攻击数据进行融合与挖掘,分析黑客的工具、策略及动机,提取未知攻击的特征,为研究或管理人员提供实时信息。

4. 数据控制

数据控制是蜜罐的核心功能,用于保障蜜罐自身的安全。蜜罐作为网络攻击者的攻击目标,即便被攻破也得不到任何有价值的信息。虽然允许对蜜罐的所有访问,但却要对从蜜罐外出的网络连接进行控制,使其不会成为入侵者的跳板危害其他系统。

蜜罐的类型

蜜罐可以按照其部署目的分为产品型蜜罐和研究型蜜罐两类。

产品型蜜罐的目的在于为一个组织的网络提供安全保护,包括检测攻击、防止攻击造成破坏及帮助管理员对攻击做出及时正确的响应等功能。一般产品型蜜罐比较容易部署,而且不需要管理员投入大量的工作。较具代表性的产品型蜜罐包括 DTK、honeyd 等开源工具和 KFSensor、ManTraq 等一系列的商业产品。

研究型蜜罐则是专门用于对黑客攻击的捕获和分析，通过部署研究型蜜罐，对黑客攻击进行追踪和分析，能够捕获黑客的键击记录，了解到黑客所使用的攻击工具及攻击方法，甚至能够监听到黑客之间的交谈，从而掌握他们的心理状态等。研究型蜜罐需要研究人员投入大量的时间和精力进行攻击监视和分析工作。

蜜罐还可以按照其交互度的等级划分为低交互蜜罐和高交互蜜罐。交互度反应了黑客在蜜罐上进行攻击活动的自由度。

低交互蜜罐一般仅仅模拟操作系统和网络服务，较容易部署且风险较小，但黑客在低交互蜜罐中能够进行的攻击活动有限，因此通过低交互蜜罐能够收集的信息也比较有限，同时由于低交互蜜罐通常是模拟的虚拟蜜罐，或多或少存在着一些容易被黑客所识别的指纹（Fingerprinting）信息。产品型蜜罐一般属于低交互蜜罐。

高交互蜜罐则完全提供真实的操作系统和网络服务，没有任何的模拟。从黑客的角度看，高交互蜜罐完全是其垂涎已久的"活靶子"，因此在高交互蜜罐中，能够获得许多黑客攻击的信息。高交互蜜罐在提升黑客活动自由度的同时，自然加大了部署和维护的复杂度及风险性。研究型蜜罐一般都属于高交互蜜罐，也有部分蜜罐产品，如 ManTrap，属于高交互蜜罐。

练习

1. 以下不属于网络安全控制技术的是（　　）。
   a. 防火墙技术　　　　　b. 访问控制　　　　　c. 差错控制　　　　d. 入侵检测技术
2. 关于入侵检测系统，下面说法不正确的是（　　）。
   a. IDS 的主要功能是对计算机和网络资源上的恶意使用行为进行识别和响应
   b. IDS 需要配合安全审计系统才能应用，后者为前者提供审计分析资料
   c. IDS 主要用于检测来自外部的入侵行为
   d. IDS 可用于发现合法用户是否滥用特权
3. 入侵检测系统执行的主要任务不包括（　　）。
   a. 监视、分析用户及系统活动，审计系统构造和弱点
   b. 统计分析异常行为模式
   c. 评估重要系统和数据文件的完整性
   d. 发现所维护信息系统存在的安全漏洞
4. 一般来说入侵检测系统由三部分组成，分别是事件产生器、事件分析器和（　　）。
   a.控制单元　　　　　b.检测单元　　　　　c.解释单元　　　　d.响应单元
5. 按照检测数据的来源可将入侵检测系统分为（　　）。
   a.基于主机的 IDS 和基于网络的 IDS
   b.基于主机的 IDS 和基于域控制器的 IDS
   c.基于服务器的 IDS 和基于域控制器的 IDS
   d.基于浏览器的 IDS 和基于网络的 IDS

【参考答案】1.c　　2.b　　3.d　　4.d　　5.a

补充练习

1. 什么是入侵检测、入侵检测系统？它与其他网络安全技术有什么不同？

2. 你认为一个好的入侵检测系统应该具有什么特点？目前的入侵检测系统在哪些方面还存在不足之处？

3. 若按使用的信息源分类，入侵检测系统可以分为几种？它们之间的主要区别在哪里？各适用于什么场合？

4. 在 http://www.snort.org/downloads 下载 Snort，进行安装并做基本配置，练习其基本使用方法。

第四节　计算机病毒与木马的防御

网络在给人们带来便捷的同时，也带来了计算机病毒和木马的骚扰。据报道，世界各国遭受计算机病毒感染和攻击的事件数以亿计，严重地干扰了正常的社会生活，也给计算机网络和系统带来了巨大的威胁和破坏：硬盘数据被清空；网络连接被掐断；好好的机器变成了毒源，开始传染到其他计算机。

计算机病毒已现身多年，可以追溯到计算机科学刚刚起步之时，那时已经有人想出破坏计算机系统的基本原理。1949 年，科学家约翰·冯·诺依曼声称，可以自我复制的程序并非天方夜谭。不过几十年后，黑客们才开始真正编制病毒。直到计算机开始普及，计算机病毒才引起人们的注意。

本节从计算机病毒的概念开始，主要介绍计算机病毒的分类、病毒的症状及典型病毒的特征，然后介绍智能手机病毒的相关知识点，最后讨论木马病毒及各种病毒的防御措施。

学习目标

▶ 了解计算机病毒的概念、分类及典型计算机病毒；
▶ 了解智能手机病毒的类型、传播方式及防范措施；
▶ 掌握木马病毒的防御方法和计算机病毒的防御措施。

关键知识点

▶ 计算机病毒的传播方式和防御措施；
▶ 智能手机病毒的类型和危害。

计算机病毒

计算机病毒是编制者在计算机程序中插入的破坏计算机功能或者数据的代码，能影响计算机使用，能自我复制的一组计算机指令或者程序代码。

计算机病毒的特性

计算机病毒像生物病毒一样，具有自我繁殖、互相传染以及激活再生等生物病毒特征。计算机病毒有独特的复制能力，能够快速蔓延，又常常难以根除。它们能把自身附着在各种类型的文件上，当文件被复制或从一个用户传送到另一个用户时，就随同文件一起蔓延开来。计算机病毒与生物病毒又截然不同，计算机病毒不是天然存在的，是人利用计算机软件和硬件所固有的脆弱性编制的一组指令集或程序代码，当条件满足时即被激活，通过修改其他程序的方法将自己的精确拷贝或者可能演化的形式放入其他程序中，从而感染其他程序，对计算机资源进行破坏。计算机病毒具有如下特性。

（1）传染性：计算机病毒传染性是指计算机病毒通过修改别的程序将自身的复制品或其变体传染到其他无毒的对象上，这些对象可以是一个程序也可以是系统中的某一个部件。

（2）隐蔽性：计算机病毒具有很强的隐蔽性，只有少数病毒能够通过病毒软件检查出来。隐蔽性计算机病毒时隐时现、变化无常，这类病毒处理起来非常困难。

（3）繁殖性：计算机病毒可以像生物病毒一样进行繁殖，当正常程序运行时，它也进行自身复制。是否具有繁殖、感染的特征是判断某段程序为计算机病毒的首要条件。

（4）潜伏性：计算机病毒潜伏性是指计算机病毒可以依附于其他媒体寄生的能力，侵入后的病毒潜伏到条件成熟时才发作。

（5）可触发性：编制计算机病毒的人，一般都为病毒程序设定了一些触发条件，例如，系统时钟的某个时间或日期、系统运行了某些程序等。一旦条件满足，计算机病毒就会"发作"，破坏计算机系统。

（6）破坏性：计算机中毒后，可能会导致正常的程序无法运行，把计算机内的文件删除或受到不同程度的损坏，破坏引导扇区及BIOS，破坏硬件环境。

病毒的分类

计算机病毒种类繁多而且复杂，按照病毒的传染方式以及计算机病毒的特点及特性，可以有多种不同的分类方法。同时，根据不同的分类方法，同一种计算机病毒也可以属于不同的计算机病毒种类。

1. 按照计算机病毒的传染方式来划分

（1）引导型病毒：主要通过软盘在操作系统中传播，感染硬盘的引导扇区，在线启动时获得执行权，病毒进程驻留内存后，再将执行权转交给真正的系统引导代码。由于系统引导扇区的容量很小，引导型病毒通常不大。

（2）文件型病毒：也称为"寄生病毒"。此种病毒会感染扩展名为 COM、EXE、SYS 等类型的可执行文件，将病毒代码插入文件的尾部或数据区，并修改文件运行代码。文件被运行时首先执行病毒代码，病毒进程驻留内存后，再将执行权转交给原先的文件运行代码。

（3）混合型病毒：此种病毒兼具引导型和文件型病毒的两种特征，不但能够感染硬盘的引导扇区，也能够感染文件。

（4）宏病毒：宏病毒是指用 BASIC 语言编写的病毒程序寄存在 Office 文档上的宏代码。宏病毒影响对文档的各种操作。

2. 根据病毒传染渠道划分

（1）驻留型病毒：这种病毒感染计算机后，把自身的内存驻留部分放在内存(RAM)中，这一部分程序挂接系统调用并合并到操作系统中去，它处于激活状态，一直到关机或重新启动。

（2）非驻留型病毒：这种病毒在得到机会激活时并不感染计算机内存，一些病毒在内存中留有小部分，但是并不通过这一部分进行传染，这类病毒也被划分为非驻留型病毒。

按照传染途径，计算机病毒也可以分为存储介质病毒、网络病毒、电子邮件病毒等几种类型。

3. 根据破坏能力划分

（1）无害型：除了传染时减少磁盘的可用空间外，对系统没有其他影响。

（2）无危险型：这类病毒仅仅是减少内存、显示图像、发出声音及同类影响。

（3）危险型：这类病毒在计算机系统操作中造成严重的错误。

（4）非常危险型：这类病毒删除程序、破坏数据、清除系统内存区和操作系统中重要的信息。

典型的计算机病毒

（1）Creeper 病毒：1971 年诞生，由 BBN 技术公司程序员罗伯特·托马斯编写，通过 ARPANET 网开始传播，显示"I'm the creeper, catch me if you can!"。Creeper 在网络中移动，从一个系统跳到另外一个系统并自我复制。但是一旦遇到另一个 Creeper，便将其注销。

（2）求职信病毒：出现在 2001 年，它是病毒传播的里程碑。出现几个月后有了很多变种，在互联网肆虐数月。最常见的求职信病毒通过邮件进行传播，然后自我复制，同时向受害者通讯录里的联系人发送同样的邮件。一些变种求职信病毒携带其他破坏性程序，使计算机瘫痪。有些甚至会强行关闭杀毒软件或者伪装成病毒清除工具。

（3）熊猫烧香：是 25 岁的中国湖北人李俊编写，2007 年 1 月初肆虐网络。这是一波计算机病毒蔓延的狂潮。在极短时间之内就可以感染几千台计算机，严重时可以导致网络瘫痪。被感染的用户系统中所有.exe 可执行文件全部被改成熊猫举着三根香的模样。

（4）AV 终结者：出现在 2007 年，又名"帕虫"，"AV"即是"反病毒"的英文 Anti-Virus 缩写，是一种闪存寄生病毒，主要的传播渠道是成人网站、盗版电影网站、盗版软件下载站、盗版电子书下载站。禁用所有杀毒软件以及大量的安全辅助工具，让用户计算机失去安全保障，AV 终结者病毒运行后会生成后缀名.da 的文件。

（5）机器狗病毒：出现在 2007 年，因最初的版本采用电子狗的照片做图标而被网民命名为"机器狗"，该病毒的主要危害是充当病毒木马下载器，与 AV 终结者病毒相似，病毒通过修改注册表，让大多数流行的安全软件失效，然后疯狂下载各种盗号工具或黑客工具，给用户计算机带来严重的威胁。

智能手机病毒

智能手机是指具有独立、开放的操作系统、独立的运行空间和存储空间，用户可以通过自行安装各种应用软件、游戏等第三方程序扩充功能，并可以通过移动通信网络实现高速数据传输、音视频通信等功能的一类手机的总称。随着智能手机的普遍使用，在给人们生活与工作带来了巨大便利的同时，也不可避免会产生安全隐患。智能手机和移动互联网给手机病毒的滋生提供了温床，如果不尽快采取有效防范措施，智能手机病毒的传播将会给人们的生活和财产带来了很大危害。因此如何抵制智能手机病毒已成为人们较为关注的一个问题。

手机病毒的概念

伴随智能终端设备尤其是智能手机的发展应用，智能手机病毒开始泛滥成灾。手机病毒从广义上来说，是计算机病毒的一种，因为智能手机就是一台基于二进制编码的计算机。实际上，手机病毒和计算机病毒的实现原理相似，只是传播途径和威胁方式不同。

手机病毒是一种具有传染性、破坏性的手机程序，可用杀毒软件进行清除与查杀，也可以手动卸载。它利用发送短信、彩信，电子邮件、浏览网站、下载铃声、蓝牙等进行传播，会导致用户手机死机、关机、个人资料被删、向外发送垃圾邮件泄露个人信息、自动拨打电话、发短（彩）信等，甚至会损毁 SIM 卡、芯片等硬件，导致使用者无法正常使用手机。

手机病毒的危害

（1）能窃取、删除或篡改手机用户信息。如今的智能手机功能强大，已经成为个人便携设备甚至个人支付终端，如果病毒入侵智能手机，会导致这些信息被调用或破坏，对机主造成重大损失。

（2）能破坏手机软硬件。病毒修改系统或软件设置，可能会造成软件无法使用，或破坏手机操作系统，使得手机死机、黑屏、重启等。

（3）能传播非法信息。它能使文字、图像、视频等信息传播速度加快，加速了非法信息的传播。

（4）能造成通信网络瘫痪：若手机病毒程序控制手机通信网络，发送病毒和垃圾信息，接受手机感染后再转发，在短时间内会产生大量信息，可能会造成网络拥堵甚至网络瘫痪。

智能手机病毒的原理

智能手机中相当于一个小型的智能处理器，它安装的各种应用软件及嵌入式操作系统会遭受病毒攻击，而且手机短信也不只是简单的文字，其中包括手机铃声、图片等信息，都需要手机中的操作系统进行解释，然后显示给手机用户，手机病毒就是靠软件系统的漏洞来入侵的。手机病毒要传播和运行，必要条件是移动服务商要提供数据传输功能，且手机需要支持高级程序写入功能，许多具备上网及下载等功能的手机都可能会被手机病毒入侵。

手机病毒传播方式

（1）利用蓝牙方式传播："卡波尔"病毒会修改智能手机的系统设置，通过蓝牙自动搜索相邻的手机是否存在漏洞，并进行攻击；

（2）感染 PC 上的手机可执行文件："韦拉斯科"病毒感染电脑后，会搜索电脑硬盘上的 SIS 可执行文件并进行感染；

（3）利用 MMS 多媒体信息服务方式来传播；

（4）利用手机的 BUG 攻击：这类病毒是在便携式信息设备"EPOC"上运行，如 EPOC-ALARM、EPOC-BANDINFO.A、EPOC-FAKE.A、EPOC-GHOST.A 等。

手机病毒的类型

按病毒形式可以将智能手机病毒分为四大类：

（1）通过蓝牙设备传播的病毒，比如"卡比尔"、"Lasco.A"。"卡比尔"是一种网络蠕虫病毒，它可以感染运行"Symbian"操作系统的手机。手机中了该病毒后，使用蓝牙无线功能会对邻近的其他存在漏洞的手机进行扫描，在发现漏洞手机后，病毒就会复制自己并发送到该手机上。Lasco.A 病毒与蠕虫病毒一样，通过蓝牙无线传播到其他手机上，当用户点击病毒文件后，病毒随即被激活。

（2）针对移动通信商的手机病毒，比如"蚊子木马"。该病毒隐藏于手机游戏"打蚊子"破解版中。虽然该病毒不会窃取或破坏用户资料，但是它会自动拨号，向所在地为英国的号码发送大量文本信息，结果导致用户的信息费剧增。

（3）针对手机 BUG 的病毒，比如"移动黑客"。移动黑客病毒通过带有病毒程序的短信传播，只要用户查看带有病毒的短信，手机即刻自动关闭。

（4）利用短信或彩信进行攻击的"Mobile.SMSDOS"病毒，典型的例子就是出现的针对西门子手机的"Mobile.SMSDOS"病毒。Mobile.SMSDOS 病毒可以利用短信或彩信进行传播，造成手机内部程序出错，从而导致手机不能正常工作。

典型的手机病毒

智能手机病毒形式各种各样，目前比较典型的手机病毒有如下几种。

（1）"钓鱼王"病毒：2010 年，一款名为 InSpirit.A 的"钓鱼王"手机病毒被打包在手机游戏软件中。用户被诱骗安装后，病毒会生成一条本地诈骗短信，让用户误认为收到银行系统通知短信。该短信发送号码也伪装为银行号码，欺骗性极强。用户如果上当登录到非法钓鱼网站，就可能被窃取银行卡账号及密码。

（2）"同花顺大盗"病毒：主要针对手机著名炒股软件"同花顺"的用户。只要中毒后，用户在登录同花顺系统时，其账户密码会通过短信被转发到某手机上，造成账号丢失。

（3）"老千大富翁"病毒：伪装成游戏软件"大富翁"诱骗机友下载安装，中毒后手机每次开机都会自己启动，除了频繁自动联网消耗用户流量外，其还会盗取用户的 IMEI 号等隐私，并让用户无法正常卸载。

（4）"QQ 盗号手"专偷账号病毒：该病毒以 "QQ 花园助理"、"刷 Q 币工具"之名诱骗机友下载，中毒后的手机会出现 QQ 登录框，诱使手机用户输入 QQ 账号和密码，此时 QQ 盗号手会将账号和密码发到某特定手机号上，导致账号和密码丢失。

（5）Android 手机病毒：该手机病毒能偷偷窃取手机中的短信内容，造成用户隐私严重泄露。该病毒的出现表明 Android 平台也已成为黑客目标。更令人担忧的是，该类病毒的变种也已迅速出现，不但能窃取短信，还能监控用户通话记录。

手机病毒的防范

智能手机一旦感染病毒，用户的数据、信息等很可能就会受到伤害。在使用智能手机时，可参考以下几条防范措施及解决办法。

（1）在手机生厂商研制阶段，尽量避免手机操作系统漏洞的出现，从根本上杜绝手机病毒。智能手机病毒存在的一种情况是利用操作系统的先天漏洞，所以在研制阶段减少漏洞，可以有效防范手机病毒。

（2）由于手机的大部分数据通过运营商网关进行传送，运营商应在核心网关进行杀毒和防毒，加强网络服务器及网关上的杀毒软件和防火墙的设置，对过往数据进行筛选，以防止手机病毒的扩散。

（3）养成良好的手机上网习惯，尽量不要访问不知名、页面包含各种陌生、奇怪、诱惑等信息的站点。慎重对待陌生信息，避免被不法分子植入恶意软件，不随便接受陌生的蓝牙请求，慎重对待二维码扫描，避免恶意链接。

（4）使用正版手机，因为正版手机的安全认证比较严密。

（5）安装合适的手机杀毒软件，实时监控数据流量，及时查杀异常数据。

木马病毒

木马（Trojan）病毒全称是特洛伊木马（Trojan Horse），通常指一种基于远程控制、暗藏恶意指令的程序或代码。木马病毒会悄悄地在宿主机器上运行，在用户毫无察觉的情况下，让攻击者获得远程访问和控制系统的权限，然后再通过各种手段传播或者骗取目标用户信息，达到盗取密码等各种数据资料的目的。木马程序通常不会单独出现，总是隐藏在其他程序后面，或者以各种手段来掩护它本来面目，具有隐蔽性和非授权性特点。

木马病毒的原理

一般的木马程序分为两部分：服务器端和客户端（控制器部分）。植入对方计算机的是服务器端，而攻击者利用客户端进入运行服务器的计算机，运行了木马程序的服务器后，被种者的计算机会产生一个有着容易迷惑用户名称的进程，暗中打开一个或几个端口，使攻击者可以利用这些打开的端口进入计算机系统，这样安全和个人隐私也就无保障了。

特洛伊木马不会自动运行，它是暗含在某些用户感兴趣的文档中，用户下载时附带的。当用户运行文档程序时，特洛伊木马才会运行，信息或文档才会被破坏和丢失。特洛伊木马和后门不一样，后门指隐藏在程序中的秘密功能，通常是程序设计者为了能在日后随意进入系统而设置的。

木马病毒的分类

木马病毒有多种分类方法，通常根据其通信方式、具体运行层次和行为方式进行分类。

按通信方式可将木马分为基于 TCP 技术的木马，包括正向连接、反弹端口、HTTP 隧道、发送邮件型；基于其他 IP 技术的木马，如畸形 UDP、ICMP 数据包等；基于非 IP 的木马，如利用 Net Bios、Mail Slot 等协议传输的木马。

按木马运行层次可分为应用级木马和内核级木马。应用级木马工作在操作系统 Ring 3 级，由于计算机底层操作系统中的程序、库以及内核都未受影响，这种木马对系统的影响相对较小。典型的应用级木马有 Bingle、网络神偷、ZXshell、灰鸽子等。内核级木马运行在操作系统内核中，常采用驱动程序技术实现内核级木马的加载工作。

按木马程序对计算机的具体行为方式，木马病毒可分为如下几种类型：

（1）远程控制型：远程控制型木马是现今最广泛的特洛伊木马，有远程监控的功能，且使用简单，只要被控制主机联入网络，并与控制端客户程序建立网络连接，控制者就能任意访问被控制的计算机。

（2）密码发送型：密码发送型木马的目的是找到所有的隐藏密码，并且在受害者不知道的情况下把它们发送到指定的信箱。

（3）键盘记录型：键盘记录型木马非常简单，就是记录受害者的键盘敲击，并且在 LOG 文件里进行完整的记录。这种木马程序随着 Windows 系统的启动而自动加载，并能感知受害主机在线，且记录每一个用户事件，然后通过邮件或其他方式发送给控制者。

（4）毁坏型：大部分木马程序只是窃取信息，不做破坏性的事件，但毁坏型木马却以毁坏并且删除文件为己任。它们可以自动删除受控主机上所有的.ini 或.exe 文件，甚至远程格式化受害者硬盘，使得受控主机上的所有信息都受到破坏。

（5）FTP 型：FTP 型木马打开被控主机系统的 21 号端口，无需密码仅用一个 FTP 客户端程序就可连接到受控制主机系统，并且可以进行最高权限的文件上传和下载，窃取受害系统中的机密文件。

木马病毒的防范

木马程序的危害非常大，它能使远程用户获得本地计算机的最高操作权限，通过网络对本地计算机进行任意操作，比如删添程序、锁定注册表、获取用户保密信息、远程关机等。木马使用户的电脑完全暴露在网络环境之中，成为别人操纵的对象。木马不仅破坏计算机及网络，而且对其进行控制、窃取或篡改重要信息，不断对网络安全造成严重的破坏。因此，需要采取多种有效措施来加强对木马病毒的防范。

（1）阻断木马的网络通信：通过网络监控发现网络通信的异常并阻断木马的网络通信，或者定义各种规则，使木马无法进行网络通信。防火墙、入侵检测以及入侵防御都是比较典型的有效措施。它们对网络通信的端口及网络链接做了严格的限制和严密的监控，能够发现并拦截任何未经允许的网络连接或者通信端口的使用，并向用户报警。

（2）监控网络端口：特洛伊木马入侵的一个明显证据是受害机器上意外地打开了某个端口。特别是，如果这个端口正好是特洛伊木马常用的端口，木马入侵的证据就更加确定了，一旦发现，应当尽快切断该机器的网络链接，减少攻击者探测和进一步攻击的机会。打开任务管理器，关闭所有连接到 Internet 的程序，从系统托盘上关闭所有正在运行的程序。

（3）实时监控：从文件、邮件、网页等多个不同的角度对流入、流出系统的数据进行过滤，检测并处理其中可能含有的非法程序代码。在上网时，必须运行反木马实时监控程序，实时监控程序可即时显示当前所有运行程序并配有相关的详细描述信息。另外，也可以采用一些专业的最新杀毒软件、个人防火墙进行监控。

（4）根据木马病毒行为分析进行防范：行为分析就是根据程序的动态行为特征判断其是否可疑。目前，病毒、木马等非法程序的种类迅速增加、变化不断加快，带来的危害日益严重，而特征码的提取又必然滞后于非法程序出现。行为分析正是具有可检测特征码未知的非法程序的特点，已成为目前国内外反病毒、反木马等领域研究的热点。

（5）其他预防策略：对于网上下载的软件在安装、使用前一定要用反病毒软件进行检查，最好是采用专门查杀木马程序的软件进行检查，确定没有木马程序后再执行、使用。很多木马程序附加在邮件的附件之中，收邮件者一旦点击附件，它就会立即运行。所以千万不要打开那些不熟悉的邮件，特别是标题有点乱的邮件，这些邮件往往就是木马的携带者。

计算机病毒和木马的对比分析

计算机病毒破坏计算机信息，木马窃取计算机信息，木马依靠用户的信任来激活它们。其主要区别有以下几点：

（1）功能模块组成不同。计算机病毒一般包含三个模块，即引导模块、传染模块、表现/破坏模块。引导模块的作用是将病毒主体加载到内存，为传染部分做准备；传染模块的作用是在传染条件满足时将病毒代码复制到传染目标上去；表现/破坏模块的作用是在触发条件满足时进行表现或破坏。引导模块和传染模块都是为表现/破坏模块服务的。

木马是 B/S 结构的程序，通常有两个程序，一个是客户端（即控制端）程序，另一个是服务端（即被控制端）程序。植入对方计算机的是服务端程序，而黑客正是利用客户端程序进入运行了服务端程序的计算机。服务端程序驻留在受害者的系统中，非法获取其操作权限，负责接收控制端指令，并根据指令或配置发送数据给控制端。客户端程序包括木马配置程序和控制程序。木马配置程序设置木马程序的端口号、触发条件、木马名称等，使其在服务端隐藏得更隐蔽。控制程序控制远程木马服务器，给服务器发送指令，同时接收服务器传送来的数据。

（2）对计算机的破坏和影响不同。计算机病毒对计算机的影响重点是感染文件，破坏文件系统，对计算机的数据信息进行直接的破坏。木马对计算机的影响重点是在受害者不知情的情况下对计算机进行监控以及盗窃受害者的密码、数据等，如盗窃游戏账号、股票账号、甚至网上银行账户，达到偷窥别人隐私和得到经济利益的目的。

（3）存在形式不同。计算机病毒一般不是独立存在，而是需要寄生的。它通过自己指令的执行，可以把自己的指令代码写到其他程序的体内，被感染的文件就被称为"宿主"。这样，宿主程序执行时就可以先执行病毒程序，病毒程序运行完之后，再把控制权交给宿主原来的程序指令。木马也是独立的 B/S 结构的程序。

（4）传播方式不同。计算机病毒一般通过对宿主程序的插入或改写来复制自身，由用户运行被感染的宿主程序来激活病毒程序，满足感染条件时再感染其他的目标程序。计算机病毒的主要感染目标是同一台计算机上的本地文件。可以看出计算机用户运行宿主程序是计算机病毒传播过程中的一个关键环节。木马不具有传染性，它既不能像蠕虫那样复制自身，也不像计算机病毒那样"刻意"地去感染其他文件，它主要通过将自身伪装起来，吸引用户下载执行。例如将木马服务端作为电子邮件附件或者与其他应用软件捆绑在一起放到网络上吸引人下载执行。

病毒的防御策略

不论是计算机网络还是智能手机，所用上网的网络设备都需要做好病毒的防御措施。在计算机的使用中只要注意做到以下几点，就能减少计算机病毒感染的机会，使计算机得到有效安全保护。

加强软件防护，保障服务器安全

在应用网络的过程中，要安装杀毒软件。一些特殊行业所使用的网络甚至需要安装防黑软件，安装这些软件的主要目的就是避免病毒入侵。此外，在使用 U 盘和光盘时，必须要保持一定的警惕性，禁止使用来源不明的光盘和 U 盘。如果必须使用光盘和 U 盘，要做好相应的清理与杀毒工作。同时，用户在应用网络时对软件的下载一定要谨慎小心，所有下载的软件必须都是在可靠的软件网站中下载的。针对来源不明的软件不要随意打开安装，同时也不要点击来路不明的连接，因为有些邮件和连接都有可能存在恶意代码，会对网络造成破坏。

服务器是病毒入侵的重要关卡，同时服务器也是整个网络的重要基础设施。如果服务器遭受了病毒感染，整个网络都要遭受安全威胁，甚至导致网络瘫痪。因此服务器的装载操作需要通过服务器进行时，要对服务器进行合理的杀毒与安全扫描，及时安装应用系统补丁，防止病毒利用系统或程序漏洞进行传染。

在连网设备上安装正版杀毒、防毒软件，定时更新病毒资料库和扫描系统，查处发现的病毒程序。同时，还要利用信息获取及模拟攻击检测方式分析网络漏洞，对病毒入侵进行防御。网络用户需要了解网络使用规则，不能越界侵权，及时进行杀毒操作防患于未然。

构建防火墙，阻断病毒入侵途径

防火墙是最常用的一种安全防御措施。它可以是一种硬件、固件或者软件，例如专用防火墙设备就是硬件形式的防火墙，包过滤路由器是嵌有防火墙固件的路由器，而代理服务器等软件就是软件形式的防火墙。安装使用防火墙监控所有的数据包，实现全面隔离，可以有效避免计算机在运行过程中遭受病毒的感染。同时，采用如下一些安全措施，以阻断病毒入侵的途径：

（1）使用加密连接管理站点。使用不加密的 FTP 或 HTTP 来管理站点，会给网站造成很大的安全隐患。因此要尽可能使用加密的协议，保障网站的安全性。目前，可以使用 SSL Web 网站加密技术，也可以使用加密性能更好的 TLS 技术。

（2）连接安全网络。尽量不要连接安全性不可知或不确定的网络，如果需要连接到一个没有安全保障的网络，最好使用一个安全代理，这样到安全资源的连接就会来自于一个有安全保障的网络代理。

（3）不共享登录信息。共享登录机密信息会引起诸多安全问题。登录凭证共享得越多，就越可能更公开地共享，甚至对不应当访问系统的人员也是如此。

（4）采用基于密钥的认证而不是口令认证。口令认证要比基于密钥的认证更容易被攻破。设置口令的目的是在需要访问一个安全资源时能够更容易地记住登录信息。使用基于密钥的认证，并仅将密钥复制到预定义的、授权的系统，将会得到并使用一个更强健的难于破解的认证凭证。

（5）对所有的系统都实施强健的安全措施。可以采用一些通用的手段，如采用强口令，采用强健的外围防御系统，及时更新软件和为系统打补丁，关闭不使用的服务，使用数据加密等手段保证系统的安全性。

练习

1. 计算机病毒是（　　　）。
    a. 编制有错误的计算机程序　　　　b. 设计不完善的计算机程序
    c. 已被破坏的计算机程序　　　　　　d. 以危害系统为目的的特殊计算机程序
2. 计算机病毒会造成（　　　）。
    a. CPU 的烧毁　　　　　　　　　　b. 磁盘驱动器的损坏
    c. 程序和数据的破坏　　　　　　　　d. 磁盘的物理损坏
3. 宏病毒可以感染（　　　）。
    a. 可执行文件　　b. 引导扇区/分区表　　　　c.Word/Excel 文档　　　　d.数据库文件

4. （　　）是一种可以驻留在对方服务器系统中的一种程序。

    a. 后门　　　　　　b. 跳板　　　　　　c.终端服务系统　　　　　d.木马

5. 特洛伊木马一般分为服务器端和客户端，如果攻击主机为 A，目标主机为 B，则（　　）。

    a. A 为服务器端 B 为客户端　　　　　　b. A 为客户端 B 为服务器端

    c. A 既为服务器端又为客户端　　　　　　d. B 既为服务器端又为客户端

【参考答案】1.d　　2.c　　3.c　　4.d　　5.b

补充练习

1. 简述计算机病毒的定义、特征和传播途径。

2. 研究检查、清除 Windows 系统中木马程序的方法，尝试完成一个常见木马的手工检测和清除过程。

3. 作为病毒，蠕虫的破坏力是非常大的，试论述蠕虫病毒的破坏主要体现在哪些方面。

本 章 小 结

伴随各类计算机信息系统的运用，在给人们创造便捷的同时，也为网络攻击提供了途径。网络病毒形态丰富繁杂，恶意代码形式多种多样。如何利用防火墙、入侵检测等技术对网络入侵行为进行精准检测和监控、有效防范网络攻击、提升网络安全状况已成为网络安全领域的研究热点。

本章从网络安全的攻击和破坏性入手，讨论了各种网络安全防护技术，包括防火墙技术、访问控制技术、入侵检测、入侵防御技术和计算机病毒防范技术。然而，对照 TCP/IP 体系结构，目前常用的各种安全保护技术还有很多。若按照 TCP/IP 体系结构，对应各个层次的安全防范措施有所不同，常用的网络安全防御技术分硬件、软件保护技术可简单归纳如表 4.5 所示。在网络安全防护技术中，最为常用的是防火墙、访问控制、入侵检测及病毒防御等技术。

表 4.5　TCP/IP 各层常用的安全防御技术

分层模型	硬件安全保护技术	软件安全保护技术
应用层	较少，如数据加密机	文件加密、数字签名、安全认证、安全补丁、AAA、病毒防护、防火墙
传输层	SSL 加密机、防火墙	软件 SSL、TLS、防火墙
网络层	防火墙、IDS、IPS、VPN 网关、ACL、NAT	软件防火墙、软件 VPN 网关、安全认证
接口层	链路加密网卡、链路加密机	MAC 地址绑定、VLAN 划分
	物理隔离、线路屏蔽、设备屏蔽、设备冗余	极少

防火墙是一种被动的防御，实质上是一种隔离技术，是网络的第一道安全防线。在网络中采用 ACL 技术，需要网络管理员对整个内部网络架构十分熟悉，一般适用于设备数量有限的中小型网络。

入侵检测技术是一种主动的防御及检测行为，是继防火墙之后的又一道防线。IDS 注重的是网络安全状况的监管，IPS 则注重对入侵行为的控制。常用的一些入侵检测系统大多组合使用多种技术，不能简单地把它们分类为基于网络或基于主机，或分布式。许多入侵检测系统不仅具有入侵检测和响应功能，还具有很强的网络管理和通信统计功能。实际中，要根据目标网络的具体情况以及企业的安全需求，对入侵检测系统进行适当配置，保证入侵检测系统正常有效地运行。

网络安全防护策略的重点在于防患于未然。用户要在思想上有防病毒的警惕性，依靠使用防病毒技术和管理措施，部分病毒就无法攻破计算机安全保护屏障，不能广泛传播。个人用户要及时升级操作系统以及防病毒产品。每位用户都要遵守病毒防治的法律和制度，做到不制造病毒，不传播病毒。同时，要养成良好的上机习惯，定期备份系统数据文件；外部存储设备连接前先杀毒再使用；不访问违法或不明网站，不下载传播不良文件，不连接未知的 WiFi，不随意扫描二维码等。为了更好地防范计算机病毒，应当要以预防为主，以杀毒为辅，并采取多方途径和手段，不漏放任何一点可能会感染病毒的环节，及时对病毒进行查杀。

小测验

1. 以下关于 WLAN 安全机制的叙述中，（　　　）是正确的。
   a. WPA 是为建立无线网络安全环境提供的第一个安全机制
   b. WEP 和 IPSec 协议一样，其目标都是通过加密无线电波来提供安全保护
   c. WEP2 的初始化向量（IV）空间 64 位
   d. WPA 提供了比 WEP 更为安全的无线局域网接入方案

2. 下列哪项不属于包过滤型防火墙的优点？（　　）
   a. 包过滤型防火墙对用户和网络应用是透明的　　　b. 不需要额外的费用
   c. 包过滤型防火墙维护简单　　　　　　　　　　　d. 处理包的数据比代理服务器快

3. 以下哪个描述是错误的？（　　　）
   a. 防火墙的自身安全性是防火墙选型中必须考虑的问题
   b. 防火墙功能的发挥和防火墙在网络环境中的安放直接相关
   c. 能够保护个人主机的防火墙才是安全的防火墙
   d. 防火墙并不是功能越多越好

4. 仅设立防火墙系统，而没有（　　　），防火墙就形同虚设。
   a. 管理员　　　　　　b.安全操作系统　　　　　　c.安全策略　　　　d.防毒系统

5. 下面关于入侵检测系统和防火墙的说法正确的是（　　　）。
   a. 防火墙是入侵检测系统之后的又一道防线，防火墙可以及时发现入侵检测系统没有发现的入侵行为
   b. 入侵检测系统通常是一个旁路监听设备，没有也不需要跨接在任何链路上，无须网络流量流经它便可以工作
   c. 入侵检测系统可以允许内部的一些主机被外部访问，而防火墙没有这些功能，只是监视和分析系统的活动
   d. 防火墙必须和安全审计系统联合使用才能达到应用目的，而入侵检测系统是一个独立的系统，不需要依赖防火墙和安全审计系统

6. 网络蜜罐技术是一种主动防御技术，以下有关蜜罐说法不正确的是（　　　）。
   a. 蜜罐系统是一个包含漏洞的诱骗系统，它通过模拟一个或者多个易受攻击的主机和

　　　　服务，给攻击者提供一个容易攻击的目标

　　　b. 使用蜜罐技术，可以使目标系统得以保护，便于研究入侵者的攻击行为

　　　c. 如果没人攻击，蜜罐系统就变得毫无意义

　　　d. 蜜罐系统会直接提高计算机网络安全等级，是其他安全策略不可替代的

7. 计算机病毒的特点是（　　）。

　　a. 传播性、潜伏性和破坏性　　　　　　b. 传播性、潜伏性和易读性

　　c. 潜伏性、破坏性和易读性　　　　　　d. 传播性、潜伏性和安全性

8. 感染计算机病毒的原因之一是（　　）。

　　a. 不正常关机　　　　b. 光盘表面不清洁　　　c. 错误操作　　　　d. 网上下载文件

9. 黑客们在编写扰乱社会和他人的计算机程序，这些代码统称为（　　）。

　　a. 恶意代码　　　　　b. 计算机病毒　　　　　c. 蠕虫　　　　　　　d. 后门

10. 木马病毒可通过多种渠道进行传播，下列操作中一般不会感染木马病毒的是（　　）。

　　a. 打开电子邮件的附件　　　　　　　　b. 打开 MSN 即时传输的文件

　　c. 安装来历不明的软件　　　　　　　　d. 安装生产厂家的设备驱动程序

【参考答案】1.d　2.b　3.d　4.c　5.b　6.d　7.a　8.d　9.a　10.d

第五章　网络安全应用

概　述

基于 IP 的互联网是一种开放式网络架构,这种开放式架构促进了网络的快速发展和应用,同时也带来安全问题。虽然 IP 的开放性是互联网安全问题的总根源,但接入网类型多样,应用业务丰富,上网终端设备智能化程度不断提高等,也逐渐成为互联网安全问题的重要原因。IP 网络的开放式架构使得互联网对用户透明,用户可以获得任意网络重要节点的 IP 地址并可以发起漏洞扫描与攻击,网络拓扑结构很容易被攻击者得到;攻击者可以在某一网络节点截获、修改网络中所传送的数据,用户数据没有安全保障。然而,用户对网络并不透明,导致鉴权不严格,大量未被鉴权的认证机制可以接入网络;终端的安全能力和安全状况网络也不知情、无法控制;用户地址可以伪造,无法溯源。因此,互联网安全问题应该像每家每户的防火防盗问题一样,做到防患于未然。

既然互联网一开始就是一个超越国界的匿名开放系统,那就已经无法根本改变其原始架构。针对互联网的固有弱点,网络安全防护不但要从信息流通的端点入手,也要从安全应用着手进行防护。目前,可供选择的常用安全应用技术有:

▶ 网络地址转换(Network Address Translation,NAT)技术;
▶ 虚拟专用网(Virtual Private Network,VPN)技术;
▶ 由用户在终端系统上自主安装安全软件,防护本地个人资料。

从管理的角度来看,可采取的有效措施有:

▶ 为保护国家利益,免受来自国外的攻击,可以控制本国网络同其他国家网络连接的出口,并在出口信道设置入侵检测系统,以排查可疑的数据包;
▶ 互联网骨干和接入运营商(ISP)逐级进行安全防护;
▶ 互联网内容和应用服务提供商应保障业务安全和服务安全,保护用户信息免受攻击侵犯。

当然,以上技术、管理措施可以综合运用,也可以偏重于某种技术。

本章简单讨论网络安全应用,包括 NAT 与应用、VPN 等网络安全防护技术,然后讨论移动互联网安全应用方案。

第一节　网络地址转换及其应用

网络地址转换(NAT)技术是指将一组 IP 地址映射到另一组 IP 地址的一种技术。通过地址转换的方式不仅可以有效地缓解 IP 地址不足的问题,更为重要的是可提供 Intranet 的安全性。

学习目标

▶ 熟悉 NAT 的基本功能和工作原理;

▶　掌握静态 NAT 和动态 NAT 的基本配置方法。

关键知识点

▶　利用 NAT 技术实现网络的安全应用。

NAT 概述

NAT 是将 IP 数据包头中的 IP 地址转换为另一个 IP 地址的过程。NAT 技术涉及私有地址和公有地址两个基本概念。私有地址是指 Internet 地址分配机构指定的可以在不同的内部网中重复使用的 IP 地址，而在 Internet 中包含这些地址的 IP 报文将被路由器丢弃，即私有地址不能在 Internet 上进行路由。私有地址包括：一个 A 类地址 10.0.0.0/8，16 个 B 类地址172.16.0.0/16～172.30.0.0/16，256 个 C 类地址 192.168.0.0/16。公有地址是指除私有地址以外的其他 IP 地址，也称为公网 IP 地址，它们可以在 Internet 上进行路由。

NAT 允许具有私有 IP 地址的内部网络访问因特网，而且用户不需要为其网络中的每一台机器取得注册的 IP 地址。

NAT 的主要用途

NAT 技术主要有如下两个用途：

▶　进行内网（Intranet）和外网（Internet）之间的地址转换；

▶　提供 Intranet 的安全性。

NAT 是为解决 IP 地址紧缺问题而提出的，通过 NAT 可以提高 IP 地址的利用率。随着Internet 的迅猛发展，在 Internet 上使用的公网 IP 地址越来越紧缺，各单位分配到的 IP 地址资源越来越有限，故 IP 地址资源的短缺已经成为全球相当严重的问题。为了解决这个问题，出现了多种解决方案。而解决此问题的一个有效方法，就是在路由器上实行不同种类的网络地址转换。

在实际应用中，NAT 主要用于实现私有网络访问公共网络的功能。由于私有地址可以在不同的网络内部重复使用，这在很大程度上可以缓解 IP 地址短缺的问题。但使用私有 IP 地址的主机不能直接与 Internet 通信，而必须将 IP 报文中的私有地址转换成公有地址，才能与Internet 通信。通过 NAT 进行私有地址和公有地址的相互转换，就可以实现使用私有地址的主机与 Internet 的通信。使用 NAT 之后，一个单位就只需使用少量的公有地址，而大量使用私有地址。通常，使用路由器来实现网络地址转换的功能。

近年来，NAT 技术多用于 Intranet 安全，构成基于 NAT 的混合性防火墙系统。目前，防火墙技术多在网络层（IP 地址过滤）和应用层（代理服务器）实现。IP 包过滤技术仅根据源地址和目的地址来进行判断，而 IP 地址很容易被窃取，因此攻击者很容易伪造和篡改地址。代理服务器技术对传输的每一个 IP 报文均要经过代理主机转发，使得应用层的处理任务较重。把 NAT 技术集成在防火墙系统内，对进出 Intranet 的 IP 包的源地址和目的地址进行转换，这样外网所接收到的数据包中的 IP 地址已经被网关改写过，外网中的用户看到的只是一个虚拟的主机，因此难以了解和掌握与之通信的内网主机的真实 IP 地址。另外，由于 NAT 可以利用路由器或软件实现，因此与其他安全措施相比，NAT 技术实现比较安全，属于一种底层的功能，对网络运行的影响较小。

当然，使用 NAT 也带来了一些不足，如 NAT 会影响交换性能。因为转换每一个包头中的 IP 地址都要花费一定时间，即增加了交换延时。将 NAT 用于实现网络安全，其不足之处是内网主机数目不能太大，否则由于要维护一个过大的地址对应链表数据结构，会使转换效率下降。解决的方法是采用"八二比原则"，当网络负载过高时，引入"公平队列"排队算法。

NAT 的配置方式

NAT 主要有静态 NAT、动态 NAT 和 NAT 超载三种配置方式。

- ▶ 静态 NAT——在静态 NAT 中，内部网络中的每个主机都被映射为外部网络中的某个合法地址。如果内部网络有 E-mail 服务器或者 FTP 服务器等可为外部用户提供服务，这些服务器的 IP 地址就必须采用静态地址转换，以便外部用户访问这些服务器。
- ▶ 动态 NAT——动态 NAT 首先要定义合法地址池，然后采用动态分配的方法映射到内部网络。动态 NAT 是动态一对一的映射。
- ▶ NAT 超载——NAT 超载是把内部地址映射到外部网络 IP 地址的不同端口上，从而实现多对一的映射。NAT 超载是使用最多的一种地址转换方式，也称为端口地址转换（Port Address Translation，PAT）或者网络地址端口转换（Network Address Port Translation，NAPT）。其工作原理是：当多个用户同时使用一个 IP 地址时，路由器利用上层的 TCP 或 UDP 端口号等来唯一地标识某台计算机。

具有 NAT 功能的设备大多安放在网络的边缘，因为路由器通常均部署在网络的边界上。当网络内的计算机要访问本网络内的服务器时，直接使用私有 IP 地址即可；当访问外部服务器时，数据包被转发给路由器，路由器执行 NAT 操作，把内部的私有地址转换成外部的、可路由的公共 IP 地址后，再转发出去。同时，当外部的计算机想访问这个网络内部的服务器时，它们先访问这个网络的公共 IP 地址；当数据流量被发送到路由器时，路由器查询内部定义的静态转换条目，把对公共 IP 地址的访问转换成对内部私有 IP 地址的访问。

应用 NAT 时的专业术语

应用 NAT 技术配置网络时，常用到如下几个专业术语：

- ▶ 内部本地地址—— 内部网络主机使用的 IP 地址。这些地址不需要向网络信息中心（NIC）或 Internet 服务提供商（ISP）申请，即一般使用私有 IP 地址。
- ▶ 内部全局地址—— 内部网络使用的公有 IP 地址。这些地址是向 NIC 或 ISP 申请后取得的公有 IP 地址。内部全局地址是指当使用私有 IP 地址的主机要与 Internet 通信时，网络地址转换时使用的 IP 地址。
- ▶ 外部本地地址—— 外部网络主机使用的 IP 地址。这些地址是公有 IP 地址，但是可以在内部网络中进行路由，即它们对内部网络是可见的。
- ▶ 外部全局地址—— 外部网络主机使用的 IP 地址。这些地址是公有 IP 地址，但是这些 IP 地址在内部网络中是不可见的。

静态 NAT 的配置

静态 NAT 将一个特定的内部本地地址静态地映射到一个内部全局地址。这意味着静态 NAT 中每一个被映射的内部本地地址，一定对应着一个固定且唯一的内部全局地址。这种方式不但可以让内网设备访问外网，而且可以让外网直接访问内网设备。常用的静态 NAT 配置命令如表 5.1 所示。

表 5.1　常用的静态 NAT 配置命令

命　　令	功 能 说 明
ip nat inside source static *local-ip global-ip*	建立内网本地和全局地址的静态 NAT 映射
no ip nat inside source static *local-ip global-ip*	取消内网本地和全局地址的静态 NAT 映射
ip nat inside	指定 NAT 内网端口
ip nat outside	指定 NAT 外网端口

　　例如，在图 5.1 所示的网络拓扑结构中，内部网络中有 WWW、FTP 和 MAIL 3 台服务器，它们使用的都是内部私有 IP 地址，希望通过静态地址转换配置，实现 Internet 上的主机能访问这 3 台服务器。这 3 台服务器使用的内部全局地址分别为 222.56.127.162、222.56.127.163 和 222.56.127.164，对应的内部私有 IP 地址分别为 192.168.0.2、192.168.0.3 和 192.168.0.4。路由器 Router 的 E0 口的 IP 地址为 192.168.0.1，S0 口的 IP 地址为 222.56.127.161。

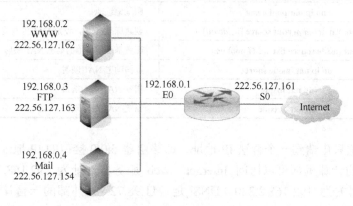

图 5.1　静态 NAT 配置示例

在路由器 Router 中设置静态 NAT，其配置命令及配置过程如下：

```
Router#config terminal
Router(config)#ip nat inside source static 192.168.0.2 222.56.127.162
Router(config)#ip nat inside source static 192.168.0.3 222.56.127.163
Router(config)#ip nat inside source static 192.168.0.4 222.56.127.164
Router(config)#interface e0
Router(config-if)#ip address 192.168.0.1 255.255.255.0
Router(config-if)#ip nat inside
Router(config-if)#no shutdown
Router(config-if)#interface s0
Router(config-if)#ip address 222.56.127.161 255.255.255.0
Router(config-if)#ip nat outside
Router(config-if)#no shutdown
Router(config-if)#exit
```

动态 NAT 的配置

动态 NAT 又称为动态地址翻译，它是将内部本地地址与内部全局地址做一对一的替换。内部全局地址以地址池的形式供选择，内部本地地址只要符合访问外网的条件，在做地址转换时就从地址池中动态地选取最小的还没有被分配的内部全局地址来替换，其转换过程如下：

- ▶ 根据可用的内部全局地址范围建立地址池；
- ▶ 利用 ACL，定义允许访问外网的内部地址范围；
- ▶ 定义内部本地地址与内部全局地址池之间的转换关系；
- ▶ 定义内网端口和外网端口。

常用的动态 NAT 配置命令如表 5.2 所示。

表 5.2　常用的动态 NAT 配置命令

命　令	功　能　说　明
ip nat pool *name* **source** *start-ip end-ip* **netmask** *mask*	建立 NAT 映射地址池
no ip nat pool *name*	删除地址池
access-list *acl-id* **permit** source [*wildcard*]	创建标准 ACL，设定 NAT 内网地址范围
ip nat inside source list *acl-id* **pool** *name*	配置基于地址池的动态 NAT 映射
no ip nat inside source	取消动态 NAT 映射
ip nat inside	指定 NAT 内网端口
ip nat outside	指定 NAT 外网端口

例如，某单位只申请到一个合法 IP 地址，即路由器 fa0/0 接口的 IP 地址 192.168.3.240，此时要使全单位的计算机都可以访问 Internet。Web 服务器地址为 192.168.2.2，子网掩码为 255.255.255.0，网关为 192.168.2.220，DNS 是 211.98.72.8。外部的一台计算机 IP 地址为 192.168.3.3，子网掩码为 255.255.255.0，网关为 192.168.3.1，DNS 是 211.98.72.8。网络拓扑结构如图 5.2 所示，其组网配置步骤如下。

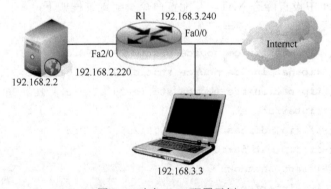

图 5.2　动态 NAT 配置示例

第 1 步：对路由器 R1 进行基本配置。

```
Router>en
Router#conf t
```

```
Router(config)#host R1
R1(config)#int fa 0/0
R1(config-if)#ip add 192.168.3.240 255.255.255.0
                //路由器连接 Internet 的接口，配置申请到的合法 IP 地址
R1(config-if)#no shut
R1(config-if)#int fa 2/0
R1(config-if)#ip add 192.168.2.220 255.255.255.0
                //路由器连接内网的接口，配置内网私有地址
R1(config-if)#no shut
R1(config-if)#no cdp run                        //关闭思科发现协议（CDP）
R1(config-if)#ip route 0.0.0.0 0.0.0.0 192.168.1.1        //配置路由器的默认路由
```

第 2 步：对路由器 R1 进行配置，指定对外接口。

```
R1(config)#int fa 0/0
R1(config-if)#ip nat outside                //指明这个接口是对外的接口
```

第 3 步：对路由器 R1 进行配置，指定对内接口。

```
R1(config)#int fa 2/0
R1(config-if)#ip nat inside                //指明这个接口是对内的接口
```

第 4 步：对路由器 R1 进行配置，创建地址池。

```
R1(config)#ip nat pool out-pool 192.168.3.240 192.168.3.240 netmask 255.255.255.0
//创建地址池，地址池的名称为 out-pool。地址池中的起始地址至结束地址是 192.168.3.240 至
  192.168.3.240，使用的掩码为 255.255.255.0。该例中地址池中只有一个地址，如果申请
  到多个合法 IP 地址，则起始地址至结束地址分别改为申请到的 IP 地址即可
```

第 5 步：对路由器 R1 进行配置，允许被 NAT 转换。

```
R1(config)#access-list 1 permit 192.168.2.0 0.0.0.255
//配置允许被 NAT 的条件，这里可以只允许一部分 IP 地址被 NAT，也可以使用扩展 ACL 限制只
  允许访问一部分外部主机；还可以使用协议，只允许外部的部分服务
```

第 6 步：对路由器 R1 进行配置，关联允许被 NAT 的列表和地址池。

```
R1(config)#ip nat inside source list 1 pool out-pool overload
//把允许被 NAT 的 ACL 1 和前面创建的地址池 out-pool 关联起来。这里的 Overload 是超载的
  意思，也就是允许使用上层的 UDP 和 TCP 端口标志会话，尤其是在内网上网主机多于地址池中
  合法 IP 地址的情况下，这个关键字必不可少
```

在实际的网络组建配置过程中，若单位不对外提供 Web 等服务，选择的网络接入方式可以是动态 IP 接入（即宽带拨号等方式，这种方式比使用固定 IP 接入的费用低），也就是路由器的对外接口使用 DHCP 动态获取公网 IP 地址，因获得的这个 IP 地址不固定，故无法创建地址池。这时可以把第 4 步和第 6 步合成一步，即将上述配置的第 4 步省略，把第 6 步的配置内容更换如下：

```
R1(config)#ip nat inside source list 1 interface fa 0/0 overload
```

//把允许被 NAT 和 ACL 和路由器对外接口关联起来，无论路由器对外接口获取到什么 IP 地址，
路由器都使用对外接口的 IP 地址进行 NAT

若在内网中还需对外提供 Web 服务，则可在路由器 R1 上配置端口映射，配置内容如下：

R1(config)#**ip nat inside source static tcp** *192.168.2.2 80* **int** *fa 0/0 80*
//配置端口映射，外界对 Fa0/0 接口 80 端口的访问，被转换到内网 192.168.2.2 的 80 端口

网络地址端口转换配置

网络地址端口转换（NPAT）或简称为端口地址转换（PAT）可用于地址伪装，它可以让多个内网设备使用一个 IP 地址同时访问外网。NPAT 的转换步骤如下：

- ▶ 利于 ACL 定义允许访问外网的内部 IP 地址范围；
- ▶ 为外网 IP 地址定义一个地址池名称；
- ▶ 将地址池赋予在第 1 步中定义的内部 IP 地址范围，并标明为 overload(超载，即 PAT)方式；
- ▶ 定义内网端口和外网端口。

常用的网络地址端口转换（NPAT）配置命令如表 5.3 所示。

表 5.3　常用的 NPAT 配置命令

命　令	功 能 说 明
access-list *acl-id* **permit** source [*wildcard*]	创建标准 ACL，设定 PAT 内网地址范围
ip nat pool *name* **source** *ip-addr* **netmask** *mask*	建立 PAT 映射地址池（仅有一个 IP 地址）
no ip nat pool *name*	删除地址池
ip nat inside source list *acl-id* **pool** *name* **overload**	配置内网地址池，标明为 overload 方式
ip nat inside	指定 NAT 内网端口
ip nat outside	指定 NAT 外网端口

NPAT 配置示例如图 5.3 所示。内部网络使用内部私有 IP 地址 192.168.1.0/24，希望通过网络地址端口转换配置，实现内网与外网的通信。内部网络中只有一个内部全局地址 202.116.65.129，该地址配置在路由器的 S0 口上。在路由器上需要做如下配置：

```
Router#config terminal            //进入全局配置模式
Router(config)#access-list1permit192.168.1.00.0.0.255   //只允许192.168.1.0/24
Route(config)#ip nat pool p1 source 202.116.65.130 netmask 255.255.255.0  //设置
地址池
Route(config)#ip nat inside source list 1 pool p1 overload    //配置 PAT 映射
Router(config)#interface e0                    //进入端口配置模式
Router(config-if)#ip address 192.168.1.1 255.255.255.0      //设置 IP 地址和掩码
Router(config-if)#ip nat inside          //设置内网
Router(config-if)#exit            //退出端口设置
Router(config)# interface s0
Router(config-if)#ip address 202.116.65.129 255.255.255.0
Router(config-if)#ip nat outside          //设置外网
```

```
Router(config-if)#exit
```

图 5.3　NPAT 配置示例

配置 NAT 和 NPAT 之后，通常还要用到其他一些命令，主要有：

```
show ip nat translations        //显示当前在用的 NAT/NPAT
show ip nat statistics          //显示当前 NAT/NPAT 的统计信息
debug ip nat                    //显示 NAT 转换情况
clear ip nat translation     //从 NAT 表中清除所有的动态 NAT 配置
clear ip nat translation inside<global-ip>   //清除单个动态 NAT 配置
ip nat translation timeout seconds
                //用于配置 NAT 转换的超时时间，以节约路由器的内存空间
```

以路由器这种互联网设备为基础构建的互联网，可连接越来越多的网络，从而构成了更大意义上的"网间网"。路由器作为实现不同网络之间互连的必需设备，在局域网远程互连和 Internet 接入中起着非常重要的作用。路由器设置不当将直接影响局域网与外界的通信，甚至还会造成网络安全隐患，故必须加以重视。

练习

1. 网络地址转换（NAT）的作用是什么？
2. 使用网络地址转换（NAT）时存在的主要问题是什么？
3. 配置 NAT 时，由什么因素决定可以处于活动状态的并发 NAT 转换的数量？（　　）
   a. NAT 内存队列的大小　　　　　　b. NAT 池中的地址数量
   c. 未使用的 TCP 端口号的数量　　　d. UDP 与 TCP 的会话数量之比
4. 配置 NAT 时，应考虑下列哪种因特网端口？（　　）
   a. NAT 本地端口　　　b.NAT 内部端口　　c.NAT 全球端口　　　　d.NAT 外部端口
5. 下列哪条命令可以清除 NAT 转换表中特定扩展动态转换条目？（　　）
   a. clear ip nat translation *　　　　　b. clear ip nat translation inside
   c. clear ip nat translation outside　　d. clear ip nat translation protocol inside
6. 下列哪条命令的输出显示 NAT 转换表中处于活跃状态的转换？（　　）
   a. show ip nat statistics　　　　　　b. show ip nat translations
   c. clear ip nat translation *　　　　d. clear ip nat translation outside

【参考答案】3.b、c　4.d　5.d　6.b

补充练习

参照图 5.4 所示的网络拓扑，进行 NAT 配置实验。配置实验环境说明：①用户使用一台路由器（如华为路由器）作为出口路由器；②使用的互联网地址为 202.118.248.251 和 202.118.248.252。

图 5.4　NAT 配置实验拓扑结构

配置实验要求：

（1）通过动态 NAT 配置使任意 2 个内部本地地址通过 2 个互联网地址访问 Internet。

（2）此外任何内部地址无法访问 Internet。

第二节　虚拟专用网

虚拟专用网（VPN）是一种新型的网络技术，它提供了一种通过公用网络对企业内部专用网进行远程安全访问的连接方式。采用 VPN 技术，企业或部门之间的数据流可以通过互联网透明地传输，有效地提高了应用系统的安全性与服务质量。

学习目标

▶　熟悉 VPN 的工作原理；

▶　掌握路由器到路由器的 IPSec 配置 VPN 的方法。

关键知识点

▶　采用 VPN 技术，企业或部门之间的数据流可以通过互联网透明地传输。

VPN 的工作原理

VPN 的基本原理就是把需要经过公共网络传递的报文（Packet）进行加密处理后，再由公共网络发送到目的端。显然，VPN 的目的就是保护数据传输，而且仅仅保护从信道的一个端点到另一端点传输的数据流。对于信道的端点之前和之后的数据流，VPN 不提供任何保护。

VPN 的相关概念

虚拟专用网的英文全称是 Virtual Private Network，缩写为 VPN，其含义如下。

V 即 Virtual，表示 VPN 有别于传统的专用网。VPN 并不是一种物理网络，而是利用互联网运营商提供的公有网络资源建立的属于自己的逻辑网络。这种虚拟网络的优点在于可以降低企业建立和使用专用物理网络的费用。

　　P 即 Private，表示特定企业或用户群体可以像使用传统专用网一样来使用该网络的资源，即这种网络具有很强的私有性，具体体现在两个方面。一是网络资源的专用性，即 VPN 网络资源（如信道和带宽）在需要时可以由企业专门使用，当不需要时又可以供其他 VPN 用户使用。企业用户可以获得像传统专用网一样的服务质量。二是网络的安全性，即 VPN 用户数据不会流到 VPN 范围之外，实现用户数据在公共网络传输中的隐蔽性。

　　N 即 Network，表示这是一种组网技术，企业为了建立和使用 VPN，必须购买、配备相应的网络设备及软件系统。

　　简单地说，虚拟专用网（VPN）是指在公用网络上通过隧道和/或加密技术，所建立的逻辑专用数据通信网。通过 VPN 技术，企业可以在远程用户、分支部门、合作伙伴之间的不可信任的公共网络上构建一条安全通道，并能得到 VPN 提供的多种安全服务。

　　VPN 提供的安全服务主要有以下 3 种：
- ▶ 机密性服务——保证通过公网传输的信息即使被他人截获也不会泄露；
- ▶ 完整性服务——防止传输的数据被修改，保证数据的完整性、合理性；
- ▶ 认证服务——提供用户和设备的访问认证，鉴别用户身份，防止非法接入，即不同的用户具有不同的访问权限。

VPN 的主要技术

　　由于在 VPN 上传输的是私密信息，VPN 用户对数据的安全性要求比较高。目前 VPN 主要采用隧道技术、密码技术、密钥管理技术、用户和设备身份认证技术来保障通信安全。

1. 隧道技术

　　VPN 通过隧道技术（Tunneling）为数据传输提供安全保护。隧道技术通过对数据进行封装，在公共网络上建立一条数据通道（隧道），让数据包通过这条隧道传输。隧道是在公用互联网中建立逻辑点到点连接的一种方法，由隧道协议形成。按照形成隧道的协议的不同，隧道有第二层隧道和第三层隧道之分。根据隧道的端点是用户计算机还是拨号接入服务器，隧道可以分为主动隧道和强制隧道两种。

- ▶ 主动隧道（Voluntary Tunnel）——主动隧道是目前普遍使用的隧道模型。为了创建主动隧道，在客户机或路由器上需要安装隧道客户软件，并创建到目标隧道服务器的虚拟连接。创建主动隧道的前提是客户机与服务器之间要有一条 IP 连接（通过局域网或拨号线路）。认为 VPN 只能使用拨号连接是一种误解，其实，建立 VPN 只要求有 IP 网络的支持即可。一些客户机（如家用 PC）可以通过使用拨号方式连接互联网建立 IP 传输，但这只是为创建隧道所做的初步准备，本身并不属于隧道协议。
- ▶ 强制隧道（Compulsory Tunnel）——强制隧道由支持 VPN 的拨号接入服务器来配置和创建。此时，用户端的计算机不作为隧道端点，而是由位于客户机和隧道服务器之间的拨号接入服务器作为隧道客户机，成为隧道的一个端点。能够代替客户端主机来创建隧道的网络设备，主要有支持 PPTP 协议的前端处理器（Front End Processor，FEP）、支持 L2TP 协议的 L2TP 接入集中器（L2TP Access Concentrator，LAC）和支持 IPSec 的安全 IP 网关。为了能正常地发挥功能，FEP 必须安装适当的隧道协议，同时能够在客户机建立连接时创建隧道。因为客户机只能使用由 FEP 创建的隧道，所以称为强制隧道。主动隧道技术可为每个客户机创建独立的隧道，而在强制隧道中

FEP 和隧道服务器之间建立的隧道可以被多个拨号客户机共享,而不必为每个客户机建立一条新的隧道。因此,在一条隧道中可能会传递多个客户机的数据信息,所以只有在最后一个隧道用户断开连接之后才能终止整条隧道。

2. 密码技术

密码技术是实现 VPN 的核心技术。VPN 利用密码算法,对需要传递的数据进行加密变换,从而使得未授权用户无法读取。密码技术可以分为以下两类:

▶ 对称密钥加密——也称为共享密钥加密,即加密和解密使用相同的密钥。在这种加密方式中,数据的发送者和接收者拥有共同的单个密钥。当要传输一个数据包时,发送者利用相同的密钥将其加密为密文,并在公共信道上传输,接收者收到密文后用相同的密钥将其解密成明文。比较著名的对称密钥加密算法有 DES、3DES 等。

▶ 非对称密钥加密——也称为公钥加密。这种加密方式使用公钥和私钥两个密钥,且两个密钥在数学上是相关的。公钥可以不受保护,在通信双方之间公开传递,或在公共网络上发布,但相关的私钥是保密的。利用公钥加密的数据只有使用私钥才能解密;利用私钥加密的数据只有使用公钥才能解密。比较著名的非对称密钥加密算法有 RSA、Diffie-Hellman、Rabin、椭圆曲线等,其中最有影响的是 RSA 算法,它能抵抗到目前为止已知的所有密码攻击。

3. 密钥管理技术

加密、解密运算都离不开密钥,因而 VPN 中的密钥分发与管理非常重要。有两种方式分发密钥:一种是通过人工配置分发,另一种是采用密钥交换协议动态分发。人工配置方法虽然可靠,但密钥更新速度慢,一般只适于简单网络。密钥交换协议通过软件方式,自动协商动态生成密钥,密钥更新速度快,能够显著提高 VPN 的安全性。目前,密钥交换与管理标准主要有互联网简单密钥管理(Simple Key Management for IP,SKIP)、Internet 安全关联和密钥管理协议(ISAKMP)。

4. 身份认证技术

VPN 需要解决的首要问题是网络用户与设备的身份认证,如果没有一个万无一失的身份认证方案,不管其他安全措施多么严密,VPN 的功能都将失效。从技术上来说,身份认证方式有非公钥构架(PKI)体系和 PKI 体系两种。

非 PKI 体系的身份认证大多采用 UID(用户标识)+ Password 模式,所采用的协议有:①密码认证协议(PAP);②质询-握手认证协议(CHAP);③可扩展身份验证协议(EAP);④微软质询-握手认证协议(MS–CHAP);⑤Shiva 口令认证协议(SPAP)协议;⑥远程用户拨入认证服务(RADIUS)协议。其中,一般网络接入服务器(NAS)为 RADIUS 客户机,认证服务器为 RADIUS 服务端(又称 RADIUS 服务器)。

PKI 体系的身份认证实例有电子商务中用到的安全套接层(SSL)安全通信协议的身份认证、Kerberos 等。目前常用的方法是依赖于数字证书认证机构(CA)签发的符合 X.509 规范的标准数字证书。通信双方交换数据前,需要确认彼此的身份,交换彼此的数字证书;然后双方将此证书进行比较,只有比较结果正确一致,双方才开始交换数据,否则终止通信。

VPN 的应用类型

在 VPN 中,任意两个节点之间的连接并没有传统专用网所需的端到端的物理链路,而是利用某种公共网络的资源动态组成的一种专用逻辑链路。它依靠因特网服务提供商(ISP)和其他网络服务提供商(NSP)在公用网中建立自己专用的"隧道",然后通过这条隧道传输数据包,如图 5.5 所示。而对于不同来源的数据包,可分别创建不同的隧道。

图 5.5 VPN 的隧道示意图

通常根据 VPN 所采用的隧道协议可将 VPN 的应用类型分为三种:远程访问虚拟网、企业内部虚拟网和企业扩展虚拟网。

远程访问虚拟网

远程访问虚拟网(Access VPN)又称为虚拟专用拨号网(Virtual Private Dial-up Network,VPDN),主要解决企业员工或企业的小分支机构等的远程用户安全办公问题,即用户既要远程获取企业内部网信息,又要保证用户和企业内部网的安全。典型的远程访问 VPN 是用户通过本地的因特网服务提供商(ISP)登录到互联网上,并在当前所在的办公室与公司总部局域网之间建立一条加密信道。Access VPN 的组成结构示意图如图 5.6 所示。远程用户利用 VPN 技术,通过拨号、ISDN 等方式接入公司内部专用网。

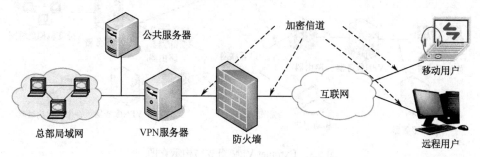

图 5.6 Access VPN 组成结构示意图

企业内部虚拟网

随着通信业务的发展变化,企业办公地点可能不再集中在一个地方,而是分布在不同的地理区域,甚至可以跨越不同的国家。因而,企业的信息环境也随之发生了变化。针对这种情况,企业内部虚拟网(Intranet VPN)的用途就是通过公用网络如互联网,把分散在不同地理区域的企业分支机构的局域网安全地互连起来,实现企业内部信息的安全共享和办公自动化。Intranet VPN 的组成结构示意图如图 5.7 所示。Intranet VPN 在两个异地网络的网关之间建立了一个加密的 VPN 隧道,两端的内部网络可以通过该 VPN 隧道安全地进行通信,就好像与本地网络通信一样。当数据离开发送者所在的局域网时,该数据包首先被用户端连接到互联网上的

VPN 服务器进行加密，然后在互联网上以加密的形式传送。当到达目的 VPN 服务器后，该 VPN 服务器对数据包解密，以使 LAN 中的用户接收到原始数据信息。

图 5.7　Intranet VPN 组成结构示意图

Internet VPN 带来的安全风险较小，因为公司通常认为其分支机构是可信的，因此可将 VPN 作为公司网络的扩展。Internet VPN 的安全性取决于两个 VPN 服务器之间所采用的加密和认证技术。

企业扩展虚拟网

由于企业合作伙伴的主机和网络可能分布于不同的地理位置，传统上一般通过专线互连来实现数据交换。如此一来，网络建设与管理维护费用不但非常昂贵，而且会造成企业间商贸交易程序的复杂化。企业扩展虚拟网（Extranet VPN）利用 VPN 技术，在公共通信基础设施(如互联网)上把合作伙伴的网络或主机安全接到企业内部局域网，以便企业与合作伙伴共享信息资源。Extranet VPN 的组成结构示意图如图 5.8 所示，其实质是一种网关对网关的 VPN。与 Internet VPN 不同，Extranet VPN 需要在不同企业内部网之间组建，需要不同协议和设备的配合，以及不同的安全配置。

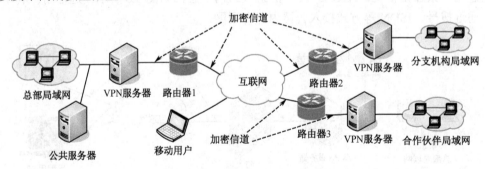

图 5.8　Extranet VPN 组成结构示意图

Extranet VPN 能保证包括 TCP 和 UDP 服务在内的各种应用服务的安全，如 E-mail、HTTP、FTP、RealAudio、数据库的安全，以及一些应用程序如 Java、ActiveX 的安全。Extranet VPN 解决了企业外部机构的接入安全和通信安全问题，同时也降低了网络建设成本。

VPN 可以在 TCP/IP 协议体系的不同层次上实现，因此有多种应用方案。每一种应用方案都有各自的优缺点，用户可根据自己的具体需求选择使用。

VPN 的实现

有多种方式可实现 VPN。按照 VPN 在 TCP/IP 协议体系中的实现方式，可将其分为链路层 VPN、网络层 VPN 和传输层 VPN。因此，目前常见的 VPN 实现方案有三种：基于第 2 层的 VPN 实现方案，如 PPTP、L2F、2TP；基于第 3 层的 VPN 实现方案，如 IPSec；介于第四层和第五层之间的 VPN 实现方案，即传输层 VPN，如 SSL VPN 等。

实现 VPN 的关键技术是隧道，而隧道则是依据隧道协议来实现数据封装的。形成隧道的协议有第二层隧道协议和第三层隧道协议两种。第二层隧道协议用于传输第二层网络协议，它主要应用于构建 Access VPN。第三层隧道协议用于传输第三层网络协议，且用在路由器中，如 IPSec，可以满足 Intranet VPN 和 Extranet VPN 的需求。传输层 VPN 则通过 SSL 来实现。

基于 IPSec 的 VPN

基于 IPSec 的 VPN 是一种基于网络层的 VPN 实现方案。IPSec 工作于网络层，实现网络层连接，对终端节点间的所有数据传输进行加密保护，而不管是哪类网络应用。由于 IPSec 具有隧道与传输两种应用模式，所以当需要通过 IP 网络通信时，IPSec 可以使用隧道模式，并且通过配置 IPSec 来构建 VPN。也就是说，IPSec VPN 要求在远程接入客户机上适当安装和配置 IPSec 客户机软件和接入设备，真正将远程客户机"置于"企业内网，使远程客户机拥有与内部用户一样的操作权限。

由于 IPSec 提供对用户数据的加密，从而能给用户提供更好的安全性。IPSec VPN 还能减轻网管负担。许多 IPSec 客户机软件能实现自动安装，不需要用户参与。由于 IPSec 与通用路由封装（GRE）都采用基于隧道的 VPN 实现方式，所以 GRE VPN 在管理、组网上的缺陷，IPSec VPN 也同样存在。

IPSec 支持主机与主机、主机与路由器、路由器与路由器之间，以及远程访问用户之间的安全服务。任何局域网应用都能通过 IPSec 隧道进行访问，因而在用户仅需要网络层接入时，IPSec VPN 是一种实现多专用网络安全连接的最佳选择。

基于 SSL 的 VPN

基于 SSL 的 VPN 是一种介于传输层和应用层之间的 VPN 实现方案，所采用的安全协议是安全套接层协议（SSL）。该协议最早由网景（Netscape）公司提出，是一个基于 Web 应用的安全协议。它可为 TCP/IP 连接提供数据加密、服务器认证、消息完整性，以及可选的客户机认证。这种技术能够使得授权移动用户利用任何标准的 Web 浏览器与互联网连接，然后通过 VPN 专有隧道灵活安全地接入企业内网。

SSL VPN 是一种采用 SSL 协议实现远程接入的新型 VPN 技术。从硬件构成上看，这种配置模式主要由企业内部网公共服务器、客户端（移动用户）和 SSL VPN 网关等组成。公共服务器是指企业内部网实际的服务提供者，可以是 WWW 服务器、Telnet 服务器或邮件服务器等。客户端一般为标准的网络浏览器（IE、Netscape 等），它利用 SSL VPN 技术加密访问请求，然后发送到 SSL VPN 网关。SSL VPN 网关是 VPN 系统访问控制及决策的核心，通常放置在防火墙之后。远程客户机与 SSL VPN 网关之间建立 SSL 安全隧道，客户机对 SSL VPN 网关后面的所有应用服务器的交互数据都在 SSL 隧道内传输。

高质量的 SSL VPN 实现方案可保证企业进行安全的全局访问。在不断扩展的互联网 Web 站点之间，远程办公室、传统交易大厅和客户端之间，可以实现远程访问，即以"零客户机"架构实现远程用户的连接，通过任何 Web 浏览器访问企业的 Web 应用。当然，SSL VPN 也存在一定的安全风险，因为用户可利用公共互联网站点接入。

IPSec VPN 应用实例

在构建一个 VPN 时，常遇到的问题是选择哪种类型的 VPN，如何设计一个具体解决方案，如何配置 VPN。目前，IPSec VPN 和 SSL VPN 是比较流行的两种互联网远程接入技术，市场上常见的产品也都支持它们。这两种 VPN 技术具有类似的功能特性，各自也存在着一些不足，但它们所采用的加密原理及加密操作都能够使原始明文变成密文在网络中传输。当然，算法和密钥是其加密技术中的两个主要因素。SSL VPN 在应用层加密，安装部署和使用都比较方便，但性能比较差；而 IPSec VPN 应用范围较广，安全性也较高。IPSec 是一种能为任何形式的互联网通信提供安全保障的协议套件，它的目标是用适当的安全性和算法保护所要传输的数据。IPSec 所采用的 Internet 安全关联和密钥管理协议（ISAKMP），能够提供用于应用层服务的通用格式；互联网密钥交换（IKE）通过提供额外的特性和灵活性，对 IPSec 进行了增强，并使 IPSec 易于配置。下面以基于 IPSec 的 VPN 为例，讨论其具体解决方案的设计与配置。

IPSec VPN 方案设计

采用 IPSec VPN 方式架构虚拟专用网络，实现安全高效的连接，首先要进行 VPN 总体规划设计。一个网络连接一般由客户机、服务器和传输媒体 3 部分组成，VPN 也不例外，也需要这 3 部分。不同的是，VPN 连接不是采用物理的传输媒体，而是使用隧道技术作为传输信道。这个隧道是建立在公共网络或专用网络基础之上的，如互联网等。同时，要实现 VPN 连接，机构内部网络中必须配置一台基于 Windows 的 VPN 服务器，或者使用一台支持 VPN 功能的防火墙或路由器来充当 VPN 服务器。VPN 服务器一方面连接机构内部的专用局域网络（LAN），另一方面连接互联网或其他专用网络，这就要求 VPN 服务器必须拥有一个公用的 IP 地址。也就是说，机构必须首先拥有一个合法的互联网用户或专用网络域名。当客户机通过 VPN 连接到专用网络中的计算机进行通信时，先由 NSP 将所有的数据传送到 VPN 服务器，然后再由 VPN 服务器将所有的数据传送到目标计算机。因此，一个 IPSec VPN 方案一般包括以下几项内容：

► 总部接入方案：总部是整个机构的核心，有许多重要数据需要通过内部网络传输与共享，而其内部网络则可通过电信网络直接接入互联网。在总部内部网络安装 VPN 服务器，在网络出口处配置具有 VPN 功能的路由器。

► 分支机构及合作伙伴接入方案：由于各地分支机构需要与总部进行大量的数据交换，为了保障总部与分支机构、总部与合作伙伴之间数据传输的安全性，可以根据各分支机构的具体情况，分别对路由器进行配置。通常，分支机构可以拥有对总部访问的全部权限，而合作伙伴只能查看部分信息资源。

► 移动用户的远程安全接入方案：在外出差的移动用户可以通过安装在便携式计算机上的客户端拨号软件，随时接入当地 ISP。便携机接入互联网后，使用拨号软件与总部机构的安全网关建立起加密隧道，安全接入总部或各个分支机构。

一个典型的 VPN 网络拓扑结构示意图可参见图 5.8。在该示例方案中，实现了机构总部的路由器 1 与分支机构的路由器 2，以及合作伙伴的路由器 3 的 VPN 互连；通过 VPN 服务器和客户机的相应设置，实现了移动办公用户与总部服务器的 VPN 连接。实际中，机构总部的下属分支机构、合作伙伴数量可能较多，在拓扑结构示意图中只选择了部分分支机构作为示例。

表 5.4 所示为其相关的端口及 IP 地址设置。

表 5.4　路由器端口及 IP 地址设置

路由器	IP 地址	以太网口及端口地址	串口及端口地址
路由器 1	202.119.167.1	ES0 202.119.128.1	S0/0 202.119.1.2
路由器 2	192.168.99.30	ES0 192.168.99.2	S0/0 192.168.2.2
路由器 3	172.16.255.149	ES0 172.16.255.3	S0/0 172.16.3.2

路由器到路由器的 IPSec 配置

在路由器到路由器之间采用 IPSec 方式连接，需要配置一条虚拟隧道，使两个网络能够通过安全连接，进行安全可靠的通信。

以采用预共享密钥的 IPsec 加密方法为例，其 IPsec VPN 的配置过程为：

► 配置 IKE 策略，内容有 Hash 算法、加密算法、DH 组、生存时间；

► 配置预共享密钥，需要选择 IP 地址或者主机名来标识该密钥；

► 配置 IPSec 参数，包括配置本端标识（IP 地址和主机名），以及配置数据流访问控制列表（ACL），以便在加密映射中引用该数据流；

► 设置加密转换规则，转换规则是某个对等实体能接受的一组 IPSec 协议和密码学算法，双方要保持一致；

► 配置加密映射，为 IPSec 创建加密映射条目，使得用于建立 IPSec 安全关联的各个部件协调工作；

► 应用（激活）加密映射；

► 查看 VPN 配置。

IPsec VPN 具体配置一般可分为以下三大步骤。

1. 确定 ISAKMP（IKE 阶段 1）策略

确定 ISAKMP 策略是指在远程网络的边界路由器 1 上，定义管理连接的 IKE 策略，主要包括确定密钥分发方法、确定认证方法，为对等实体确定 ISAKMP 策略。ISAKMP 策略定义 IKE 协商过程中使用的安全参数组合。一组策略形成一个多策略的保护套件，使 IPSec 对等实体能够以最小配置建立 IKE 会话和安全关联（Security Associations，SA）。配置命令如下：

```
router1(config)#crypto isakmp enable      //启用 IKE 协商
router1(config)#crypto isakmp idwntity address
router1(config)#crypto isakmp policy 10      //建立 IKE 协商策略（10 为策略编号）
router1(config-isakamp)#encryption des 128   //使用 DES 加密方式，密钥长度为 128
router1(config-isakamp)#hash md5     //指定 Hash 算法为 MD5（其他方式如 SHA、RSA）
router1(config-isakamp)#authentication pre-share    //告诉路由器使用预共享密钥进行
                                                      身份认证
router1(config-isakamp)#group1    //指定密钥位数，group 2 安全性更高，但更耗 CPU
router1(config-isakamp)#exit
```

然后，配置预共享密钥，并指定 VPN 另一端路由器的 IP 地址，配置命令为：

```
router1(config)#crypto isakmp key thisisatest address 192.168.99.30
    //thisisatest 为共享密钥，192.168.99.30 为对等端路由器 2 的 IP 地址
```

2. 定义 IPSec（IKE 阶段 2）策略

IPSec 策略定义了一个 IPSec 参数组合，用于 IPSec 协商过程。IPSec 规划也称为 IKE 阶段 2，是在一台路由器上配置 IPSec 的又一重要步骤，主要配置以下内容。

（1）配置 IPSec 参数。创建一条需要加密本地局域网数据流的访问控制列表（ACL），即定义哪些地址的报文应该加密或者不加密。例如，机构总部的 IP 地址范围是 202.119.128.0/24，远程用户的 IP 地址范围为 192.168.99.0/24，那么其配置命令为：

```
router1(config)#ip access-list extended Local
router1(config-ext-nacl)#permit ip 192.168.99.0 0.0.0.255 202.119.128.0 0.0.0.255
```

（2）配置加密转换规则。配置用于定义与对等实体通信使用的安全协议和算法的变换集，可以定义认证使用 AH，加密使用 ESP 或者认证使用 ESP，但至少必须定义一个安全协议。其配置命令为：

```
router1(config)# crypto ipsec transform-set test esp-3des esp-md5    //为 ESP 加
密选择 3DES，为 ESP 认证选择 MD5 作为 Hash 算法；test 为传输模式的名称
```

（3）配置加密映射。建立匹配访问表与对等实体交换集的 crypto map（将 IKE 协商信息与 IPSec 参数整合，命名），可以为每个映射表项定义多个对等实体的 IP 地址，但每个匹配表项中只能定义一个变换集和一条访问表。其配置命令为：

```
router1(config)#crypto map testmap 1 ipsec-isakmp //testmap 是 crypto map 的命名
router1(config-crypto-map)#set peer 192.168.2.1  //指定此 VPN 链路对等实体 IP 地址
router1(config-crypto-map)#set transform-set test    //IPSec 传输模式的名称
router1(config-crypto-map)#match address Local     // Local 是上面定义的 ACL 访问表号
```

（4）应用（激活）加密映射，即把上一步创建的映射（crypto map 的名字）应用到一个路由器端口上，一般应用到距目的路由器最近的端口上。其配置命令为：

```
router1(config)# interface s0/0          //进入应用 VPN 的端口
router1(config-if)# crypto map testmap    //testmap: crypto map 的名字
```

3. 查看 VPN 的配置

配置 IPSec 策略之后，要检查路由器的当前配置，以确定在已经配置的 IPSec 策略中，是否有一些策略有助于或干扰了规划的 IPSec 策略配置。其配置命令为：

```
router1#show crypto ipsec sa        //查看安全关联
router1#show crypto map            //显示 crypto map 内配置的加密图
router1#show crypto isakmp policy //检查默认的 IKE 阶段 1 策略及任何配置的 IKE 阶段 1 策略
```

按照上述步骤，在路由器 2、路由器 3 中进行类似配置后，即可实现 IPSec 加密传送。注意，在开始配置 IPSec 前，必须检查对等实体之间的基本连通性，确保网络在没有加密时也能

工作。例如，可使用路由器的 ping 命令进行检查。否则，一旦激活 IPSec 后，安全配置可能就会掩盖网络的某些基本问题，致使难以处理基本连通性类故障。

Windows Server 下 VPN 的配置与实现

为了实现移动办公用户能够随时随地接入机构内部局域网，使用内部网络资源，一般可采用自愿隧道技术建立临时的 VPN 隧道。因此，在机构内部网络中需要设立一台 VPN 服务器，如使用 Windows 2008 Server 作为 PPTP VPN 服务器。VPN 服务器需配置两块网卡，一块连接机构内部专用网络，另一块连到互联网，并配置一个公共 IP 地址。对于客户端的 Windows 系列平台，需要配置网卡或者调制解调器，使之能够接入互联网。

Windows 2008 Server 的配置和客户端拨号软件的设置主要涉及以下两项内容。

▶ 配置 VPN 服务器，使之能够接受 VPN 接入。完成 VPN 服务器的配置后，还需要创建用户，并为用户设置拨入权限，让远程计算机可以通过 VPN 服务器访问机构内部网络。

▶ 配置 VPN 客户端（如 Windows）并建立客户端与服务器间的 VPN 连接。通常，在客户端使用 PPTP 拨号接入 VPN 服务器。当 VPN 客户机通过 PPTP 拨号与 VPN 服务器连接成功后，VPN 客户机就成了 VPN 服务器所在局域网的一个组成部分。在该局域网内，任意一台计算机均可以按照权限访问其他计算机上的软硬件共享资源，操作方法与普通局域网完全一样。

VPN 技术能够较好地实现远程网络的访问与管理等问题。基于 IPsec 的 VPN，一般需要通过对双方路由器的配置、Windows Server 的配置，以及客户端拨号软件的设置之后，才能使得一个总部机构与分支机构或者合作伙伴使用公网建立起虚拟隧道连接。有时，还可采用身份认证，如采用智能卡等形式，进行远程办公室到本地办公室及移动用户拨入的身份认证，以进一步强化安全访问控制。IPsec VPN 一般用于点到点的应用场景和复杂应用的移动用户的接入。

练习

1. IPSec 的加密和认证过程中所使用的密钥由（   ）机制生成和分发。

    a. ESP   b. IKE   c. TGS   d. AH

【提示】IPSec 密钥管理利用 IKE（互联网密钥交换）机制实现，通过 IKE 解决了 Internet 环境中安全交换共享密钥的问题。

2. IPSec VPN 安全技术没有用到（   ）。

    a. 隧道技术   b. 加密技术   c. 入侵检测技术   d. 身份认证技术

【提示】IPSec 包括 AH 和 ESP，AH 提供数据源身份认证、数据完整性保护、重放攻击保护功能；ESP 提供数据保密、数据源身份认证、数据完整性和重放攻击保护功能。IPSec VPN 的两种工作模式为传输模式和通道模式，二者的根本区别在于是否进行 IP 封装。需要指出的是，IPSec 标准不支持 NAT，因为一旦经过 NAT，由于 IP 包头数据被修改，等于数据完整性遭受破坏，所以 AH 或 ESP 的校验就会失败。因此可以看出 IPSec VPN 技术不能进行入侵检测。

【参考答案】1.b   2.c

补充练习

参照如图 5.9 所示网络拓扑图，用第 3 层交换机实现 VLAN 间路由配置实验。进行配置后，要求两台路由器可以互相 ping 通对方。实验环境为：

（1）分别启用路由器 R1、R2 和交换机 SW1；

（2）将路由器 R1 的 Fa0/0 端口的 IP 地址设为 192.168.1.2/24，关闭路由功能，用来模拟 PC1，同时默认网关设为 192.168.1.1；

图 5.9　VLAN 间路由配置实验网络拓扑图

（3）将路由器 R2 的 Fa0/0 端口的 IP 地址设为 192.168.0.2/24，关闭路由功能，用来模拟 PC2，同时默认网关设为 192.168.0.1；

（4）在交换机 SW1 上分别划分 VLAN14、VLAN15 两个 VLAN，启用路由功能，用来充当第 3 层交换机；

（5）将交换机 SW1 的 Fa1/14 端口的 IP 地址设为 192.168.0.1/24，并将该端口加入 VLAN14 中；

（6）将交换机 SW1 的 Fa1/15 端口的 IP 地址设为 192.168.1.1/24，并将该端口加入 VLAN15 中。

第三节　移动互联网安全

移动互联网是移动通信网络与互联网融合的产物，它继承了移动通信网络随时随地与互联网分享、开放、互动的优势，是整合两者优势的升级版本。与此同时，移动通信与互联网的融合也打破了其相对平衡的网络安全环境，大大削弱了通信网络原有的安全特性，面临着互联网的种种安全威胁和挑战，需要及时提升自身的安全防护能力。

本节从分析移动互联网所面临的安全威胁着手，讨论移动互联网安全防护方案。

学习目标

▶　了解移动互联网面临的安全威胁；

▶　掌握移动互联网安全防护方法。

关键知识点

▶　基于 IP 的开放式架构是互联网安全问题的总根源；构建其安全框架可以有效规避各种安全威胁。

移动互联网面临的安全威胁

互联网的开放式架构导致了许多安全问题,通信网络与互联网融合发展而诞生的移动互联网又进一步打破了相对安全的网络环境。伴随着移动互联网用户的快速增长、智能终端和移动应用更加丰富和多样化,移动互联网安全问题越显突出,安全形势越来越严峻。移动互联网作为移动智能终端、互联网和移动通信融合的产物,不可避免地继承了传统互联网和移动通信网的脆弱性;移动互联网由于智能终端和移动应用的多样性,移动用户访问网络的模式和使用习惯与传统的网络时代有很大差别,移动互联网所面临的安全问题不是传统互联网和移动通信网安全问题的简单叠加。移动互联网面临的安全威胁主要集中在智能终端、接入网和应用及业务等方面。

智能终端安全问题

随着移动通信网络、智能终端操作系统、集成电路等领域技术的快速进步,智能终端的通信、计算、存储等能力迅速提升,对于人们来说智能终端已不再局限于通信和娱乐,已经广泛应用于工作和生活的各个领域,如办公、金融、支付、社交等,已经成为网络边界。同时,智能终端存储了大量的个人隐私和敏感信息,很容易成为攻击对象。智能终端面临的安全问题主要有以下 3 类:

(1)智能终端漏洞威胁。智能终端的操作系统、应用软件、固件(SIM 卡)等都有可能存在安全漏洞,恶意攻击者可以利用这些漏洞对终端进行攻击。智能终端操作系统,特别是市场占有率超过 70%的安卓系统,呈现出显著的碎片化现象。安卓系统是开源的,智能终端操作系统的发布与更新往往是由各个终端厂商独立完成的,每个终端厂商都会根据自己的软硬件设计,对原生的安卓操作系统进行或多或少的定制化开发。因此即便是安卓系统的原始开发者 Google 公司,也无法掌控所有终端系统的漏洞修复与版本更新,成为网络攻击的重灾区。例如,2013 年 7 月,安卓系统被爆出签名漏洞(也称 Master Key 漏洞)。黑客利用该漏洞可在不签名的情况下,将木马植入正常应用,从而实现审核不严格的应用市场,实现窃听、偷话费等恶意目的。终端漏洞会降低智能终端的安全性,导致严重的安全问题,如经济损失、隐私泄露等。

(2)恶意应用威胁。木马病毒等恶意软件是计算机时代的主要安全威胁,随着移动互联网的发展和智能终端的普及,恶意应用威胁也开始向移动互联网领域发展。恶意应用带来的安全问题主要包括恶意扣费、隐私窃取、远程控制、恶意传播、资源消耗、系统破坏、诱骗诈取和流氓行为等。2014 年 Android 平台新增的恶意程序中,资费消耗类占比高达 74.3%,给用户造成了严重的经济损失;其次为隐私窃取,隐私窃取虽然不直接构成经济损失,但它会为用户的手机埋下安全隐患,一旦危机爆发,危害程度更高。

(3)恶意骚扰威胁,如诈骗、垃圾短信和邮件等。诈骗和垃圾短信已成为移动互联网中的一大问题,相比于传统互联网的诈骗和垃圾信息,移动号码的唯一性将导致诈骗和垃圾信息的传播更准确、更便捷,也更具欺骗性。

接入网安全问题

随着移动互联网的发展,其网络边界也越来越模糊,传统互联网的安全域划分、等级保护等安全机制在移动互联网中不再完全适用，移动互联网的网络侧也面临着新的安全威胁。移动互联网增加了无线接入和大量移动智能终端设备，网络攻击者可以通过破解空中接入协议非法访问网络，对空中接口传递的信息进行监听和窃取。另外，移动互联网中 IP 化的电信设备、信令和协议存在各种可能被利用的软硬件漏洞，攻击者可以利用这些漏洞对移动互联网进行攻击。并且，由于 IP 的开放性和移动智能终端的移动性，使得伪造和隐藏网络地址相对容易，这使实时定位和溯源网络攻击变得相对困难，其中比较典型的安全威胁是伪基站。

伪基站即假基站、伪造电信基站，一般由主机、笔记本电脑、短信群发器、短信发信机、信号加强设备等组成。它能够搜索以其为中心、一定半径范围内的手机，并获取到手机卡的相关信息，然后伪装成运营商的基站，冒用他人手机号码强行向用户手机发送诈骗、广告推销等短信。从技术上分析，伪基站问题只在 GSM 中存在，这个问题已在 3G 中解决。

应用业务安全问题

移动互联网承载的应用业务多种多样，不再只是传统的语音、短信服务；同时又引入了更多的业务平台，网络结构更加复杂，端到端的业务安全防护难度较大，应用业务系统被非法访问、隐私数据和敏感信息泄露、垃圾和不良信息传播等安全风险越来越严峻。另外，移动办公、金融支付等业务对安全有着更高的要求，目前虽然发展迅速但还没有统一的业务安全标准和体系。移动互联网业务常见的安全威胁主要有非法数据访问、非法业务访问、业务盗用滥用、隐私敏感信息泄露、SQL 注入、拒绝服务攻击、垃圾和不良信息传播等。其中，一个最大的用户隐私泄密事件当属美国的"棱镜门"，包括微软、雅虎、谷歌、苹果等在内的 9 家国际互联网巨头皆参与其中。

在移动互联网时代，人们的工作与生活已经和手机息息相关，手机中携带的个人隐私信息越来越多。基于位置服务（LBS）的地理信息服务已经和手机应用结合起来，各类基于 LBS 的移动应用急速增长，其中每一款应用软件都存有大量个人信息。例如，不规范的 APP 存有用户短信记录、通话录、通信录等个人敏感信息，通过对这些信息的收集和挖掘，用户在哪里、和谁在一起、做什么等隐私信息都会被收集、被暴露。用户隐私信息泄露问题已经催生出了黑色数据交易产业链。

另一方面，移动互联网出现了越来越多的与云计算结合的业务，随着云服务的推广，大量的用户个人信息、企业业务数据将在云计算平台上集中存储和管理，云计算服务存在公共租赁、虚拟化等特性，将给移动互联网带来新的安全问题，如用户和企业数据泄露等。同时，云服务平台上用户和企业数据的使用缺乏监管，这些数据有可能在用户和企业不知情的情况下也会被非法使用。

移动互联网安全防护

加强移动互联网安全防护，促进移动互联网产业健康发展，是目前一项十分迫切的任务。无论是传统互联网安全，还是移动互联网安全，都不存在一击毙命解决问题的"银弹"，而是需要很多技术的相互配合。针对移动互联网安全威胁，要想切实改善其安全性，需要系统化地研究其安全方案。移动互联网的一种安全防护架构如图 5.10 所示。

图 5.10　移动互联网安全防护架构

应用安全

移动互联网业务来自互联网、移动通信网，以及移动通信网与互联网结合的创新业务，包括移动浏览、移动 Web2.0、移动搜索、移动地图、移动音频/视频、移动广告、移动 Mashup 等业务。应用安全应包括如下一些主要措施，以保障移动互联网业务的应用安全。

▶ 应用访问控制—— 为应用系统提供统一的基于身份令牌和数字证书的身份认证机制，基于属性证书的访问权限控制，以保护受控信息不被非法和越权访问，并能够为事后追踪提供可靠依据。

▶ 内容过滤—— 内容过滤包括 Web 内容过滤和反垃圾邮件。Web 内容过滤包括基于分类库的 URL 进行访问控制，对色情、反动等多种负面网站按类别进行选择控制，对 Web 网页关键字和 Java、JavaScript、ActiveX 等移动代码进行过滤，以黑名单/白名单、通配符、正则表达式的方式进行网址过滤。反垃圾邮件是指对收发邮件的地址、附件名、附件内容、主体、正文内容、收发邮件人姓名等关键字进行匹配过滤，对中转垃圾邮件进行识别和过滤；具有反垃圾邮件功能，能够在线查询垃圾邮件服务器，阻断垃圾邮件的来源。

▶ 安全审计—— 一般包括系统审计和应用审计两种策略。

网络安全

移动互联网可分为接入网、IP 承载网/互联网两大部分。接入网采用移动通信网时涉及基站（BTS）、基站控制器（BSC）、无线网络控制器（RNC）、移动交换中心（MSC）、媒体网关（MGW）、服务通用分组无线业务支持节点（SGSN）等设备以及相关链路，采用 WiFi 时涉及接入设备（AP）。IP 承载网/互联网主要涉及路由器、交换机、接入服务器等设备以及相关链路。

- ▶ 加密和认证——加密和认证体系可以参照 WPKI 认证体系。
- ▶ 数据加密——移动终端与服务器初次通信时，可使用公开密钥加密技术生成共享密钥。
- ▶ 身份认证——对无线网络可以定义一种缩微证书格式，以减轻传输负载及移动终端的数据处理负担。
- ▶ 异常流量控制——对协议、地址、服务端口、数据包长度等进行流量统计，或基于地址特征进行会话数统计、基于策略进行流量管理。
- ▶ 网络隔离交换——用以实现两个互联网的安全隔离，并允许指定的数据包在两个网络之间进行交换。
- ▶ 信令和协议过滤——防御针对七号信令和各种通信协议的攻击，在安全管理系统的管控下完成信令和协议的安全防护。
- ▶ 攻击防御与溯源——攻击防御能够检测并抵抗 DDoS/DoS 攻击，并基于内置事件库对各种攻击行为进行实时检测；在发现攻击行为之后能够追溯攻击源，以便进行事后跟踪和检查。

终端安全

移动智能终端面临的安全威胁可归纳为空中接口安全威胁、信息存储安全威胁、终端丢失安全威胁、接入安全威胁、外围接口安全威胁、终端刷机安全威胁、垃圾信息安全风险、终端恶意程序安全威胁等，需要有针对智能终端安全的应对之道。

- ▶ 防病毒——移动终端多属智能设备，具备操作系统，应当针对常见的病毒如木马、钓鱼和应用程序漏洞的攻击行为具备一定的防范能力；可以过滤邮件病毒、文件病毒、恶意代码、木马后门、蠕虫等多种类型的病毒，对灰色软件、间谍软件及其变种能够进行阻断。
- ▶ 软件签名——通过软件签名手段对软件进行完整性保护，防止软件被非法篡改。一旦检测到应用程序被非法篡改，能及时向安全管理设备报警。
- ▶ 主机防火墙——在智能终端上进行主机防火墙的控制，通过白名单/黑名单对呼入/呼出号码进行控制，对进出终端的数据包进行基于五元组等特征的控制。
- ▶ 加密存储——把重要信息包括用户隐私信息如通信录、通话记录、收发的短信/彩信、IMEI 号、SIM 卡内信息、用户图片及照片等加密存储在终端上，防止被非法窃取。

安全管理

移动互联网安全的管理主要是对全网安全态势进行统一监控，在统一的界面下完成对所有安全设备的统一管理，实时反映全网的安全状况。加强网络安全管理显然是改善移动互联网安全的又一条主线。安全管理工作实际包括很多方面，例如，以移动互联网的应用商店监管为例，监管方案的原则是以相关政策、标准为依据，以主管部门为领导、以测评机构和行业协会为执行者，通过应用商店抽检机制、举报机制和通告机制加强应用商店的安全审核与监督。实现安全管理的目标是：

- ▶ 清除或减少移动应用商店中的恶意应用；
- ▶ 增加用户反馈问题和获取引导信息的渠道；

▶ 能够对所产生的数据进行汇聚、过滤、标准化、优先级排序及相关分析处理；

▶ 加强主管部门的监管力度，实现各类安全设备的联动联防。

基础安全支撑

基础安全支撑包括密码管理、证书管理和授权管理。证书、密钥及授权管理系统支持单机模式和级联模式。级联模式分为一级中心、二级中心。证书密钥及授权管理系统为涉密信息系统提供互联互通密码配置，以及公钥证书和对称密钥的管理等。

解决移动互联网安全问题，需要技术和管理两条线的不懈努力。在技术层面，不仅需要研究源头、路径、终端各个层面的具体问题，更需要研究不同层面技术和工作的配合问题。在管理层面，除了借用对互联网管理的已有经验以外，对移动应用互联网这一新兴事物的监管需要进一步加强研究，以建立一个多方参与的有效监管机制，通过安全的提升，确保移动互联网的健康可持续发展。

练习

1. 研究总结移动互联网安全环境面临哪些主要威胁？

2. 研究分析目前较为流行的移动支付类木马病毒危害，如 FakeTaobao 木马。

3. 为了确保手机安全，在下载手机 APP 时应该避免（　　）。

  a. 用百度搜索后下载   b. 从官方商城下载

  c. 在手机上安装杀毒等安全软件   d. 及时关注安全信息

4. 当前社交网站往往是泄露人们隐私信息的重要途径，这是因为（　　）。

  a. 有些社交网站要求或是鼓励用户实名，以便与我们真实世界中的身份联系起来

  b. 用户缺乏防护意识，乐于"晒"自己的各种信息

  c. 网站的功能设置存在问题

  d. 以上都正确

5. 通过检查访问者的有关信息来限制或禁止访问者使用网络资源的技术属于（　　）。

  a. 数据加密   b. 物理防护   c. 防病毒技术   d. 访问控制

6. 一个数据包过滤系统被设计成只允许你要求服务的数据包进入，而过滤掉不必要的服务，属于（　　）基本原则。

  a. 失效保护状态   b. 阻塞点   c. 最小特权   d. 防御多样化

【参考答案】3.a 4.d 5.d 6.c

补充练习

通过互联网查找文献资料，研究分析目前移动互联网的安全形势和技术防护难点。

本 章 小 结

安全是网络赖以生存的保障，只有安全得到保障，网络才能实现自身价值。为保证网络安全应用，目前广泛使用的方法主要有：备份数据、加密技术、防火墙技术、加强网络安全防范

教育等。采取网络安全技术是治理网络安全风险直接也是最有效的措施。本章主要从安全应用的角度讨论了网络地址转换（NAT）、虚拟专用网（VPN）及移动互联网安全技术。

网络地址转换（NAT）技术隐藏了端到端的 IP 地址，使得对数据包路径的跟踪变得困难。NAT 可分为静态地址转换、动态地址转换和网络地址端口转换 3 种类型。NAT 技术主要有两个用途：一是进行内网和外网之间的地址转换；二是用于网络安全。NAT 技术可以由路由器或软件实现。NAT 技术多用于内网安全管理，构成基于 NAT 的混合防火墙系统。

虚拟专用网（VPN）是企业网在 Internet 等公共网络上的延伸，它通过一个私有通道在公共网络上创建一个安全的私有连接。因此从本质上说 VPN 是一个虚信道，可用来连接两个专用网。它通过可靠的加密技术方法保证其安全性，并且作为公共网络的一部分存在。VPN 有远程访问虚拟网（Access VPN）、企业内部虚拟网（Intranet VPN）和企业扩展虚拟网（Extranet VPN）三种类型。VPN 作为一种综合性网络安全方案，涉及许多重要技术，其中最重要的是密码技术、身份认证技术、隧道技术和密钥管理技术。VPN 是保证网络安全的重要技术之一，随着网络应用的深入，将起到越来越重要的作用。

移动互联网安全问题的核心是移动支付安全问题、钓鱼链接、骚扰与诈骗短信、骚扰与诈骗电话，突出表现在个人、用户信息隐私的泄露，病毒木马的攻击，网民用户对于网络安全的意识依然薄弱等方面。这些安全威胁的解决，需要从技术和管理多个方面（包括应用业务、接入网络、终端系统）形成综合防护方案。

小测验

1. 在排除路由器上 NAT 连通性故障时，发现转换表中没有添加恰当的转换条目，应该采取哪三项措施？（　　）

    a. 确定 NAT 池中是否有足够的地址

    b. 运行 debug ip nat detailed 命令，确定问题的根源

    c. 使用 show ip route 命令检验选定的路由是否存在

    d. 检验 NAT 命令所引起的 ACL 是否允许所有必需的内部本地 IP 地址

【参考答案】a、c、d。

2. 以下哪个 NAT 的配置类型可以通过将端口信息作为区分标志，将多个内部本地 IP 地址映射到单个内部全球 IP 地址？（　　）

    a. 静态 NAT   b. TCP 负载分配   c. 一对一的映射   d. NAT 超载

3. NAT 不支持以下哪种流量类型？（　　）

    a. ICMP   b. BOOTP   c. Telnet   d. SNMP

4. 在什么路由器模式下可以使用"ip nat inside source static 10.2.2.6 200.4.4.7"命令？（　　）

    a. 全局模式   b. 接口配置模式   c. 用户模式   d. 特许模式

5. 命令"ip nat inside source static 10.1.5.5 201.4.5.2"属于哪种 NAT 配置类型？（　　）

    a. 静态 NAT   b. 动态 NAT   c. 重叠地址转换   d. NAT 超载

6. 对照 ISO/OSI 参考模型各个层中的网络安全服务，在物理层可以采用（1）加强通信线路的安全；在数据链路层可以采用（2）进行链路加密；在网络层可以采用（3）来处理信息内外网络边界流动并建立透明的安全加密信道；在传输层主要解决进程到进程之间的加密，最常

见的传输层安全技术有（4）。为了将低层安全服务进行抽象和屏蔽，最有效的一类做法是在传输层和应用层之间建立中间件层次，以实现通用的安全服务功能，并通过定义统一的安全服务接口向应用层提供（5）安全服务。

(1) a. 防窃听技术　　　　b. 防火墙技术　　　　c. 防病毒技术　　　d. 防拒认技术

(2) a. 公钥基础设施　　　b. Kerberos 鉴别　　　c. 通信保密机　　　d. CA 认证中心

(3) a. 防窃听技术　　　　b. 防火墙技术　　　　c. 防病毒技术　　　d. 防拒认技术

(4) a. SET　　　　　　　b. IPSec　　　　　　　c. S-HTTP　　　　　d. SSL

(5) a. 身份认证　　　　　b. 访问控制

　　c. 数据加密　　　　　d. 身份认证、访问控制和数据加密

【提示】本题考查参考模型各层中的网络安全服务知识。

　　ISO 在 OSI 中定义了 7 个层次。从安全的角度来看，各层均能提供一定的安全手段，同时不同层次的安全措施不同，一般没有某个单独的层次能够提供全部网络安全服务。

　　在物理层，可以在通信线路上采用某些防窃听技术使得搭线窃听变得不可能或者容易被检测；在数据链路层，点对点的链路可以采用硬件实现方案加密和解密；在网络层，防火墙技术可用于处理信息在内外网络边界的流动，以便确定来自哪些地址的信息可以或者禁止访问哪些目的地址的主机；在传输层，连接可以端到端的加密，即进程到进程之间的加密。传输层安全一般是指传输层网关在两个通信节点之间代为传递 TCP 连接并予以控制，常见的传输层安全技术有 SSL、Socks 和安全 RPC 等。

　　为了将低层安全服务进行抽象和屏蔽，有效的方法是在传输层和应用层之间建立中间层次，以实现通用的安全服务功能。通过定义统一的安全服务接口，并采用各种不同的安全机制，可为应用层提供包括身份认证、不可否认、数据保密、数据完整性检查和访问控制等安全服务。

【参考答案】（1）选项 a；（2）选项 c；（3）选项 b；（4）选项 d；（5）选项 d。

第六章 网络管理

概 述

随着计算机网络技术的快速发展和普及应用，以及网络规模的迅速扩大，其复杂性也在不断增加，异构性也越来越高。如果没有一个高效的网络管理系统对网络实施管理，则很难提供令人满意的服务。因此，计算机网络管理（简称网管）已被列为"未来网络结构"的三大关键技术（高速交换技术、虚拟网络技术和网络管理技术）之一。网络管理是保证网络正常运行的重要措施。

在大型网络中对自动网络管理的需求更为迫切。随着其在规模上的发展，网络很快变得非常复杂，在没有帮助的情况下很难控制。随着更多网络互连设备的加入，它们的交互作用也使得对网络性能的优化变得更为困难。解决一个有着上百个节点的网络中的故障可能是件令人畏惧的事情。由于各种原因，小型网络也需要好的网络管理系统的帮助。小型网络的管理员通常不像大型网络的管理员那样接受过较多的培训且具有丰富的经验，所以他们需要得到更多的帮助。另外，许多小型机构由于相关人员缺乏，网络管理工作没有配备专业技术人员。因此如何有效地管理这些庞大而复杂的网络，使之有效、可靠和安全成了迫切需要解决的问题。

为确保计算机网络的持续正常运行，并在计算机网络运行出现异常时能及时响应和排除故障，需要有一个完备的网络管理与解决方案。网络管理系统能够在错误引发维护请求前修正其中的部分错误，且在出现故障的情况下，可以通过迅速地提供诊断信息来减少技术员的在线时间和费用。网络管理是指网络管理员通过网络管理程序对网络上的资源进行集中化管理的操作，其中包括配置管理、故障管理、性能管理、安全管理和计费管理等。

本章从 OSI 定义的网络管理标准、功能定义和标准 CMIS/CMIP（公共管理信息服务/公共管理信息协议）、SNMP 的角度宏观地介绍网络管理的相关内容，重点讨论网络管理的基本原理和操作方法，同时将重点介绍简单网络管理协议（SNMP）、常用网络管理方法，以及与网络管理相关的软件和工具。

第一节 网络管理概述

一般而言，网络管理是指监督、组织和控制网络通信服务，以及信息处理所必需的各种技术手段和措施的总称。其目标是确保计算机网络能够持续正常运行，并在运行出现异常故障时能及时响应和排除。广义上的网络管理是指对网络设备及其信息的管理、控制、计费及故障排除等。目前的软硬件解决方案都涉及网络组件管理，其中大多数都建立在简单网络管理协议（SNMP）基础之上。

学习目标

▶ 了解网络管理系统的组成和网络管理模型等；

▶　　了解网络管理的功能。

关键知识点

▶　　网络管理功能包括配置管理、故障管理、性能管理、安全管理和计费管理等 5 项功能。

网络管理系统结构

网络管理是指在整个网络运行期间，为了满足用户需求对网络的操作和维护而进行的全部活动，可概括为 OAM&P，即网络的操作（Operation）、处理（Administration）、维护（Maintenance）和服务提供（Provisioning）等活动。

网络管理是一项复杂的系统工程，不仅涉及组成网络的各种网络设备和网络对象，还涉及管理这些不同网络设备和网络对象的标准，因此做好网络管理工作需要有一个完备的网络管理系统及解决方案。

早期的网络管理主要负责监视重要的网络设备并且统计一些核心运行数据。对于一个小规模的网络，人们常常使用 ping 命令测试网络的连通性：如 ping 路由器的 IP 地址，ping 主机的 IP 地址，看对方是否应答，响应的时延是否在正常范围内，然后查找故障点。

显然，这种利用网络管理命令对设备进行控制是非常受限的，用户看到的往往仅是一个命令行界面，并且只有非常有限的几个命令。当前，其图形化的网络管理系统用户界面可以给出多种视图，用户与管理控制台是一种交互关系，管理工具和应用程序可以从大量的管理数据流中筛选出有用的信息，并将结果存储在各种数据库中以进行进一步分析。先进的软件技术使得管理信息更加清晰和精确，管理信息的相互关联使网络问题的分析能够更好地为调试和诊断服务。现代的网络管理正在努力解决加密与认证等安全问题，以及解决远程配置、协议操作中的高效性、管理进程之间的通信、委托代理支持、不同平台的互操作性等许多其他相关问题。

随着网络规模的不断扩大，网络的管理变得更加困难，因而需要开发一些网络管理工具。20 世纪 80 年代末，Internet 体系结构委员会开始采纳简单网络管理协议（SNMP）作为网络管理协议标准。按照 SNMP 框架，一个网络管理系统集成的部件包括：

▶　　管理者和网络管理站——管理者（Manager）是指对代理发送管理命令并接收代理响应的程序/软件，即作为管理员和网络管理系统之间的接口。管理者把网络管理员的命令转换成对远程网络元素的监视和控制，并从网络被管对象中提取信息，由应用程序如数据分析、网络计费和故障发现等软件对这些信息进行处理。网络管理站（NMS）则是指运行管理程序/软件的计算机系统。

▶　　被管节点代理——被管节点代理（Agent）是指在被管设备上运行的管理程序/软件。被管节点代理对管理者的信息查询和动作执行做出响应，同时异步地向管理者报告重要消息。

▶　　管理信息库——管理信息库（MIB）是网络管理系统的重要构件，由一个系统内的许多被管对象及其属性组成。MIB 通常由被管对象按照树状结构进行组织，因此又称为管理信息树（MIT）。MIB 实际上是一个虚拟数据库概念。这个数据库提供有关被管网络元素的信息，而这些信息由管理进程和各个代理进程共享。MIB 由管理进程和各个代理进程共同使用。

▶　　网络管理协议——网络管理协议是指管理者和代理之间的通信协议，如公共管理信息协议（CMIP）、简单网络管理协议（SNMP）等。

网络管理系统一般至少由一个网络管理者、多个代理、一个或多个管理信息库（MIB）和网络管理协议 4 部分组成，如图 6.1 所示。这些部件的作用及关系为：网络管理站一般是一个专做或兼做网络管理的主机，其上运行管理者和一组网络管理应用程序。网络中被管节点包括主机、网桥、路由器、终端服务器等。为了统一管理这些节点，它们都要运行代理进程 Agent，并维护管理信息。管理者与被管节点代理之间交换管理信息。对被管节点的监视和控制是通过存取管理信息库中的信息进行的。网络管理协议定义了管理者和代理之间管理信息的交换。管理者向代理要求读、写代理所在节点的状态、配置或性能数据，代理接收和响应来自管理者的请求报文并执行管理操作。

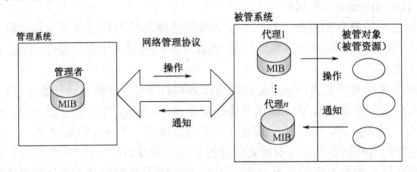

图 6.1　网络管理系统的基本结构

为了更清楚地理解管理者、代理和被管对象之间的关系和操作过程，图 6.2 示出了一种网络管理系统的典型组成结构。

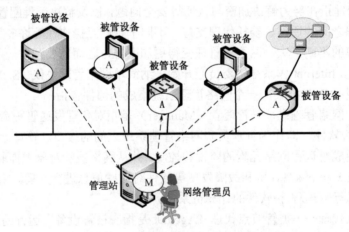

图 6.2　网络管理系统的典型组成结构

在这个管理系统中，管理站有时也称为控制台，是整个网络管理系统的核心。在物理上，管理站通常是具有高速 CPU、大内存、大硬盘的主机系统，由网络管理员直接操作和控制。管理站所在部门常称为网络运行中心（或信息中心）。管理站的关键构件是管理程序（在图 6.2 中以标有字母 M 的椭圆图形表示）。管理站（硬件）或管理程序（软件）统称为管理者或管理器。因此，管理者是指机器或软件，网络管理员是指人。向被管理设备发送的所有网络管理命令均是由管理站发出的。大型网络往往实行多级管理，因而有多个管理者，通常一个管理者只管理本地网络。

在被管理的网络中，可能有许多被管设备（包括软件），如主机、路由器、交换机、打印机、网桥、集线器或调制解调器等。有时将被管设备称为网络元素或网元。在一个网元中可能有许多被管对象。被管对象可以是被管设备中的某个硬件（如网络适配器），也可以是某些硬件或软件（如路由选择协议）的配置参数的集合。例如，特定的主机之间的一系列现有活动的 TCP 线路就是一个管理对象。管理对象不同于变量，变量只是管理对象的实例。当然，在被管设备中也会有一些不能被管理的对象。

在每一个被管设备中都要运行一个网络管理代理程序，即代理（在图 6.2 中以标有字母 A 的椭圆图形表示）。代理是驻留在网络元素中的软件模块，它们收集并存储管理信息（如网络元素收到的错误包的数量等）。管理程序是运行的客户机程序，代理程序是运行的服务器程序。管理程序与代理程序之间进行通信的规则就是网络管理协议（简称网管协议），如 SNMP。网络管理员利用网管协议通过管理站对网络中的被管设备进行管理。

管理工作站和被管代理通过信息交换进行工作，而这种信息交换是通过一种网络管理协议来实现的。真正的管理功能通过对管理信息库中的变量操作来实现，而管理应用程序则提供一个用户界面，使得操作者可以激活一个管理功能用于监控网络元素的状态或分析从网络元素中得到的数据。管理站通过要求网络元素的代理向其报告存放于元素管理信息库（MIB）中的状态与运行数据来监测网络元素，存放在 MIB 中的典型参数有物理网络接口的数量与类型、流量统计和路径表等。另外，MIB 中还对哪些信息该由这些管理程序共享进行了定义。

由此可见，网络管理通常采用管理站/代理模式通过网络管理系统实现管理功能。每次网管活动都是通过网管请求的申请者（网管中心的管理进程）与网管请求的接收者之间的交互式对话来实现的。例如，对交换机的管理主要是如何控制用户访问交换机，以及用户对交换机的可视程度。通常，交换机厂商都提供管理软件或满足第三方的管理软件，通过这些管理软件可实现对交换机的远程管理。一般的交换机均可满足 SNMP、MIB I/MIB II 统计管理功能；复杂一些的交换机会增加通过内置 RMON 组（mini-RMON）支持 RMON 主动监视功能；有的交换机还允许外接 RMON 以监视可选端口的状况。常见的网络管理方式如下：

▶ SNMP 管理；
▶ RMON 管理；
▶ 基于 Web 的网络管理。

网络管理功能

国际标准化组织（ISO）很早就在开放系统互连（OSI）参考模型总体标准中提出了网络管理标准框架 ISO 7498-4，其所制定的两个重要标准是 ISO 9595 和 ISO 9596。ISO 9595 定义了公共管理信息服务（CMIS），ISO 9596 描述了公共管理信息协议（CMIP）。在 ISO 制定的网络管理标准中，网络管理被分为系统管理（管理整个系统）、层管理（管理某一个层次）和层操作（对某个层次中管理通信的一个实体进行管理）。在网络系统管理中，网络管理又划分为 5 个功能领域。

▶ 配置管理——包括自动获取配置信息（如 MIB 中定义的配置信息，以及网管标准中未定义，但对设备很重要的管理辅助信息）、自动配置、备份、配置一致性检查（路由器端口、路由信息的设置）及用户操作记录功能（即操作日志）。

▶ 故障管理——包括故障监测、故障报警、故障信息管理、排错支持工具及检索/分析故障信息等。

▶ 性能管理——包括性能监控（由用户定义被管理的对象及其属性）、阈值控制（为特定对象的特定属性设置阈值）、性能分析、可视化的性能报告、实时性能监控及网络对象性能查询等。

▶ 安全管理——包括网络管理自身安全及被管理对象安全。网络管理自身安全机制包含：管理员身份认证（公钥认证，局域网内的信任用户可用简单口令认证），管理信息存储和传输的加密与完整性（SSL、加密及消息摘要），网络管理用户分组管理与访问控制，以及系统日志分析等。网络对象的安全机制包含网络资源的访问控制（访问控制链表），警告事件分析（发现可疑的攻击迹象），以及主机系统的安全漏洞检测等。

▶ 计费管理——包括计费数据采集、数据管理与数据维护、计费政策制定、政策比较与决策支持、数据分析与费用计算及数据查询等。

网络管理的这 5 个功能领域（简称为 FCAPS）基本上覆盖了整个网络管理的各个方面，其中配置管理和故障管理是最基本的功能。图 6.3 示出了 CMIP 支持下的 FCAPS 功能域之间的关系，这些关系对 SNMP 支持下的 FCAPS 功能域也同样适用。尽管在某些环境中，性能管理、安全管理和计费管理被当作可选的附加功能，但在功能完善的网络管理实现中却是必不可少的。这 5 大功能域虽然是在 OSI 网络管理体系结构中定义的，但也为研究其他网络管理框架（如 SNMP）的功能和局限性给出了清晰的模型。

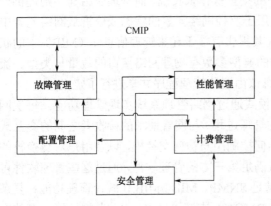

图 6.3　CMIP 支持下的 FCAPS 功能域之间的关系

事实上，网络管理还应该包括一些其他功能，如网络规划、网络操作人员的管理等。不过除了基本的网络管理五大功能，其他网络管理功能的实现都与具体网络的实际条件有关，因此，一般只需要关注 OSI 网络管理标准中的五大功能即可。

练习

1. 什么是网络管理，简述其重要性。
2. 根据 OSI 网络管理标准，网络管理主要划分为哪几个功能领域？
3. 网络管理的目标是什么？网络管理的主要内容是什么？
4. 被 SNMP 控制和管理的网络资源称作（　　）。
5. （　　）是指包含与每个被管理对象相关的信息单元的 SNMP 数据库。
6. （　　）是指运行在 NMS 上的 SNMP 应用程序和数据库的集合。
7. （　　）是指监视物理层介质性能的设备。
8. 除路由器以外，列出 3 种其他能被管理的网络元素，其中至少有一种是非硬件元素。
9. 在 SNMP 中，术语"管理程序"和"网络管理人员"是相同的。判断正误。

补充练习

分成 3～5 人的讨论组，讨论网络管理系统的组成，以及 SNMP 在网络管理中的应用和设想。例如，SNMP 可以在高速（和/或关键路由器）的广域网连接出现故障时呼叫一个待命的人的呼机。看看能想出多少能够从网络管理模型中获益的情形。

第二节　网络管理协议

网络管理协议定义了网络管理器与被管代理之间的通信方法、管理信息库（MIB）的存储结构、MIB 中关键字的含义，以及各种事件的处理方法。网络管理协议是现代计算机网络管理系统的重要组成之一。

学习目标

▶　了解网络管理协议，如 CMIS/CMIP、SNMP 等；
▶　掌握 SNMP 管理模型的结构，以及其代理、管理进程和 MIB 3 个组成部分的功能；
▶　掌握 SNMP 消息及数据报格式；
▶　熟悉被管网络设备的 SNMP 配置方法。

关键知识点

▶　SNMP 最小化了网络的数据流量和每个被管理元素的处理过程。

典型网络管理协议简介

随着网络规模的增大和复杂性的增加，简单的网络管理技术已不能适应网络迅速发展的要求。以往的网络管理系统往往是厂商在自己的网络系统中开发的专用系统，很难对其他厂商的网络系统、通信设备软件等进行管理，这种状况很不适应网络异构互连的发展。20 世纪 80 年代初期，随着互联网的出现和发展，使人们进一步意识到了这一点。研究开发者们迅速展开了对网络管理的研究，并提出了多种网络管理协议及方案。

简单网络管理协议

简单网络管理协议（SNMP）是一种简单的请求/响应通信协议，它在 NMS 与驻留在被管理元素上的每个代理之间进行信息交换。该协议没有定义能够被管理的对象，因此 SNMP 可用于查看或改变任何网络管理对象。

SNMP 的前身是 1987 年发布的简单网关监控协议（SGMP）。SGMP 给出了监控网关（位于 OSI 参考模型第三层的路由器）的直接手段，SNMP 则在其基础上进行了完善与发展。1988 年开始开发 SNMP，1990 年 5 月 RFC 1157 公布了 SNMP 的第一个版本 SNMPv1。SNMPv1 作为一种可提供最小网络管理功能的临时方法，主要具有以下两个优点：

▶　与 SNMPv1 相关的管理信息结构（SMI）以及管理信息库（MIB）非常简单，能够迅速、简便地实现；
▶　SNMPv1 建立在 SGMP 基础之上，对于 SGMP，人们已积累了大量的操作经验。

　　SNMPv1 提供了一种监控和管理计算机网络的系统方法，在 20 世纪 90 年代初得到了迅猛发展，同时也暴露出了明显的不足，如难以实现大量的数据传输、缺少身份认证（authentication）和加密（Privacy）机制等。因此，1993 年在 RFC1901、RFC1905～1910、RFC2578～2580 中发布了 SNMP 的增强版本 SNMPv2。

　　SNMPv2 具有以下特点：
- ▶ 支持分布式网络管理；
- ▶ 扩展了数据类型；
- ▶ 可以实现大量数据的同时传输，提高了效率和性能；
- ▶ 丰富了故障处理能力；
- ▶ 增加了集合处理功能；
- ▶ 加强了数据定义语言。

　　但是，SNMPv2 并没有完全实现预期的目标，尤其是在安全性能方面没有得到提高，如身份认证（如用户初始接入时的身份认证、信息完整性的分析、重复操作的预防）、加密、授权和访问控制，以及远程安全配置和管理能力等都没有实现。1996 年发布的 SNMPv2c 是 SNMPv2 的修改版本，功能增强了，但是安全性能仍没有得到改善，还在继续使用 SNMPv1 的基于明文密钥的身份认证方式。IETF SNMPv3 工作组于 1998 年 1 月提出了 RFC 2271-2275 建议，正式形成 SNMPv3。这一系列文件定义了包含 SNMPv1、SNMPv2 所有功能在内的体系框架和包含认证服务、加密服务在内的全新的安全机制，同时还规定了一套专门的网络安全和访问控制规则。可以说，SNMPv3 在 SNMPv2 基础之上增加了安全管理机制，在安全性方面有了很大改善，已经成为互联网的正式标准，已不再"简单"。

公共管理信息服务/公共管理信息协议

　　公共管理信息服务/公共管理信息协议（CMIS/CMIP）是 ISO 提供的网络管理协议族。CMIS 定义了每个网络组成部分提供的网络管理服务，这些服务在本质上是很普通的，CMIP 则是实现 CMIS 服务的协议。

　　ISO 网络协议旨在为所有网络设备在 OSI 参考模型的每一层提供一个公共网络结构，而 CMIS/CMIP 正是这样一个用于所有网络设备的完整网络管理协议簇。

　　鉴于通用性的考虑，CMIS/CMIP 的功能与结构具有自己的特点。SNMP 是按照简单和易于实现的原则设计的，而 CMIS/CMIP 则能够提供支持一个完整网络管理方案所需的功能。

　　CMIS/CMIP 的整体结构建立在使用 OSI 参考模型的基础之上，网络管理应用进程使用 OSI 参考模型中的应用层。在这一层上，公共管理信息服务单元（CMISE）提供了应用程序使用 CMIP 协议的接口。同时，该层还包括了两个 ISO 应用协议：联系控制服务元素（ACSE）和远程操作服务元素（ROSE）；其中 ACSE 在应用程序之间建立和关闭联系，而 ROSE 则处理应用程序之间的请求/响应交互。另外，值得注意的是，OSI 没有在应用层之下特别为网络管理定义协议。

其他网管协议

　　除了理论标准 CMIS/CMIP 和事实标准 SNMP，常见的其他网管协议规范如下：

1. 远程网络监视（RMON）协议

RMON 协议也是一种监控局域网通信的标准。它在 SNMP 管理信息库的基础上进行了扩充，能够实现离线操作、主动监视、问题检测和报告，并且能提供增值数据及多管理站操作等。

RMON 协议是 SNMP 之外的一种常用网管协议，在 MIB 数据库中定义了更多的数据类型分支，其中主要有如下 10 个功能组：

▶ Statistics（统计组）——提供一张表，其中第 1 行表示一个子网的统计信息；
▶ History（历史组）——以固定间隔取样所获得的子网数据，包括历史控制表和历史数据表；
▶ Alarm（警告组）——定义一组网络性能的门限值，达到门限值则产生告警事件；
▶ Host（主机组）——收集新出现的主机信息，内容与接口组相同；
▶ HostTopN（最高 N 台主机组）——记录某种参数最大的 N 台主机信息；
▶ Matrix（矩阵组）——记录子网中一对主机之间的通信量，以矩阵形式存储；
▶ Filter（过滤组）——使监视器可观察接口上的分组，通过过滤选择某种指定分组；
▶ Capture（捕获组）——建立一组缓冲区，存储从通道中捕获的分组；
▶ Event（事件组）——用来管理事件；
▶ TokenRing（令牌环组）——增加对令牌环网的管理信息。

这 10 个功能组都是任选的，但在实现时有着连带关系：实现警告组时必须实现事件组；实现捕获组时必须实现过滤组。

2. 公共管理信息服务与协议（CMOT）

公共管理信息服务与协议（Common Management Information Service and Protocol over TCP/IP，CMOT）是基于 TCP/IP 实现的 CMIS 服务。CMIS 使用的应用协议并没有根据 CMOT 而修改，CMOT 仍然依赖于 CMISE、ACSE 和 ROSE 协议，这一点与 CMIS/CMIP 是一样的。但是，CMOT 并没有直接使用 OSI 参考模型的表示层实现，而是要求在表示层中使用另外一个协议，即轻量表示协议（LPP）。LPP 提供了目前最普通的两种传输层协议 TCP 和 UDP 的接口。

CMOT 的一个致命弱点在于它是一个过渡性的方案，而没有人会把注意力集中在一个短期方案上。相反，许多重要厂商都加入了 SNMP 潮流并在其中投入了大量资源。事实上，虽然存在 CMOT 的定义，但该协议已经很长时间没有得到任何发展了。

3. 局域网个人管理协议（LMMP）

局域网个人管理协议（LMMP）试图为 LAN 环境提供一个网络管理方案。LMMP 曾被称为 IEEE 802 逻辑链路控制上的公共管理信息服务与协议（CMOL）。由于该协议直接位于 IEEE 802 逻辑链路层（LLC），所以它可以不依赖于任何特定的网络层协议进行网络传输。

由于 LMMP 不要求任何网络层协议，因而比 CMIS/CMIP 或 CMOT 更易于实现。然而没有网络层提供路由信息，LMMP 信息不能跨越路由器，从而限制它只能在局域网中发展。但是，跨越局域网传输局限的 LMMP 信息转换代理可以克服这一问题。

4. 电信管理网（TMN）

电信管理网（TMN，即 M.30 建议）的目的是利用简单且统一的方法来管理各种不同功能的网络。TMN 的最大优势在于信息模型的标准化，即统一了多家厂商设备的规范管理；最大不足是处理时延长，不能满足某些实时处理的要求。而且它工作在网元级，没有站在全网的基础上建模，近年来的最新发展是使用公共对象请求代理体系结构（CORBA）技术来完善 TMN。

5．基于 CORBA 的网络管理

2000 年版的 M.3010 和 M.3013 为将 CORBA 技术引入以 TMN 为基础的网络管理框架中铺平了道路，X.780 和 Q.816 分别规定了采用细粒度方法的基于 CORBA 技术的网络管理接口定义指南和所需的 CORBA 服务，X.780.1 和 Q.816.1 分别规定了采用粗粒度方法的基于 CORBA 技术的网络管理接口定义指南和所需的 CORBA 服务。

简单网络管理协议（SNMP）

SNMP 是最早提出的网络管理协议之一，推出后很快就得到了数百家厂商的支持，其中包括 IBM、HP、Sun 等大公司和厂商。目前 SNMP 已成为网络管理领域中事实上的工业标准，并得到广泛应用。大多数网络管理系统和平台都是基于 SNMP 建立的。

SNMP 的体系结构是围绕着以下 4 个概念和目标进行设计的：

▶ 保持管理代理的软件成本尽可能低；

▶ 最大限度地保持远程管理的功能，以便充分利用互联网的网络资源；

▶ 体系结构必须具有扩充的余地；

▶ 保持 SNMP 的独立性，不依赖于具体的计算机、网关和网络传输协议（在 SNMPv3 中，加入了保证 SNMP 体系本身安全性的目标）。

SNMP 网络管理模型

SNMP 采用轮询监控方式，主要对 ISO/OSI 七层参考模型中的较低层次进行管理。SNMP 网络管理模型结构如图 6.4 所示，它包含代理、管理进程和信息库 3 个组成部分。

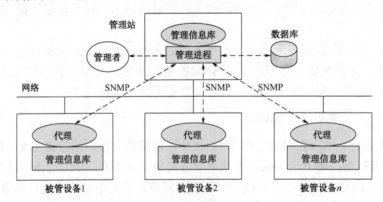

图 6.4　SNMP 网络管理模型结构

1．代理

代理是一种在被管网络设备中运行的软件，它负责执行管理进程的管理操作。代理直接操作本地管理信息库，可以根据要求改变本地管理信息库，或者将数据传送到管理进程，如图 6.5 所示。

一个典型的代理包括以下 4 种构件：

▶ 传输/链路——在网络上提供设备间数据包的传输（发送和接收）。通常，这是一种提供给其被管理元素上其他进程的通用服务。

▶ SNMP 引擎——实施 SNMP 功能。SNMP 引擎负责管理程序与代理之间的对等消息交换，并负责将请求和响应数据编码/解码成与平台无关的格式。

▶ 检测设施——为代理提供对被管理元素的内部数据的访问。这通常是通过一种内部通信机制来完成的，通过这种方式，每个被管理元素的数据结构在管理协议要求下都可以被访问和维护。

▶ 管理规则——为访问每个被管理元素定义了一系列的规则。每个被管理元素都被分配了 3 种 SNMP 访问方法之一：只读、读写或不可访问。

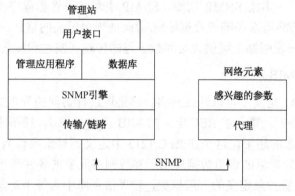

图 6.5　SNMP 代理示意图

2. 管理进程

管理进程是运行在中心 NMS 上的应用程序和数据库的集合，一般运行在网络管理站的主机上，负责完成网络管理的各项功能，排除网络故障，配置网络等。管理进程可以命令代理发送其被管理元素的信息，或命令代理进行改变其被管理元素的操作。管理进程比代理复杂得多，它包含与代理进行通信的模块，收集管理设备的信息，同时为网络管理者提供管理界面。SNMP 管理站示意图如图 6.6 所示。

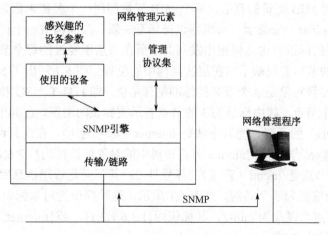

图 6.6　SNMP 管理站示意图

网络管理进程通常包含以下 5 种构件：

▶ 用户界面——使得管理人员可以输入管理命令并接收被请求的或主动提供的代理请求。

▶ 管理应用程序——帮助分析来自代理网络的管理信息。

▶ 数据库——包含所有网络的名称、配置、性能统计、拓扑及核查等数据。数据库与管理信息库（MIB）的区别在于：MIB 在所有的组成网络的被管理元素中定义被管理对象，而数据库则存储 MIB 对象的实例及其他的从被管理元素中收集的管理数据。NMS 数据库通常包括 MIB 数据库、网络元素数据库、管理应用程序数据库，以及其他一些数据库，如网络地图数据库、网络事件记录和监视器记录等，每一种数据库都记录一种类型的网络监视统计信息。

▶ SNMP 引擎——实施 SNMP 功能。SNMP 引擎负责管理程序与代理之间的对等消息交换，并负责将请求和响应数据编码/解码成平台无关的格式。

▶ 传输/链路——在网络上提供设备间数据包的传输（发送和接收）。

3. 管理信息库（MIB）

管理信息库（MIB）定义了可以通过网络管理协议进行访问的管理对象的集合，是一个存放管理元素信息的数据库。第一组 RFC 定义的 MIB 称为 MIB-I，接下来又添加了对象，目前已经成为标准 MIB 对象的超集，这个在 RFC 1213 中定义的对象集称为 MIB-II。

MIB 经常作为被管对象的虚拟数据库用于存放网络元素的各种管理参数。由于管理信息结构（SMI）给定了被管对象定义的一般框架，管理信息库中为每个对象说明了具体的对象实例，并为每一个实例绑定了一个值。MIB-I 是为 SNMP 的最小实现而设计的，共有 8 个组 114 个对象。大多数对象是为了实现配置管理和故障管理，特别是针对路由器和网关的管理。MIB-II 对 MIB-I 进行了扩充修改，增加了 57 个新对象和两个新组，从而拓宽了 SNMP 的管理范围。它是向上兼容的，基本上反映了被管节点复杂性对管理的需求，如多协议设备、管理新媒体类型的对象、管理 SNMP 自身的对象等。需要指出的是，MIB 的定义与具体的网络管理协议无关，这对于厂商和用户都有利。厂商可以在产品中包含遵从标准 SNMP 的代理软件，这样用户可以使用统一网络管理客户软件来管理具有不同版本的 MIB 的多个网络设备。

SNMP 的管理信息库是一个树状结构数据库，与域名系统（DNS）相似，根在最上面，没有名字。为了实现对 MIB 变量的存取，每个 MIB 变量都用一个名称来标识，这个名称由对象标识符（Object Identifier）来表示。对象标识符相互关联，共同构成一个树状结构。在这个树状结构中，一个对象的标识符由从树根出发到对象所在节点所经过的每个节点的标识符序列组成。这样每个变量的名称都反映了它在层次结构中的位置。图 6.7 示出了 MIB 的对象命名树。

对象命名树的顶级对象是 3 个著名的标准制订单位，即 ITU-T、ISO 和这两个组织的联合体。在 ISO 下有 4 个节点，其中标号为 3 的节点表示被标识的组织，在其下面有一个标号为 6 的美国国防部（DOD）的子树，而其下就是 Internet（标号为 1）。在此只讨论 Internet 中的对象，即图 6.7 中的阴影部分，并且 Internet 节点在树中的对象标识符为{1.3.6.1}。例如，在 Internet 节点下面的第 2 个节点是 mgmt（管理），标号是 2；其下面是管理信息库，原先的节点名是 mib，而其所管理的信息为 8 个类别，如表 6.1 所示。这种标识为对象标识。1991 年定义了新版本 MIB-II，故节点名现改为 mib-2，其标识为{1.3.6.1.2.1}，或{Internet(1) .2.1}，MIB-II 所包含的信息类别已超过 40 个。

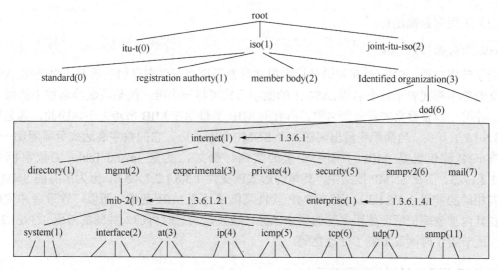

图 6.7 管理信息库（MIB）的对象命名树

表 6.1 最初的节点 mib 管理的信息类别

类　　别	标号	所包含的信息
system	(1)	主机或路由器的操作系统
interfaces	(2)	各种网络接口及它们测定的通信量
address translation	(3)	地址转换（如 ARP 映射）
ip	(4)	Internet 软件（IP 分组统计）
icmp	(5)	ICMP 软件（已收到 ICMP 消息的统计）
tcp	(6)	TCP 软件（算法、参数和统计）
udp	(7)	UDP 软件（UDP 通信量统计）
egp	(8)	EGP 软件（外部网关协议通信量统计）

　　同时，MIB-II 可以使用对象名的文本标号（而不是数字）来表示名字，如节点 mib-2 的名字为：iso.org.dod.internet.mgmt.mib。虽然代理进程的现有 MIB 已包含了由标准 MIB-II 所定义的核心对象，但它仍可以用以下这些方法来扩展：在 mgmt(2)分支下把新版本对象加入标准 MIB；在 experimental(3)分支下加入实验对象；在 private(4)分支下定义专用对象。此外，MIB 中的对象 enterprise{1.3.6.1.4.1}下所属的节点数超过了 3000 个，如 IBM 公司为{1.3.6.1.4.1.2}，Cisco 公司为{1.3.6.1.4.1.9}等。任何一个公司都可以通过向 iana-mib@isi.edu 发送电子邮件申请而获得一个节点名。这样，各厂家就可以定义自己产品的被管对象名，使之能用 SNMP 予以管理。

　　例如，Cisco 公司的一个私有 MIB 对象 At Input 是个标量对象，仅包含一个对象实例。它是个整型变量，表示在一个路由器接口输入的 AppleTalk 分组个数。这时可以采用两种方式来唯一地标识一个管理对象。

　　（1）采用对象名：

```
iso.identified-organization.dod.internet.private.enterprise.cisco.temporary v
ariables.AppleTalk. atInput
```

（2）采用对象描述符：

```
1.3.6.1.4.1.9.3.3.1
```

为了节省空间，SNMP 在发送和接收报文时并不用字符串来存储变量名，而是用 ASN.1 所定义的数字形式表示每个名称。ASN.1 的数字形式可将一个唯一的整数赋给名称中的每一个标号，并用一串整数来表示一个名称。所有的 MIB 变量都在 MIB 节点之下，因此，其名称均以 1.3.6.1.2.1 开头。当简单变量出现在一个 SNMP 消息中时，它的数字表达式后需附加一个 0 来确定该名称仅仅是 MIB 中那个变量的实例。例如，变量 ipAddrTable 的数字标号为 1.3.6.1.2.1.4.3，而在 SNMP 报文中，其精确形式就变为 1.3.6.1.2.1.4.3.0。因为所有的 SNMP 变量都有相同的前缀 1.3.6.1.2.1，而 SNMP 软件又仅需处理 MIB 变量，所以，管理者和代理都可以在其内部省略前缀而使用名称的剩余部分，在发送消息时再加入共同的前缀 1.3.6.1.2.1。这样，既节省了时间又节省了处理空间。

SNMP 消息（协议数据单元）

SNMP 运行在 UDP 之上，使用 UDP 的 161/162 端口。其中 161 端口由设备代理监听，等待接受管理者进程发送的管理信息查询请求消息；162 端口由管理者进程监听，等待设备代理进程发送的异常事件报告陷阱消息，如 Trap 等。SNMP 提供 get、set 和 trap 三类操作，规定了 5 种协议数据单元（PDU）（也就是 SNMP 报文），用来在管理进程和代理之间进行数据交换。表 6.2 示出了 SNMP 的协议数据单元及其功能描述，其中第一版 SNMP（SNMPv1）只具有编号从 0 到 4 的 PDU，而 SNMPv2 则具有所有编号的 PDU。

表 6.2 SNMP 消息的协议数据单元（PDU）及其功能描述

PDU 类型编号	PDU 名称	功 能 描 述
0	get-request	从代理进程处提取一个或多个参数值
1	get-next-request	从代理进程处提取紧跟当前参数值的下一个参数值
2	get-response	对 get/set 做出响应，并提供差错编码、差错状态等信息
3	set-request	设置代理进程的一个或多个参数值
4	trap	代理进程主动发出的报文，通知管理进程有事情发生
5	get-bulk-request	管理者使用它来获取成批的被管对象的管理信息
6	inform-request	一个管理者使用 inform 将 trap 信息通知给另一个管理者

值得注意的是，在代理端用熟知端口 161 来接收 get 或 set 报文，而在管理端则使用熟知端口 162 来接收 trap 报文。其中，0、1 和 3 号单元的操作是由管理进程向代理进程发出的，称为 get、get-next 和 set 操作；2 和 4 号单元的操作是由代理进程发送给管理进程的。图 6.8 示出了 SNMP 的这 5 种报文操作。

SNMP 报文格式

一个 SNMP 报文由公共 SNMP 首部、get/set 首部（或 trap 首部）和变量绑定 3 部分组成。图 6.9 示出了封装 UDP 数据报的 5 种操作的 SNMP 报文格式。

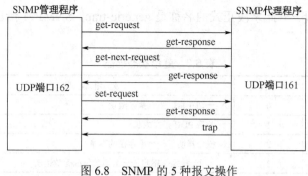

图 6.8 SNMP 的 5 种报文操作

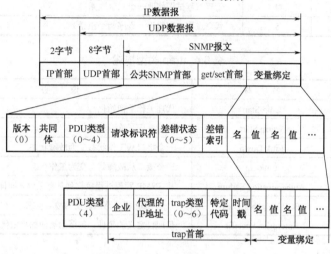

图 6.9 SNMP 的报文格式

公共 SNMP 首部共有以下 3 个字段：

► 版本字段——写入版本字段的值是版本号减 1，对于 SNMPv1 则为 0；

► 共同体（community）字段——共同体就是一个字符串，作为管理进程和代理进程之间的明文口令，常使用 6 个字符的"public"；

► PDU 类型字段——根据 PDU 类型编号，填写 0～4 中的一个数字，其对应关系参见表 6.2。

get/set 首部包含以下字段：

► 请求标识符（request ID）字段——这是由管理进程设置的一个整数值。代理进程在发送 get-response 报文时也要返回此请求标识符。管理进程根据请求标识符识别返回的响应报文对应哪一个请求报文。

► 差错状态（error status）字段——由代理进程填入 0～5 中的一个数字进行响应，其含义如表 6.3 所示。

► 差错索引（error index）字段——当出现 noSuchName、badValue 或 readOnly 差错时，由代理进程在回答时设置的一个整数，以指明差错变量在变量列表中的偏移。

trap 首部含有 5 个字段：

► 企业（enterprise）字段——填入产生 trap 报文的网络设备的对象标识符。此对象标识符一定是在图 6.7 所示的对象命名树上的 enterprise 节点{1.3.6.1.4.1}下面的一棵子树上。

► 代理 IP 地址（agent address）字段——表示发出 trap 的管理对象的 IP 地址。

► trap 类型字段——此字段正式的名称是 generic-trap，SNMPv1 给出了其 7 种类型，如表 6.4 所示。

表 6.3　差错状态描述

差错名称	差错代码	差错说明
noEror	0	一切正常，命令执行成功
tooBig	1	响应 PDU 报文太长
noSuchName	2	操作指明了一个不存在的变量
badValue	3	一个 set 操作指明了一个无效值或无效语法
readOnly	4	管理进程试图修改一个只读变量
genErr	5	代理进程内部错误（程序指令出错）

表 6.4　trap 类型描述

trap 类型	名称	说明
1	Cold Start	代理进行了初始化
2	Warm Start	代理进行了重新初始化
3	Link Down	一个接口从工作状态变为故障状态
4	Link Up	一个接口从故障状态变为工作状态
5	Authentication Failure	从 SNMP 管理进程接收到具有无效共同体的报文
6	EGP Neighbor Loss	一个 EGP 相邻路由器变为故障状态
7	Enterprise Specific	代理自定义的事件，需要用后面的特定代码来指明

► 特定代码（specific-code）字段——指明代理自定义的事件（如果 trap 类型为 6），否则为 0。

► 时间戳（timestamp）字段——指明从代理进程初始化到 trap 报告的事件发生所经历的时间，单位是 10 ms。例如，时间戳为 1908 表明在代理初始化后 19 080 ms 发生了该事件。

变量绑定（Variable-binding）用于指明一个或多个变量的名和对应值。需要指出的是，在 get 或 get-next 报文中，变量的值应忽略。

SNMP 的工作过程

SNMP 与其他应用层协议一样采用客户机–服务器模式，客户进程在网络管理站上运行，服务器进程在被管网络设备上运行。在 SNMP 管理系统中，客户进程称为管理者，服务器进程称为代理。狭义地说，SNMP 是管理者和代理的统称。注意，SNMP 也只是定义了网络管理系统的框架和基本协议。

从网络管理站一端来看，一个命令启动了一个 SNMP 请求的构造过程。该操作可能是 set、get 或 get-next。网络管理站软件创建一个 SNMP 报文，并填入适当的报文首部，以便通过 Internet 向目的代理进程传送该报文。在报文中要指定共同体名、版本号和请求 ID，还要选择 PDU 类型并将变量绑定列表插入到报文中，然后将 SNMP 报文交给传输层 UDP 进行传送。报文就这样发出去了。网络管理站必须记住请求中的 request ID，以便与随后接收的响应配对。同时启动定时器开始计数以处理超时。在任何时候，网络管理站必须随时接收和处理共同体中代理进程发送来的陷阱报文。初始化完成以后，代理进程要在网络设备的 UDP 传输端口等待接收 SNMP 报文。当代理进程成功地接收到一个报文后，要调用解析程序，将 ANS.1 格式的文本解码为更容易使用的内部格式。若报文不是正确的 ASN.1 格式，则丢弃该报文，代理进程直接返回等待接收循环之中。代理进程接下来验证版本号，若不正确，则代理进程还是丢弃报文并返回等待接收报文状态。报文通过了前面二项检查之后，调用认证功能模块对报文进行验证。若此时验证失败，且代理进程能够发出 Authentication Failure 陷阱报文，则代理进程发出该陷阱并丢弃该报文。若报文通过了认证，代理进程就把报文中携带的信息保存起来以便构造响应报文，然后代理进程要继续对 SNMP 报文进行解码。在代理进程对 ASN.1 格式的报文进行解码的同时，也可以开始创建响应报文 GetResponse-PDU。在这时产生的错误并不会导致丢弃接收到的报文，而是由 GetResponse-PDU 指出失败的原因，并在 Error Status 和 Error Index 字段中加入差错信息。

解码功能模块检查报文中的所有字段，包括检查其顺序、标签、长度及各字段的值。若格式有效，就对变量绑定列表中的变量进行操作。代理进程的程序指令确定变量实例是否存在、网络管理站是否有足够的访问权限及如何访问变量以执行操作等。代理进程填充完 GetResponse-PDU 后，将响应报文编码为 ASN.1 格式传送给发出请求的网络管理站，然后进入循环等待状态。代理进程记录操作执行情况的所有变量，如关于 SNMP 本身的对象等，以便网络管理站将来查看。

SNMP 要求所有代理及管理站都要支持 UDP 和 IP，为了管理那些不支持 TCP/IP 协议栈的设备（如一些网桥、调制解调器等），可以采用委托代理(Proxy Agent)技术，即让一个 SNMP 代理作为一个或多个其他设备的委托方。

被管网络设备的 SNMP 配置

随着网络设备数量的增长，网络管理员不能像过去那样，一台台机器进行监控、解决问题，而需要借助各方工具进行统一监控和管理。SNMP 协议的运用场景非常丰富，利用 SNMP 协议，网络管理员可以对网络上的节点进行信息查询、网络配置、故障定位、容量规划，网络监控和管理是 SNMP 的基本功能。利用 SNMP，一个管理工作站可以远程管理所有支持这种协议的网络设备，包括监视网络状态、修改网络设备配置、接收网络事件警告等。

在 SNMP 应用中，由嵌入到被管设备中的网管代理（Agent）来收集网络通信信息和该设备管设备的管理信息库（MIB）中。网管设备即网络管理系统（ NMS）以轮询的方式依次向网络中的被管设备发出查询 MIB 信号，由 Agent 返回收集到的信息。Agent 也会按要求主动向 NMS 发送事件通告（Traps）信息。Agent 在 UDP 的 161 端口接收 NMS 的读写（rw）请求消息，NMS 在 UDP 的 162 端口接收 Agent 的 Traps 消息。一个典型的网络管理系统包括 4 个要素：网管设备（NMS）、被管设备、网管代理（Agent）和管理信息库（MIB）。

在网络管理中，被管设备包括路由器、交换机、防火墙等。SNMP 有 3 个版本，其功能是依次递增的。默认是 v1 版本，常用的是 v2 版本，v3 版本提供了更多的安全特性。在此以典型网络设备为被管对象介绍 SNMP 的实现方法。常用的 SNMP 配置命令如表 6.5 所示。

例如，配置 Cisco 设备的 SNMP 代理：

```
Router(config)#snmp-server community my-public ro
          //配置本路由器的只读字串为my-public
```

```
Router(config)#snmp-server community my-public rw
        //配置本路由器的读写字串为my-public
Router(config)#snmp-server enable traps
        //允许路由器将所有类型 SNMP Trap 发送出去
Router(config)#snmp-server host IP-address traps trapbhodc
        //指定路由器 SNMP Trap 的接收者 IP-address 发送 Trap 时采用 trapbjodc 作为字串
Router(config)#snmp-server trap-source loopback0
        //将 loopback 接口的 IP 地址作为 SNMP Trap 的发送源地址
```

表6.5　常用 SNMP 配置命令

命 令 格 式	功 能 描 述
snmp-server community *community* {ro|rw} {*acl-id|acl-name*}	配置团体名和访问控制
snmp-server host *ip-address* version {*1|2c|3*} community	指定 NMS 主机、SNMP 版本和团体名
snmp-server enable traps[*events*]	允许 traps，向 NMS 报警

如果用户不需要 SNMP，最好取消；如果要使用 SNMP，最好正确配置 Cisco 路由器。但是，如果用户一定要使用 SNMP，可以对其进行保护。首先，SNMP 有两种模式：只读模式(RO)和读写模式(RW)。如果可能，使用只读模式，这样可以最大限度地控制用户的操作，即使在攻击者发现了通信中的字符串时，也能限制其利用 SNMP 进行侦察的目的，还能阻止攻击者利用其修改配置。如果必须使用读写模式，最好把只读模式与读写模式使用的通信字符串区别开来。最后可以通过访问控制列表来限制使用 SNMP 的用户。即通过 ACL 来允许哪些 NMS 可以访问设置了团体名的网络设备。例如，只允许 IP 地址为 192.168.10.111 的 NMS 轮询本设备 MIB，方法是先配置一个标准 ACL，放行该 IP 地址，然后将 ACL 号或 ACL 名字加到以上两条只读和读写模式配置命令之后.

```
Router(config)#access-list 1 permit 192.168.10.111
Router(config)#snmp-server community my-public ro 1
Router(config)#snmp-server community my-public rw 1
```

选择一款免费的开源 NMS，如 OpenNMS，或者商业 NMS 如 WhatsUp，通过以上配置就可以使用 NMS 来监视网络设备的运行状态。为了让设备主动发送报警信息给 NMS，还要让 Agent 知道 NMS 的 IP 地址。例如，设置路由器主动发送 SNMP 报文到 IP 地址为 192.168.10.111 的 NMS，采用 SNMPv2，用 My-public 作为只读团体名，当设备端口关闭或开启时，发送警告信息给 NMS，其配置命令为：

```
Router(config)#snmp-server host 192.168.10.111 version2c my-public
Router(config)#snmp-server enable traps snmp linkdown linup
```

如果需要将设备的所有报警信息 Traps 给指定的 NMS，可以使用如下配置命令：

```
Router(config)#snmp-server enable traps
```

在这条命令输入空格加"？"，可以看到所有报警选项。

练习

1. 给出 SNMP 的定义，描述其在网络中扮演的角色。

2. SNMP 使用的传输协议是什么？

3. 简述 SNMP 代理站的两种主要角色。

4. 简述网络管理应用程序的主要构件，以及网络管理代理的 4 个组成部分。

5. 用于 MIB 的逻辑组织的标准叫什么？（它是一种数据库构造的机制。）

6. 被管理元素的 MIB 和中心管理的 MIB 之间的关系是什么样的？

7. 查看 MIB-I 和 MIB-II 中的实体，解释为什么在 TCP 组中的对象数目比 UDP 组中的对象数目要多。

8. UDP 组的组号是 "7"，该组的标识是 1.3.6.1.2.1.7。如果组号从 MIB 的开始处就是邻近的，那么 TCP 组的标识符是什么（指 MIB-I 表）？

9. SNMP 定义了 3 种类型的消息或 PDU。命令是其中的一种，其他的两种类型是什么？

10. SNMP MIB 中被管对象的 Access 属性不包括（　　）。

　　　a. 只读　　　　　b. 只写　　　　　c. 可读写　　　　　　d. 可执行

【提示】Access 定义 SNMP 协议访问对象的方式。可以选择的访问方式有只读、读写、只写和不可访问 4 种，其中不包括可执行方式。因此，参考答案是选项 d。

11. SNMP 和 CMIP 是网络界最主要的网络管理协议，（　　）是错误的。

　　　a. SNMP 和 CMIP 采用的检索方式不同

　　　b. SNMP 和 CMIP 的信息获取方式不同

　　　c. SNMP 和 CMIP 采用的抽象语法符号不同

　　　d. SNMP 和 CMIP 的传输层支持协议不同

【提示】SNMP 和 CMIP 是网络界最主要的网络管理协议，二者的管理目标和基本组成大致相同。在 MIB 库的结构方面，很多厂商已将 SNMP 的 MIB 结构扩展成了与 CMIP 的 MIB 结构类似，而且两种协议的定义都采用相同的抽象语法符号（ASN.1）。

两者的不同之处：一是 SNMP 面向单项信息检索，而 CMIP 则面向组合项信息检索；二是在信息获得方面，SNMP 主要基于轮询方式，而 CMIP 则主要采用报告方式；三是在传送层支持方面，SNMP 采用的是基于无连接的 UDP，而 CMIP 则倾向于有连接的数据传送。此外，二者在功能、协议规模、性能、标准化和产品化方面还有相当多的不同点。

参考答案是选项 c。

12. SNMPv1 使用（1）进行报文认证，这个协议是不安全的。SNMPv3 定义了（2）的安全模型，可以使用共享密钥进行报文认证。

（1）a. 版本号（Version）　　　　　　b. 协议标识（Protocol ID）

　　　c. 团体名（Community）　　　　　d. 制造商标识（Manufacturer ID）

（2）a. 基于用户　　　　　　　　　　b. 基于共享密钥

　　　c. 基于团体　　　　　　　　　　d. 基于报文认证

【提示】SNMPv1 不支持加密和授权，通过包含在 SNMP 中的团体名提供简单的认证，其作用类似口令。SNMP 代理检查消息中的团体名字段的值，符合预定值时接收并处理该消息。依据 SNMPv1 协议规定，大多数网络产品出厂时设定的只读操作的团体名默认为 "Public"；

SNMPv3 是基于用户的安全模型，可以解决信息传输的安全问题。参考答案：（1）选项 c；（2）选项 a。

13．SNMP 采用 UDP 提供数据报服务，这是由于（　　）。

　　a．UDP 比 TCP 更加可靠

　　b．UDP 数据报文可以比 TCP 数据报文大

　　c．UDP 是面向连接的传输方式

　　d．采用 UDP 实现网络管理不会太多增加网络负载

【提示】由于 SNMP 为应用层协议，所以它依赖于 UDP 数据报服务。同时 SNMP 实体向管理应用程序提供服务，它的作用是把管理应用程序的服务调用变成对应的 SNMP 协议数据单元，并利用 UDP 数据报发送出去。其所以选择 UDP 而不选择 TCP，这是因为 UDP 效率高，这样实现网络管理不会太多地增加网络负载。但由于 UDP 不是很可靠，所以 SNMP 报文容易丢失。为此，对 SNMP 实现的建议是，对每个管理信息要装配成单独的数据报独立发送，而且报文应短一些，不要超过 484 字节。故选项 b 不是恒定的。参考答案是选项 d。

14．SNMP 实体发送请求和应答报文的默认端口号是（1），采用 UDP 提供数据报服务，原因不包括（2）。

（1）a. 160　　　　　　b. 161　　　　　　c. 162　　　　　　d. 163

（2）a. UDP 数据传输效率高　　　　　　　　b. UDP 无须确认，不增加主机重传负担

　　　c. UDP 面向连接，没有数据丢失　　　　d. UDP 开销小，不增加网络负载

【提示】SNMP 使用的是无连接的 UDP，因此在网络上传送 SNMP 报文的开销很小，但 UDP 不保证可靠交付。同时 SNMP 使用 UDP 的方法有些特殊，在运行代理程序的服务器端用 161 端口来接收 Get 或 Set 报文和发送响应报文（客户端使用临时端口），但运行管理程序的客户端则使用端口 162 来接收来自各代理的 Trap 报文。参考答案：（1）选项 b；（2）选项 c。

15．SNMP 代理收到一个 GET 请求时，如果不能提供该对象的值，代理以（　　）响应。

　　a．该实例的上一个值　　　　　　b．该实例的下一个值

　　c．Trap 报文　　　　　　　　　　d．错误信息

【提示】如果代理收到一个 Get 请求，如果不能提供该对象的值，则以该对象的下一个值响应。参考答案是选项 b。

补充练习

1．使用自己最喜欢的搜索引擎，看看能找到多少种 SNMP 产品（限制在 5 个以内）。总结这些发现。

2．使用自己最喜欢的搜索引擎，查找 SNMP 代理站的信息，尤其注意和该概念及该主题相关的白页或综述。列出至少 3 个自己找到的感兴趣的信息。

第三节　网络管理平台及工具

为了有效地管理网络，需要采用各种功能的网管软件和工具来满足不同网络环境和应用的需求。网络管理具有配置管理、性能管理、故障管理、安全管理和计费管理 5 大功能，但由于这 5 大功能涉及众多的网络管理协议及 5 个方面的不同功能，再加上不同网络有着不同的实际

情况，目前虽然网络管理平台比较多，真正具有 OSI 定义的网管 5 大功能的系统却不多。当前较为流行的网络管理平台软件主要有 HP Open View、SUN Net Manager 和 IBM Net View；Cisco Work 则是一个比较适用于 Cisco 网络设备密集网络的实用性网络管理系统；代表未来智能网络管理方向的是 Cabletron 公司的 SPECTRUM。

学习目标

▶ 了解网络管理平台的功能结构及选择标准；
▶ 熟悉几种典型的网管平台的性能和特点。

关键知识点

▶ 网络管理平台在一定程度上应独立于厂商和功能，向着标准化方向发展。

网络管理平台

网络管理平台（简称网管平台）提供了一个基础结构，在这个结构内可以集成不同的管理应用程序。网管平台正在向着标准化的方向发展，这就意味着，网络管理平台在一定程度上是独立于厂商和功能的。总体而言，网管平台具有以下显著特征：

▶ 运行在一个开放式系统环境中，换句话说，运行在具有开放接口的系统（如 UNIX）之中。
▶ 为应用提供了开放的设计接口，能够支持第三方软件，从而扩展了平台功能。
▶ 提供了用于网络管理综合的各种功能选项。由于共享公共基础信息模型，不同管理对象之间可以具有同一个建模和描述框架，从而方便用户的开发。此外，由于具有统一平台数据库和共享基本应用，也能集成各种功能。

网络管理平台的功能结构

网管平台的通用功能结构如图 6.10 所示。基础设施通过应用程序接口（API）为管理应用提供所需的各种基本服务，它包括核心系统、通信模块、信息管理模块三部分。核心系统负责模块之间的通信和协调工作；通信模块负责与远程系统的通信，远程系统有可能是网络部件、终端系统、管理工具或者管理工作站；信息管理模块实现网管平台面向对象的数据模型，这些信息被保存在数据库中。另外，接口模块通过图形方式显示网络状况并且使用户能够通过它访问管理应用程序。网管平台一般是由大量基础应用组成的，这些基础应用能够被管理程序和开发工具所访问。

网络管理平台的选择标准

在选择、使用网络管理平台时，应考虑以下方面：

▶ 灵活性——为了确保灵活性，需要模块具有开放的接口和可配置性，可以支持多种用户界面，并能够与其他管理系统协作运行。
▶ 集成性——管理平台应该能够集成到管理环境中，或者它自身就是一个集成模块。
▶ 安全性——管理平台必须能够提供足够的操作安全，采取适当的机制确保避免未授权者的入侵，或者不正确行为的发生，或者将其保持在最小限度之内。

▶ 应用性——管理平台应适用于具有不同知识背景的用户，应能够方便操作员使用各种功能而不必掌握底层管理信息模型。

▶ 成本——使用平台的费用（包括购买软/硬件、改造应用环境和对用户培训）应低于获得的收益。

▶ 未来前景——购买一个平台需要考虑该系统是否已经并继续可以在市场上保持成功，流行的管理平台往往具有较好的性价比。

▶ 应用的支持——选择平台的一个重要方面是该平台可支持的应用类型及应用的集成深度，另外还要考虑可移植性，即对开放 API 的支持。

▶ 可扩展性——对规模日益增长的网络而言，网络管理平台的可扩展性至关重要。具体包括：可管理系统、组件和被管对象的数目，可并发执行的程序数目，同时支持的操作员控制台数量等。

▶ 其他评估标准——平台结构的模块化程度，对承载系统的软硬件要求，产品的可用性，对客户的服务支持和信誉度等。

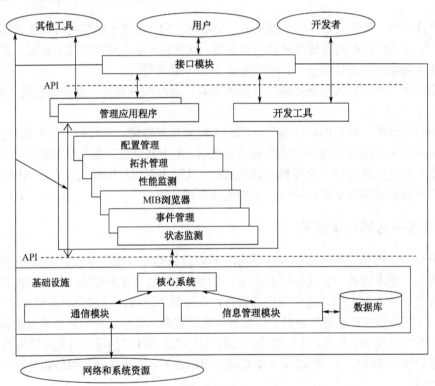

图 6.10　网络管理平台的通用功能结构

典型网管平台简介

由于网络管理已经有了一系列标准，以及 OSI 定义的网络管理 5 大功能领域，使得具有配置管理、性能管理、故障管理、安全管理和计费管理 5 大功能的管理系统成为可能。同时，也正是得益于这样的网络管理系统，才能对网络进行充分、完备和有序的管理。但是，由于涉及众多的网络管理协议和 5 个方面所要求的功能，以及不同网络的实际情况，使得网络管理系统在技术上目前仍然具有很强的挑战性。当前，许多著名的通信与网络公司都推出了各自的网络管理平台，其中在市场和技术上占主导地位的产品有：

- ▶ 惠普公司的 HP Open View；
- ▶ SUN 公司的 SUN SEM 和 SUN Net Manager；
- ▶ 国际商用公司的 IBM Net View；
- ▶ Cabletron 公司的 SPECTRUM。

1. HP Open View

HP Open View 是一个功能强大的网络和系统管理平台，是第一个跨平台的网络管理系统。Open View 的功能非常强大，既可以用于电信管理网（TMN）网管系统的开发，也可用于其他专用网管系统的开发，同时支持 SNMP 协议和 CMIP 协议。HP Open View 的应用和管理系统解决方案是由一些套件解决方案组成的，其中包括：

- ▶ HP Open View Operations——一体化网络和系统解决方案；
- ▶ HP Open View Reporter——功能强大的管理报告解决方案；
- ▶ HP Open View Performance——端到端资源和性能解决方案；
- ▶ HP Open View Glance Plus——具有实时诊断和监控功能；
- ▶ HP Open View Database Pak2000——对 HP9000 服务器与数据库的性能和可用性进行管理。

这些套件解决方案相互依存，相互支持，成为功能强大的协议和应用平台，可提供全面的集成化应用和系统管理功能。另外，Open View 还集成了第三方的许多管理系统，可以提供较完整的企业网管理解决方案。HP Open View 具有如下一些显著特点：

- ▶ 能够根据用户需求来构造管理，可以采用集中式和分布式管理模型，具有管理多厂商网络设备的灵活性；
- ▶ 具有众多的功能模块和丰富的 API，核心部件是 Open View 网络节点管理器（NNM），由此实现对整个网管信息的收集和全网的实时监控；
- ▶ 以 Windows NT 为中心的管理方案，能够满足 NT 环境各方面的需求，包括服务器、网络操作系统（NOS）、应用和存储管理等；
- ▶ 企业级管理方案，能够满足网络环境的服务需要；
- ▶ 一体化管理方案，包括网络管理、系统操作与管理、数据和应用管理，以及备份和存储管理等方案。

2. SUN SEM 和 SUN Net Manager

SUN SEM 主要包括 3 个模块：管理应用（MA）、管理信息服务器（MIS）和管理协议适配器（MPA）。这 3 个模块可以分布运行在网络中的任何主机上，它们之间的通信通过基于 C++ 的 PMI（Portable Management Interface）接口或基于 Java 的 JMI（Java Management Interface）接口来实现。MIS 作为 SEM 的核心模块，是一个管理数据的分布式存储环境，可以提供访问控制服务、连接服务、对象管理服务、请求服务和事件服务；MA 通过 PMI/JMI 访问 MIS 来完成特定的功能；MPA 可以提供对多种协议的支持。

此外，SUN Net Manager 作为 SUN 公司的另一种网管平台，其分布式结构和协同管理功能独树一帜，具有较广泛的应用。具体而言，其具有如下主要特点：

▶ 分布式管理结构，具有较好的系统可扩展性。它可以将管理处理开销分散到整个网络上，具有较好的负载平衡特性。

▶ 支持协同式管理，包括信息的分布采集、信息的分布存储和应用的分布执行。用户可以将一个大型企业网络按其业务组织或地域划分为若干区，每个区都具有独立的网管系统，相关区之间可以协调工作。

▶ 可较完整地支持 SNMP，而且允许将 SNMP Trap 配置为不同的优先级。

3. IBM NetView

IBM 公司的 NetView 是一种面向企业和服务提供商的网络管理平台，能够自动检测 TCP/IP 网络、显示网络拓扑、关联情况、管理事件和 SNMP 陷阱、监测网络运行情况和收集网络性能数据。NetView 可以为各种系统平台提供管理，具有较为全面的企业资源管理功能，主要特点如下：

▶ 具有较好的可用性；

▶ 具有跨平台的用户管理功能和全面的企业安全管理功能；

▶ 容易配置，具有软件分发管理和自动信息仓储管理功能；

▶ 具有远程用户支持与控制功能；

▶ 具有较强的应用管理，包括全面的 Domino/Notes 管理和各种大型数据库系统的管理；

此外，其他一些国际知名的网络设备公司也纷纷推出了自己的网络管理解决方案，其中包括 Novell 公司的 Manager Wise、3Com 公司的 Transcend、富士通公司的 System Walker，等等。

网络监视和管理工具

在维护网络时经常需要监视网络数据流并对其进行分析，这也称为"网络监视"。所谓网络监视就是监视网络数据流并对这些数据流进行分析。专门用来采集网络数据流并能提供分析能力的工具称为网络监视器。网络监视器能够提供网络利用率和数据流量方面的一般性数据，还能够从网络中捕获数据帧，并能筛选、解释、分析这些数据的来源、内容等信息。通常，基于独立性标准的要求，可以将网络监视和管理工具分成如图 6.11 所示的几种类型。

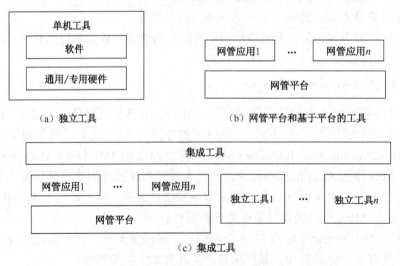

图 6.11 网络管理工具的类型

独立工具包括测试设备、协议分析仪和 Internet 专用工具。独立工具能够单独使用，不需要集成到管理系统或管理平台上，主要用来监测和分析传输系统的低层。例如，常见的网络监视器 Ethereal、WireShark、NetXRay、Sniffer 等都属于独立工具。其中，Ethereal、WireShark 提供对 TCP、UDP、SMB、Telnet 和 FTP 等常用协议的支持，覆盖大部分应用需求；NetXRay 主要用作以太网络上的网管软件，能够详细分析 IP、NetBEUI 和 TCP/UDP 等协议；Sniffer 使网络接口处于混杂模式，可以截获网络内容，是较为完善且应用广泛的一种网络监视器。

网管平台原则上应能够自治地执行，但它们本身没有给用户提供足够的功能，而只是为应用提供一个基础设施和开放环境。基于平台的工具利用网管平台提供面向用户的各种定制功能。

集成工具主要用来集成其他工具。例如，对其他工具的结果进行编译和加工处理，或者将它们以不同的形式提供给用户。集成工具有 4 种集成形式：用户界面集成；基于代理或网关的集成；数据集成；总体集成。

除上述网络管理工具之外，还有一类开发工具，可以看作应用于管理领域的应用程序。但从广义上讲，也可以把这些应用程序看作管理工具，因为两者的界限有时并不明确。

基于 Web 的网络管理

如前所述，目前常用的主流网络管理模型有两种，即基于 OSI 的 CMIP 模型和基于 TCP/IP 的 SNMP 模型。基于这两种模型所建立的网络管理模型系统通常采用集中式管理，即 Manager Agent 的一对多的集中式管理。在 SNMP 模型中，Manager 利用轮询机制对被管理对象进行管理；在 CMIP 模型中，Manager 利用事件驱动机制对被管理对象进行管理。这种模式易造成管理者负担过重的问题。另外，由于大量的管理信息在网上传递，增加了网络负荷，同时也限制了网络管理的实时性，因为管理信息的上下传递需要时间。

在这种背景下，一些主要的网络厂商试图以一种新的形式应用 MIS，提出了一些新的网络管理模型，如基于 Web 的网络管理（Web Based Management，WBM）模型、基于 CORBA 的网络管理模型、基于移动代理的网络管理模型、基于主动网络概念的网络管理模型等。这些新型的网络管理模型的主要特点是分布式和实时性。

基于 Web 的网络管理模型是在 Internet 不断普及的背景下产生的，主要是将 Internet 技术与已有的网络管理技术相融合，为网络管理人员提供具有分布性和实时性的网络管理方法，通常有基于代管和嵌入式两种实现方案。

基于代管的 WBM 实现方案

基于代管的 WBM 实现方案是在网络平台之上叠加一个 Web 服务器，使其成为浏览器用户的网络管理的代管，如图 6.12 所示。其中，网络管理平台通过 SNMP 或 CMIP 域被管设备通信，收集、过滤、处理工作管理信息，维护网络管理平台数据库。WBM 应用通过网络管理平台的 API 接口获取网络管理信息，维护 WBM 数据库。管理人员通过浏览器向 Web 服务器发送 HTTP 请求来实现对网络的监测和控制，Web 服务器通过公共网关接口（CGI）调用相应的 WBM 应用，WBM 应用把管理信息转化为 HTML 形式返还给 Web 服务器，由 Web 服务器响应浏览器的 HTTP 请求。

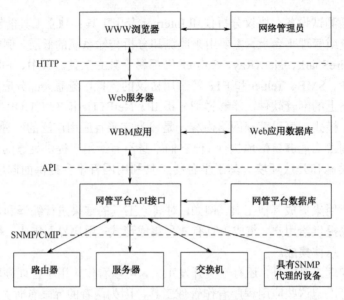

图 6.12　基于代管的 WBM 实现方案

基于代管的 WBM 实现方案保留了现有的对网络管理系统的特征监测,还提供了操作网络管理系统的灵活性。代管能与被管设备通信,Web 用户也就可以通过代管实现对所有被管设备的访问。代管与被管设备之间的通信沿用 SNMP 和 CMIP,因此可以利用传统的网络管理设备实现这种方案。

嵌入式 WBM 实现方案

嵌入式 WBM 实现方案是将 Web 服务能力嵌入被管设备之中。每个设备都有自己的 Web地址,使得管理人员可以通过浏览器、HTTP 协议直接对其进行访问和管理。这种方案的结构如图 6.13 所示。

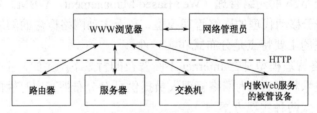

图 6.13　嵌入式 WBM 实现方案的结构

嵌入式 WBM 实现方案给各个被管设备奠定了图形化的管理方式,提供了简单的管理接口。网络管理系统完全采用 Web 技术,如通信协议采用 HTTP,管理信息库利用 HTML 语言描述,网络拓扑算法采用高效的 Web 搜索、查询索引技术,网络管理层次和域的组织采用灵活的虚拟形式,不再受限于地理位置等因素。

练习

1. 集中式网络管理模型具有哪些优缺点?
2. 当前流行的网管平台有哪些?试说明一种常用的网管平台的功能特点。

3. 阐述网络管理工具的分类方法。

4. 基于 Web 的网络管理模型的主要优点是什么？有哪两种实现方案？

补充练习

1. 查阅相关文献进一步学习网络管理协议。

2. 就近访问一个网络管理中心，考察其所使用的网管平台和网管软件，并写出调查报告。

本 章 小 结

网络管理技术是伴随着计算机技术、网络技术和通信技术的发展而发展的。网络管理是指对网络应用系统的管理，它包括故障管理、配置管理、性能管理、安全管理和计费管理。从网络管理范畴进行分类，可分为对网"路"的管理，即针对交换机、路由器等主干网络进行管理；对接入设备的管理，即对内部 PC、服务器、交换机等进行管理；对行为的管理，即针对用户的使用进行管理；对资产的管理，即统计 IT 软硬件的信息等。

目前，几乎所有的网络设备生产厂家都实现了对 SNMP 的支持。SNMP 构成了大多数远程网络管理解决方案的基础。SNMP 的管理程序/代理模式包括 3 种元素：在每个被管理的网络元素中的简单代理，在中心 NMS 中的复杂的管理应用程序，以及一系列的使管理程序和代理可以进行通信的简单 SNMP 消息。这种模式最小化了网络数据流量和每个被管理元素的处理过程。

SNMP 网络管理可以分成 3 种模式：被动管理、主动管理和异常管理。这些模式描述了代理和管理程序之间的相对关系，也定义了在不需要网络管理人员干预的情况下管理程序可以采取多大程度的独立操作。

SNMP 使用简单的两级体系，位于中心的、复杂的管理进程控制数量众多的简单代理进程。这种方法不但可以提供很高的控制度，而且可以使网络和设备的整体负载最小化。

在代理和管理程序之间的通信使用 3 种类型的消息或 PDU：命令、响应和通知。管理程序使用命令请求管理信息或命令配置的改变。代理使用响应来提供数据和确认操作，使用通知（陷阱）来警告管理程序重要的情况。

管理程序–代理通信的基础是在每个被管理元素中维护 MIB 的以及在 NMS 中复制的整体 MIB。整体 MIB 允许管理程序发送命令来对特定的被管理对象提取数据或改变配置，并解释来自代理的通知消息。

小测验

1. 下面哪一项不是网络管理模型的一部分？（　　　）

 a. 被管理节点和设备　　　　　　　　b.NMS

 c. 网络管理协议，如 SNMP　　　　　d.网络流量监视器

2. 下面哪一项不是 SNMP 操作模式？（　　　）

 a.被动管理　　　　b.主动管理　　　　c.响应管理　　　　d.异常管理

3. MIB 最适合归为下面哪一类？（　　　）

 a.与被管理设备相关的信息数据库　　　　b.与管理站点相关的信息数据库

　　　c.与网络故障相关的信息　　　　　　　　d.与网络配置相关的信息

4. 如果 SNMP 用于以太网局域网，那么在下面的 4 种协议中最有可能使用哪一种？（　　　）

　　　a.SNMP/TCP/IP/以太网　　　　　　　　b.NMP/TCP/UDP/IP

　　　c.SNMP/TCP/UDP/以太网　　　　　　　d.NMP/UDP/IP/以太网

5. 下面哪一项最恰当地描述了 NMS？（　　　）

　　　a.用来提取、存储和显示网络信息的集中式应用程序和数据库

　　　b.存储在所有具有 SNMP 功能的设备中的软件

　　　c.运行 SNMP 的硬件　　　　　　　　　d.用来在网络设备之间传输信息的协议

6. 下面哪一项不是网络管理的目标？（　　　）

　　　a.错误管理　　　　　　b.性能　　　　　　　c.配置　　　　　　　d.增强可用性

7. 为配置目的使用的 SNMP 的例子是（　　　）。

　　　a.下载软件到端站点　　　　　　　　　　b.改变网关的参数

　　　c.对局域网数据流量进行简单的测量　　　d.决定交换机上一个端口的可用性

8. SNMP 代理站的一个角色是（　　　）。

　　　a.在专有的管理系统之间翻译 SNMP 请求　　　　b.提供数据流量监视

　　　c.提供公用网络和私用网络之间的安全性　　　　d.以上都不是

9. SNMP 中的请求/响应对通常是（　　　）。

　　　a.从设备到管理站点　　　　　　　　　b.从管理站点到被管理设备

　　　c.从设备到网络　　　　　　　　　　　d.从网络上的服务器到管理站点

10. 下面哪种 SNMP 操作模式收集被管理设备的统计信息？（　　　）

　　　a.被动管理　　　　b.主动管理　　　　c.响应管理　　　　d.异常管理

11. 下面哪种 SNMP 操作模式改变被管理设备的特性？（　　　）。

　　　a.被动管理　　　　b. 主动管理　　　　c.响应管理　　　　d.异常管理

12. 下面哪种 SNMP 操作模式需要来自被管理设备的通知？（　　　）

　　　a.被动管理　　　　b.主动管理　　　　c.响应管理　　　　d.异常管理

13. SNMP 消息又称为（　　　）。

　　　a.帧　　　　　　　b.数据包　　　　　c.PDU　　　　　　d.请求/响应对

14. 在 SNMP 中，主动提供的关于网络情况的报告称为（　　　）。

　　　a.陷阱　　　　　　b.被动　　　　　　c.主动　　　　　　d.事件

15. 在 SNMP 中，最像客户机和最像服务器的选项分别是（　　　）。

　　　a. 代理和服务器　　b. 代理和管理程序　　c. 管理程序和服务器　　d. 客户和服务器

16. 下面哪种不是 SNMP 中使用的 PDU？（　　　）

　　　a.命令　　　　　　b.响应　　　　　　　c.通知　　　　　d.事件

17. 在 SNMP 中，代理收到管理站的一个 GET 请求后，若不能提供该实例的值，则（　　　）。

　　　a. 返回下个实例的值　　　b. 返回空值　　c. 不予响应　　d. 显示错误

18. SNMP 是一种异步请求/响应协议，采用（　　　）协议进行封装。

　　　a. IP　　　b. ICMP　　　c. TCP　　　d. UDP

19. 在 SNMP 中，管理进程查询代理中一个或多个变量的值所用报文名称为 (1)，该报文的默认目标端口是 (2)。

　　（1）a. get-request　　b. set-request　　c. get-response　　d. trap

（2）a. 160   b. 161   c. 162   d. 163

【提示】SNMP 主要有 5 种消息报文，即 get、get-next、set、get-response、trap。SNMP 定义了如下 5 种操作：

- ► get-request 操作——从代理进程处提取一个或多个参数值；
- ► get-next-request 操作——从代理进程处提取一个或多个参数的下一个参数值；
- ► set-request 操作——设置代理进程的一个或多个参数值；
- ► get-response 操作——由代理进程发出的一个或多个参数值，它是前 3 种操作的响应操作；
- ► trap 操作——代理进程主动发出的报文，通知管理进程有特殊事件发生。

前 3 种操作由管理进程向代理进程发出，后两种操作由代理进程发给管理进程。前 4 种操作是简单的请求－应答方式，由于采用 UDP，因此一定要有超时和重传机制。管理进程使用 UDP 的 161 端口，代理进程使用 UDP 的 162 端口，因此一个系统可以同时为管理进程和代理进程。

参考答案：（1）选项 a；（2）选项 b。

20. OSI 定义的网络管理包括配置管理、故障管理、性能管理、安全管理和计费管理五大功能，下列操作中属于配置管理的是（   ）。

    a. 网络管理者通过 get-request 操作获得当前处理的消息数据

    b. 网络管理者通过 get-request 获得计费参数

    c. 网络管理者通过 set-request 获得更改它的 LOG 级别

    d. 网管代理通过 trapani 发送故障消息。

【提示】配置管理是指初始化、维护和关闭网络设备或子系统。配置管理的功能模块包括：定义配置信息、设置和修改设备属性、定义和修改网络元素间的互连关系、启动和终止网络运行、发行软件、检查数值和互连关系、报告状态现状。

选项 c 为更改系统的配置，属于配置管理的范畴，故参考答案是选项 c。

第七章 网络系统的运维与管理

概　述

　　网络系统在构建并投入使用之后，在运行过程中，必须有专职技术人员对其进行日常的维护和管理。网络运行、维护与管理是网络不可或缺的一项重要工作。网络运行、维护与管理并不仅仅是针对用户计算机所进行的安全运行维护，而是在计算机网络中实行的一种维护管理。网络管理的目标是能够有效地增强信息交流和数据传递的规范性和安全性，提升威胁出现后的追溯和分析能力。在网络管理工作中，最常见的就是身份认证技术，保证用户每个网络行为都会受到网络服务器的记录和监控，能够提前发现并及时阻止黑客的不法行为，发现并中断病毒木马的感染和传播。通常有效的方法是使用"计算机域"管理技术，用域来严格控制网络内计算机的系统最高权限不被轻易利用。

　　一般来说，网络系统的管理包括网络系统的监视和管理、数据信息的备份和恢复、故障的分析和恢复以及网络系统的升级等。因此，网络的运行、维护与管理工作内容很多，其中最重要、涉及最多的主体是用户、网络配置管理和网络系统的运行监控，以及数据的存储和安全防护等。本章主要介绍网络系统的日常维护管理（包括网络分析、用户管理、网络系统的配置管理）、网络系统的监视与管理、网络存储技术、防止网络危害的安全对策（包括病毒防御及入侵检测）等。

第一节　网络系统的运行与维护

　　计算机网络具有开放性和共享性的特征，它在给人们带来便捷、优质服务的同时，也使网络运行的稳定性、信息安全性等问题越来越复杂，因而对网络管理提出了严峻的挑战。本节主要讨论计算机网络运行维护中遇到的基本问题，包括网络分析、用户管理、网络系统的配置管理、数据备份与恢复，以及网络管理虚拟化技术。

学习目标

　　▶　熟悉网络分析、用户管理、系统配置管理的基本方法；
　　▶　掌握数据备份与恢复技术；
　　▶　了解网络管理虚拟化技术。

关键知识点

　　▶　有效地管理网络是保障网络安全运行的基础。

网络分析

　　网络分析（Network Analysis）是关于网络的图论分析、最优化分析以及动力学分析的总称。网络分析通过对网络中所有传输的数据进行检测、分析、诊断，帮助用户排除网络故障、规避安全风险、提高网络性能，增大网络的可用性价值。网络分析是网络管理的基础工作，也是重要技术之一。一般来说，网络分析的主要内容包含：

- ▶ 快速查找和排除网络故障；
- ▶ 找到网络瓶颈，提升网络性能；
- ▶ 发现和解决各种网络异常、安全威胁，提高安全性；
- ▶ 管理资源，统计和记录每个节点的流量与带宽；
- ▶ 查看各种应用、服务及主机的连接，监视网络行为，使网络管理精细化；
- ▶ 分析各种网络协议，管理网络应用质量。

网络分析工作一般需要通过网络分析系统来实现。网络分析系统是一个能够对网络中所有传输的数据进行检测、分析、诊断，帮助用户排除网络故障，规避安全风险，提高网络性能，增大网络可用性价值的管理方案。通常，网络分析系统主要由数据采集、数据分析和数据呈现三部分组成。

数据采集

数据采集是整个网络分析系统的基础，它在网络底层进行实时的数据采集，以获得真实、准确的数据。数据采集功能一般是由交换机或者路由器通过相关的软件（如 NetFlow、sFlow、Sniffer Por）或端口镜像等技术来实现的。比较典型的流数据采集软件当属 Cisco 公司的 Darren Kerr 和 Barry Bruins 发明的 NetFlow。

Cisco 公司的 NetFlow 有众多版本，主流版本是 NetFlow V5、V9 等。该软件通过分析网络中不同数据流间的差别，可以判断出任何两个 IP 数据包是否属于同一个数据流。在实际操作上，主要是通过分析 IP 数据包的以下 7 个属性来实现的：

- ▶ 源 IP 地址；
- ▶ 目的 IP 地址；
- ▶ 源通信端口号；
- ▶ 目的通信端口号；
- ▶ 第三层协议类型；
- ▶ TOS 字节（DSCP）；
- ▶ 网络设备输入或输出的逻辑网络端口（ifindex），若为华为设备则需要使用 mib 计算得到。

所谓端口镜像（Port Mirroring），就是通过在交换机或路由器上将一个或多个端口的数据流量转发到某一个指定的端口进行网络监听。该指定端口称为镜像端口或目的端口。端口镜像的主要作用是给网络分析器提供可分析的数据。在企业网络中使用镜像功能，可以很好地对企业内部网络数据进行监控管理，在网络出现故障时，可以快速定位故障。

数据分析

数据分析是指将所采集到的数据集中并统一保存在指定的数据库中，然后交给分析系统的各种分析模块进行实时诊断和分析，如专家诊断模块、统计模块、数据包解码模块等。数据分析的主要任务是对网络流量、用户行为等进行分析。

1. 网络流量分析

网络流量分析是通过网络流量监测来实现的，一般是通过连续采集网络中的数据包，然后对数据包进行分析，以此了解网络的运行状态，发现网络存在的问题。网络流量监测的目的是提高服务质量和资源利用率，提高网络的可用性和可靠性，为网络规划、制定安全策略、计费等提供参考。

网络流量分析的另一个重要任务是异常流量的分析和处理。随着各种网络攻击手段的层出不穷，计算机网络的保密性、完整性、可用性受到了严重威胁。针对目前危害较大的拒绝服务和分布式拒绝服务攻击、网络蠕虫病毒等，可以通过连接会话数的跟踪、源/目的地址的分析、流量的分析，及时发现网络中的异常流量和异常连接，侦测、定位网络潜在的安全问题和攻击行为，保障网络安全。

2. 网络用户行为分析

在网络流量监测分析的基础上，还可以进行网络用户行为分析。通过测量分析网络流量可以掌握网络用户的基本特征，进而发现网络用户行为的变化规律，并构造出描述网络用户行为的模型。网络用户行为分析通常包含以下几个方面的内容：

- ▶ 用户会话行为分析。用户会话行为分析注重采用统计方法研究用户会话指标的分布特征，包括会话时长、上下行流量、间隔时间等。
- ▶ 用户上网喜好分析。分析用户上网喜好，研究用户兴趣所在，可为电信增值业务的定向营销提供帮助。
- ▶ Web 访问行为分析。通过研究用户对 Web 的访问行为，发现用户 Web 浏览模式和兴趣模式，进而为用户未来的访问做出预测。

3. 网络用户行为审计

网络用户行为审计就是对用户的行为加以记录，并进行综合分析研判，以了解用户的习惯、性格、爱好、日常生活，甚至预计用户的未来计划。通过了解用户进而改进、完善网络系统性能，以便提供更好的网络服务，甚至防止错误的发生。用户行为审计需要配置相应的数据库和审计系统，与网络系统同时运行，即时监控网络状态，记录每一位用户的相关信息。

通过对网络流量分析、用户行为分析与审计，可以及时发现网络异常问题，如网络用户的计算机是否感染了蠕虫病毒、中了后门程序等，以便及时告警处理。Cisco 公司的 NetFlow 和 Sniffer Por 都是可以实现网络流量分析等功能的软件。

数据呈现

数据呈现就是将分析结果以各种形式呈现给用户，如柱形图、折线图、饼状图以及报表等。一般，用于流量分析的软件都有数据呈现功能。

网络用户管理

网络用户是网络系统的主要使用者，包括系统管理员、普通用户以及系统的维护管理人员。用户的身份决定了其在网络系统中所拥有的权限，即不同用户能够在不同的方面、范围和不同程度地使用网络系统。

在网络系统运行过程中，需要根据网络用户的不同角色对不同的网络用户进行分级管理。对于网络管理人员、系统维护人员要进行分工，确定其岗位位置、权限、责任、任务。对于普通用户的数量、权限也会经常有所变化，网络管理员需要根据用户的申请要求、用户的属性或者用户的行为，对用户的权限进行相应的设置，如增添新申请用户、禁用欠费用户和违法用户等。

用户接入认证和 IP 地址绑定

在实现用户管理之前，需要对用户身份进行识别，即能够识别出连接进入网络系统的每一个用户，能够识别在网络系统中传输的每一个数据包是由谁发出的。常见的用户识别技术主要为用户接入认证和 IP 地址绑定方法。

对于用户接入认证方式，目前比较常用的是 PPoE、Web 和 IEEE 802.1x 等三种认证方式。

▶ PPoE 认证方式。这是一种将窄带拨号认证技术用于宽带网络的认证方式。最初用于 ADSL 的认证，后来用于 VDSL 和 LAN 的接入认证。

▶ Web 认证方式。这是一种基于 HTTPS 协议的认证接入方式，通过对数据报文中的用户信息，包括 VLAN、MAC 和 IP 等识别用户。用户使用 Web 浏览器作为客户端，与 Web 认证服务器进行交互，发送认证信息并接收认证结果。

▶ IEEE 802.1x 认证方式。这种认证方式在网络层的边缘设备上提供简单的认证和接入功能，经过扩展后可以用于在汇聚层提供用户认证功能。相比其他认证方式，IEEE 802.1x 认证方式的一个最大特点是简单，通过二层交换机或者三层交换机就能实现，组网比较方便。

IP 地址绑定是一种简单的用户接入认证技术，是指将用户（用户计算机）与一个可连接进入网络系统的 IP 地址进行绑定，网络系统可以通过 IP 地址识别用户。对于一个数据包可以通过分析其所包含的 IP 地址判定是哪个用户发出的。常见的 IP 地址绑定技术有端口绑定、MAC 地址绑定等方法。

▶ 端口绑定是指网络系统为每一个接入端口分配一个固定的 IP 地址，每一个用户分配用户接入接口，某一个用户使用固定的端口和 IP 地址便可以连接进入网络系统。如果端口和 IP 地址不对应，则无法进入。

▶ MAC 地址绑定是指将用户计算机的网卡地址和网络系统的固定 IP 地址进行绑定。每一台用户计算机都分配一个固定的 IP 地址，用户必须使用对应的 IP 地址才能连接进入网络系统。

计费管理

网络系统运营商一般会根据用户上网要求，制定相应的费用计算标准，并向用户收取上网费用。一般的计费方式有固定时间段固定费用、按时计费和按流量计费等。随着网络服务的多样化，计费方式也越来越复杂。由于计费管理的复杂性，网络系统不仅要识别上网的用户，还必须登记用户上网的历史记录。例如，每一次连接网络和断开网络的时间，每一次连接网络产生的流量等，并能够随时开通新用户，定时注销旧用户，自动统计计算用户费用包括通知用户续费等。

网络系统的配置管理

由于网络系统的复杂性、易变性，如果不能够对网络系统进行整体把握，则无法有效地进行维护管理。有时由于排除网络故障、升级更换网络设备或更改网络某一部分的配置，都会造成冲突、出现系统故障。为尽量避免发生网络故障，要特别重视网络系统的配置管理。网络系统的配置管理主要涉及以下几个方面的工作。

基本配置管理

网络管理员需要对网络系统中的各种主要组件进行系统的定义、划分、标识和监控，搭建网络系统模型。配置管理包括网络节点的数量、分布、链接情况以及线路的排布、数量、带宽等。一般包括如下内容：

- ▶ 利用网络系统设计规划图、设备资料表和系统配置图，以及最后施工情况进行修改。
- ▶ 使用软件自动扫描分析网络资源，用图表记录分布和类别型号，并统计总数。
- ▶ 对网络设备进行分类，列出所有设备清单。
- ▶ 依据设备清单对设备进行检查，详细记录每一台设备的端口情况、配置文件、型号、序列号、购买日期、商家信息、附带的软件以及文档资料等。
- ▶ 记录每一设备的配置信息。

网络配置变更控制

庞大的网络系统、众多的用户设备、繁杂的网络程序使网络系统处于不断变化之中；用户数量的增加与减少、设备的维修或更新等诸多事情也不可避免。因此，经常需要对网络系统进行调整，这样才能使之持续不断而有效地工作。而这些调整会使网络系统变得更复杂，难以控制，所以控制网络变更尤为重要。网络配置变更控制的内容主要涉及以下两个方面：

（1）设备的更新控制。作为网络管理员要时刻监控网络系统发生的改变，追踪改变的来源，确定改变的具体位置和设备，详细记录改变发生的原因、时间和情况。作为网络系统的用户则要事先通知管理员所要实施的改变，征求意见并获得同意后再予以实施，事后要报告实施的详细情况。

（2）软件的补丁和升级。包括网络系统管理的服务器软件、提供网络服务的软件以及用户本身的应用软件，如操作系统、杀毒软件、电子邮箱等，都要及时进行补丁安装和升级，以保持良好的网络系统性能。

网络配置管理文档及配置图

撰写配置管理文档是网络系统管理的重要工作内容。从系统的运行开始形成文档，要随着网络系统的运行和更新不断补充、修改网络配置管理文档。即使网络系统不再使用，也要把配置管理文档作为档案材料保存起来。

网络配置管理文档是维护管理人员把握网络系统总体布局、理解网络系统细节的得力助手，也是进行系统配置、更改的依据。其中包括网络系统的基本配置、设备的基本配置、设备变更记录、故障出现及排除的详细情况等。配置管理文档的管理需注意以下几点：

- ▶ 编写标准化。文档编写必须遵循相应的国际或国家标准，使用通用的专用模板格式。

▶　文档内容要文字、表格和图片相互结合，表达清楚，容易理解，详略得当。

▶　文档要有备份。最新文档必须随系统一起备份，保证至少一份备份件不可修改。

网络配置图是网络结构可视化的重要工具，不但可以帮助管理者对网络系统进行整体把握和深入理解，也便于网络的监控管理、故障分析，以及分配管理维护工作任务。一般情况下，网络配置图需要根据网络系统设计规划图及施工阶段的具体布线情况，将网络节点与实际应用部门有机联系起来。从总体结构到局部网段，以部门或者区域为单位进行结构化绘制，逐层分析抽象，用通用的特征图形象地表示出来。

数据备份与容灾

随着不断增长的计算机存储信息量，数据备份和灾难恢复已经非常重要。人为的操作错误、硬盘的损毁、计算机病毒、自然灾难等都有可能造成数据丢失，造成不可估量的损失。系统数据丢失会导致系统文件、交易资料、用户资料、技术文件、财务账目的丢失，业务将难以正常进行。因此，数据备份是信息系统的安全保障。重要信息系统必须构建灾难备份系统，以防范和抵御灾难所带来的毁灭性打击。

数据备份

数据备份是容灾的基础，是指为防止系统出现操作失误或系统故障导致数据丢失，而将全部或部分数据集合从应用主机的硬盘或磁盘阵列复制到其他存储介质的过程。传统的数据备份主要是采用内置或外置的磁带机进行冷备份。但这种方式只能防止操作失误等人为故障，而且其恢复时间也很长。随着信息技术的不断发展，数据的海量增加，许多机构、企业单位开始采用网络备份。网络备份一般是通过专业数据存储管理软件结合相应的硬件和存储设备来实现的。

数据备份的重要性不言而喻。为了保障生产、销售、开发的正常运行，企业用户应当采取先进的、有效的措施，对数据进行合理的备份，防患于未然。比较常见的备份方式如下：

▶　定期磁带备份数据。

▶　远程磁带库、光盘库备份，即将数据传送到远程备份中心制作完整的备份磁带或光盘。

▶　远程关键数据、磁带备份。采用磁带备份数据，生产机实时向备份机发送关键数据。

▶　远程数据库备份。就是在与主数据库所在生产机相分离的备份机上建立主数据库的一个拷贝。

▶　网络数据镜像。这种方式是对生产系统的数据库数据和所需跟踪的重要目标文件的更新进行监控与跟踪，并将更新日志实时通过网络传送到备份系统，备份系统则根据日志对磁盘进行更新。

▶　远程镜像磁盘。通过高速光纤通道线路和磁盘控制技术将镜像磁盘延伸到远离生产机的地方，镜像磁盘数据与主磁盘数据完全一致，更新方式为同步或异步。

以上这些备份方式是在各领域中经常要用到的数据备份方式。不同的备份方式应用在不同的环境，具体选择什么样的备份方式才能更安全、更可靠，需要根据具体情况，恰当选择备份策略和备份方式。

容灾系统

容灾系统是指在相隔较远的异地，建立两套或多套功能相同的信息系统，互相之间可以进行健康状态监视和功能切换，当一处的信息系统因意外（如火灾、地震等）停止工作时，整个应用系统可以切换到另一处，使得该系统可以继续正常工作。容灾技术是信息系统高可用性技术的一个组成部分，容灾系统更加强调处理外界环境对信息系统的影响，特别是灾难性事件对整个信息系统节点的影响，提供节点级别的系统恢复功能。 从其对信息系统的保护程度来区分，可以将容灾系统分为：

1. 数据级容灾

数据级容灾指通过建立异地容灾中心进行数据的远程备份，该数据可以是与本地生产数据的完全实时复制，也可以比本地数据稍微滞后，但一定是可用的。在灾难发生之后要确保原有的数据不会丢失或者遭到破坏。在数据级容灾级别，发生灾难时应用是会中断的。在数据级容灾方式下，所建立的异地容灾中心可以简单地把它理解成一个远程的数据备份中心。数据级容灾的恢复时间比较长，但是相比于其他容灾级别来说它的费用比较低，而且构建和实施也相对简单。

数据级容灾根据实时性的要求不一样，可以采用异地备份的方式或者采用存储阵列实时同步或异步同步的方式来实现。

2. 应用级容灾

应用级容灾是在数据级容灾（存储阵列实时同步或异步同步方式）的基础上，在容灾站点建立一套完整的与本地生产系统相当的备份应用系统（可以互为备份）。两个站点间数据同步的技术通过同步或异步复制技术来实现，保证关键应用在允许的时间范围内恢复运行，尽可能减少灾难带来的损失，让用户基本感受不到灾难的发生，构建完整的、可靠的和安全的业务应用。应用级容灾生产中心和异地灾备中心之间的数据传输可以采用多种数据传输方式；同时应用级容灾系统需要通过专业的容灾软件来实现，可以使多种应用在灾难发生时可以进行快速切换，确保业务的连续性。

应用级容灾的主要技术包括负载均衡、集群技术。数据级容灾是应用级容灾的基础，应用级容灾是数据级容灾的目标。

3. 业务级容灾

业务级容灾是全业务的灾备，除了必要的信息技术之外，还要求具备全部的基础设施。当大灾难发生后，原有的办公场所都会受到破坏，为了维护整体业务系统的持续运行，生产数据中心全部业务系统需要整体进行切换，将全部业务系统依据生产数据中心运行的业务逻辑关系，依次启动相应应用，最终实现业务系统的整体容灾中心运行。

网络管理虚拟化

随着信息社会网络化发展，特别是云计算等新兴服务模式的崛起，网络不但为人们提供了便利的通信方式、丰富的共享资源，更为重要的是提供了一个综合、自动的分布式处理平台。然而，网络规模的不断扩大，其复杂性不断增加，网络的异构性也越来越高。一个网络通常由若干个子网组成，包括不同厂家、公司提供的网络服务设备。这就需要一个良好的网络服务管理系统对网络系统进行管理控制，使之成为一个资源优化、成本控制、有发展潜力的网络。现有的网络管理系统主要分为基于 IETF/SNMP 的管理和基于 OSI/CMIP 的管理两大类。这种基于传统的网络服务管理技术而实现性能管理、故障管理、安全管理等的开发方式，已不能满足服务不断变化的管理需求。因此，在这种网络环境下，需要一种新的网络服务管理方式，降低服务管理系统的耦合度。网络管理虚拟化技术就是采用云计算技术构建多个虚拟的网络环境，以降低网络建设、运行维护和使用复杂性的一种新方法。

虚拟化技术

虚拟化（Virtualization）的概念是在 20 世纪 60 年代首次提出的。在 20 世纪 70 年代，大型计算机已开始同时运行多个操作系统实例，这可看成是虚拟化技术的第一次应用。经过几十年的发展，计算机在软硬件方面的进步使得虚拟化技术得到了迅速发展应用，目前已经成为热门技术之一。

关于虚拟化的概念，目前尚未有统一的定义和标准。抽象地说，虚拟化技术可看成是将不同的资源与逻辑单元剥离，形成松耦合关系的一种技术。也就是说，虚拟化是一种资源管理技术，是将计算机的各种实体资源，如服务器、网络、内存及存储等，予以抽象、转换后呈现出来，打破实体结构间不可切割的障碍，使用户可以采用比原组态更好的方式应用这些资源。这些资源的新虚拟部分是不受现有资源的架设方式、地域或物理组态所限制的。广义地说，实现资源逻辑分配的技术都可以称为虚拟化技术，例如磁盘分区技术、关系数据库技术、多进程多线程技术等。虚拟化技术内涵非常丰富，一般可做如下分类：

- ▶ 硬件虚拟化；
- ▶ 虚拟机（Virtual Machine，VM），可以像真实机器一样运行程序的计算机的软件实现；
- ▶ 虚拟内存，将不相邻的内存区，甚至硬盘空间虚拟成统一连续的内存地址；
- ▶ 存储虚拟化，将实体存储空间（如硬盘）分割成不同的逻辑存储空间；
- ▶ 网络虚拟化，将不同网络的硬件和软件资源结合成一个虚拟整体，如虚拟专用网络（VPN）；
- ▶ 桌面虚拟化，在本地计算机显示和操作远程计算机桌面，在远程计算机执行程序和存储信息；
- ▶ 数据库虚拟化；
- ▶ 软件虚拟化；
- ▶ 服务虚拟化。

注意：虚拟化技术与多任务以及超线程技术完全不同。多任务是指在一个操作系统中多个程序同时一起运行。在虚拟化技术中，则可以同时运行多个操作系统，而且每一个操作系统中都有多个程序运行，每一个操作系统都运行在一个虚拟的 CPU 或者是虚拟主机上；而超线程技术只是单 CPU 模拟双 CPU 来平衡程序运行性能，这两个模拟出来的 CPU 是不能分离的，只能协同工作。与 VMware Workstation 等同样能达到虚拟效果的软件不同，虚拟化技术是一个巨大的技术进步，具体表现在减少软件虚拟机相关开销和支持更广泛的操作系统方面。

基于云计算的虚拟化数据中心

数据中心是指以网络数据中心（IDC）机房和宽带网络资源为依托，面向内容服务提供商、应用服务提供商、系统集成商、各类政府企业客户而提供的高速带宽、安全可靠的互联网信息服务托管平台。就传统 IDC 而言，面临着机房空间资源有限、网络出口资源不足、硬件资源利用率较低、建设运营、业务结构单一等诸多问题。为此，需要改变传统的 IDC 建设方式，构建新型的 IDC。目前，一种新型的 IDC 是建设虚拟化 IDC，即虚拟化数据中心（VDC）。

　　VDC 业务是一系列由提供商向租户提供的资源和资源集合的模板组合。这些业务模板是由 VDC 提供商制定的一些标准化的资源和资源集合的抽象，租户可以根据自己的需求对这些业务模板进行配置订购。这些业务在经过租户订购以后将会生成的业务实例就是 VDC 的服务产品，业务实例包含业务模板所定义的计算资源、操作系统、用户所申请的从资源池获取的存储空间和网络资源。所有的 VDC 中的资源包括网络、存储、计算能力以及应用业务，都可以业务的形式向租户提供。任何 VDC 资源都可以按单个或多个有机整合的方式形成标准，发布为 VDC 业务。

　　虚拟专用主机（VPS）是通过云计算技术将存储、硬件和网络等资源统一虚拟化为相应的资源池，再从资源池分割出多个虚拟专享服务器的优质服务。每个 VPS 都可分配独立的公网 IP 地址、操作系统、超大空间、内存、CPU 资源、执行程序和系统配置等。

　　弹性云计算业务是一种按需分配计算资源的云计算服务。弹性云计算业务提供了一系列不同规格标准的计算资源，包括 CPU 性能、内存、操作系统、磁盘、网络。这些规格参数不同的计算资源有不同的价格，租户可以根据需要申请不同规格的计算资源。

　　在线云存储是通过云存储技术，整合并高效调度存储资源，来满足客户弹性使用需求的。云存储不仅仅是一个硬件，而是一个由网络设备、存储设备、服务器、应用软件、公用访问接口、接入网和客户端程序等多个部分组成的系统。在线云存储业务不但可以满足集团型企业的容灾备份业务需求，支持多种应用方式，如云备份、云数据共享、云资源服务等，也可以提供标准化的接口供其他网络服务使用，还能够遵照访问就近原则，实现地理位置越近，实体之间数据传输效率越高、成本越低的功能。

　　云终端是一种低成本、免升级、易管理、便操作、强安全、高可靠的瘦终端型客户机，配合 VDC 云计算和云存储产品形成"终端 + 网络 + 应用"的组合型服务。云终端具有以下基本特征：

▶　终端设备规格统一，便于制定标准化的配置方案，有效降低采购及运营成本；
▶　满足可控的移动存储设备等外接口；
▶　实现集中管理、单独授权的应用模式；
▶　实现统一部署的操作系统和升级维护管理。

　　利用云计算技术可以实现虚拟化数据中心（VDC）业务。根据基础设施即服务（IaaS）的服务模式定义，由服务提供商为租户提供按需付费的标准化弹性资源服务，其中包括弹性计算、弹性存储、弹性宽带、虚拟机等。云计算将 VDC 提供商的物理机房所有硬件资源通过虚拟化、标准化而转换成一个巨大的资源池，资源池中的所有虚拟设施都是提供商可提供服务的产品，以规范化的 IaaS 方式打包成标准模板向用户出租。租户则可以在线按需申请所需的资源，并在短时间内获得所申请资源的访问和使用权限。

练习

1. 关于应用系统和存储的关系，下列说法正确的是（　　　）。

　　a. SAN 存储系统的兼容性，与数据库密切相关，不同的数据库必须安装对应的补丁才能正常使用

b. 对于数据库层面，数据的一致性保证由数据库软件自行保障，与存储无关

c. 信息技术的不同层面对存储的关注点各不相同，在操作系统层主要考虑存储的兼容性

d. 邮件系统、视频点播系统属于应用软件，与存储毫无关系

2. 虚拟化技术在容灾系统中的应用可以带来哪些好处？（　　　）

a. 提高应用系统性能　　　　　b. 用户掌握系统建设主动权

c. 增加硬件投入降低软件　　　d. 降低总体拥有成本

3. 信息系统灾难恢复规范于 2007 年 11 月 1 日正式升级为国家标准，其中对灾难恢复能力分为几个等级？（　　）

a. 4　　　　　　b. 5　　　　c. 6　　　　d. 7

【参考答案】1.c　　2.b、d　　3.c

补充练习

1. 在 Windows Server 上安装和配置 SNMP 代理服务。
2. 在 Windows 上安装和配置 SNMP 代理服务。
3. 在 Linux 上开启 SNMP 代理服务。

第二节　网络系统的监视与管理

在网络运行、维护管理的过程中，为了全面衡量网络运行状况，需要根据网络的数据流量分布情况来判断网络是否处于健康状态，并据此进行网络化和流量管理。当网络出现速度变慢、拥塞等异常情况时，可通过测试和查看网络设备、设备端口和主机上的流量，分析排查网络故障。

本节介绍利用软件工具（Sniffer Por）进行网络监视、协议分析和网络管理的方法，以帮助诊断网络故障，有效地管理网络。

学习目标

▶ 掌握网络监视和管理软件工具 Sniffer Por 的使用方法；

▶ 掌握使用网络监视和管理工具进行网络分析、定位和分离问题的方法，能够选择正确的方法解决网络异常问题。

关键知识点

▶ 网络监视和管理的方法、手段。

网络监视及其管理工具

网络监视是网络系统管理最重要的工作，只要网络系统还在运行就必须做好网络系统的监控工作。网络系统的运行过程是不断变化的，必须时刻掌握网络系统的状态才能在适当的时候采取必要的管理措施；在第一时间发现故障或者发现入侵破坏，迅速确定故障位置和故障原因，并加以排除。甚至可以将故障和入侵活动扼杀在萌芽状态，使网络系统始终保持安全可靠

和最佳的性能，持续正常运行。

网络监控一般根据网络的性能参数进行，主要包括吞吐量和带宽、传输差错率、丢包率、流量特性、利用率和响应时间等。网络管理人员的日常监控工作是实时获取网络系统各部分的性能参数，并根据这些相关的参数对网络系统的性能进行动态分析，再相应地调整网络系统的配置，使网络系统的性能时刻保持在最佳状态。若发现网络性能参数出现较大的异常，则有可能出现故障、病毒或者黑客入侵，网络管理人员必须提高警惕，即可进入调查。

网络监视及协议分析通常采用网络侦听或嗅探的方式，从网络的关键部位或关注的网段上抓取大量的数据包，然后通过专用软件对这些数据包进行深入的分析和统计，以图形和表格的形式显示网络的利用率、单位时间内数据包总数和异常包的数量、各台主机发送和接收的数据包数量、流量分布、不同长度的数据包所占的比例、各类协议等参数，从而全面掌握网络的运行使用情况。

网络监视及协议分析常用在网络的性能管理和故障管理等方面。一个网络通常是由成千上万台计算机、服务器和网络设备组成的，当网络出现异常或故障时，就需要网络管理员查找故障并及时进行修复。检查如此多的设备、端口连接状况，工作量非常大，而且排查故障也非常麻烦。利用网络监视及协议分析手段，管理员可以及时捕获网络流量，全面了解网络状态，通过分析捕获到的信息找出问题所在。用于网络监视及协议分析的设备有两类：

▶　专门的网络协议分析仪器；

▶　由安装在通用计算机上的软件组成的网络协议监视及协议分析系统。

由于专门的网络协议分析仪器价格昂贵，升级也不方便，在实际工作中多采用软件方式。可以将网络监视及协议分析软件安装在笔记本计算机上，哪个网段出现问题，就直接带着笔记本计算机连接到相关的交换机上，非常方便。在此以广泛应用的 Sniffer Por 软件为例，介绍网络监视及协议分析系统的使用方法。

Sniffer Por 是美国 Network Associates 公司（现在的 McAfee 公司）开发的一款便携式网络管理和应用故障诊断分析软件。它支持各种平台，性能优越，作为一名网络管理员需要有这么一套好的网络分析软件。不管是在有线网络中还是在无线网络中，Sniffer Pro 都能够实现实时的网络监视、数据包捕获以及故障诊断分析。Sniffer Pro 可以用 3 种度量方式测量网络通信量，相应的单位分别为千字节每秒、帧每秒和可用带宽的百分比。它可以给出网络通信量的统计数字，并将结果显示出来。

Sniffer Pro 可运行在局域网的任何一台机器上，如果是练习使用，网络连接时最好采用集线器（Hub）且在一个子网内，这样就能抓到连到集线器上的每台机器传送的数据包。Sniffer Pro 软件可以通过 CD-ROM 安装或者从 Sniffer 公司网站下载文件来安装。如果已经从网站下载了该软件，可以打开可执行文件所在的文件夹，双击 Sniffer Pro 图标启动安装程序。安装程序启动后，按照系统给出的安装向导提示进行即可，过程比较简单。

首次运行 Sniffer Pro 时，系统会弹出选择网卡窗口，如图 7.1 所示。窗口中列出了计算机上的所有网卡。

单击用于流量捕获的网卡，然后单击"确定"

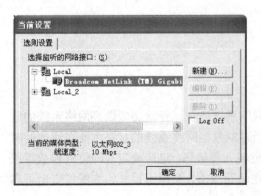

图 7.1　选择网卡窗口

按钮进入 Sniffer Pro 的主界面，如图 7.2 所示。

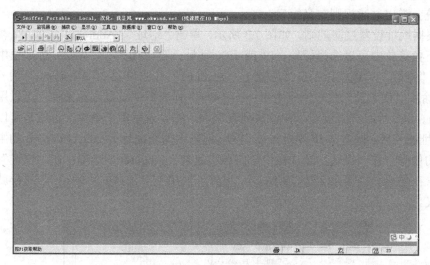

图 7.2　Sniffer Pro 的主界面

第一次运行时，系统可能会弹出"Internet 脚本错误"的提示窗口，这是因为没有安装所需的 Java 插件而引起的。可以从 www.java/com/download/manual/jsp 网站免费下载后安装。

在通常的使用中，如果 Sniffer Pro 启动后界面上的流量捕获和协议分析工具按钮都是灰色的（不可用），这时可单击"文件"（File）菜单，选择"选定设置"（Select Settings），在弹出的当前设置网卡选择界面中选择网卡。如果列表中没有网卡，则单击"新建"（New）按钮添加网卡：

▶　在"描述"（Description）文本框中为该网卡设置一个名称；

▶　在"网络适配器"下拉列表中选择所需网卡；

▶　单击"OK"按钮完成。

再次单击"文件"（File）菜单，选择"log on"选项就可以开始流量捕获了。

常见的网络管理软件还有 HP 公司的 Open View、IBM 公司的 NetView、SUN 公司的 SUN Net Manager、Cisco 公司的 Cisco Works、3Com 公司的 Transcend 等。

网络性能的监视与分析

利用 Sniffer Pro 进行网络运行性能的监视与分析，首先要捕获网络中的数据包。特别要注意的是，Sniffer Pro 并不能捕获整个网络上的数据包，它只能捕获网卡所连接的交换机端口上的数据包。如果要捕获交换机其他端口上的数据包，可利用交换机镜像设置。在默认情况下，Sniffer Pro 会接收所连接的网络端口上的所有数据包。

捕获数据包前的准备工作

在默认情况下，Sniffer Pro 可捕获其接入的碰撞域中流经的所有数据包；但在某些场景下，有些可能不是所需要的数据包。为了快速定位网络问题所在，可对所要捕获的数据包进行过滤。Sniffer Pro 提供了定义捕获数据包的过滤规则，包括定义第 2、3 层地址和数百种协议。一般按照如下方法定义过滤规则：

（1）设置过滤器。在主界面选择"捕获"（Capture）菜单上的"定义过滤器"（Define Filter）选项，系统会弹出过滤规则定义窗口。

（2）根据地址设置过滤规则。如图 7.3 所示，单击"地址"（Address）选项卡，然后在"地址类型"下拉菜单中可以选择硬件、IP 或 IPX 地址；在"模式"（Mode）选项框中可以勾选"包含"或"排除"单选按钮；在"位置 1"（Station1）和"位置 2"（Station2）列表框中输入IP 地址，输入"任意的"代表所有主机；在"Dir"列表框中设置过滤条件，可以用逻辑关系如 and、or、not 等组合来设置。在位置列表框中，可以设置多个条件，也就是可以同时过滤多个 IP 地址的连接。以定义 IP 地址过滤为例，现在要捕获地址为 202.119.167.6 的主机与其他主机通信的信息。在"模式"选项框中，勾选"包含"（Include）选项；在"位置"（Station）列表框中，在任意一栏填上 202.119.167.6，另外一栏填上"任意的"（Any）。这样就完成了对地址的定义。

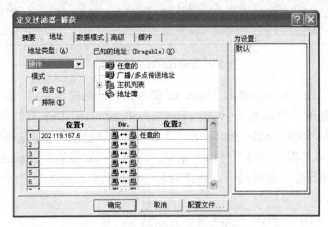

图 7.3　设置 Sniffer Pro 过滤器

（3）根据网络协议设置过滤规则。如图 7.4 所示，选择"高级"（Advanced）选项卡，在这里可以定义要捕获与哪些协议有关的数据包。例如要捕获 DNS、FTP、HTTP、NetBIOS 等协议的数据包，可以在 TCP 分支下勾选相应的复选框。在"数据包大小"（Packet Size）下拉列表中，可以选择要过滤的数据包的大小。在"数据包类型"（Pack Type）列表框中，可以选择要捕获的数据包的类型。

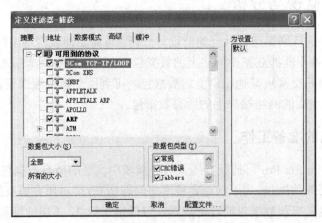

图 7.4　定义所要捕获的相关协议的数据包

例如，想捕获 FTP、NetBIOS、DNS、HTTP 的数据包，要首先打开 TCP 选项卡，再进一步选择协议；此外，有些 DNS、NetBIOS 的数据包属于 UDP，故还需要在 UDP 选项卡上做类似 TCP 选项卡的工作；否则捕获的数据包将不全。如果不选择任何协议，则捕获所有协议的数据包。

（4）设置捕获数据包缓冲区的大小。如图 7.5 所示，选择"缓冲"（Buffer）选项卡，在"缓冲大小"（Buffer Size）下拉框中选择缓冲区的大小，将其设为最大值 40 MB。在"数据包大小"（Packet Size）中可以设置包的大小；在"当缓冲满时"（When buffer is full）单选区中，可以选择当缓冲区满了以后是"停止捕获"（Stop Capture）还是"覆盖缓冲"（Wrap Buffer）。在"捕获缓冲"（Capture buffer）选项区中勾选"保存到文件"（Save to file）复选框，在"目录"（Director）文本框中设置保存文件的路径，并设置文件名。由于缓冲区较小，要捕获的数据又很多时，可以使用自动保存功能将捕获的数据直接保存到硬盘。

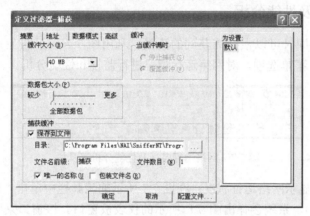

图 7.5　设置捕获数据包的缓冲区

（5）保存过滤规则。单击窗口下部的"配置文件"（Profiles）按钮，弹出"捕获配置文件"（Capture Profiles）窗口；单击"新建"（New）按钮，弹出"新建捕获配置文件"（New Capture Profile）窗口；在"新配置文件名"（New Profile Name）文本框中为该过滤规则键入一个文件名，单击"OK"按钮，关闭"新建捕获配置文件"窗口；最后完成对已设置的过滤规则的保存。

捕获数据包

在 Sniffer Pro 主界面的数据包"捕获"工具栏上，单击"开始捕获"（Capture Start）按钮启动捕获引擎，便可开始捕获端口上的所有数据包。

Sniffer Pro 开始捕获数据包时会自动弹出图 7.6 所示的 Expert（专家）窗口，实时显示数据包捕获的情况；单击"Layer"窗格右上角的黑色三角，可以变换该窗格中栏目的显示方式。

在"Layer"窗格中按照网络层次分层列出捕获到的数据包的实时统计信息。每层分为 3 个栏目：

▶　"Diagnoses"栏目列出问题的数量；
▶　"Symptoms"栏目列出异常的数量；
▶　"Objects"栏目列出捕获到的总数。

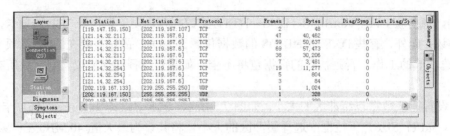

图 7.6　Expert 窗口显示数据包的捕获情况

单击"Layer"窗格中的某一层，在右边的窗格中会显示该层数据包的列表；双击某一条（或者单击窗口右侧的"Objects"页签）可以查看该条目的详细信息；单击窗口右侧的"Summary"页签可返回列表页。

网络运行监视及性能分析

在捕获数据包的同时可以根据捕获到的流量，利用图 7.7 所示的工具栏上的快捷按钮或"监视器"（Monitor）菜单选项，对网络运行情况进行监视和性能分析。

图 7.7　网络运行监视及性能分析工具栏

（1）通过仪表盘显示网络运行状况：在图 7.7 所示的工具栏中单击"仪表面板"按钮（或在监视器菜单上选择），系统会弹出图 7.8 所示的仪表板窗口。该窗口采用仪表盘和动态曲线两种方式形象、直观地显示网络运行的实时状态。

图 7.8　仪表板窗口

▶　仪表盘——在 3 个仪表盘中，第一个显示的是网络的利用率，第二个显示的是网络每秒通过的包数量，第三个显示的是网络的错误率。如果需要重新开始统计，可以单击仪表盘窗口上方的"Reset"（重置）按钮。

▶　动态曲线——在仪表盘的下部，用"网络"（Network）、"错误描述"（Detail Errors）

和"粒度分布"（Size Distribution）三个动态曲线窗格显示网络运行的实时统计数据。勾选各窗格前的复选框可以展开和折叠控制器。

（2）通过主机列表分析网络运行状况：在图 7.7 所示的工具栏中单击"主机列表"按钮（或在监视器菜单上选择），系统会弹出图 7.9 所示的窗口。该窗口列出了与捕获到的流量有关的所有主机，可以查看通信量最大的前 10 位主机。单击窗口下边的"IP"页签，可以查看各主机的 IP 地址及其流量统计。通过选择窗口左侧的按钮，可以以不同的方式（如柱形、圆形等）显示列表。如果想查看某台主机的流量信息，在列表中双击该主机的地址，可以显示与该主机连接的其他主机。

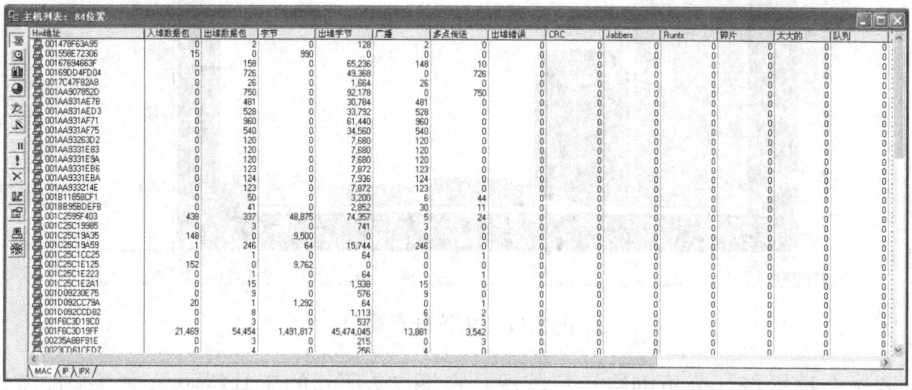

图 7.9　主机列表窗口

（3）通过流量阵列分析网络运行状况：在图 7.7 所示的工具栏中单击"流量阵列"按钮（或在监视器菜单上选择），系统会弹出图 7.10 所示的窗口。该窗口以阵列的方式显示主机之间的连接关系，通过连线可以形象地看到不同主机之间的通信情况。当主机太多而难以看清楚各连接点的源地址和目的地址时，可在该窗口上单击右键，选择快捷菜单中的"Zoom"子菜单中的比例来放大图形，如 30%、50% 等。单击窗口下边的"MAC"页签，可以查看以 AMC 地址标识的各主机之间的连接关系。

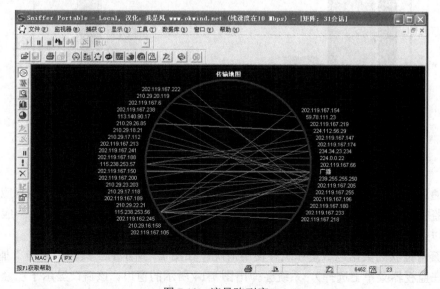

图 7.10　流量阵列窗口

（4）通过协议分布情况分析网络运行状况：在图 7.7 所示的工具栏中单击"协议分布"按钮（或在监视器菜单上选择），系统会弹出图 7.11 所示的窗口。该窗口显示了针对各种协议的统计信息，可以实时观察到数据流中不同协议的分布情况。选择窗口下边的"IP"页签，可以显示 IP 协议族中各个协议所占的比例。单击窗口下边的"MAC"页签，可以查看 MAC 类协议所占的比例。

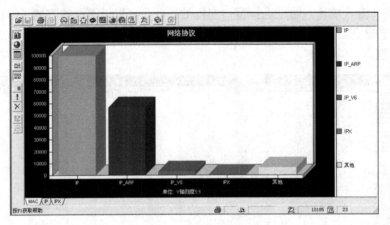

图 7.11　协议分布窗口

（5）通过全局性统计分析网络运行状况：在图 7.7 所示的工具栏中单击"全局统计"按钮（或在监视器菜单上选择），系统会弹出图 7.12 所示的窗口。该窗口显示了不同长度的数据包所占的比例。单击窗口下边的"Utilization Dist"页签，可以查看网络利用率的统计。

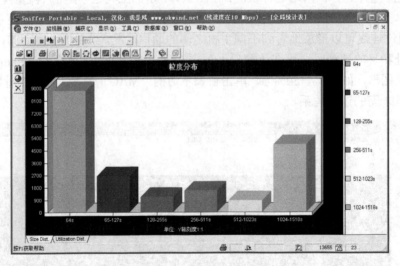

图 7.12　全局统计窗口

（6）通过应用响应时间分析网络性能：在图 7.7 所示的工具栏中单击"应用响应时间"按钮（或在监视器菜单上选择），系统会弹出图 7.13 所示的窗口。该窗口显示了各个应用的响应时间，可以了解到不同主机通信的最小、最大、平均响应时间等信息。

（7）查看捕获的数据包数量和缓存使用情况：在图 7.7 所示的工具栏中单击"捕获面板"按钮（或在监视器菜单上选择），系统会弹出图 7.14 所示的窗口。该窗口显示了已经捕获的数据包的数量和占用的缓存比例。通过该窗口可以了解捕获情况。

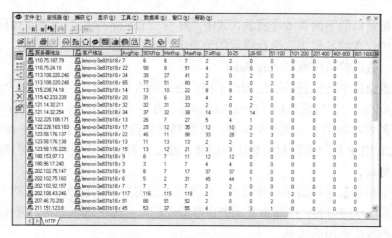

图 7.13 应用响应时间窗口

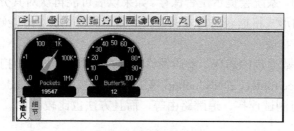

图 7.14 捕获面板窗口

在捕获数据包的过程中，也可以查看当前的捕获数据情况，也可以对拟观察的信息定义过滤规则，操作方式类似捕获前的过滤规则。当缓冲区中积累了一定的流量后，可以停止捕获。

数据包解码和响应分析

停止 Sniffer Pro 捕获数据包后，可以对捕获下来的数据包进行解码和响应分析，以简单易懂的方式显示数据包中的内容。有了这个手段，网络上的数据包就不再是看不见、摸不着的了，而是可以原原本本、一览无余的具体内容的展现。

在图 7.7 所示的数据包捕获工具栏上，单击"捕获停止"或"停止并显示"按钮，可以停止捕获，弹出图 7.15 所示的协议分析窗口。前者停止捕获数据包，后者停止捕获数据包并把捕获的数据包进行解码和显示。

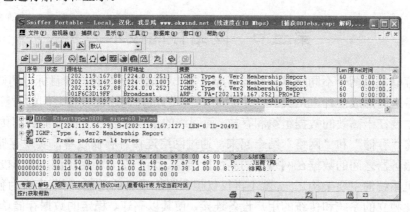

图 7.15 协议分析窗口

在协议分析窗口的下面有 6 个页签，其中"解码"（Decode）页签用来对数据包进行解码，可以对数据包中包含的各层协议进行详尽的分析。"解码"窗口分为 3 个窗格，由上到下依次为数据帧列表、数据帧头信息和 Hex 编码。

数据帧列表窗格中按捕获的顺序列出了捕获到的所有数据帧，并显示出每个数据包中的源地址（Source Address）、目标地址（Dest Address）、摘要（Summary）以及时间等信息。

在数据帧列表窗格中单击某个数据帧，在数据帧头信息窗格中就会显示该帧的数据链路层、IP 层、TCP/UDP 层等各层封装包头的信息。通过查看这些信息可以了解该数据帧的类型和各层采用的协议。

在数据帧头信息窗格单击某一行信息，在最下方的窗格中就会以十六进制（Hex）编码和 ASCII 格式显示该行的内容。在这里显示的内容最原始，也比较难以理解，但有经验的管理员还是能够从中挖掘出有用的信息。

当关闭分析窗口时，系统会提示是否保存。如果以后可能再次对其分析的话，则选择保存，Sniffer Pro 会以文件的形式将捕获的内容保存在硬盘上。Sniffer Pro 能够打开后缀为 cap 的捕获文件并进行分析。

Sniffer Pro 除提供数据包的捕获、解码及诊断外，还提供了一系列工具，包括地址簿、数据包发生器、ping、trace router、DNS lookup 等工具。这些工具与 Windows 系统中相应的命令类似，管理员使用它可测试连接、追踪路由等，而且方法也比较简单。

练习

1. 网络监视和协议分析的目的是什么？
2. 网络监视和协议分析系统的工作原理是什么？
3. 如何利用 Sniffer Pro 软件捕获数据包？
4. Sniffer Pro 是怎样对网络系统进行监视和性能分析的？

补充练习

使用 Web 搜索工具，查找可用于网络监控及性能分析的软件产品，如基于 SNMP 协议的监控软件（Net-SNMP、Paessler SNMP Tester、iReasoning MIB Brower 等），列出其主要性能并学习尝试使用。

第三节　网络存储技术

网络和存储是以两个不同技术分别发展起来的。存储使用发起方和目标方的概念来表达，在相连的设备之间形成一种主从关系；而网络则更多的是强调连接设备之间的对等关系。存储技术的重点主要在于高效的数据组织和存放，而网络的重点主要在于高效的数据传输。网络存储技术就是将"存储"和"网络"结合起来，通过网络连接各存储设备，实现存储设备之间、存储设备和服务器之间的数据在网络上的高性能传输。为了充分利用资源，减少投资，存储作为构成计算机系统的主要架构之一，就不再仅仅担负附加设备的角色，而逐步成为独立的系统。利用网络将此独立的系统和传统的用户设备连接，使其以高速、稳定的数据存储单元存在，用户可以方便地使用诸如浏览器之类的客户端进行访问和管理，这就是网络存储。

随着互联网及其各种应用的飞速发展，网络存储技术已经成为网络领域关注的重要问题。本节主要讨论直接连接存储（DAS）、网络连接存储（NAS）和存储区域网络（FC-SAN, IP-SAN）等网络存储技术。

学习目标

▶ 熟悉直接连接存储技术和网络连接存储技术；
▶ 掌握存储区域网技术（FC-SAN, IP-SAN）；
▶ 了解网络存储技术的新发展。

关键知识点

▶ 网络存储技术是基于数据存储的一种通用网络术语。网络存储结构大致可分为直连连接存储、网络连接存储和存储区域网络三种。

直接连接存储

直接连接存储（Direct Access Storage，DAS）也叫作服务器连接存储（Server Attached Storage），中文也译为"直接附加存储"。DAS 是指一种外部数据存储设备（如磁盘阵列、磁带机等存储介质）与服务器或客户端通过数据通道（通常是 SCSI 接口）直接相连实现数据存储的技术。在这种存储模式下，DAS 以服务器为中心，数据存储设备不具有操作系统而是服务器结构的一部分；同样，服务器也担负着整个网络的数据存储任务。图 7.16 所示是 DAS 系统示意图。

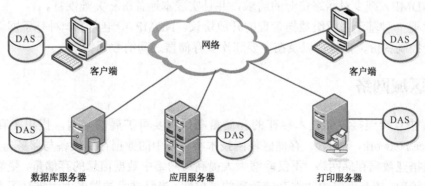

图 7.16　DAS 系统示意图

DAS 是一种针对计算机网络中数据存储问题而形成的一种直接的解决方案，在一定程度上缓解了网络中的数据存储问题，但随着计算机网络规模的进一步扩展，一方面数据存储量越来越大，专用数据接口给服务器带来的负担较重，另一方面这种存储模式的灵活性欠佳，难以适应复杂的网络结构。

网络连接存储

网络连接存储（Network Attached Storage，NAS）是一种以数据为中心的存储结构。它与

DAS 不同，其存储设备不再通过专用 I/O 通道连接到某个服务器，而是直接连接到网络，通过标准的拓扑结构连接到服务器。NAS 的存储系统示意图如图 7.17 所示。在这种存储方式中，应用和数据存储部分在不同的服务器上，分别为应用服务器和数据服务器。数据库服务器拥有自己的操作系统，可以将接收到应用服务器的"File I/O"文件存储请求转换为"Block I/O"，发送到内部磁盘；不同应用服务器可以通过局域网的接口访问数据库服务器。也就是说，NAS 提供文件级数据访问，支持 NFS 与 CIFS 网络文件协议，实现异构平台之间的数据级共享。但是，NAS 没有从根本上改变服务器/客户机的访问方式，因此当客户端数目或来自客户端的请求较多时，NAS 服务器仍将成为系统的瓶颈。

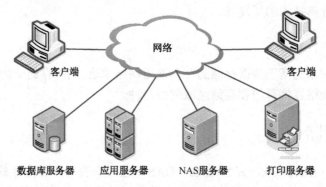

图 7.17　NAS 存储系统示意图

NAS 建立了存储子系统到客户机的直接连接，减少了数据传输中主机的干预，能够实现高持续带宽和好的可扩展性。但是，由于 NAS 与正常业务访问使用同一个网络，会造成相互影响。当 NAS 的数据量比较大时，可以通过网络数据管理协议（Network Data Management Protocal，NDMP）减少对网络资源的需求，并且实现本地备份和灾难恢复。

NDMP 是一种基于企业级数据管理的开放协议。NDMP 中定义了一种基于网络的协议和机制，用于控制备份、恢复，以及在主要和次要存储器之间的数据传输。

存储区域网络

为了解决直接连接存储技术存在的存储量瓶颈以及可扩展性问题，提出了存储区域网（Storage Area Network，SAN）。存储区域网技术将网络中的数据存储设备与服务器独立开来，利用光通道搭建数据存储网络，不仅能够大大提高对网络中数据信息的存储量，更能够实现数据的集中式管理，提高网络中数据存储管理的可控性。光纤技术的发展大大推动了存储区域网技术的发展，专用的存储网络借助光纤的高效高可靠传输能力，实现了远端的数据快速存储与读取，大大提高了存储设备在计算机网络中布局的灵活性。

SAN 是通过高速专用网络将一个或多个网络存储设备与服务器连接起来的专用存储系统。SAN 主要由存储设备、专用传输通道（光纤通道或 IP 网络）和服务器三部分组成，如图 7.18 所示。与 NAS 一样，SAN 也支持异构服务器之间的数据共享，而且 SAN 存储设备既可以处于同一地理位置，也可以扩展到不同的地理位置。SAN 没有采用文件共享存取方式，而是采用块（Block）级别存储。SAN 对 DAS、NAS 的存储系统结构进行了比较大的改进，真正地将存储子系统从服务器上分离出来独立地连接在高速专用网上的，是一种以网络为中心的存储结构。目前，典型两种结构是基于光纤通道的 FC-SAN 和基于 IP 网络的 IP-SAN。

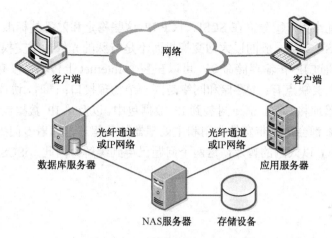

图 7.18 SAN 的存储系统示意图

FC- SAN

FC-SAN 存储系统位于服务器后端,采用 FC 协议传输数据,是为连接服务器、磁盘阵列等存储设备而建立的高性能专用网络。FC-SAN 由三个基本的组件构成:接口(SCSI、FC)、连接设备(Switch、Router)和协议(IP、SCSI)。这三个组件再加上附加的存储设备和服务器就构成一个 SAN 系统。FC-SAN 提供一个专用的、高可靠性的基于光通道的存储网络,将存储设备从传统的以太网中分离出来,成为独立的存储区域网络,服务器可以访问存储区域网上的任何存储设备,同时存储设备之间以及存储设备与 SAN 交换机之间也可以进行通信。

FC-SAN 存储区域网络的主要优点为:①可实现大容量存储设备共享。②可实现性能服务器与高速存储设备的高速互连。③可实现灵活的存储设备配置要求。④可实现数据快速备份。⑤提高了数据的可靠性和安全性。

FC-SAN 也存在着一些不足,例如:①设备的互操作性较差。一般情况下,不同的产品提供商的光纤通道协议的具体实现不同,导致了不同产品之间难以互相访问。②构建和维护 SAN 需要有丰富经验并接受过专门训练的专业人员,加大了构建和维护费用。③在异构环境下的文件共享方面,SAN 中存储资源的共享一般指的是不同平台下的存储空间的共享而非数据文件的共享。④连接距离受限(10 km 左右)且网络互连设备昂贵。这些都阻碍了 SAN 技术的普及应用和推广。

IP-SAN(SAN over IP)

IP-SAN 是基于 IP 网络实现数据块级别存储方式的存储网络,它允许用户在已有以太网上创建存储网络,并可在任何网络节点上实施部署,因此保存的数据量较大。IP-SAN 采用 10G以太网交换机代替传统的专用存储交换机,降低了部署成本;同时采用 IP 突破了传输距离的限制。在 IP-SAN 存储技术中,比较成熟的是 Internet 小型计算机系统接口(iSCSI)技术。iSCSI是基于 IP 网络实现的 SAN 架构,它既具有 IP 网络配置和管理简单等优点,同时又提供了SAN 架构所拥有的强大功能和扩展性。iSCSI 是连接到一个 TCP/IP 网络的直接寻址的存储库,通过使用 TCP/IP 对 SCSI 指令进行封装,可以使指令能够通过 IP 网络进行传输,而过程完全不依赖于地点。

iSCSI 存储的优点为：①建立在 SCSI、TCP/IP 这些稳定和熟悉的标准上，安装成本和维护费用较低。②iSCSI 支持一般的以太网交换机而不是特殊的光纤通道交换机，从而降低了构建成本。③iSCSI 通过 IP 传输存储命令，可以在整个 Internet 上传输，没有距离限制。

iSCSI 存储的主要缺点有：①存储和网络是同一个物理接口；同时，协议本身的开销较大。②协议本身需要频繁地将 SCSI 命令封装到 IP 数据包中，以及从 IP 数据包中将 SCSI 命令解析出来。这两个因素都会造成带宽的占用和主处理器的负担。但随着专门处理 iSCSI 指令的芯片的出现以及 10G 以太网的普及，这两个问题已得到缓解。因此，iSCSI 有着较好的应用空间。

云存储技术

云存储（Cloud Storage）是在云计算概念上延伸和发展而来的。与云计算类似，它是指通过集群应用、网格技术或分布式文件系统等功能，将网络中大量各种不同类型的存储设备通过虚拟化软件集合起来协同工作，共同对外提供数据存储和业务访问功能。

云存储概念一经提出，就得到了众多厂商的关注和支持。Amazon 推出 Elastic Compute Cloud（EC2：弹性计算云）云存储产品，为用户提供互联网服务同时提供更强的存储和计算功能。内容分发网络服务提供商 CD Networks 和云存储平台服务商 Nirvanix 发布了一项新的合作，并宣布结成战略伙伴，以提供云存储和内容传送服务集成平台。微软推出了提供网络移动硬盘服务的 Windows Live SkyDrive Beta 测试版。近期，EMC 宣布加入道里可信基础架构项目，致力于云计算环境下关于信任和可靠度保证的研究，IBM 也将云计算标准作为全球数据备份中心的 3 亿美元扩展方案的一部分。

在云计算平台下，云存储是指利用云端的存储设备，实现本地数据的可靠存储，本地设备不需要考虑数据存储问题，只需要通过网络将数据上传即可。云存储平台通过数据分析与管理，将用户上传的数据合理存储至相应的存储服务器中，不仅有效保证了存储数据的安全性与可靠性，避免了本地存储设备损毁可能带来的数据丢失问题，更便于用户随时随地访问云端对上传的数据信息进行管理。

与传统的存储设备相比，云存储不仅仅是一个硬件，而且是一个网络设备、存储设备、服务器、应用软件、公用访问接口、接入网和客户端程序等多个部分组成的系统。云存储提供的是存储服务，即通过网络将本地数据存放在存储服务提供商（SSP）所提供的在线存储空间中。需要存储服务的用户不再需要建立自己的数据中心，只需向 SSP 申请存储服务即可，避免了存储平台的重复建设，从而节约昂贵的软硬件基础设施投资。

云存储系统与传统存储系统相比，具有如下特点：

▶ 从功能需求来看，云存储系统面向多种类型的网络在线存储服务，而传统存储系统则面向高性能计算、事务处理等应用；

▶ 从性能需求来看，云存储服务首先需要考虑的是数据安全、可靠性、效率等指标，而且由于用户规模大、服务范围广、网络环境复杂多变等特点，实现高质量的云存储服务还将面临许多技术挑战；

▶ 从数据管理来看，云存储系统不仅提供类似于 POSIX 的传统文件访问，还能支持海量数据管理并提供公共服务支撑功能，方便了云存储系统后台数据的维护。

存储技术发展趋势

针对当前计算机网络存储技术存在的问题以及网络的下一步发展需求，虚拟化存储、无线存储以及动态存储等新型存储技术发展十分迅速，并开始在实际中得到应用。

虚拟化存储

虚拟存储实际上并不是一种新的存储管理技术，但虚拟存储技术发展迅速，潜力很大，正逐步成为共享存储管理的主流技术。存储虚拟化将不同接口协议的物理存储设备整合成一个虚拟存储池，根据需要为主机创建并提供等效于本地逻辑设备的虚拟存储卷。通过动态地管理存储空间，虚拟存储技术避免存储空间被无效占用，从而提高了存储设备利用率。

从专业角度看，虚拟存储实际上是逻辑存储，是一种智能、有效地管理存储数据的方式；从用户角度看，虚拟存储使用户使用逻辑的存储空间，而不是使用物理存储硬件（磁盘、磁带）；管理存储空间，而不是管理物理存储硬件。简言之，存储虚拟化可以使用户更方便地复制和备份数据，管理存储资源。只有采用了存储虚拟化的技术，才能真正屏蔽具体存储设备的物理细节，为用户提供统一集中的存储管理。

无线存储

随着智能手机、平板电脑等智能终端的普及，人们越来越追求网络入口的便携化，企图摆脱传统有限网络的束缚，实现随时随地的互联网访问。在智能终端设备的推动下，无线网络发展迅速，基于无线网络的数据存储技术也成为一大研究热点。考虑到无线网络中智能手机等智能终端设备的数据处理能力有限，且数据存储需求具有明显时效性，这就要求无线存储技术要避免给终端设备带来过多的负担，同时保证高效的唤醒能力，一旦智能终端设备开始发出数据流，立即唤醒相应的存储进程实现数据的高效有序存储。无线存储技术能够有效保证用户便携化的使用需求，促进智能终端设备的进一步发展与普及。

动态存储

计算机网络作为一个动态变化的数据大系统，不仅仅是网络中的数据流每时每刻都在变化，网络的结构、规模等也在不断发生变化。在这样一个动态的网络系统中，为了实现高效的数据存储功能，动态存储技术应运而生。通过引入网络监控功能实现了对网络的实时监控，并根据网络实时状态实现了对数据存储的动态决策，对数据存储过程进行动态调整与优化，使得数据存储策略能够随时根据网络状态的变化保持最优，有效保证了动态网络中数据存储的高效性与可靠性。

智能化存储

很多的新兴技术有希望改善存储的环境，提供更快的速度、更好的效率以及更高的可靠性。同时，下一代存储设备将提供更智能、更灵活的架构，可以无缝地集成新的传输协议，以获得最大限度的灵活性。目前仍处于连通设备地位的存储导向器和交换机，必然会演进到多协议的、智能化的存储管理平台，将 SAN 从孤岛中解脱出来，实现真正的网络存储。

练习

1．SAN 是一种（　　　）。

  a．存储设备   b．专为数据存储而设计和构建的网络

  c．光纤交换机   d．HUB

2．DAS 代表的意思是（　　　）。

  a．两个异步的存储   b．数据归档软件

  c．连接一个可选的存储 d．直接存储

3．随着 SAN 网络技术的不断发展，已经形成了（　　　）三种主流类型的存储区域网络。

  a．IP-SAN b．IPX-SAN c．FC-SAN d．SAS-SAN

4．NAS 使用（　　　）作为其网络传输协议。

  a．FC   b．SCSI   c．TCP/IP   d．IPX

5．哪类存储系统有自己的文件系统？（　　　）

  a．DAS   b．NAS   c．SAN   d．IP-SAN

6．存储区域网络（SAN）安全的基本思想是（　　　）。

  a．安全渗透网络 b．泛安全模型 c．网络隔离 d．加密

7．存储虚拟化的原动力包括（　　　）。

  a．空间资源的整合 b．统一数据管理

  c．标准化接入 d．使数据自由流动

【参考答案】1.b 2.d 3.a、c、d 4.b 5.b 6.c 7.a、b、c

补充练习

1．按照对外接口类型划分，常见的磁盘阵列可以分为（　　　）。

  a．SCSI 磁盘阵列   b．iSCSI 磁盘阵列

  c．NAS 存储   d．FC 磁盘阵列

【提示】本题是多选项题，参考答案是选项 a、b、d。

2．下列说法错误的是（　　　）。

  a．有 IP 的地方，NAS 通常就可以提供服务

  b．NAS 释放了主机服务器 CPU、内存对文件共享管理投入的资源

  c．NAS 存储系统只能被一台主机使用

  d．NAS 在处理非结构化数据时，如文件等性能有明显的优势

【提示】参考答案是选项 c。

本 章 小 结

　　随着大数据、云计算、物联网、人工智能等新技术的蓬勃发展，进一步推进了计算机网络的普及与深层应用。每一个网络管理和运维人员都希望能够及时、准确地掌握网络的运行情况，例如服务器是否宕机、服务器 CPU 的使用率有多大、网络中各种协议的流量情况等，从而实

现网络安全稳定运行。早期的计算机网络规模比较小，结构简单，网络管理活动也相对简单，但随着网络技术的不断发展，网络规模日益扩大，结构也越来越复杂，简单粗放式的管理已经不再适应现代计算机网络。网络管理必须向高度集中和高度智能化方向发展。

小测验

某企业网络拓扑结构如图 7.19 所示，无线接入区域安装若干无线 AP（无线访问接入点）供内部员工移动设备连接访问互联网，所有 AP 均由 AC（无线控制器）统一管控。

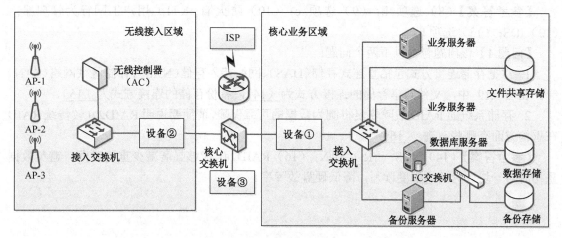

图 7.19　某企业网络拓扑结构

结合图 7.19 回答【问题 1】至【问题 4】相关问题，按照括号内序号填写相应解答。

【问题 1】部分无线用户反映 WLAN 无法连接，网络管理员登录 AC 查看日志，日志显示 AP-3 掉线无法管理，造成该故障可能的原因包括 (1)、(2)、(3)。(1)～(3) 备选答案如下（限选一项）：

　　　a. AP 与 AC 的连接断开　　　　　　b. AP 断电
　　　c. AP 未认证　　　　　　　　　　　d. 由于自动升级造成 AC、AP 版本不匹配
　　　e. AC 与核心交换机连接断开　　　　f. 该 AP 无线接入用户数达到上限

【参考答案】(1) 选项 a；(2) 选项 b；(3) 选项 d。

【问题 2】网管在日常巡检中发现，数据备份速度特别慢，经排查发现：

▶　交换机和服务器均为千兆接口，接口设置为自协商状态；
▶　连接服务器的交换机接口当前速率为 100Mbps，服务器接口当前速率为 1000Mbps。
造成故障的原因包括：(4)、(5)；处理措施包括：(6)、(7)。
(4)～(5) 备选答案（限选一项）：

　　　a. 物理链路中断　　　　　　　　　　b. 网络适配器故障
　　　c. 备份软件配置影响速率　　　　　　d. 网线故障

(6)～(7) 备选答案（限选一项，不得重复）：

　　　a. 检查传输介质　　　　　　　　　　b. 检查备份软件的配置
　　　c. 重启交换机　　　　　　　　　　　d. 更换网络适配器

【参考答案】(4) 选项 b；(5) 选项 d；(6) 选项 a；(7) 选项 d。

【问题 3】常见的无线网络安全隐患有 IP 地址欺骗、数据泄露、(8)、(9)、网络通信被窃

听等；为保护核心业务数据区域的安全，网络管理员在设备①处部署__(10)__实现核心业务区域边界防护；在设备②处部署__(11)__实现无线用户的上网行为管控；在设备③处部署__(12)__分析检测网络中的入侵行为；为加强用户安全认证，配置基于__(13)__的 RASIUS 认证。

（8）～（9）备选答案（限选一项）：

　　　a.端口扫描　　　　　　b.非授权用户接入　　　c.非法入侵　　　　d.SQL 注入攻击

（13）备选答案：

　　　a.IEEE 802.11　　　　　b.IEEE 802.1x

【参考答案】（8）选项 b；（9）选项 c；（10）防火墙；（11）用户上网行为管理器；（12）IDS；（13）选项 b。

【问题 4】 该问题包含以下两个问题：

1. 常见存储连接方式包括直连式存储（DAS）、网络接入存储（NAS）、存储区域网络（SAN）等。在图 7.19 中，文件共享存储的连接方式为__(14)__，备份存储的连接方式为__(15)__。

2. 存储系统的 RAID 故障恢复机制为数据的可靠保障，请简要说明 RAID2.0 较传统 RAID 在重构方面有哪些改进。__(16)__

【参考答案】（14）NAS；（15）SAN；（16）RAID2.0 能够显著减少重构时间，避免数据重构时对一块硬盘的高强度读写，降低硬盘故障率。

第八章　网络协议分析和故障诊断

概　　述

网络分析属于技术范畴。网络工程师与设计人员可以借助它来研究网络的性质，包括可连接性、容量与性能。通过对网络各层协议的分析，可帮助深入理解 TCP/IP 的工作原理。进行网络协议分析的最好方法是利用一种网络协议分析工具，而网络协议分析器就是一种用来分析从数据链路层的协议数据单元（帧）开始的各层网络协议的软件工具。常见的网络协议分析器有 WireShark、Sniffer Pro 等。它们均是通过采用数据包捕获、解码和传送数据的方法来实时分析网络通信行为的。网络协议分析器通过查看网络协议包的内部规则信息可以确定网络故障的原因；也可以根据网络通信量生成数据统计，帮助了解网络运行的总体情况；还可以跟踪网络性能以了解之后可能出现的趋势，为更好地规划和配置网络提供支持。

利用网络设备和系统本身提供的集成命令可以对网络设备和系统进行诊断和测试。常用于网络故障诊断的一些专用工具有网际协议配置工具（ipconfig）、数据包网际检测程序（ping）、路由跟踪程序（tracert）、网络状态命令（netstat）等。这些工具可以用来测试和分析在 TCP/IP 网络中发现的问题。

计算机网络出现故障是不可避免的。网络故障管理的主要工作包括：对网络进行监测，预知潜在故障；发生故障后进行故障诊断，找到故障发生的位置；记录故障产生的原因，找到解决故障的方法；网络故障处理；网络故障分析预测，故障文档整理，等等。在识别问题和提出解决方案时应该采用逻辑推断方法。

本章主要介绍网络协议分析器及其用来进行网络分析的方法、网络测试命令，以及 TCP/IP 网络故障诊断方法，并给出典型的网络故障处理示例。

第一节　网络协议分析

为了深入理解 TCP/IP 的工作原理，可以通过一种协议分析工具软件捕获数据包，查看、分析协议与协议动作、协议数据单元格式、协议封装及交互过程，以便直观地了解 TCP/IP 实现数据传送的具体过程。

典型的网络协议分析工具能够支持多种网络协议，并可以显示网络上主机之间的会话。网络协议分析工具通常具有的功能包括：捕获并解码网络上的数据，分析基于专门协议的网络活动，生成并显示关于网络活动的统计结果，进行网络能力的类型分析。

本节以 TCP/IP 构建因特网所必需的、最直观的网络通信协议作为研究对象，利用 WireShark 网络协议分析器分析相关协议的设计思想、流程及其所解决的问题，以便更加深入地了解网络协议。

学习目标

▶ 熟悉网络协议分析的方式和方法；
▶ 了解网络协议分析的必要性以及常见网络协议分析器的基本使用方法。

关键知识点

▶ 有效地捕获数据包并进行协议分析。

利用 WireShark 进行协议分析

用于捕获、显示、分析对等进程之间交换协议数据单元（PDU）的网络协议分析工具比较多。协议分析器在定位和排除网络故障时非常有用，它也可以作为教学工具使用。通常，人们把网络性能分析类型归纳为 4 种：

▶ 基于流量镜像协议分析；
▶ 基于 SNMP 的流量监测技术；
▶ 基于网络探针（Probe）技术；
▶ 基于流（flow）的流量分析。

WireShark 是一种基于流量镜像协议分析软件，它的前身为著名的 Ethereal，是一款免费的网络协议检测程序。流量镜像协议分析方式主要侧重于协议分析，它把网络设备的某个端口（链路）流量镜像给协议分析器，通过各层协议解码对网络流量进行监测。

WireShark 是目前比较好的一个开放源码的网络协议分析器，支持 UNIX、Linux 和 Windows 平台。WireShark 提供了对 TCP、UDP、SMB、Telnet 和 FTP 等常用协议的支持，在很多情况下可以代替价格昂贵的 Sniffer。在此简单介绍 Windows 环境下利用 WireShark 网络协议分析器进行网络协议分析的方法。

WireShark 具有设计完美的图形用户界面（GUI）和众多分类信息与过滤选项。用户通过 WireShark，同时将网卡设置为混合模式，就可以捕获在网络上传送的数据包，并分析其内容。通过查看每一数据包的流向与内容，可检查网络的工作情况，或是发现网络程序的缺陷。

WireShark 的安装与启动

WireShark 网络协议分析器需要在网络环境下运行。首先在客户端安装 WireShark（可从网站 http://www.wireshark.org 下载最新版本）。由于该软件依赖于 Pcap 库，在安装之前要先安装 WinPcap（WinPcap 下载地址： http://www.winpcap.org/install/default.htm）。然后再按照默认值安装 WireShark。安装好后，双击桌面上的 WireShark 图标，即可运行该软件。WireShark 启动运行界面如图 8.1 所示。

WireShark 的主窗口

WireShark 主窗口如图 8.2 所示。

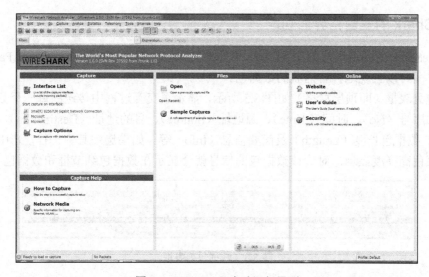

图 8.1　WireShark 启动运行界面

图 8.2　WireShark 的主窗口

与大多数图形用户界面程序一样，WireShark 主窗口由以下几部分组成：

▶　主菜单——用于开始操作，其中包括 File、Edit、View、Go、Capture、Analyze、Statistics、Help 等子菜单。

▶　主工具栏——提供快速访问菜单中经常使用的项目功能。

▶　Filter Toolbar（过滤器工具栏）——提供处理当前显示过滤的方法。

▶　Packet List（数据包列表）——用于显示打开文件的每个包的摘要。单击面板中的单独条目，包的其他情况将会显示在另外两个面板中。

▶　Packet Details（数据包细节）——用于显示在 Packet List 中选择的包的更多详情。

▶　Packet Bytes（数据包字节）——用于显示在 Packet List 中选择的包的数据，以及在 Packet Details 中高亮显示的字段。

▶　状态栏——显示当前程序状态以及捕捉数据的更多详情。

WireShark 的三窗格界面功能

在 WireShark 的图形用户界面（GUI）中，通过 Packet List、Packet Details 和 Packet Bytes 三个窗格界面可以直观地查看捕获的数据包。

数据包列表框（即顶层窗格）如图 8.3 所示，显示了交互过程中传送的每一个数据包的摘要信息，如序号（No）、时间（Time）、源地址（Source）、目的地址（Destination）、协议类型（Protocol）、数据包长度（Length）及简要信息（Info）等。如果选中其中一行，选中的那一行会以蓝色底色高亮度显示，对应该数据包的信息就会显示在数据包细节框和数据包字节框中。

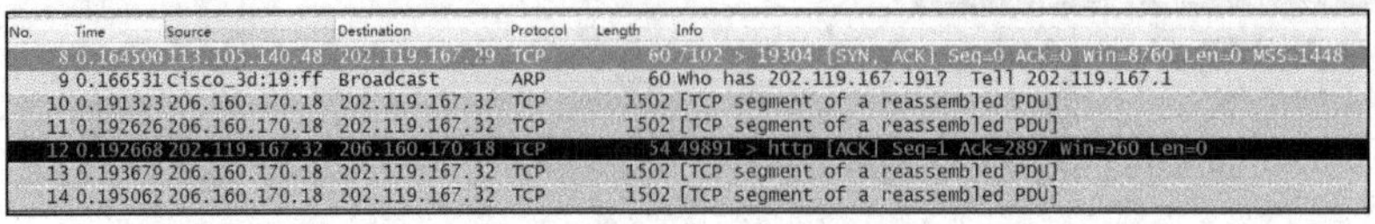

图 8.3　数据包列表框

数据包细节框（即中间窗格）如图 8.4 所示，它以树形结构显示在数据包列表框被选中的数据包的协议和字段内容。协议树可以展开和收起。单击图中每行前面的加号标志，协议树就会展开，将会看到每种协议的详细信息，如主机的 MAC 地址（Ethernet II）、IP 地址、TCP 端口号，以及协议的具体内容。当在顶层窗口选中一个数据包时，中间的窗口就显示了该数据包的层次结构及各层封装的报头字段值。若从上到下浏览中间窗格的各行，可以看到 TCP 建立连接时所经历的协议栈。例如，先从以太网到网际互连层的 IP，然后到传输层的 TCP，再到应用层的 HTTP。

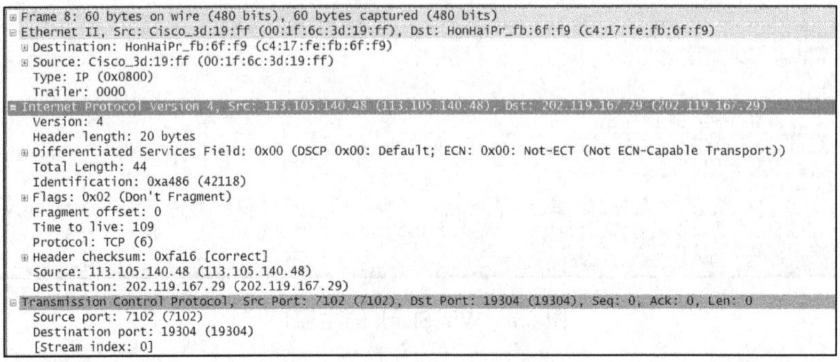

图 8.4　数据包细节框（协议树）

数据包字节框（即底层窗格）如图 8.5 所示。WireShark 通常使用哈希方式显示协议数据包在物理层传送时的最终形式。在图 8.5 中，左边显示协议数据包偏移量，中间使用十六进制数显示协议包，右边显示代码字节对应的 ASCII 字符，或是没有适当的字符。当在协议树中选中某行时，与其对应的十六进制代码同样会被选中，这样就可以很方便地对各种协议的数据包进行查看和分析了。

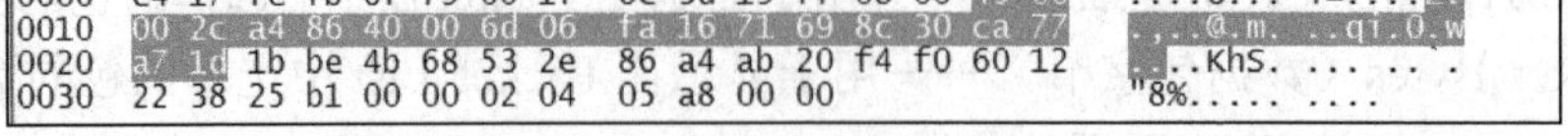

图 8.5　数据包字节框

设置捕获条件

在捕捉数据包之前，首先要选择正确的捕获接口，然后再对捕获条件进行设置。一些常用设置项的含义为：

- ▶ Interface：选择捕获接口；
- ▶ Capture packets in promiscuous mode：表示是否打开混杂模式，打开即表示捕获所有的报文；
- ▶ Limit each packet：表示限制每个报文的大小，默认情况下不限制；
- ▶ Capture Filter：过滤器，只抓取满足过滤规则的包；
- ▶ Capture Files：保存捕获数据包的文件名以及存储位置。

确认选择后，单击 Start 按钮开始进行抓包，并弹出统计所捕获到的报文各占百分比的小窗口。单击 Stop 按钮即可以停止抓包。

如果不想每次打开 WireShark 都重复上述的 Capture Option 设置，可以在菜单栏中依次选择"Edit→Preferences→Capture 和 Name Resolution"选项，预先做好网卡和其他选项的设置。做好预设之后，每次打开 WireShark 时，直接单击工具栏的开始按钮，即可捕获数据包。

如果有两个以上网卡，要对采集数据的网卡进行设置后才能捕获在网卡上收发的数据包，进行数据包收集和分析。

设置 WireShark 的过滤器

在利用 WireShark 捕获数据包之前，应该为其设置相应的过滤器，以便捕获所需的数据包。抓包过滤器使用的是 libpcap 过滤语言，在 tcpdump 手册中有详细的解释。捕获过滤语句的基本格式是：

[not]primitive [and|or|[not] primitive…]

例如：

host **	//IP 地址为**的协议包
src host **	//源 IP 地址为**的协议包
dst host **	//目的 IP 地址为**的协议包
tcp port **	//端口为**的协议包
not arp **	//非 arp 协议包
（src host **）and (tcp port **)	//源 IP 地址为**且端口为**的协议包

也可以设置显示过滤器，用来显示感兴趣的协议包。可以根据协议、是否存在某个字段、字段值、字段值之间的比较等进行显示过滤。逻辑运算符 and(&&)、or(||)、not(!)可以用于连接不同的过滤条件。例如：

ip.addr==**	//IP 地址为**的协议包
ip.src==**	//源 IP 地址为**的协议包
tcp.port==**	//端口为**的 TCP 协议包
! arp	//非 arp 协议包
（src host== **）and (tcp port ==**)	//同时满足两个条件的协议包

WireShark 捕获数据包的方法

首先启动 WireShark 应用程序，单击菜单栏上的 Capture 选项，弹出下拉菜单，选择下拉菜单中的 Options 选项，Capture Options 选项界面如图 8.6 所示。可以在这里设置 WireShark 的一些选项，如网卡接口、捕获过滤器等。

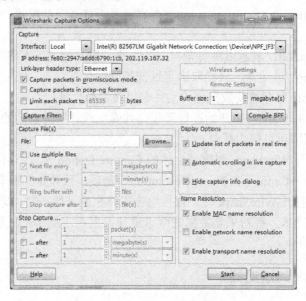

图 8.6　Capture Options 选项界面

图 8.7　为 WireShark 添加一个过滤器

其中，重要的是应该恰当设置捕获过滤器。单击"Capture"选单，然后选择"Capture Filters..."菜单项，打开"WireShark：Capture Filter-Profile: Default"对话框，如图 8.7 所示。注意在 WireShark 中添加过滤器时，需要为该过滤器指定名字及规则。

例如，要在主机 192.168.0.3 和主机 192.168.0.11 之间创建过滤器，可以在"Filter name"编辑框内输入过滤器名字"lhj"，在"Filter string"编辑框内输入过滤规则"host 192.168.0.3 and 192.168.0.11"，然后单击 OK 按钮即可。

选择要捕获数据报的网卡接口，如选择以太网卡，其他选项使用默认值。选项设置好之后，单击图 8.6 中的 Start 按钮，WireShark 便进入捕获网络协议包状态。

在 WireShark 协议包捕获过程中，有各种协议的统计提示，包括各种协议百分比、运行时间等信息。若要停止捕获，单击界面上的 Stop 按钮，即可结束此次抓包过程。抓包过程结束，转到 WireShark 主界面，显示此次捕获的所有数据包的信息。

TCP 分析示例

WireShark 是一种开源、免费、侧重于网络协议分析的网络分析软件。在此，以 WireShark 为例，讨论 TCP 通过三次握手连接建立、连接释放的通信机制。

首先，启用 WireShark 网络协议分析器，在 IP 地址是 202.119.167.83 的机器上打开 IE 浏览器，输入 202.119.160.20 的网址进入主页面，登录 Web 邮箱。

然后，打开 WireShark 网络协议分析器的主界面，可以发现 IP 地址是 202.119.167.83 的客户机向邮件服务器 202.119.160.20 提出连接请求，如图 8.8 所示。

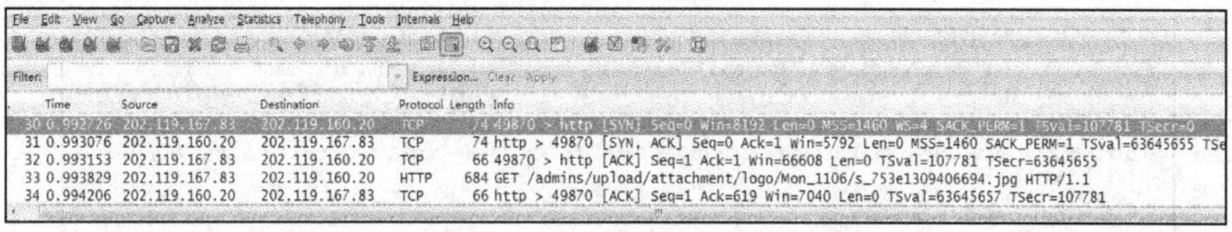

图 8.8　TCP 三次握手的实现过程

编号为 30 的数据包由 202.119.167.83 向 202.119.160.20 发送带有 SYN 标识的连接请求（202.119.167.83　202.119.160.20　TCP　74　49870 > http [SYN] Seq=0 Win=8192 Len=0 MSS=1460 WS=4 SACK_PERM=1 TSval=107781 TSecr=0）；

编号为 31 的数据包由 202.119.160.20 返回给 202.119.167.83 一个带有建立连接的 SYN 标识的连接确认（202.119.160.20　202.119.167.83　TCP　74　http > 49870 [SYN, ACK] Seq=0 Ack=1 Win=5792 Len=0 MSS=1460 SACK_PERM=1 TSval=63645655 TSecr=107781 WS=128）；

当 202.119.167.83 收到连接确认后，向 202.119.160.20 发送一个连接确认数据包（202.119.167.83　202.119.160.20　TCP　66　49870 > http [ACK] Seq=1 Ack=1 Win=66608 Len=0 TSval=107781 TSecr=63645655）。

这样经过三次握手，一个完整的 TCP 接就建立起来了。也就是说，客户端利用 HTTP 服务器构造的 TCP 数据流，通过 Web 浏览器发起 HTTP 连接请求，来进行 TCP 三次握手的实现。在图 8.8 中可以清晰地看到协议的名称、端口号、连接的标识，从而可以直观地了解三次握手的实现过程。

在建立连接后，TCP 也有一个释放连接的过程，如图 8.9 所示。

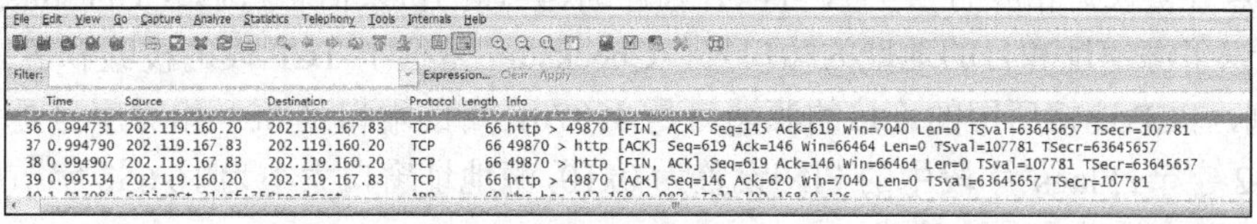

图 8.9　释放连接的实现过程

先由 202.119.160.20 向 202.119.167.83 发送带有 FIN 标识的释放连接请求报文段（202.119.160.20　202.119.167.83　TCP　66　http > 49870 [FIN, ACK] Seq=145 Ack=619 Win=7040 Len=0 TSval=63645657 TSecr=107781）；202.119.167.83 收到这个 FIN 段后，返回带有 ACK 标识的确认段（202.119.167.83 202.119.160.20 TCP 66 49870 > http [ACK] Seq=619 Ack=146 Win=66464 Len=0 TSval= 107781 TSecr=63645657）。

另一个方向的 TCP 连接的释放过程也一样。

先由 202.119.167.83 向 202.119.160.20 发送带有 FIN 标识的释放连接请求报文段（202.119.167.83　202.119.160.20　TCP　66　49870 > http [FIN, ACK] Seq=619 Ack=146 Win=66464 Len=0 TSval=107781 TSecr=63645657）；

202.119.160.20 收到这个 FIN 段后，返回带有 ACK 标识的确认段（202.119.160.20 202.119.167.83　TCP　66　http > 49870 [ACK] Seq=146 Ack=620 Win=7040 Len=0 TSval =63645657 TSecr=107781）。

双方都收到确认后完成两个方向的连接释放，整个 TCP 连接被成功释放。

利用 WireShark 网络协议分析器可以详细地了解从网络中捕获的数据信息，如图 8.10 所示。

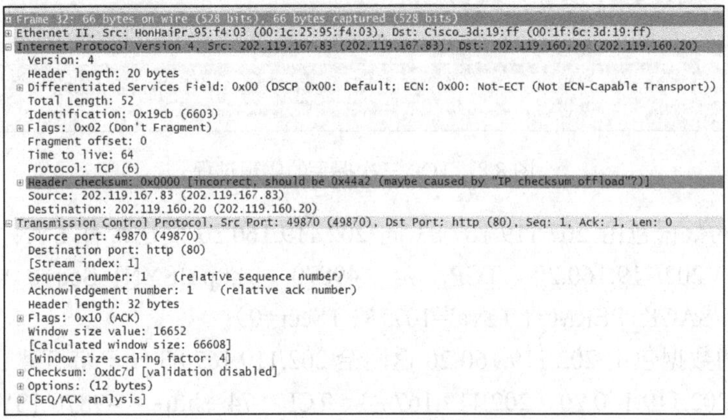

图 8.10　服务器与客户端的详细信息

在图 8.10 的中间窗口，通过以下 4 个方面给出了网络运行协议的简要信息：

► Frame 32 66bytes on wire (528bits), 66bytes captured (528bits)

► Ethernet II, Src: HonHaiPr_95:f4:03 (00:1c:25:95:f4:03), Dst: Cisco_3d:19:ff (00:1f:6c:3d:19:ff)

► Internet Protocol Version 4, Src: 202.119.167.83 (202.119.167.83), Dst: 202.119.160.20 (202.119.160.20)

► Transmission Control Protocol, Src Port: 49870 (49870), Dst Port: http (80), Seq: 0, Len: 0

此外，点开协议树相应的"+"号，可以看到详细、具体的协议信息。例如，Transmission control protocol 标识了源地址和目的地址的端口号，Checksum 是这个 TCP 段的校验和等。在该示例中可以看到，TCP 连接所用的连接的源端口是 49870，目的端口是 80，相对序号是 1，TCP 报头长度是 32 字节；Flags 字段中的 FIN 设置为 0x10，源地址窗口大小为 16 652 字节；Checksum 是这个 TCP 段的校验和，为正确。

WireShark 网络协议分析器也可以用来分析每一帧中的 MAC 地址、IPv4 报头、ICMP 信息以及相关协议等。另外，WireShark 也是供网络管理人员灵活监控网络的一种管理工具，即网络协议分析仅仅是该软件的众多功能之一。监视网络活动、解码和重构捕获数据、会话重新组合以及探测连接攻击等均是该款软件的特色，因此该软件也可作为学习和管理计算机网络的常用工具。

练习

1．简述网络协议分析器 WireShark 的作用及使用方法。

2．WireShark 应与哪些软件配合使用？

3．简述 WireShark 过滤器的作用。

4．WireShark 应用界面包括哪些部分？各部分有何作用？

5．简述 WireShark 捕获网络协议数据包的方法。

6．利用本节提供的十六进制数据细节，识别 arp 请求报文的内容：

　　a．发送方的 IP 地址　　　　b．发送方的硬件地址　　　c．目的节点的 IP 地址

补充练习

进入 WireShark 网站（http://www.wireshark.com），获得其协议分析仪免费软件。按照 WireShark 的使用说明，下载和安装与计算平台相适应的版本的软件。安装 WireShark 后，用捕获不同类型流量的方法来测试它。以下是帮助你开始工作的一些建议。

1．捕获你的网络中另一节点的 IP 地址的一个 ping 命令。

2．捕获外部网络节点的一个 ping 命令，使用域名而不用 IP 地址。此时可看到一个域名系统（DNS）请求被发出，确定目的节点的 IP 地址。设置一个显示过滤器，只显示 DNS 信息。

3．捕获一段与 Web 服务器的会话，可以在网上也可以脱机。设置一个显示过滤器，只显示 HTTP 消息。

第二节　网络测试与分析

在 TCP/IP 网络中，MAC 地址和 IP 地址是网络通信的基础。在网络的组建、运行维护和管理过程中，经常需要了解网络中有关主机（计算机、服务器）的 MAC 地址或 IP 地址。熟练掌握检测、查看 MAC 地址、IP 地址、网络配置及运行状态的方法，对进行网络设备配置和管理、查找网络运行异常情况的原因、排除网络故障，以及加强网络安全管理等都具有十分重要的意义。

本节介绍 Windows 系统中常用的与 MAC 地址、IP 地址有关的测试命令。通过这些测试命令使用方法的介绍、操作界面的图形示例，掌握查看网络中计算机的 MAC 地址和 IP 地址及网络配置及运行状态信息的方法。

学习目标

▶　熟悉使用 ipconfig 设置和查看当前 TCP/IP 网络配置；

▶　熟悉使用 ping 命令测试网络连接状态；

▶　熟悉使用 arp 命令查看和设置地址解析协议表；

▶　熟悉使用 tracert 命令查看数据包经过的路径；

▶　熟悉使用 netstat 查看网络状态；

▶　熟悉使用 route 查看和设置路由表；

▶ 熟悉使用 nslookup 查看域名。

关键知识点

▶ 选用网络测试与分析工具对网络进行测试和分析。

网络测试与分析工具简介

可用来协助诊断 TCP/IP 网络故障的工具较多。这些工具可以用于故障诊断的多个步骤，包括准确查出问题和测试解决方案等。在进行网络测试和分析时常用的主要工具包括：

▶ ipconfig —— 一种配置工具，用来显示主机上的寻址信息。

▶ ping —— 用来检测计算机 IP 软件的运行是否正确，计算机之间的连接是否良好。

▶ arp —— 用来显示计算机的 ARP 缓存。

▶ tracert —— 用于跟踪两台计算机之间的路由，并发送路径中各路由器转发状况的信息。

▶ netstat —— 用于显示一台计算机上所有连接的当前状态。

▶ nslookup —— 用于测试或解决 DNS 服务器问题。

查看和设置网络配置（ipconfig）

ipconfig 命令程序用于显示当前 TCP/IP 网络配置是否正确。如果用户计算机所在的局域网使用了动态主机配置协议（DHCP），该程序所显示的信息可能更加实用。此时 ipconfig 可以让用户了解自己的计算机是否已经成功地租用到了一个 IP 地址。如果租用到了，则可以看到目前分配到的地址是什么。了解计算机当前的 IP 地址、子网掩码和默认网关是进行测试和故障分析的必要步骤。记录下使用 ipconfig 后得到的相关信息。在命令提示符下键入 ipconfig/?可获得 ipconfig 的使用帮助，如图 8.11 所示。

图 8.11 启动 ipconfig 帮助命令

查看本机的 IP 地址和 MAC 地址及相关信息

使用不带参数的 ipconfig 可以显示本机的 IP 配置信息：IP 地址、子网掩码以及默认网关。键入 ipconfig /all 可获得完整的 IP 配置信息，包括 Windows IP 配置信息、网卡的 MAC 地址、网卡类型描述信息、是否启用了 DHCP 服务、是否启用了 IP 路由等信息。例如：

```
C:\>ipconfig /all
Windows IP 配置

    主机名 . . . . . . . . . . . . . . . . . . : Feng-LIU
    主 DNS 后缀 . . . . . . . . . . . . . . . :
    节点类型 . . . . . . . . . . . . . . . . . : 混合
    IP 路由已启用 . . . . . . . . . . . . . . : 否
    WINS 代理已启用 . . . . . . . . . . . . . : 否
    系统隔离状态 . . . . . . . . . . . . . . . : 未限制
以太网适配器 Bluetooth 网络连接:

    媒体状态 . . . . . . . . . . . . . . . . . : 媒体已断开
    连接特定的 DNS 后缀 . . . . . . . . . :
    描述. . . . . . . . . . . . . . . . . . . : Bluetooth 设备（个人区域网）
    物理地址. . . . . . . . . . . . . . . . . : 00-1F-E2-E8-B9-79
    DHCP 已启用 . . . . . . . . . . . . . . . : 是
    自动配置已启用. . . . . . . . . . . . . . : 是
无线局域网适配器 无线网络连接:

    媒体状态 . . . . . . . . . . . . . . . . . : 媒体已断开
    连接特定的 DNS 后缀 . . . . . . . . . . . :
    描述. . . . . . . . . . . . . . . . . . . : Intel(R) WiFi Link 5300 AGN
    物理地址. . . . . . . . . . . . . . . . . : 00-16-EA-C2-A1-4E
    DHCP 已启用 . . . . . . . . . . . . . . . : 是
    自动配置已启用. . . . . . . . . . . . . . : 是
以太网适配器 本地连接:

    连接特定的 DNS 后缀 . . . . . . . . :
    描述. . . . . . . . . . . . . . : Intel(R) 82567LM Gigabit Network Conne on
    物理地址. . . . . . . . . . . . . . . . . : 00-1C-25-95-F4-03
    DHCP 已启用 . . . . . . . . . . . . . . . : 是
    自动配置已启用. . . . . . . . . . . . . . : 是
    本地链接 IPv6 地址. . . . . . . . : fe80::2947:a6d6:6790:1cb%10（首选）
    IPv4 地址 . . . . . . . . . . . : 202.119.167.98（首选）
    子网掩码 . . . . . . . . . . . : 255.255.255.0
    获得租约的时间 . . . . . . . . : 2018 年 5 月 9 日 7:59:30
    租约过期的时间 . . . . . . . . : 2018 年 5 月 9 日 11:59:30
    默认网关. . . . . . . . . . . : 202.119.167.1
    DHCP 服务器 . . . . . . . . . . : 202.119.167.1
    DHCPv6 IAID . . . . . . . . . : 234888229
```

```
    DHCPv6 客户端 DUID . . . .        : 00-01-00-01-13-4F-25-CC-00-1C-25-95-F4
    DNS 服务器 . . . . . . . .        : 202.119.160.11
                                        202.119.160.12
    TCPIP 上的 NetBIOS . . . . .      : 已启用


隧道适配器 isatap.{AF8F92DE-D076-4138-9815-9CAB000FAE62}:
    媒体状态 . . . . . . . . . . . . . : 媒体已断开
    连接特定的 DNS 后缀 . . . . . . . :
    描述 . . . . . . . . . . . . . . . : Microsoft ISATAP Adapter
    物理地址 . . . . . . . . . . . . . : 00-00-00-00-00-00-00-E0
    DHCP 已启用 . . . . . . . . . . . : 否
    自动配置已启用 . . . . . . . . . . : 是
隧道适配器 6TO4 Adapter:
    媒体状态 . . . . . . . . . . . . . : 媒体已断开
    连接特定的 DNS 后缀 . . . . . . . :
    描述 . . . . . . . . . . . . . . . : Microsoft 6to4 Adapter
    物理地址 . . . . . . . . . . . . . : 00-00-00-00-00-00-00-E0
    DHCP 已启用 . . . . . . . . . . . : 否
    自动配置已启用 . . . . . . . . . . : 是
隧道适配器 Teredo Tunneling Pseudo-Interface:
    媒体状态 . . . . . . . . . . . . . : 媒体已断开
    连接特定的 DNS 后缀 . . . . . . . :
    描述 . . . . . . . . . . . . . . . : Teredo Tunneling Pseudo-Interface
    物理地址 . . . . . . . . . . . . . : 00-00-00-00-00-00-00-E0
    DHCP 已启用 . . . . . . . . . . . : 否
    自动配置已启用 . . . . . . . . . . : 是
```

重新获取 IP 地址

如果网络中使用了 DHCP 服务，客户端计算机可以自动获取 IP 地址。但有时因 DHCP 服务器或网络故障等原因，会使一些客户端计算机不能正常获得 IP 地址，此时系统就会自动为网卡分配一个 169.254.x.x 的 IP 地址。或者，计算机 IP 地址的租约到期，需要更新或重新获得 IP 地址，这时可以使用 "ipconfig" 命令配合参数 "/release" 或 "/renew" 来实现。

网络连通状态测试（ping）

ping 命令可用于测试 TCP/IP 网络中的另一台主机是否可达。ping 通过向网络中的另一台计算机发送一种因特网控制消息协议（ICMP）的 "回送/应答报文" 来验证 IP 级连接。ping 实际上是因特网控制消息协议，即发送者向另一台计算机发送一个数据包，并期待接收方返回发送方之前所发送的数据作为应答。利用 ping 可得到数据往返传送的时间，以向故障解决者提示在发送者与接收者之间传送信息所需的时间。ping 使用 ICMP 的回送请求消息（ICMP 消息类型 8）和回送应答消息（ICMP 消息类型 0）。

在命令行中输入"ping"，就可得到 ping 命令的可用选项列表，如图 8.12 所示。

基于不同的问题可以使用这些选项来接收不同类型的信息。例如，运行带有"-t"选项的 ping 命令时，该 ping 操作将持续不断地进行，直到按"Ctrl＋C"键为止。使用带有"-1"选项的 ping 命令，则可以确定数据包的缓存空间；而如果将该值设为 512 字节等较大的数值，则可以发出称为"Fat ping"命令，这个命令可用于终端设备之间的多种不同的网络组件，测试出中断的组件及失效的链路。

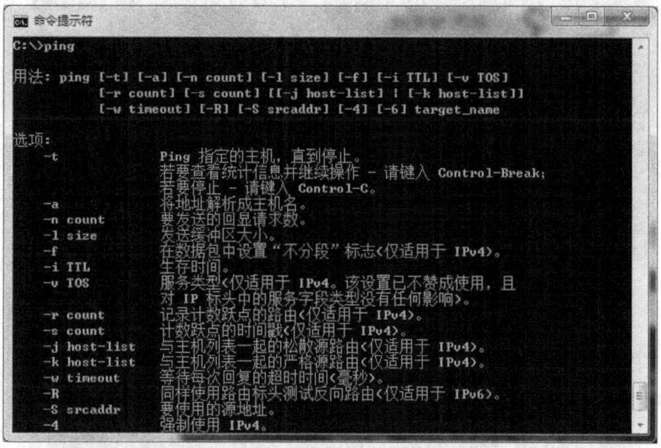

图 8.12　ping 命令可用选项表

使用 ping 命令最简单的方法是直接输入"ping"和主机名称。例如，输入"ping www. 163. com"就能得到如图 8.13 所示的结果。

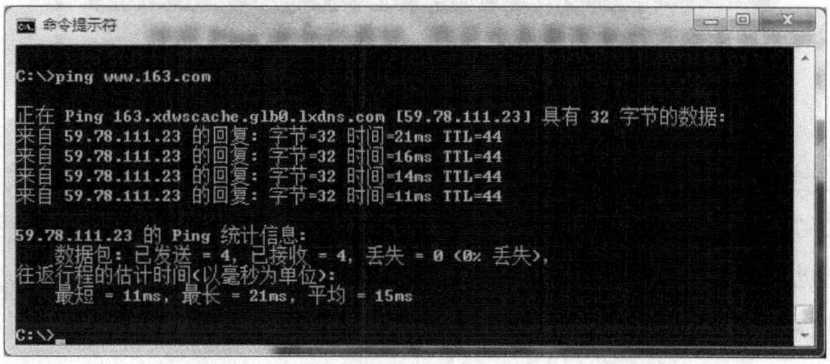

图 8.13　输入"ping www.163.com"后的屏幕

从图 8.13 中所显示的 ping 结果中可以看到一些值得注意的事项。首先是主计算机（163 网站的 Web 服务器）的 IP 进程正在进行。之所以这么说，是因为所请求的 IP 进程返回了应答。另外还可以知道该主机的 IP 地址（59.78.111.23）。这一特殊的 ping 程序也提供了一些统计数据，如发送数据包和丢失数据包的数量、往返传送的延迟以及与 ping 有关的其他统计数据。

查看和设置地址解析协议表项（arp）

arp 命令用于显示和修改地址解析协议（ARP）高速缓存中的表项。ARP 缓存中包含一个或多个表项，它们用于存储 IP 地址与物理地址（MAC 地址）的对应关系。如果在没有参数的情况下使用 arp 命令则显示帮助信息，如图 8.14 所示。也可以手工输入静态的 IP 地址与 MAC 地址的对应表项。默认情况下 ARP 缓存中的表项是动态的。输入 arp –a 命令可以显示所有接口当前 ARP 缓存表中的表项，如图 8.15 所示。

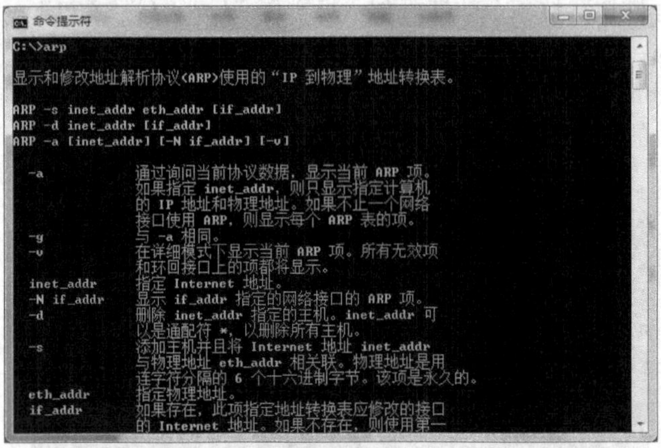

图 8.14　arp 命令可用选项表

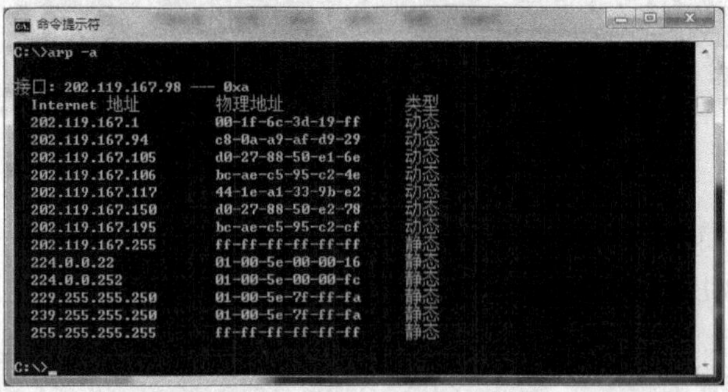

图 8.15　输入"arp –a"后的屏幕

在网络运行过程中，有时会出现 IP 地址冲突问题，这可能是由于随意设定 IP 地址造成的。如果 IP 地址项冲突发生在服务器上，将影响其他用户访问服务器，引发网络故障。为了防止 IP 地址冲突和 IP 地址盗用，可以用 arp 命令将 IP 地址与 MAC 地址一一固定起来。例如，要将 IP 地址 202.119.167.6 与 MAC 地址为 00-1f-6c-3d-19-ff 的网卡进行绑定，可键入命令：

```
arp -s 202.119.167.6 00-1f-6c-3d-19-f
```

然后，键入"arp –a"　即可看到所绑定的 IP 地址与网卡 MAC 地址信息。绑定的地址显示为静态，表示该信息是人工设定的，它不会自动失效或丢失。如果要取消 IP 地址与 MAC 地址的绑定关系，可使用"arp –d ip-address"命令来实现。

路由跟踪程序（tracert）

tracert 是诊断网络故障时常用的一个 TCP/IP 工具。tracert 用于显示数据包从源节点到达目的节点所经历的路由，以及数据包在通过 TCP/IP 网络时从源节点到达目的节点所经历的每个路由器。

tracert 通过向目的主机发送 ICMP 回送消息来得到数据包从源节点到目的节点的往返时

间。数据包以每 3 个为一组进行发送。

当路由跟踪程序向目的主机发送 IP 数据包时，每发送一次，发送主机就将数据包的生存时间（TTL）字段增加 1。例如，第一次向目的节点发送数据包时，发送主机将第 1 组 3 个数据包的 TTL 字段值设置成 1，这时第一个路由器通过将数据包的 TTL 字段值减到 0 丢弃该数据包，同时向发送方发回一条类型字段值为 11 的 ICMP 响应消息，表示该数据包的 TTL 已经超出。第二次发送数据包时，发送方将 TTL 字段值设置成 2，这时第一个路由器将该字段值减 1 后转发到下一个跳步的（第二个）路由器。第二个路由器又将 TTL 字段值减为 0，并发送一条响应表示时间已经超出。这一过程直到发送方主机连接到最后一台路由器，或到达最大跳步数限制为止。这使得路由跟踪程序可以跟踪数据包在从源节点向目的节点发送的过程中历经的所有路由器。

图 8.16 示意了第一个路由跟踪数据包发送到第一个路由器并返回的情形，以及第二个路由跟踪数据包发送到第二个路由器（因为此时 TTL 字段已经被设置成 2）然后再返回客户机的情形。

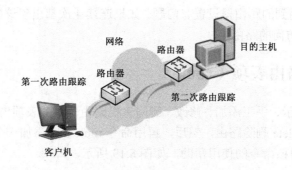

图 8.16　路由跟踪示意

在 Windows 操作系统命令行输入"tracert"（traceroute 的省略写法）并运行，将显示路由跟踪程序（tracert）命令的选项，如图 8.17 所示。

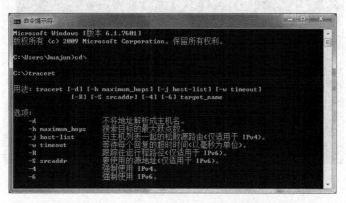

图 8.17　路由跟踪程序命令选项

如果在命令行中简单地输入"tracert"和一个主机名称，则该程序会记录到达最终目的节点过程中的每次转发。例如，如果输入"tracert www.edu.cn"，将得到从本地主机到中国教育和科研计算机网主机途径的路由，如图 8.18 所示。

图 8.18　从本地主机到www.edu.cn网站主机途径的路由

在图 8.18 中，屏幕上首先显示 IP 数据报的 TTL 字段的值，从 1 开始，然后是 2，依次类推；然后显示到达特定路由器所需的时间，每个数据包向每个路由器发送 3 次。在使用 tracert 命令检测网络时，常会遇到"Request timed out"的提示信息，这可能是由于当时网络稳定性差，也可能是由于所遇到的路由器设置有问题。如果连续 4 次都出现该提示信息，则说明遇到的是拒绝 tracert 命令访问的路由器。

查看和设置路由表项（route）

route 命令用来显示、手工添加、修改、删除主机路由表中的表项内容。若修改默认路由，可以先用命令 route delete 删除路由，然后，再用命令 route add 添加一个新默认路由。可以通过输入"route/?"获得该命令的使用帮助，如图 8.19 所示。

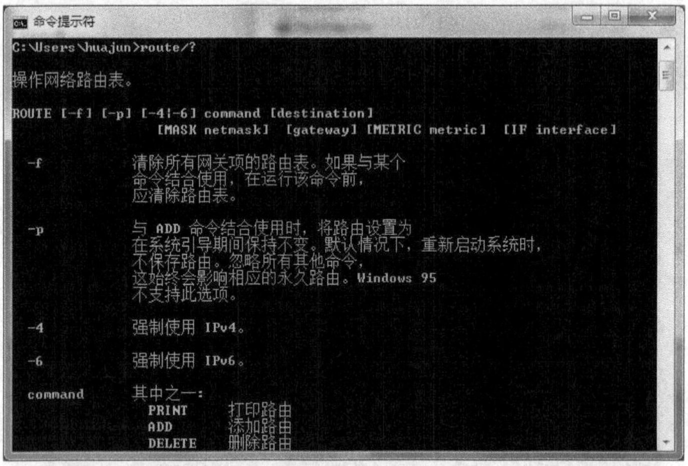

图 8.19　route 命令使用帮助信息

例如，使用 route print 查看当前路由表中的表项信息，如图 8.20 所示。

查看网络状态（netstat）

netstat 命令可以查看 TCP/IP 网络中的路由表、实际的网络连接以及每一个网络接口设备的状态信息；一般用于检测本机端口的网络连接情况。利用该命令可以显示有关统计信息和当前 TCP/IP 网络的连接状态，当网络中没有安装特殊的网管软件，又需要了解网络的整体使用状况时，这个命令非常有用。在命令行中输入"netstat/？"，可得到 netstat 命令的可用选项列表，如图 8.21 所示。

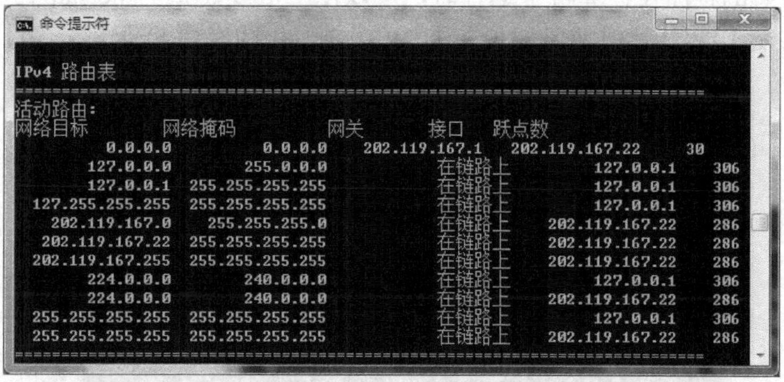

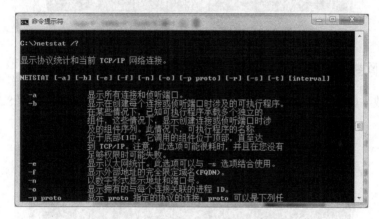

图 8.20　当前路由表中的表项信息

图 8.21　netstat 命令的可用选项列表

查看本地主机的 TCP 连接和协议端口号

计算机访问远程服务器，或本地计算机作为一台服务器为远程计算机提供访问时，都会建立相应的 TCP 连接。使用带参数–n 的 netstat 命令可以数字形式显示本地计算机上的 TCP 连接状态、IP 地址和所使用的端口号，如图 8.22 所示。

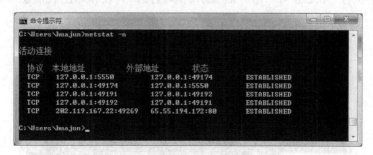

图 8.22　本地计算机上的 TCP 连接及端口号

查看本机所有的连接和监听的端口

当怀疑有可疑的程序在计算机中运行时，可以使用带参数-a 的 netstat 命令显示当前系统所有活动的 TCP 连接和计算机监听的所有 UDP 端口，如图 8.23 所示。

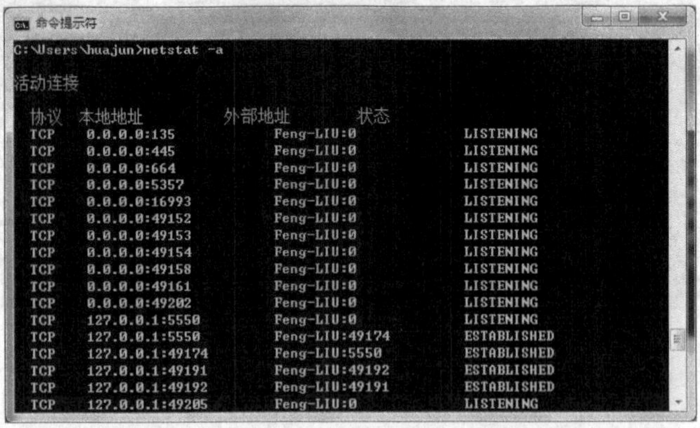

图 8.23　本机所有的连接和监听的端口

查看以太网数据帧发送和接收的统计信息

使用带参数-e 的 netstat 命令，可以查看以太网数据帧的统计信息，如图 8.24 所示。

图 8.24　以太网数据帧的统计信息

查看本机的路由表信息

使用带参数-r 的 netstat 命令，可以查看本机的路由表信息。此命令等价于 route print。如图 8.25 所示，是执行"netstat -r"命令后显示的本机接口列表和路由表信息等。

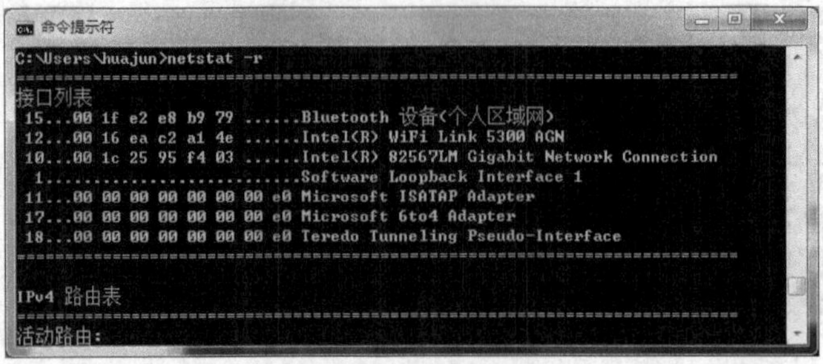

图 8.25　本机的接口列表和路由表信息

查看单个协议下的所有连接

使用带参数-p proto 的 netstat 命令，可以查看单个协议下的所有连接，proto 可选 IP、IPv6、ICMP、ICMPv6、TCP、TCPv6、UDP 或 UDPv6。

除了上述基本的使用方法，netstat 命令参数还有一些其他用法，以及一些综合性的使用方法。

nbtstat 命令

nbtstat 命令是 Windows 下自带的 NetBIOS 管理工具，用于显示本地计算机和远程计算机基于 TCP/IP 的 NetBIOS 统计资料、本地计算机和远程计算机的 NetBIOS 名称表和 NetBIOS 名称缓存，如图 8.26 所示。nbtstat 可以刷新 NetBIOS 名称缓存和使用 Windows Internet 名称服务（WINS）注册的名称。

图 8.26　nbtstat 命令的可用选项列表

查看域名

nslookup 命令与 TCP/IP 一起安装，在 TCP/IP 属性页的 DNS 选项卡的"DNS 服务器搜索顺序"字段中必须至少指定一个 DNS 服务器。nslookup 命令一般用于查询一台主机的 IP 地址以及与其对应的域名，诊断是否能正确实现域名系统（DNS 服务器）解析。Nslookup 命令有多个选项功能。在命令行输入"nslookup <主机域名>"并执行，即可显示目标服务器的主机域名和对应的 IP 地址，即正向地址解析。nslookup 可以在非交互式和交互式两种模式下运行。若需要返回单项数据时，应使用非交互式模式。nslookup 命令的非交互式模式地址解析信息，如图 8.27 所示。

用来确认 DNS 服务器的状态时，可输入 nslookup 进入该命令的交互模式。在出现的"提示符：>"后输入相应的域名，就可以转换该域名对应的 IP 地址。进入 nslookup 的交互模式后，输入 help 可以获得该命令的使用帮助说明，如图 8.28 所示。

图 8.27   nslookup 命令的地址解析   图 8.28   nslookup 命令的交互模式帮助信息

练习

1．向位于另一个网络中的一台计算机发送一条 ping 命令。注意如果连续发出两个 ping 命令，第二个会快得多。这是因为第一个很可能需要使用地址解析协议（ARP），花费的时间要长一点。第二个使用了 ARP 缓存中的信息，需要的时间就少多了。可用于练习发送 ping 的示例站点如下所示：

    a．www.eol.cn   d．www.tup.tsinghua.edu.cn

    b．www.phei.com.cn   e．www.pku.edu.cn

    c．www.360buy.com   f．www.njit.edu.cn

2．使用 tracert 命令跟踪到达以下站点的路由并记录结果。

    a．www.ifeng.com/   d．h17007.www1.hp.com/us/en/

    b．www.163.com   e．www.baidu.com

    c．www.ietf.org/rfc/   f．www.microsofttranslator.com/

3．在启用了 DHCP 服务的网络中，一台客户端计算机要重新获取 IP 地址，应该如何操作？

4．在基于 Windows 的计算机上执行 ipconfig 命令，并列出所发现的内容。

5．如何在计算机上查看该机的所有连接和监听端口？

6．运行 netstat 命令并记录结果。

7．在下列 windows 命令中，可以用于检查本机配置的域名服务器是否工作正常的命令是（   ）。

    a．netstat   b．pathping   c．ipconfig   d．nbtstat

【提示】netstat 查看连接信息；pathping 查看路由信息；nbtstat 查看主机 netbios 的统计和连接信息；ipconfig 查看 ip 配置信息。

8．如果在一台主机的 windows 环境下执行命令 ping www.pku.edu.cn，得到下列信息

    pingwww.pku.edu.cn[162.105.131.113]with 32 bytes of data:

    Request time out.

    Request time out.

    Request time out.

    Request time out.

    Ping statistics for 162.105.131.113:

Packets:sent=4,received=0,lost=4(100%loss)

那么，下列结论中无法确定的是（　　　）。

  a．netstat   b．pathping   c．ipconfig   d．nbtstat

【提示】不能确定本机配置的 IP 地址可用。

9．在下列 Windows 2016 系统命令中，可以清空 DNS 缓存（DNS cache）的是（　　　）。

  a．nbtstat   b．netstat   c．nslookup   d．ipconfig

10．使用 tracert 命令进行网络检测结果如下所示，本地默认网关地址是（　　　）。

C:\>tracert 110.150.0.66

Tracing route to 110.150.0.66 over a maximum of 30 hops

1 2s 3s 10.10.0.1

2 75ms 80ms 100ms 192.168.0.1

3 77ms 87ms 54ms 110.150.0.66

  a．110.150.0.66   b．10.10.0.1   c．192.168.0.1   d．127.0.0.1

11．网络管理员调试网络，使用（　　　）命令来持续查看网络连通性。

  a．ping 目标地址-g   b．ping 目标地址-t

  c．ping 目标地址-r   d．ping 目标地址-a

【提示】ping 命令是测试两点之间的连通性，t 参数表示持续 ping。

【参考答案】7.b 8.b 9.d 10.b 11.b

补充练习

1．ping 命令的用途是什么？浏览 ping 的每个选项，了解在诊断网络故障时如何使用每个选项。

2．查找其他为路由跟踪程序提供可视化输出的程序。从以下 URL 地址开始：

  http://www.visualroute.com/

3．在局域网中，网络管理员要查看某一台计算机的 MAC 地址，简述其操作步骤。

4．在使用 arp 命令查看 IP 地址与 MAC 地址的对应关系时，如果看到的内容很少，是否意味着网络不通？为什么？

5．利用 Web 搜索其他可用来查找关于计算机信息的工具。给出 Macintosh 或 UNIX 工作站上的类似工具。

6．简述 tracert 跟踪路由的工作原理。

7．利用 Web 查找关于 netstat 命令的其他信息。

第三节　TCP/IP 网络故障诊断

  计算机网络是由大量计算机、服务器等终端设备，通过众多交换机、路由器等网络设备互相连接在一起，采用各种网络协议和传输介质实现相互之间通信和资源共享的一个系统。在这个系统中任何一个环节出现问题都会导致网络故障。随着网络规模的扩大和网络环境的变化，网络故障越来越多，故障的排查难度也越来越大。通常把常见的网络故障进行分类，找出规律性处理方法和排查流程，以便加快网络故障处理的速度。系统化方法对于确定某个网络故障是产生于操作者还是系统本身，并能够选择正确的解决方案是很有用处的。

本节将讨论网络故障诊断的基本步骤，介绍网络故障处理的方法和技巧。

学习目标

▶ 了解网络故障诊断方法论的重要性；
▶ 掌握网络故障处理的步骤和基本技能，并能够选择正确的方法解决网络故障问题。

关键知识点

▶ 运用系统化和逻辑化的方法能够有效地进行网络故障诊断。

网络故障诊断步骤

网络故障的诊断既是一门技术，也是一门艺术。依据系统化的方法记录网络故障诊断所采取的步骤和诊断情况非常重要。尽管这种方法有些烦琐，但它有助于在第一时间正确地解决问题。诊断网络故障的正确步骤包括：

▶ 准确查找问题；
▶ 重建问题；
▶ 分离故障原因；
▶ 拟订并实施整改方案；
▶ 测试解决方案；
▶ 记录问题和解决方案，并获取反馈。

准确查找问题

网络故障诊断过程中最重要的一步是准确查找问题。了解网络的正常工作情况对于查找问题非常重要，因为这有助于对故障原因进行分类。在确定故障原因之前，首先应回答以下问题：

▶ 问题是什么时候发生的，采取了什么行动？
▶ 发生问题时，正在进行新的工作还是常规工作？
▶ 最近进行过哪些可能造成故障的改变吗？
▶ 重建问题容易吗？

重建问题

如果可能，重建发生的问题。例如，如果是断开了因特网连接，则再次进行连接并注意会发生什么事情。浏览器显示的消息可以给出一些提示，如可能发生了什么事情等。在某些情况下，也许不可能重建问题，但是重新执行在发生问题时所采取的步骤也是有帮助的。

在这一步，可生成一个关于可能故障问题的列表，并随着更多信息的收集慢慢缩小列表。要做到这一点，需要利用后续内容中提到的某些工具。

分离故障原因

网络故障诊断过程中的关键一步是分离造成故障的原因，以便判断所发生的故障是与物理连接、计算机硬件、计算机软件有关，还是与操作员的操作错误有关，等等。通过这一步骤，可以了解故障是由哪一台计算机或者网络的哪个区域引起的。然后继续进行分离，直到发现故障的原因。在这一阶段也需要检查目前收集到的所有信息，以便查看其他可能的故障原因。

拟订并实施整改方案

现在有必要对问题实施一种整改方案。实际操作时，可能会发现多种不同的解决方案，而且还可能存在某种折中解决方案。折中方案的出现通常是由于存在着不同的解决方案。另外，不同解决方案之间存在的经济差异也是选择折中方案的原因。解决方案确定之后，就可以采取纠正措施了。

测试解决方案

执行了某种解决方案之后，应当进行测试，检查是否解决了问题。还应当测试方案的"周边"情况，以确保系统的其他部分不会受到所采取的整改措施的影响。值得注意的是，不能在解决一个问题时，却因此产生了更多的问题！

记录问题和解决方案，并获取反馈

网络故障诊断过程的最后一步是记录问题的目前状况和解决方案。解决方案可能像重新设计一个网络一样细致，也可能像重新启动服务器或插紧一个松了的电缆一样简单。记录完成后，还要从受到影响的用户（组）那里取得反馈，完成故障诊断过程的循环。

排除网络故障的常用方法

在网络故障处理的过程中，可根据故障现象，灵活运用各种诊断方法进行分析定位。常用的一些网络故障诊断方法主要有：
- ▶ 分层排除法；
- ▶ 分段排除法；
- ▶ 替换法；
- ▶ 对比法。

分层排除法

分层的计算机网络体系结构是 TCP/IP 网络技术开发和网络构件的基础。所有的技术和设备都是建立在分层概念之上的。因此，层次化的网络故障分析思路和方法是非常重要的。对于某一层而言，只有位于其下面的所有层次都能正常工作时，该层才能正常工作。例如，物理层关注的是网线、光缆、连接头、信号电平等方面，这些都是导致端口异常关闭的因素。在数据链路层要重点关注 MAC 地址、VLAN 划分、广播风暴，以及二层的网络协议是否正常。在网络层要关注 IP 地址、子网掩码、DNS 网关的设置，路由协议的选择和配置，路由循环等问题。

分段排除法

分段排除法就是在同一网络分层上，把故障网络划分成几个段落，再逐一排除。分段的中心思想是缩小网络故障涉及的设备和线路范围,以便于更快地判断故障涉及的范围和产生的原因。

替换法

替换法是处理网络硬件问题时最常用的方法。当怀疑网线有问题时,可以更换一条好的网线试试;当怀疑交换机的端口有问题时,可以用另外一个端口试试;当怀疑网络设备的某一模块有问题时,可以用另一个模块试试。但需要注意的是,更换的部件必须是同品牌、同型号以及有相同的板载固件。

对比法

对比法是利用相同型号的且能够正常运行的设备作为参考对象,在配置参数、运行状态、显示信息等方面进行对比,从而找出故障点。这种方法简单有效,尤其是配置方面的故障,只要一对比就能找出配置的不同点。

网络故障处理技巧

在进行网络故障分析排查时,为了提高故障处理的效率,应该熟练掌握以下技巧:
- 由近及远;
- 由外到内;
- 由软到硬;
- 先易后难。

由近及远

大部分网络故障通常都是由客户端计算机先发现的,所以可以从客户端开始,沿着"客户端计算机→综合布线→配线间端口模块→跳线→交换机"这样一条路线,由近及远地逐个检查。先排除客户端故障的可能性,后查排网络设备。

由外到内

如果怀疑网络设备(如交换机)存在问题,可以先从设备的各种指示灯上进行辨别;然后根据故障指示,再来检查设备内部的相应部件是否存在问题。例如,POWER LED 为绿灯表示电源供应正常,熄灭表示没有电源供应;LINK LEDs 为黄色表示现在该连接工作在 10 Mb/s,为绿色表示 100 Mb/s,熄灭表示没有连接,闪烁表示端口被管理员手动关闭;RDP LED 表示冗余电源;MGMT LED 表示管理员模块。

由软到硬

由软到硬的方法是指当网络发生故障时,总是先从系统配置或系统软件进行排查。例如某端口不好用,可以先检查用户所连接的端口是否不在相应的 VLAN 中,或者端口是否被其他管理员关闭了,或者在配置上存在其他原因。如果排除了系统和配置上的各种问题,那就是网络硬件存在问题了。

先易后难

在遇到复杂的网络故障时，可以先从简单操作或配置入手，最后进行难度较大的测试、替换操作。

练习

1. 简述网络故障诊断的基本步骤。
2. 简述诊断网络故障时为什么要依据系统化的方法。
3. 说明故障诊断时记录所看到的所有现象的必要性。
4. 简述重建故障问题的重要性。
5. 简述采取纠正措施之后，测试解决方案的必要性。
6. 如果测试过程表明解决方案不能解决问题，给出下一步应该采取的措施。
7. 简述实施解决方案并消除问题之后，对过程和结果进行记录的必要性和理由。
8. 分析排查网络故障的常用方法有哪些？有哪些技巧可供参考用？

补充练习

假定你的客户报告：所有网络用户都无法连接到公司内部网的 Web 站点，而昨天他们还能够访问该站点，只是在这之后公司的 DNS 服务移到了一台新的服务器上。你将如何使用本节内容所介绍的故障诊断步骤来确定和分离问题，同时实施和记录解决方案。在此过程中你将使用哪些故障诊断工具？

第四节　网络故障处理示例

网络故障现象千奇百怪，故障原因多种多样。从故障现象来看，可以将网络故障分为连通性故障、性能下降和行为中断三大类型。若从产生故障的原因分析，网络故障可以分为硬件故障、软件故障以及由网络攻击造成的故障三大类型。在实际中，只有针对具体的网络故障现象，正确的选择网络故障处理方法，才能有效地解决网络故障问题。

本节依据前面几节所讨论的网络故障诊断知识，利用所介绍的网络诊断工具，给出一个诊断处理网络用户尝试连接到公司 Web 站点时所遇到的因特网接入问题示例。

学习目标

▶　熟悉诊断 IP 连通性故障所需的步骤；
▶　掌握使用 IP 故障诊断工具定位和分离故障问题的方法，并能够选择正确的方法解决网络故障问题。

关键知识点

▶　针对实际的网络故障，用系统化方法诊断某个问题是产生于操作者还是系统本身，并选择适当的后续解决方案。

问题描述

本地网络用户总是不断地从浏览器收到本公司因特网站点不可达的消息,而外部用户未遇到这一问题。现在需要对这一故障所涉及的问题进行分离和更正。

准确查找问题

首先,需要尽可能多地查找有关该问题的信息。这里,先回答下列问题:

▶ 问题是什么时候发生的,采取了什么行动?通过向用户调查,获知其在浏览器 URL 栏输入 http://www.eol.cn/后,浏览器窗口便显示了一条"HTTP 404 Not Found"消息。之后再刷新该页面时,有时页面能正常装载,而有时仍出现错误。

▶ 在问题发生时,正在进行新的工作还是常规工作?用户当时仅在执行常规网络任务,且该问题普遍发生于所有内部网络用户。

▶ 最近进行过哪些可能造成故障的改变吗?通过查找网络维护日志以及与同事交谈,发现近期只是安装了一台新的路由器,用于替代原来的用于因特网连接的失效路由器。除此之外没有任何网络改变。由于 Web 服务器位于异地,因此这是一个导致故障发生的可能原因。

▶ 重建问题容易吗?所使用的是同一供应商的浏览器,可以比较容易地从任何本地浏览器重建该问题。

重建问题

重建问题时发现,在尝试从公司内部网络访问公司的 Web 站点时,所有用户工作站的浏览器都显示"HTTP 404 Not Found"这条消息。通过与外部用户联系,发现外部用户在连接到该站点时未遇到任何问题。

发生此问题的可能原因包括:

▶ 新路由器配置错误;

▶ 新路由器故障;

▶ 内部客户机的 TCP/IP 设置不正确;

▶ 内部浏览器配置错误;

▶ 内部网络组件(交换机、网桥或集线器)故障;

▶ 因特网服务提供商(ISP)处产生问题;

▶ Web 主机托管商处产生问题。

这是一个潜在问题列表,这些问题需要逐个排除,以逐渐逼近问题的真正源头。

注意:有时引起故障的原因不止一个。通常,问题是由多个原因引起的。判断某个原因是否应排除的唯一方法,是在修改后对网络进行彻底的测试。

分离故障原因

分离网络故障原因,就是判断所发生的故障是物理连接、计算机硬件、计算机软件故障,还是操作员的操作故障。这一步骤需要采用多种具体的手段，以查证故障是由哪一台计算机或者网络的哪个区域引起的，直到找到故障发生的真正原因。

查找网络故障发生的原因

这个阶段是最花费时间的阶段。由于上面定位的潜在原因既有本地网络的，也有远程网络的，所以需要系统地测试网络上及向外的每个点，顺序排除原因。在这个过程中，虽然也可以选择由外向内地进行排除，但通用的故障诊断技术都遵循由内向外的顺序来逐个排除有关的区域。这样还可以在与外部网络支持人员交流时获得帮助文件。详细完整地记录故障诊断过程，可以更好地与外部网络支持人员进行合作，解决网络问题。

图 8.29 示出了网络上将要进行测试的各点。下面列出了这些网络设备所分配的 IP 地址。

（1）"www.eol.cn" 网络使用下列地址：

▶ IP 地址范围为 10.0.0.0/8；

▶ 路由器的内部地址为 10.0.0.254/8。

（2）本地 DNS 服务器地址为 10.0.0.15/8；路由器的外部地址为 222.123.0.254/24。

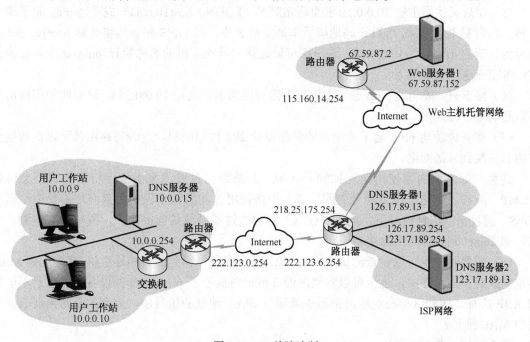

图 8.29　IP 故障诊断

（3）ISP 的路由器使用下列地址：

▶ 外部到 www.eol.cn 网络的地址为 222.123.6.254/24；

▶ 外部到 Web 主机托管商的地址为 218.25.175.254/24；

▶ 内部到 DNS 服务器 1 的地址为 126.17.89.254/24；

▶ 内部到 DNS 服务器 2 的地址为 123.17.189.254/24。

（4）ISP 提供的两个 DNS 服务器使用下列地址：

（5）DNS 服务器 1 的地址为 126.17.89.13/24；

（6）DNS 服务器 2 的地址为 123.17.189.13/24。

（7）Web 主机托管商的路由器地址：

▶　　外部到因特网的地址为 115.160.14.254/16；

▶　　内部地址为 67.59.87.2/8。

（8）Web 服务器地址为 67.59.87.152/8。

下面分阶段进行测试，从本地网络开始，然后测试与 ISP 和 Web 主机托管商的通信。

第 1 阶段：内部通信。

为了排除内部网络的问题，这里首先测试内部通信。现在以主机 10.0.0.9 作为内部测试主机，并已经核实这台主机的"症状"与系统中其他主机的"症状"相同。下面开始测试：

（1）首先，成功地 ping 通了本地回送地址 127.0.0.1，该地址用于测试主机的 TCP/IP 是否正常工作。

（2）接下来，成功地 ping 通了主机地址 10.0.0.9，这表示 NIC 端口的 TCP/IP 工作也正常。

（3）对其他主机执行 ping 命令，这里选择主机 10.0.0.10。成功后表明网络通信正常。

（4）成功地 ping 通了本地 DNS 服务器 10.0.0.15，这表明主机与本地 DNS 服务器的通信正常。

（5）然后又使用主机 10.0.0.10 的全限定域名（FQDN）host10.eol.cn 成功地 ping 通了该台主机，这表明本地 DNS 可以正确地解析本地主机名称，即 DNS 服务器将名称 host10. eol.cn 解析为正确的 IP 地址 10.0.0.10。这里还可以选择对其他主机的名称执行 ping 命令，以确保 DNS 能正确解析这些名称。

（6）接下来，成功地 ping 通了本地路由器的内部端口地址 10.0.0.254，这表明使用路由器可以正确地进行通信。

（7）接着成功地 ping 通了路由器的外部地址 222.123.0.254，这表明路由器可以将数据包路由和交换到外部网络。

注意：如果路由器使用访问控制表（ACL）或数据包过滤来阻塞因特网控制消息协议（ICMP）应答，则这一步可能会失败。很多网络使用过滤机制来保护内部网络不受拒绝服务（DoS）的攻击。这种情况下，则需要在这一步修改过滤器或访问控制表，或使用其他测试方法，如 Telnet 到外部路由器端口。

（8）需要时，也可以检查测试主机的 ARP 缓存内容，得到所有相连主机 IP 地址到 MAC 地址的映射。在缓存中，至少可以看到最近 2 min 内执行了 ping 操作的设备。路由器不能传递 ARP 广播，因此这里在对应路由器外部端口 MAC 地址的条目中，看到的是路由器的内部端口 MAC 地址。

第 2 阶段：与 ISP 通信。

通过上述测试可以确定内部网络工作正常，现在便将测试移向外部网络。首先测试本地网络与其 ISP 的通信。这意味着需要 ISP 支持人员的全程协助，因为 ISP 也可能阻塞了 ICMP 应答。这时，之前的故障诊断文件会起到很大的帮助作用。

（1）首先，成功地 ping 通了该 ISP 的外部路由器端口地址 222.123.6.254，这表明通过因特网从本地网络到 ISP 路由器的通信是正常的。

（2）然后成功地 ping 通了 ISP 的路由器内部端口 123.17.189.254 和 126.17.89.254，这表明 ISP 的路由器可以正确地路由和交换数据包。

（3）通过名称与地址两种方式对 DNS 服务器 1（126.17.89.13）执行 ping 命令，结果地址方式成功 ping 通，而名称方式间歇性失败。将这一点记录在故障诊断日志中。

（4）通过名称与地址两种方式成功地 ping 通了 DNS 服务器 2（123.17.189.13）。

（5）成功地 ping 通了 ISP 路由器通往 Web 主机托管商网络的外部接口地址 218.25.175.254，这表明路由器可以将数据包正确地交换和路由到 Web 服务器主机所在的网络。

这一测试结果表明，通过名称方式对 ISP 的 DNS 服务器 1 执行 ping 操作时发生了间歇性失败。但是，现在还不能过早地下论断，还要继续测试以验证 Web 主机网络的情况。

第 3 阶段：与 Web 主机托管商通信。

最后测试与 Web 主机托管商网络之间的通信。与测试 ISP 网络相同，这一测试过程需要 Web 主机托管商网络支持人员的协助。

（1）首先，成功地 ping 通了 Web 主机托管商路由器的外部地址 115.160.14.254，这表明本地网络可以与 Web 主机托管商网络相连接。

（2）接下来，成功地 ping 通了内部路由器端口地址 67.59.87.2，这表明主机托管商的路由器可以正确地路由和交换数据包。

（3）多次成功地 ping 通了 Web 服务器的地址 67.59.87.152，这表明本地网络可以与 Web 服务器通信。

（4）当通过名称 http://www.eol.cn 对 Web 服务器执行 ping 命令时，结果出现了间歇性失败。注意到刚开始成功地 ping 到了地址 67.59.87.152，之后出现加载失败并显示状态消息 "Bad IP address www.eol.cn"。

记录结果

作为测试结果，可观察到下列"症状"：

▶　通过名称方式对 DNS 服务器 1 执行 ping 命令时出现间歇性失败；

▶　通过名称方式对 Web 服务器执行 ping 命令时出现间歇性失败。

由此可以推断，网络中出现了间歇的名称解析问题。因为 ping 操作在命令方式下总是成功的，仅当 TCP/IP 必须将主机名称解析为 IP 地址时出现失败。另外，错误仅发生在外部主机上，因此内部 DNS 的工作应当是正常的。

确定网络故障原因

现在已经查找到网络中出现了名称解析问题。由于外部网络用户不存在这一问题，因此可以断定他们与内部用户使用的域名服务（DNS）不同。另外，本地网络用户未使用内部 DNS 来解析外部名称，而是依赖于 ISP 的 DNS 来解析外部全限定域名（FQDN）。

因为 ISP 提供了 2 台 DNS 服务器，所以下一步就是要确定客户机是否是使用正确的 DNS 服务器来解析名称。先使用 ipconfig 命令查看客户机的 TCP/IP 配置，从中发现客户机配置使用的 DNS 服务器地址包括 10.0.0.15、126.17.89.13 和 123.17.189.13。这 3 个地址与用于在内部和外部解析名称的 DNS 地址相匹配，由此可以确定客户机的配置是正确的。

下一步是分离这些服务器。之前本地客户机是从本地 DHCP 服务器上下载其 TCP/IP 配置，包括 DNS 服务器信息。这里采用手动配置本地测试主机方式，从 DNS 服务器中除去上述 3 台服务器中的 1 台。因为 DNS 服务器 1 失败，所以首先将该服务器从测试主机的 DNS 配置中移去，如图 8.30 所示。

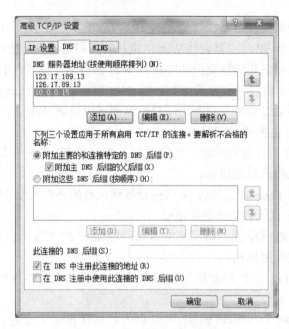

图 8.30　测试主机 DNS 配置屏幕

　　然后再次尝试通过名称对 DNS 服务器 1 执行 ping 命令，可以发现每次都能成功 ping 通。然后尝试通过名称对 http://www.eol.cn 执行 ping 命令，发现每次也都能成功 ping 通。

　　最后将本地测试主机重新配置为仅使用本地 DNS 和 DNS 服务器 1，移去 DNS 服务器 2 的地址。这次上面的两次通过名称方式进行的 ping 操作都失败了，但地址方式仍然是成功的。

拟定整改方案并实施

　　通过上述步骤，分离出了问题产生的原因，也就是 DNS 服务器 1。之后联系 ISP 并告知他们 DNS 服务器 1 可能发生了故障。然后 ISP 对该服务器进行诊断，发现它确实出现了故障：DNS 服务器 1 的 DNS 服务器软件发生了问题，无法将名称解析为 IP 地址。ISP 建议使用备用 DNS 服务器（DNS 服务器 3）重新配置本地客户机，这台服务器的 IP 地址为 126.17.89.14，同时保持 DNS 服务器 2 不变。

　　本地网络使用 DHCP 下载客户机 TCP/IP 配置信息，包括 IP 地址、子网掩码、默认网关地址以及 DNS 服务器信息等。因此这时可以通过让 DHCP 范围内主机下载新的 DNS 服务器信息来实现更正。首先用新信息设置 DHCP 服务器，并选择测试主机上的"Renew"按钮。

　　之后，通过 ISP 的 2 台 DNS 服务器及 Web 服务器名称执行 ping 命令，这 3 条 ping 操作均获成功。然后使用测试主机的浏览器连接公司的 Web 站点，发现这时站点每次都能够成功连接。

测试解决方案

　　为了测试该解决方案是否能解决所发生的问题，可以与打开有关此问题帮助桌面标签的用户联系，让他们更新其 DHCP 租约，然后连接到公司的 Web 服务器。执行这一过程后，发现所有的通信都成功了。

解决以上问题时可能会用到下列一些工具：

▶ ping——在本地和 2 个外部网络中都使用了 ping 命令。同时，ping 命令不仅通过 IP
地址方式来执行，而且还通过名称方式执行。这有助于对问题原因的分离，因此确定
了故障是由名称解析出现问题引发的，而不是由网络通信出现问题引发的。

▶ arp——用于确定本地 ARP 缓存是否正确收集了地址映射信息。虽然在诊断本节内容
所讨论的这个问题时未起作用，但仍然通过它确定了 ARP 工作正常，从而排除了 ARP
错误。

▶ ipconfig——用于确定本地客户机的 TCP/IP 配置。它也用于更新 DHCP 客户机的租约，
以使其下载新的 DNS 信息。

必要时，也可以使用 tracert、netstat 等命令作为测试阶段所使用工具的一部分。虽然在诊
断及分离本节内容所讨论的问题时并未使用这些命令，但实际上也可以使用它们来确认网络中
其他部分的工作是否正常。

记录问题和解决方案，并获取反馈

接下来的工作，是完成相应的故障诊断日志及帮助桌面标签，并向帮助桌面人员提供编写
好的过程，以便他们引导用户完成续签租约过程。之后，向首席技术官（CTO）发送一封 E-mail，
其中描述对问题的分离及故障诊断结果。同时向 ISP 的技术支持管理人员发送一份该 E-mail
的副本。然后，继续与每个受到该问题影响的用户保持联系，以确保问题得到解决，并且没有
再次发生。最后，通过 E-mail 向所有登录帮助桌面呼叫的用户发放一份质量担保调查问卷，
以获取用户对这一问题解决过程的反馈。

练习

1. 如何检验本地主机上的 TCP/IP 是否工作正常？（　　）
   a．ping 默认网关　　　　　　　　b．ping 子网掩码
   c．ping 网络地址　　　　　　　　d．ping 本地回送地址
2. 如何检验名称解析是否工作正常？（　　）
   a．在 DNS 服务器上 ping 本地回送地址
   b．通过名称和地址两种方式 ping 1 个或多个网络主机
   c．通过 IP 地址对 DNS 服务器执行 ping 命令以验证其是否可操作
   d．通过名称地址和 IP 地址 ping 本地主机
3. 下列哪 3 项 ping 测试可表明 TCP/IP 在网段上工作正常？（　　）
   a．ping 本地 IP 地址
   b．通过 IP 地址 ping 本地网段上的其他主机
   c．ping 本地网段路由器端口
   d．ping 本地回送地址
4. 下列哪项 TCP/IP 客户机-服务器服务允许管理员快速重新配置主机配置信息？（　　）
   a．DNS　　　　　b．DHCP　　　c．ipconfig　　　d．RARP
5. 在对复杂问题进行故障诊断时，为什么要按照先本地网络、后外部网络的顺序进行原

因分离？（　　）

    a．这样可以首先排除和解决内部问题

    b．如果问题发生在本地网络外部，则可以为其提供需要使用的帮助信息

    c．如果故障诊断移到本地网络之外，可排除对外部源协助的需要

    d．将故障诊断分离到不同的区域进行

补充练习

针对你所在单位机构或学校的网络环境，调查经常出现的网络故障，然后写一份调查报告，分析这些故障产生原因，并给出解决方案。

本 章 小 结

网络协议分析不但有助于理解网络协议的工作原理，而且可以用于识别范围广泛的网络行为。运用网络协议分析软件（如 WireShark、Sniffer Pro 等网络协议分析器等），查看、分析协议与协议动作、协议数据单元格式、协议封装及交互过程，有助于理解 TCP/IP 实现数据传送的机制。

TCP/IP 系统提供了许多用于网络测试的软件工具，其中包括：显示计算机配置的工具，如 ipconfig、netstat；帮助理解网络连通性的工具，如 ping 和 tracert；用于查找寻址信息的工具，如 arp 等。利用这些工具可有效地对网络进行测试、分析与诊断。

Sniffer Pro 是一款使用比较广泛的便携式网络管理和应用故障诊断分析软件，不管是在有线网络中还是在无线网络中，它都能够给予网络管理人员实时的网络监视、数据包捕获以及故障诊断分析能力。对于在现场进行快速的网络和应用问题故障诊断，基于便携式软件的解决方案具备最高的性价比，能够让用户获得强大的网络管理和应用故障诊断功能。

网络故障分析和诊断的基本步骤有 6 个，包括准确查找问题、重建问题、分离故障原因，拟订并实施整改方案、测试解决方案以及记录问题和解决方案等。掌握这些系统化方法对于诊断网络故障是产生于操作者还是系统本身，以及了解问题实际状况和选择适当的后续解决方案均是非常有意义的。

小测验

1．下列哪条命令可以显示置入 PC 的 IP 地址？（　　）

    a．ping   b．ipconfig   c．tracert   d．netstat

2．下列哪条命令用于显示 TCP/IP 网络中源节点与目的节点之间的路径？（　　）

    a．ping   b．ipconfig   c．tracert   d．netstat

3．下面哪个回送信息来自 IP 进程？（　　）

    a．ping   b．ipconfig   c．tracert   d．netstat

4．在对一台目的计算机执行 tracert 时，每个路由器发出多少次 ping 命令？（　　）

    a．1   b．2   c．3   d．4

5．下面哪个故障诊断工具有助于确定本地寻址信息？（　　）

    a．ping   b．ipconfig   c．tracert   d．arp

6．下面哪个故障诊断工具可以给出到达目的计算机所需的转发次数？（　　）

    a．ping　　　　b．ipconfig　　　c．tacert　　　　d．netstat

7．诊断网络故障时，首先应执行（　　）：

    a．分离故障原因　　　　　　b．记录结果

    c．测试问题　　　　　　　　d．发出一条 ping 命令

8．网络故障诊断步骤中最重要的是（　　）：

    a．重建问题　　　　　　　　b．分离故障原因

    c．测试解决方案　　　　　　d．准确查找问题

9．下列哪 3 项属于 TCP/IP 网络故障诊断工具？（　　）

    a．netstat　　　　b．ping　　　　c．tracert　　　　d．TFTP

10．要判断一台主机在 TCP/IP 网络中是否可用，下列哪种 TCP/IP 故障诊断工具可提供最快捷、最简单的方法？（　　）

    a．ipconfig　　　　b．telnet　　　c．netstat　　　d．ping

11．为了确定 IP 数据包到达远程办公室路由器所使用的路径，可以从一台本地网络主机上发出一条 tracert 命令，指向远程办公室路由器的外部接口。之前的 tracert 应答显示路由器距离为 9 个跳步，因此这里将该 tracert 命令的最大跳步选项设为 10。

对远程路由器接口 191.67.17.2 执行 ping 命令，成功后，发出命令"tracert-h 10 191.67.17.2"，但该命令的结果未列出路由器接口的 IP 地址。那么，这一结果可能是由下述哪项所描述的原因引起的？（　　）

    a．在 tracert 命令中未包含子网掩码

    b．DNS 未正确将 tracert 名称解析为 IP 地址

    c．ISP 在本地网络与远程网络之间增加了路由器

    d．该 tracert 命令通过名称方式发出，而非 IP 地址方式发出

12．假定你正在运行与公司人力资源内部网 Web 服务器相连的活动浏览器会话。你在本地工作站的命令提示符后发出 netstat 命令，结果屏幕上显示了多个到该 Web 服务器的连接，每个都使用一个独立的 TCP 端口。为什么客户机工作站要对同一 Web 服务器打开了多个活动的端口连接？（　　）

    a．netstat 命令打开新的端口连接以测试与活动应用程序的通信

    b．Web 服务器在多个约定端口上监听 HTTP 流量

    c．HTTP 会话通常在客户机与服务器之间打开多个连接

    d．本地路由器端口上正在使用网络地址端口转换（NAPT）的 NAT

13．下列哪条命令用于显示本地 ARP 缓存的内容？（　　）

    a．arp –a　　　　b．arp –c　　　　c．arp –n　　　　d．arp -s

14．下列哪 2 项内容可能导致通过网络边界的 ping 命令失败？（　　）

    a．通过名称而不是 IP 地址执行 ping 命令

    b．访问控制列表位于路由器端口

    c．ICMP 过滤器位于路由端口

    d．在非直接连接的网络上对主机执行 ping 命令

15．客户采用 ping 命令检测网络连接故障时，可用 ping 127.0.01 及本机的 IP 地址，但无法 ping 通同一网段内其他工作正常的计算机的 IP 地址。该客户端的故障可能是（　　）。

a．TCP/IP 不能正常工作   b．本机网卡不能正常工作

c．网络线路故障   d．本机 DNS 服务器地址设置错误

15．在 Windows 的 DOS 命令窗口输入如下命令，这个命令的作用是（　　）。

C:\>nslookup

>set type=prt

>211.151.91.165

a．查询 211.151.91.165 的邮件服务器信息

b．查询 211.151.91.165 到域名的映射

c．查询 211.151.91.165 的资源记录类型

d．显示 211.151.91.165 中各种可用的信息资源记录

【参考答案】14.c　　15.b

附录 A 课 程 测 验

1. 下列攻击行为中属于典型被动攻击的是（　　）。

　　a. 拒绝服务攻击　　　　b.会话拦截　　　　c.系统干涉　　　　d.修改数据命令

2. 3DES 是一种（　　）算法。

　　a. 共享密钥　　　　　b. 公开密钥　　　c. 报文摘要　　　d. 访问控制

3. 三重 DES 加密使用 (1) 个密钥对明文进行 3 次加密，其密钥长度为 (2) bit。

　　（1）a.1　　　　　　b. 2　　　　　　c. 3　　　　　d. 4

　　（2）a.56　　　　　b. 112　　　　　c. 128　　　　d. 168

4. 假定用户 A、B 分别在 I1 和 I2 两个 CA 处取得了各自的证书，下面（　　）是 A、B 互信的必要条件。

　　　a.A、B 互换私钥　　　b.A、B 互换公钥　　c.I1、I2 互换私钥　d.I1、I2 互换公钥

5. 用户 B 收到用户 A 带数字签名的消息 M，为了验证 M 的真实性，首先需要从 CA 获取用户 A 的数字证书，并利用 (1) 验证该证书的真伪，然后利用 (2) 验证 M 的真实性。

　　（1）a. CA 的公钥　　　　b. B 的私钥　　　c. A 的公钥　　　　d. B 的公钥

　　（2）a. CA 的公钥　　　　b. B 的私钥　　　c. A 的公钥　　　　d. B 的公钥

6. 与 HTTP 相比，HTTPS 协议将传输的内容进行加密，更加安全。HTTPS 基于（　　）安全协议，其默认端口是（　　）。

　　（1）a. RSA　　　b. DES　　　　c. SSL　　　　d. SSH

　　（2）a. 1023　　　b. 443　　　　c. 80　　　　d. 8080

7. 在下列安全协议中，与 TLS 功能相似的协议是（　　）。

　　　a.PGP　　　　b.SSL　　　　c.HTTPS　　　d.IPSec

8. PGP 是一种用于电子邮件加密的工具，可提供数据加密和数字签名服务，使用 (1) 进行数据加密，使用 (2) 进行数据完整性验证。

　　（1）a.RSA　　　b.IDEA　　　c.MD5　　　d.SHA-1

　　（2）a.RSA　　　b.IDEA　　　c.MD5　　　d.SHA-1

9. 在 SNMP 中，当代理收到一个 GET 请求时，如果有一个值不可或不能提供，则返回（　　）。

　　　a.该实例的下一个值　　b. 该实例的上一个值　　　c.空值　　　d. 错误信息

10. IPSec 用于增强 IP 网络的安全性，下面的说法中不正确的是（　　）。

　　　a.IPSec 可对数据进行完整性保护　　　　b.IPSec 提供用户身份认证服务

　　　c.IPSec 的认证头添加在 TCP 封装内部　　　d.IPSec 对数据加密传输

11. 在 IPSec 中，安全关联（Security Associations，SA）三元组是（　　）。

　　a.<安全参数索引 SPI，目标 IP 地址，安全协议>

　　b.<安全参数索引 SPI，源 IP 地址，数字证书>

　　c.<安全参数索引 SPI，目标 IP 地址，数字证书>

d. <安全参数索引 SPI，源 IP 地址，安全协议>

12. 无线局域网通常采用的加密方式是 WPA/WPA2，其安全加密算法是（　　）。

　　a. AES 和 TKIP　　b. DES 和 TKIP　　c. AES 和 RSA　　d. DES 和 RSA

13. 以下关于入侵检测系统的描述中，正确的是（　　）。

　　a. 实现内外网隔离与访问控制

　　b. 对进出网络的信息进行实时的监测与比对，及时发现攻击行为

　　c. 隐藏内部网络拓扑

　　d. 预防、检测和消除网络病毒

14. 在 SNMP 网络管理中，一个代理可以由（　　）管理站管理。

　　a.0 个　　　　b. 1 个　　　c.2 个　　d.多个

15. 一种 NAT 技术称为"地址伪装"（Masquerading），下面关于地址伪装的描述正确的是（　　）。

　　a. 把多个内部地址翻译成一个外部地址和多个端口号

　　b. 把多个外部地址翻译成一个内部地址和一个端口号

　　c. 把一个内部地址翻译成多个外部地址和多个端口号

　　d. 把一个外部地址翻译成多个内部地址和一个端口号

16. 在 Windows Server 2016 中配置 SNMP 服务时，必须以（　　）身份登录才能完成 SNMP 服务的配置功能。

　　a.guest　　　b.普通用户　　　c.administrator 组成员　　　　d.users 组成员

17. 某网络管理员在网络检测时，执行了 undo mac-address black hole 命令。该命令的作用是（　　）。

　　a.禁止用户接口透传 VLAN　　　　　b.关闭接口的 MAC 的学习功能

　　c.为用户接口配置了端口安全　　　　d.删除配置的黑洞 MAC

18. 在 SwitchA 上 Ping SwitchB 的地址 192.168.1，100 不通。通过步骤①～④解决了该故障，该故障产生的原因是（　　）。

① 使用 display port vlan 命令查看 SwitchA 和 SwitchB 接口配置；

② 使用 display ip interface brief 命令查看 SwitchA 和 SwitchB 接口配置；

③ 使用 port link-type trunk 命令修改 SwitchB 配置；

④ 使用 ping 192.168.1.100 检查，故障排除。

　　a. SwitchB 接口 VLAN 不正确　　　　　b. SwitchB 的接口状态为 DOWN

　　c. SwitchB 链路类型配置错误　　　　　d. SwitchB 对接收到的 ICMP 报文丢弃

【参考答案】1.b　　2.a　　3.(1)b; (2)b　4.d　　5.(1)a; (2)c　　6.(1)a; (2)b　　7.b　　8.(1)b; (2)c　9.a　　10.c　　11.a　　12.a　　13.b　　14.d　　15.a　　16.c　　17.d　　18.c

19. 某企业网络拓扑结如图 A.1 所示，A～E 是为了设备的编号。回答问题 1 至问题 4，将答案填入对应的解答括号内。

【问题 1】根据图 A.1，将设备清单表 A.1 所示内容补充完整。

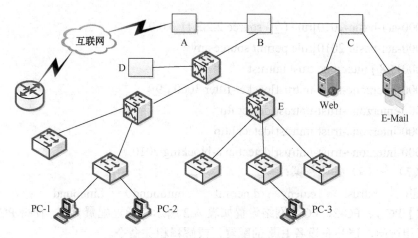

图 A.1 某企业网络拓扑结构

表 A.1 企业网络设备清单

设备名称	在图 A.1 中的编号
防火墙 USG3000	(1)
路由器 AR2220	(2)
交换机 QUIDWAY3300	(3)
服务器 IBM X3500M5	(4)

【问题 2】以下是 AR2220 的部分配置:

[AR2220]acl 2000

[AR2220-acl-2000]rule normal permit source 192.168.0.0 0.0.255.255

[AR2220-acl-2000] rule normal deny source any

[AR2220-acl-2000]quit

[AR2220]interface Ethernet0

[AR2220- Ethernet0]ip address 192.168.0.1 255.255.255.0

[AR2220-Ethernet0]quit

[AR2220]interface Ethernet1

[AR2220-Ethernet1]ip address 59.41.221.100 255.255.255.0

[AR2220-Ethernet1]nat outbound 2000 interface

[AR2220-Ethernet1]quit

[AR2220]ip route-static 0.0.0.0 0.0.0.0 59.74.221.254

设备 AR2220 使用 (5) 接口实现 NAT 转换功能,该接口地址的网关是 (6) 。

【问题 3】若只允许内网发起 FTP、HTTP 连接,并且拒绝来自站点 2.2.2.11 的 Java Applets 报文。在 USG3000 设备中有如下配置,请补充完整。

[USG3000]acl number 3000

[USG3000-acl-adv-3000]rule permit tcp destination-port eq www

[USG3000-acl-adv-3000]rule permit tcp destination-port eq ftp

[USG3000-acl-adv-3000]rule permit tcp destination-port eq ftp-data

[USG3000]acl number 2010

[USG3000-acl-basic-2010]rule (7) source 2.2.2.11 0.0.0.0

[USG3000-acl-basic-2010]rule permit source any

[USG3000] (8) interzone trust untrust

[USG3000-interzone-trust-untrust]packet-filter 3000 (9)

[USG3000-interzone-trust-untrust]detect ftp

[USG3000-interzone-trust-untrust]detect http

[USG3000-interzone-trust-untrust]detectjava-blocking 2010

其中，（7）～（9）备选答案：

a. firewall　　b.trust　　c.deny　　d.permit　　e.outbound　　f.inbound

【问题 4】PC-1、PC-2、PC-3 网络设置如表 A.2 所示。通过配置 RIP，使得 PC-1、PC-2、PC-3 能够互相访问，请补充设备 E 上的配置，或解释相关命令。

表 A.2　PC-1、PC-2、PC-3 网络设置

设备名	网络地址	网关	VLAN
PC-1	192.168.2.2/24	192.168.2.1	VLAN100
PC-2	192.168.3.2/24	192.168.3.1	VLAN200
PC-3	192.168.4.2/24	192.168.4.1	VLAN300

//配置 E 上 vlan 路由接口地址

interface vlanif 300

ip address (10) 255.255.255.0

interface vlanif 1000　　　//互通 VLAN

ip address 192.168.100.1 255.255.255.0

//配置 E 上的 RIP 协议

rip

network 192.168.4.0

nerwork (11)

//配置 E 上的 trunk 链路

int e0/1

port link-type trunk　　　//(12)

port trunk permit vlan all

【解答提示】本题主要考查有关华为网络设备配置的相关知识。需要在认真阅读题目给出的配置文件内容的基础上，熟悉华为网络设备的功能。对于路由器、防火墙、交换机等设置的部署，要兼顾不同设备的特点、网络业务和安全需求。

问题 1 解析：防火墙的防护区域可分为内、外网和 DMZ 区域，在本题网络拓扑中，A 的位置是路由器，在配置文件中定义了外网接口，可以与外部网络进行通信。同时，在路由器上定义 NAT，对内网地址进行了有效屏蔽，也起到了节省公网地址的作用。B 的位置是防火墙，可以对内网用户和服务器进行有效保护，抵御来自外部网络的攻击。C 位置是交换机，用于服务器设备的接入。D 的位置是服务器，一般只限于内网访问。

参考答案：（1）B；（2）A；（3）C；（4）D。

问题 2 解析：设备 AR2220 的配置文件主要定义了内、外网接口，并且配置了内、外网访问的策略，将内网地址转换成外网接口地址用于访问外部网络。有关命令的含义如下：

rule normal permit source 与 rule normal deny source any 命令配合使用，表示源地址段以外的地址禁止通过。

interface Ethernet0 与 ip address 配合使用，定义设备的接口地址，配置文件中定义了两个接口的地址。

nat outbound 2000 interface 命令是在设备上功能启用 NAT 规则。

ip route-static 是一条静态路由命令，告诉路由器默认数据的下一跳地址。

参考答案：（5）Ethernet；（6）59.74.221.254。

问题 3 解析：设备 USG3000 的配置文件主要内容是配置内、外网访问策略。有关命令的功能如下：

acl number 3000 规则，允许 www、ftp、ftp-data 等协议。

acl number 2010 规则，配置对 HTTP、FTP 协议指定 ASPF 策略。

其中，ASPF 策略是针对应用层的包过滤，即基于状态的报文过滤。它与普通的静态防火墙协同工作，以便于实施内部网络的安全策略，包括 DOS（拒绝服务）的检测和防范。Java blocking(java 阻断)保护网络不受有害 java applets 的破坏。Acctivex blocking(acctivex 阻断)保护网络不受有害 activex 的破坏。

参考答案：（7）选项 c；（8）选项 a；（9）选项 e。

问题 4 解析：RIP 是动态路由选择协议，通过路由表的自动更新使 IP 进行数据交换时获取正确的路径。Port link-type-trunk 定义接口类型，trunk 类型的端口可以允许多个 VLAN 通过，可以接收和发送 VLAN 的报文，一般用于交换机之间连接的接口。

参考答案：（10）192.168.4.1；（11）192.168.100.0；（12）定义端口为 trunk。

附录 B 术 语 表

A

Access Control（AC）访问控制

按用户身份及其所归属的某预定义组来限制用户对某些信息项的访问，或限制对某些控制功能的使用。访问控制通常用于系统管理员控制用户对服务器、目录、文件等网络资源的访问。

Access Control List（ACL） 访问控制列表

ACL 是指用户和设备可以访问的那些现有服务和信息的列表。用户必须具有相应的授权才能修改目标的 ACL。通常要求用户提供注册用户名和口令，这是用来保证系统安全性的一种手段。

Authentication Header（AH） 认证头

认证头（AH）是一种 IPSec 协议，用于为 IP 提供无连接的完整性、数据源认证和抗重放保护服务。但 AH 不提供任何保密性服务，它不加密所保护的数据包。AH 的作用是为 IP 数据流提供高强度的密码认证，以确保被修改过的数据包可以被查出来。AH 使用消息认证码（MAC）对 IP 进行认证。

B

Botnet 僵尸网络

Botnet 是指采用一种或多种传播手段，将大量主机感染 Bot 程序（僵尸程序）病毒，从而在控制者和被感染主机之间所形成的一个可一对多控制的网络。

C

Challenge-Handshake Authentication Protocol（CHAP） 质询-握手认证协议

CHAP 是在网络物理连接后进行连接安全性认证的协议。它比另一种协议密码认证协议（PAP）更加可靠。CHAP 通过三次握手周期性的校验对端的身份，在初始链路建立时完成，可以在链路建立之后的任何时候重复进行。

Cloud Storage 云存储

Cloud Computing 是在云计算概念上延伸和发展出来的一个新概念，是指通过集群应用、网格技术或分布式文件系统等功能，将网络中大量各种不同类型的存储设备通过应用软件集合起来协同工作，共同对外提供数据存储和业务访问功能的一个系统。

Common Management Information Protocol （CMIP）公共管理信息协议

CMIP 是由 ISO 制定的国际标准，它主要针对 OSI 七层协议模型的传输环境而设计，采用报告机制。在网络管理过程中，CMIP 通过事件报告进行工作，网络中的各个监测系统在发现被检测设备的状态和参数发生变化后，立即向管理进程进行事件报告。管理进程一般先对事件进行分类，根据事件对网络服务的影响进行分级，然后向管理员报告。

CMIP 具有及时性的特点。由于它着重于广泛的适应性，且具有许多特殊的设施和能力，因此需要能力非常强的处理机和大容量的存储器，目前支持它的产品较少。

Confidentiality 保密性

保密性又称机密性，其与 Integrity（完整性）和 Availability（可用性）并称为信息安全的 CIA 三要素。网络信息安全中保密性是指信息按给定要求不泄露给非授权的个人、实体或过程，或提供其利用的特性，即杜绝有用信息泄露给非授权个人或实体，强调有用信息只被授权对象使用的特征。

Cryptographic Protocol 密码协议

密码协议是指使用密码技术的通信协议。近代密码学者多认为除了传统的加解密算法，密码协议也一样重要，两者均为密码学研究的两大课题。在英文中，Cryptography 和 Cryptology 都可代表密码学，而前者又称密码术。但更严谨地说，Cryptography 是指密码技术的使用，而 Cryptology 指研究密码这一学科，包含密码术和密码分析。

D

Direct Access Storage（DAS）直接连接存储

直接连接存储(DAS) 也叫作服务器连接存储(Server Attached Storage)，是指一种外部数据存储设备(如磁盘阵列、磁带机等存储介质)与服务器或客户端通过数据通道（通常是 SCSI 接口）直接相连实现数据存储的技术。

Data Encryption Standard（DES）数据加密标准

DES 是一种最流行的对称密钥算法，该算法由国际商用机器公司(IBM)发明，被美国国家标准技术研究所(NIST)、国际标准化组织(ISO)等权威机构作为工业标准发布，可以免费用于商业应用。DES 使用 56 位密钥对 64 位的数据块进行加密，并对 64 位的数据块进行 16 轮编码。与每轮编码时，一个 48 位的"每轮"密钥值由 56 位的完整密钥得出。DES 用软件进行解码需要很长时间，而用硬件进行解码时速度非常快。

Denial of Service（DoS）拒绝服务

DoS 是指一种拒绝服务的攻击行为，目的是使计算机或网络无法提供正常的服务。最常见的 DoS 攻击有计算机网络带宽攻击和连通性攻击。

Digital Certificate 数字证书

在因特网上，用来标志和证明网络通信双方身份的数字信息文件称为数字证书。最简单的证书包含一个公开密钥、名称及证书授权中心的数字签名。

Digital Signature 数字签名

数字签名是一种植入文档中的数字代码，用于证明文档的真实性。数字签名是一种基于公钥加密技术的应用程序。文档的发送者使用私人密钥加密文本流或消息段，接收者使用公钥解密该签名，以鉴别签名者的身份。

Distributed Denial of Service（DDoS）分布式拒绝服务攻击

DDoS 是指借助于客户机-服务器技术，将多个计算机联合起来作为攻击平台，对一个或多个目标发动 DoS 攻击，从而成倍地提高拒绝服务攻击的威力。通常，攻击者使用一个偷窃账号将 DDoS 主控程序安装在一个计算机上，在一个设定的时间内主控程序将与大量代理程序通信，代理程序已经被安装在 Internet 的许多计算机上。代理程序收到指令后就发动攻击。利用客户机-服务器技术，主控程序能在数秒内激活成百上千次代理程序的运行。

DeMilitarized Zone（DMZ） 隔离区

DMZ 是为了解决安装防火墙后外部网络的访问用户不能访问内部网络服务器的问题，而设立的一个非安全系统与安全系统之间的缓冲区。该缓冲区位于企业内部网络和外部网络之间的小网络区域内。在 DMZ 内可以放置一些必须公开的服务器设施，如企业 Web 服务器、FTP 服务器等。另一方面，通过 DMZ 区域，可更加有效地保护内部网络。因为这种网络部署，比起一般的防火墙方案，对来自外网的攻击者来说又多了一道关卡。

E

Encapsulating Security Payload （ESP） 封装安全载荷协议

ESP 用于为 IP 提供机密性、数据源身份验证、抗重播以及数据完整性等安全服务，包括数据包内容的保密性和有限的流量保密性。作为可选的功能，ESP 也提供和 AH 认证头部同样的数据完整性和兼备服务。由于 ESP 要对数据进行加密处理，因而它比 AH 需要更多的处理时间。基本的 ESP 协议定义和实际提供安全服务（保密性和鉴别服务）的算法的定义是分开的。ESP 是一个通用的、易于拓展的安全机制。

F

Firewall 防火墙

防火墙是一项协助确保信息安全的设备，会依照特定的规则，允许或是限制传输的数据通过。防火墙可以是一台专属的硬件也可以是设置在一般硬件上的一套软件。

Flooding 泛洪

泛洪（Flooding）是交换机和网桥使用的一种数据流传递技术，将某个接口收到的数据流从除该接口之外的所有接口发送出去。

G

Generic Routing Encapsulation（GRE） 通用路由封装

GRE 是对某些网络层协议(如 IP、IPX、Apple Talk 等)的数据报进行封装，使这些被封装的数据报能够在另一个网络层协议(如 IP)中传输。GRE 可以实现多协议的本地网通过单一协议的骨干网传输的服务，扩大了网络的工作范围，包括那些路由网关有限的协议，如 IPX 包最多可以转发 16 次（即经过 16 个路由器），而在一个 Tunnel 连接中看上去只经过一个路由器将一些不能连续的子网连接起来。GRE 协议实际上是一种承载协议（Carrier Protocol），它提供了将一种协议的报文封装在另一种协议报文中的机制，使报文能够在异种网络中传输，异种报文传输的通道称为 tunnel。

H

Honeypot 蜜罐

蜜罐是一种被侦听、被攻击或已经被入侵的资源。Honeypot 并非一种安全解决方案，而只是一种对攻击方进行欺骗的技术，通过布置一些作为诱饵的主机、网络服务或者信息，诱使攻击方对它们实施攻击，从而可以对攻击行为进行捕获和分析，了解攻击方所使用的工具与方法，推测攻击意图和动机，能够让防御方清晰地了解所面对的安全威胁，并通过技术和管理手段来增强实际系统的安全防护能力。

Hypertext Transfer Protocol over Secure Socket Layer（HTTPS） 安全超文本传输协议

HTTPS 是一种网络安全传输协议。在计算机网络上，HTTPS 经由超文本传输协议进行通信，但利用 SSL/TLS 来对数据包进行加密。HTTPS 开发的主要目的，是提供对网络服务器的身份认证，保护交换数据的隐私与完整性。这个协议由网景公司（Netscape）在 1994 年首次提出，随后扩展到互联网上。

I

Intrusion Detection（ID） 入侵检测

入侵检测（ID）就是通过计算机系统或网络中的若干关键点收集和分析审计记录、安全日志、用户行为及网络数据包等信息，检查网络或系统中当前是否存在违反安全策略的入侵行为和被攻击的迹象。

Internet Key Exchange（IKE） 互联网密钥交换（协议）

IKE 属于一种混合型协议，由 Internet 安全关联和密钥管理协议（ISAKMP）和两种密钥交换协议 OAKLEY 与 SKEME 组成。IKE 创建在由 ISAKMP 定义的框架上，沿用了 OAKLEY 的密钥交换模式以及 SKEME 的共享和密钥更新技术，还定义了它自己的两种密钥交换方式：主要模式和积极模式。Internet 密钥交换（IKE）解决了在不安全的网络环境（如 Internet）中安全地建立或更新共享密钥的问题。IKE 是个通用的协议，不仅可为 IPsec 协商安全关联，而且可以为 SNMPv3、RIPv2、OSPFv2 等任何要求保密的协议协商安全参数。

IP Security（IPSec） IP 安全协议

IPSec 实际上是一个协议包而不是一个独立的协议，这对于认识 IPSec 非常重要。从 1995 年开始研究 IPSec 以来，IETF IPSec 工作组在它的主页上发布了数十个 Internet 草案文献和 12 个 RFC 文件。其中，比较重要的有 RFC2409 IKE（互联网密钥交换）、RFC2401 IPSec 协议、RFC2402 AH 验证包头、RFC2406 ESP 加密数据等文件。

Intrusion Prevention System（IPS） 入侵防御系统

IPS 是一种能够监视网络或网络设备的网络资料传输行为的计算机网络安全设施，能够即时的中断、调整或隔离一些不正常或是具有伤害性的网络资料传输行为。

Information Security 信息安全

信息安全是指保护信息和信息系统（包括硬件、软件、数据、物理环境和基础设施）的网络安全，以防止未经授权的访问、使用、泄露、破坏、修改或销毁，确保信息以及信息系统的完整性、可用性、机密性、未授权拷贝和主机系统安全。

L

Layer Two Forwarding（L2F） 第二层转发（协议）

L2F 协议用于建立跨越公共网络（如因特网）的安全隧道来将 ISP POP 连接到企业内部网关。这个隧道建立了一个用户与企业客户网络间的虚拟点对点连接。L2F 协议允许高层协议的链路层隧道技术。使用这样的隧道，使得把原始拨号服务器位置和拨号协议连接终止与提供的网络访问位置分离成为可能。L2F 协议允许在其中封装 PPP/SLIP 包。 ISP NAS 与家庭网关都需要共同了解封装协议，这样才能在因特网上成功地传输或接收 SLIP/PPP 包。

Layer Two Tunneling Protocol（L2TP） 第二层隧道协议

L2TP 用于将链路层的 PPP 帧装入公用网络设施，如 IP、ATM、帧中继中进行隧道传输的封装协议。L2TP 结合了 L2F 和 PPTP 的优点，允许用户从客户端或访问服务器端建立 VPN 连接。

K

Kerberos 协议

Kerberos 是一种网络认证协议，设计目标是通过密钥系统为客户机/服务器应用程序提供强大的认证服务。该认证过程的实现不依赖于主机操作系统的认证，无须基于主机地址的信任，不要求网络上所有主机的物理安全，并假定网络上传送的数据包可以被任意地读取、修改和插入数据。在以上情况下， Kerberos 作为一种可信任的第三方认证服务，是通过传统的密码技术（如共享密钥）执行认证服务的。

M

Managed Elements　被管理元素

被管理元素是指被 SNMP 管理和控制的网络资源，如设备、应用程序、通信线路和数据库等。

Manager　管理程序

管理程序是指运行在一台中心网络管理机上的复杂的 SNMP 应用程序和数据库的集合，它监控一组 SNMP 代理。

Management Information Base（MIB）　管理信息库

管理信息库是一个 SNMP 数据库，其中列出了与每个管理对象相关的信息对象。每个被管理元素的 MIB 都有它自己的一系列信息对象。管理程序的 MIB 是所有被管理元素的 MIB 的集合。

Masquerading　伪装转换

伪装转换又称网络端口地址转换（NAPT），是一种网络地址转换（NAT）技术，用于将所有内部设备隐藏在单个公用 IP 地址（通常是 NAT 外部端口的 IP 地址）之后。NAT 为每个内部设备的连接分配这个公用 IP 地址，以及注册端口号范围内的一个新的 TCP 或 UDP 端口号。这种 IP 地址与注册端口号的组合指定了 Internet 上特定的内部主机。

Message-Digest Algorithm 5（MD5）　消息摘要算法第五版

MD5 是指消息摘要算法第五版，是计算机安全领域广泛使用的一种散列函数，用以提供消息的完整性保护。该算法的文件号为 RFC 1321。

N

Network 网络

网络是由节点和连线构成，表示诸多对象及其相互联系。在数学上，网络是一种图，一般认为专指加权图。网络除了数学定义外，还有具体的物理含义，即网络是从某种相同类型的实际问题中抽象出来的模型。在计算机领域中，网络是指由计算机或者其他信息终端及相关设备组成的按照一定的规则和程序对信息进行收集、存储、传输、交换、处理的系统。

Network Analysis 网络分析

网络分析是关于网络的图论分析、最优化分析以及动力学分析的总称。网络分析是对网络中所有传输的数据进行检测、分析、诊断，帮助用户排除网络故障、规避安全风险、提高网络性能，增大网络的可用性价值。

Network Attack　网络攻击

网络攻击是指利用网络存在的漏洞和安全缺陷对网络系统的硬件、软件，以及系统中的数据所进行的攻击。

Network Address Translation（NAT）　网络地址转换

NAT 是一种将私有（保留）地址转化为合法 IP 地址的转换技术，它被广泛应用于各种类型 Internet 接入方式和各种类型的网络中。NAT 不仅完美地解决了 IP 地址不足的问题，而且还能够有效地避免来自网络外部的攻击，隐藏并保护网络内部的计算机。

Network Attached Storage（NAS）　网络连接存储

网络连接存储（NAS)是一种以数据为中心的存储结构，其存储设备不再通过专用 I/O 通道连接到某个服务器，而是直接连接到网络，通过标准的拓扑结构连接到服务器。

Network Data　网络数据

网络数据是指通过网络收集、存储、传输、处理和产生的各种电子数据。

Network Management Station（NMS）　网络管理站

NMS 的意思是网络管理站、网络管理终端、网络管理测量点，其应用和功能与网络管理系统一样，只是名字差异而已。

Network Management System（NMS）　网络管理系统

NMS 的意思是网络管理系统，简称网管。告警、性能、配置、安全和计费是网管的五大功能。

Network　Operator　网络运营者

网络运营者是指网络的所有者、管理者和网络服务提供者。

Network Security　网络安全

网络安全是指通过采取必要措施，防范对网络的攻击、侵入、干扰、破坏和非法使用以及意外事故，使网络处于稳定可靠运行的状态，以及保障网络数据的完整性、保密性、可用性的能力。从其本质上讲，网络安全就是网络上的信息安全。

Netstat　网络状态命令

Netstat 命令用于显示一台计算机上所有连接的当前状态。利用 Netstat 命令可显示远程连接计算机的 IP 地址、端口号和相应的计算机名称，本地计算机的 IP 地址、端口号和计算机名称，以及连接所使用的协议。

P

Packet Spoofing　数据包哄骗

哄骗是指路由器响应本地主机，从而不必通过广域网连接向远程节点发送信息。本地节点认为该响应来自远程节点/网络，而实际上它来自路由器。

Password Authentication Protocol（PAP）　密码认证协议

PAP 是一种使用密码来识别和验证 PPP 对等实体的方法。几乎所有的网络操作系统远程服务器都支持 PAP。

Packet Internet Groper（Ping）　数据包网际检测程序

数据包网际检测程序（Ping）用来检测计算机 IP 软件的运行是否正确，计算机之间的连接是否良好。

Personal Information　个人信息

个人信息是指以电子或者其他方式记录的能够单独或者与其他信息结合识别自然人个人身份的各种信息，包括但不限于自然人的姓名、出生日期、身份证号码、个人生物识别信息、住址、电话号码等。

Pretty Good Privacy（PGP）　更好地保护隐私

PGP 是一个基于对称加密算法 IDEA 的邮件加密软件。可以用它对邮件保密以防止非授权者阅读，它还能对邮件加上数字签名从而使收信人可以确认邮件的发送者，并能确信邮件没有被篡改。PGP 可以提供一种安全的通信方式，而事先并不需要任何保密的渠道用来传递密钥。PGP 采用了一种 RSA 和传统加密的杂合算法，用于数字签名的邮件文摘算法，加密前压缩等，还有一个良好的人机工程设计。PGP 的源代码是免费的。

Point-to-Point Tunneling Protocol（PPTP）　点对点隧道协议

点对点隧道协议提供 PPTP 客户机和 PPTP 服务器之间的加密通信。PPTP 客户机是指运行了该协议的 PC；PPTP 服务器是指运行该协议的服务器。PPTP 是 PPP 协议的一种扩展，它提供了一种在互联网上建立多协议的安全虚拟专用网络（VPN）的通信方式。远端用户能够通过任何支持 PPTP 的 ISP 访问公司的专用网。

Public-key Encryption　公钥加密

公钥加密是一种使用成对算术密钥进行加密的方案，其中一个密钥用来对消息进行加密，而另一个密钥用来对消息进行解密。需要接收加密消息的用户分发其公钥但隐藏其私钥。

Public Key Infrastructure（PKI）　公钥构架

公钥构架是由公开密钥密码技术、数字证书、证书认证中心和关于公开密钥的安全策略等基本成分共同组成的，管理密钥和证书的系统或平台。

R

Remote Authentication Dial In User Service（RADIUS）　远程用户拨号认证系统

RADIUS 是一个客户与服务器协议和软件，它使远程访问服务器能够与中心服务器通信，以鉴别拨号用户并且授权它们访问请求的系统和服务。

Remote Monitoring（RMON）　远程监视

RMON 协议是指在中心工作站上用来收集网络信息的协议。RMON 协议定义了额外的管理信息库（MIB），能够提供关于网络的使用和状态的更详尽的信息。

RMON2　RMON II

RMON II 在 RMON 的基础上进行了改进，在原来物理层的基础上增加了对网络层流量数据的支持。RMON II 使网络管理员可以通过协议对网络流量进行分析。

RMON Probe　RMON 探测器

RMON 探测器是一种安装在网络组件内或连接网段上的固件或硬件设备，用于监视网络及其设备。RMON 探测器将收集到的信息发往网络监视站点。

Remote Procedure Call（RPC）　远程过程调用

RPC 是一种通过网络从远程计算机程序上请求服务，而不需要了解底层网络技术的协议。RPC 协议假定某些传输协议的存在，如 TCP 或 UDP，为通信程序之间携带信息数据。在 OSI 网络通信模型中，RPC 跨越了传输层和应用层。RPC 使得开发包括网络分布式多程序在内的应用程序更加容易。RPC 采用客户机/服务器模式。请求程序就是一个客户机，而服务提供程序就是一个服务器。首先，客户机调用进程发送一个有进程参数的调用信息到服务进程，然后等待应答信息。在服务器端，进程保持睡眠状态直到调用信息到达为止。当一个调用信息到达，服务器获得进程参数，计算结果，发送答复信息，然后等待下一个调用信息，最后，客户端调用进程接收答复信息，获得进程结果，然后调用执行继续进行。

S

Security attack   安全攻击

安全攻击是指侵害机构所领有信息的安全的任何行为。

Storage Area Network（SAN）   存储区域网

SAN 是通过高速专用网络将一个或多个网络存储设备与服务器连接起来的专用存储系统。SAN 主要由存储设备、专用传输通道（光纤通道或 IP 网络）和服务器三部分组成。

Simple Password Authentication（Type 2）   简单密码认证（类型 2）

RIPv2 通过阻止未授权路由器加入路由域来支持简单密码认证。每台路由器必须首先配置其所连接网络的密码，然后才能参与该网络的路由。简单密码认证容易受到被动攻击，因为所有可以物理访问网络者都能获知该密码，从而危及路由域的安全。

Secret Key Encryption   密钥加密

密钥加密是指发送和接收数据的双方，使用相同的或对称的密钥对明文进行加密解密运算的加密方法。

Simple Network Management Protocol（SNMP）   简单网络管理协议

SNMP 是一种基于管理者-代理模式的网络管理协议。在这种协议下，一个复杂的中心管理者通过相对简单的基于设备的代理提供信息或改变配置。SNMP 的最初版本由 1988 年发布的 SGMP 发展而来。

Security Service 安全服务

安全服务在不同的领域有不同的意义。在信息安全领域，安全服务指的是加强网络信息系统安全性，对抗安全攻击而采取的一系列措施。安全服务的主要内容包括：安全机制、安全连接、安全协议和安全策略等，它们能在一定程度上弥补和完善现有操作系统和网络信息系统的安全漏洞。

Secure Sockets Layer（SSL）   安全套接层协议

SSL 协议指定了一种在应用程序协议(如 HTTP、Telnet、NNTP 和 FTP 等)和 TCP/IP 协议之间提供数据安全性分层的机制，它为 TCP/IP 连接提供数据加密、服务器认证、消息完整性以及可选的客户机认证。

Secure HyperText Transfer Protocol（S-HTTP）   安全超文本传输协议

S-HTTP 是一个 https URI scheme 的可选方案，也是为互联网的 HTTP 加密通信而设计的。S-HTTP 在 RFC 2660 中定义，由超文本传输协议改造而来。

Secure/Multi-purpose Internet Mail Extensions（S/MIME）   安全多用途网际邮件扩充协议

S/MIME 协议是一个 Internet 标准，MIME 给 web 浏览器提供了查阅多格式文件的方法。S/MIME 在安全方面的功能进行了扩展，它可以把 MIME 实体(比如数字签名和加密信息等)封装成安全对象。RFC 2634 定义了增强的安全服务，例如具有接收方确认签收的功能，这样就可以确保接收者不能否认已经收到过的邮件。

Secure Electronic Transaction（ SET） 安全电子交易协议

SET 是一种应用于因特网环境，以信用卡为基础的链电子交付协议。它给出了一套电子交易过程规范，其支付系统主要由持卡人（Card Holder）、商家（Merchant）、发卡行（Issuing

Bank)、收单行（Acquiring Bank）、支付网关（Payment Gateway）和认证中心组成。

SNMP Trap　SNMP 陷阱

SNMP Trap 陷阱是指某种入口，到达该入口会使 SNMP 被管设备主动通知 SNMP 管理器，而不是等待 SNMP 管理器的再次轮询。

Protocol for Sessions Traversal Across Firewall Securely　防火墙安全会话转换协议（SOCKS）

SOCKS 提供一个框架，为在 TCP 和 UDP 域中的客户机/服务器应用程序能更方便安全地使用网络防火墙所提供的服务。SOCKS 使用 UDP 传输数据，因而不提供如传递 ICMP 信息之类的网络层网关服务。

Secure Shell protocol（SSH）　安全外壳协议

SSH 是一种在不安全网络上用于安全远程登录和其他安全网络服务的协议。它提供了对安全远程登录、安全文件传输和安全 TCP/IP 和 X Window 系统通信量进行转发的支持。它可以自动加密、认证并压缩所传输的数据。

T

Transport Layer Security（TLS)　传输层安全协议

TLS 是用来保护网络通信过程中信息的私密性的一种工业标准，允许客户机、服务器应用程序可以探测到安全风险，包括消息篡改（Message Tampering）、消息拦截（Message Interception）、消息伪造（Message Forgery）。TLS 的前身是安全套接字层协议 SSL，有时这两者都称为 SSL。TLS 作为计算机网络安全通信的协议，被广泛应用于网页浏览器、邮箱、网络传真、即时消息通信等。大部分的网站都是用 TLS 保护服务器和网页浏览器之间的所有通信。

Tracert　路由跟踪程序

Tracert 用于跟踪两台计算机之间的路由，并发送路径中各路由器转发的状况的信息。

Traffic Monitor　流量监视器

流量监视器监视物理层介质（如线缆或租用线路）的状态和性能。这些物理层介质非常简单，自身不能包含 SNMP 代理。

Trap　陷阱

在网管系统中，被管理设备中的代理可以在任何时候向网络管理工作站报告错误情况，如预制定阈值越界程度等。代理并不需要等到管理工作站为获得这些错误情况而轮询它时才会报告，这些错误情况就是 SNMP 陷阱。

Trojan　木马

特洛伊(Trojan)木马是指计算机中隐藏在正常程序中的一段具有特殊功能的恶意代码，是具备破坏和删除文件、发送密码、记录键盘和攻击 DOS 等特殊功能的后门程序，其名称取自希腊神话的特洛伊木马记。

Tunneling　隧道技术

隧道技术是一种通过使用互联网络的基础设施在网络之间传递数据的方式。使用隧道传递的数据（或负载）可以是不同协议的数据帧或包。隧道协议将其他协议的数据帧或包重新封装后，再通过隧道发送。新的帧头提供路由信息，以便通过互联网传递被封装的数据或负载。

V

Virtualization　虚拟化

Virtualization 是计算机系统中的一种资源管理技术，是将计算机的各种实体资源，如服务器、网络、内存及存储等，予以抽象、转换后呈现出来，打破实体结构间的不可切割的障碍，使用户可以比原本的组态更好的方式来应用这些资源。这些资源的新虚拟部分是不受现有资源的架设方式、地域或物理组态所限制的。一般所指的虚拟化资源包括计算能力和资料存储。在实际的生产环境中，虚拟化技术主要用来解决高性能的物理硬件产能过剩和老的旧的硬件产能过低的重组重用，透明化底层物理硬件，从而最大化地利用物理硬件。

Virtual Machine　虚拟机

虚拟机是指可以像真实机器一样运行程序的计算机的软件实现。

Virtual Private Network（VPN）　虚拟专用网

VPN 是建立在实在网络（或称物理网络）基础上的一种功能性网络，或者说是一种专用网的组网方式。它向使用者提供一般专用网所具有的功能,但本身却不是一个独立的物理网络。也可以说虚拟专用网是一种逻辑上的专用网络。"虚拟"表明它在构成上有别于实在的物理网络，但对使用者来说，在功能上则与实在的专用网完全相同。

W

Wireless LAN Authentication and Privacy Infrastructure（WAPI）　无线局域网鉴别和保密基础结构

WAPI 是一种安全协议，同时也是中国无线局域网安全强制性标准。本方案已由国际标准化组织 ISO/IEC 授权的机构 IEEE Registration Authority（IEEE 注册权威机构）正式批准发布，分配了用于 WAPI 协议的以太类型字段，这也是中国在该领域唯一获得批准的协议。

Wired Equivalent Privacy（WEP）　有线对等保密算法

WEP 协议是对在两台设备间无线传输的数据进行加密的方式，用以防止非法用户窃听或侵入无线网络。

WiFi Protected Access（WPA）　无线局域网安全接入

无线局域网安全接入有 WPA 和 WPA2 两个标准，是一种保护无线计算机网络（Wi-Fi）安全的系统。WPA 实现了 IEEE 802.11i 标准的大部分，是在 IEEE 802.11i 完备之前替代 WEP 的过渡方案。WPA 的设计可以用在所有的无线网卡上，但未必能用在第一代的无线接入点上。WPA2 具备完整的标准体系，但其不能被应用在某些老旧型号的网卡上。

参 考 文 献

[1] 刘化君，孔英会，等. 网络互连与互联网. 北京：电子工业出版社，2015.

[2]（美）Reed K D，著. 网络互连设备（第 7 版）. 孔英会，强建周，欧阳江欢，等，译. 北京：电子工业出版社，2004.

[3] 刘化君. 网络安全技术（第 2 版）. 北京：机械工业出版社，2015.

[4] 石志国. 计算机网络安全教程（第 2 版）. 北京：清华大学出版社，2018.

[5] 谢希仁. 计算机网络（第 7 版）. 北京：电子工业出版社，2017.

[6] 雷震甲. 网络工程师教程（第 4 版）. 北京：清华大学出版社，2014.

[7] 刘化君. 计算机网络原理与技术（第 3 版）. 北京：电子工业出版社，2017.

[8] 刘化君，等. 计算机网络与通信（第 3 版）. 北京：高等教育出版社，2016.

[9]（美）Goralski W，著. 现代 TCP/IP 网络详解. 黄小红，等，译. 北京：电子工业出版社，2015.

[10]（美）Kahate A 著. 密码学与网络安全（第 3 版）. 金名，等，译. 北京：清华大学出版社，2018.

[11]（美）Stallings W，著. 密码编码学与网络安全——原理与实践（第七版）. 王后珍，等，译. 北京：电子工业出版社，2017.

[12] 李磊，等. 网络工程师考试辅导. 北京：清华大学出版社，2017.

[13] 沈鑫剡，等. 网络安全. 北京：清华大学出版社，2017.

[14] 闫宏生，等. 计算机网络安全与防护（第 3 版）. 北京：电子工业出版社，2018.

[15] 全国计算机专业技术资格考试办公室. 网络工程师考试大纲（2018 年审定通过）. 北京：清华大学出版社，2018.